现代远程教育系列教材

建筑结构原理

刘 禹 主编

经济科学出版社

图书在版编目（CIP）数据

建筑结构原理/刘禹主编.—北京：经济科学出版社，2007.3（2015.8重印）
（现代远程教育系列教材）
ISBN 978-7-5058-6150-3

Ⅰ.建… Ⅱ.刘… Ⅲ.建筑结构-理论-远距离教育-教材 Ⅳ.TU31

中国版本图书馆 CIP 数据核字（2007）第 027845 号

责任编辑：范　莹
责任校对：徐领柱
技术编辑：李　鹏

建筑结构原理
刘　禹　主编
经济科学出版社出版、发行　新华书店经销
社址：北京市海淀区阜成路甲28号　邮编：100142
总编室电话：88191217　发行部电话：88191540
网址：www.esp.com.cn
电子邮件：esp@esp.com.cn
北京汉德鼎印刷有限公司印刷
三河市华玉装订厂装订
787×1092　16开　19.75印张　400000字
2007年3月第1版　2015年8月第3次印刷
印数：11001—13000册
ISBN 978-7-5058-6150-3/F·5411　定价：26.00元（含《操作与习题手册》）
（图书出现印装问题，本社负责调换）
（版权所有　翻印必究）

现代远程教育系列教材
编审委员会

主任委员：
  阙澄宇 杨 青

委 员（以姓氏笔画为序）：
  王立国 王来福 王绍媛 史 达 刘永泽
  吴大军 李洪心 张军涛 张树军 於向平
  林 波 林清高 武献华 姜文学 赵建国

总 序

随着知识经济和信息化时代的到来，终身学习成为社会大趋势，网络教育作为现代远程教育的一种先进模式正在成为人们终身学习的首选形式。

网络教育具有开放性、交互性、共享性、协作性、自主性等特点，突破了时间和空间的限制，使高等学校的优良教育资源冲破校园围墙的限制，被更多的学习者共享。现代远程教育的"学习环境"，提供了学生自主建构知识的空间，帮助人们随时随地学习，实现了学生个体与群体的融合，从而满足了人们在校园外接受高等教育的愿望。

经历了近十年的光阴，现代远程教育已经发展到67所远程教育试点院校，学生近百万人。各高校网络教育学院结合财经、管理学科专业适合网络教育的特点，近年来推出了远程教育高等学历课程体系，最大限度地满足学生个性化自主学习的需要和社会对财经、管理人才的需要。为了确保网络教育质量，本着"我们的产品是教育服务"的宗旨，各高等学校网络教育学院正在努力建立标准化的网络教育管理系统，为学生提供全面周到的服务，建设有中国特色的一流网络大学。

网络教育的不断发展对网络学习教材建设提出新的挑战。如何在尊重传统教育的系统性的同时，在教材的内容上更能满足人们继续学习的需要，增强教材的实用性和适用性；在教材的表现

总 序

形式上更直观、更易理解、更便于自学，是我们正在努力解决的一个重大课题。为此，我们结合网络教学和课件的特点，组织具有丰富教学经验的老师编写了这套现代远程教育系列教材，尽力做到知识点明确，突出重点、要点，使之便于学生自学；同时，在教材内容上也更强调实用性和适用性，意在使这套教材既适用于现代远程教育学习者使用，也适合财经管理在校修学的学生和在职人员学习。

教材的改革是教育理念转变的结果，而教育理念的转变是一个长期而艰巨的过程。它不仅需要教师的努力，更需要广大学生和读者的积极参与。我们热切地希望读者对这套教材提出自己的意见和建议，使这套教材不断得以完善。

这套丛书的编写得到了经济科学出版社的大力支持。他们对此套丛书从选题策划到整体设计都提出了中肯的、有建设性的建议，并为其能够及时出版与广大读者见面付出了大量的、艰辛的努力，在此表示衷心的感谢。

现代远程教育系列教材编委会

杨 青

2003年9月

前　言

　　常常有一些与土木工程相关专业的学生，如建筑学、工程管理等专业，在学习《建筑结构原理》等课程时出现很多的困惑，究其原因，是这些专业的学生没有经过或很少有大量的力学课程的学习作为铺垫。《建筑结构原理》中许多深奥的概念，大多是在《结构力学》、《材料力学》甚至是《结构动力学》学习基础之上才能够理解的。现行的有关教材多数是由传统土木工程院校编写的，是基于钢筋混凝土结构、钢结构、砖石结构、结构抗震、高层建筑结构设计等多门课程的思维方法与逻辑，来阐述这门课程的。而《建筑结构原理》又是必不可缺的一门课程，是进一步学习相关课程的基础。可以想像，对于仅仅经过不足100个学时（甚至不足60学时）力学课程学习的学生来讲，《建筑结构原理》无疑是难以理解和枯燥乏味的，而又是不得不学的知识。

　　另外，从我国现今高等院校的专业构成来看，相当多的工程管理专业并非源于土木工程学科，而是以建筑经济、工程造价等专业为主要教育方向。这些专业大多设置于财经院校，其力学等课程的基础教育显然不能与设置于土木工程学科领域的工程管理专业相比。根据这些院校所作的专业定位，其学生毕业后的就业与发展方向在于工程造价、工程投资、房地产开发、工程法律等方面。《结构设计原理》对于这些学生来讲，更重要的在于对于建筑结构的一种相对浅显理解，以便作为日后工作的背景知识（而不是实用知识与技能），能够和专业工程师相沟通。就是说他们既不需要十分精深的结构设计理论基础，也不从事与设计有关的工作。

　　这就产生一个问题：能否以一种简单的方式，向那些没有深厚力学基础理论的学生阐述一系列复杂的概念，使其能够具有相关知识背景呢？本书将在这方面作一些尝试。

　　结构设计是一系列课程的综合内容，要在一本书中来阐述相关原理，并做到力求使一名初学者在阅读本书之后，就能够具备基本的工程技术背景，是十分困难的。但

前言

著名的结构工程大师林同炎先生曾讲过："建筑设计的目的是创造一个有效的环境整体，即一个由许多相互关联的环境分体系形成的整体。所以，设计者在开始处理结构方面的问题时，必然希望在形成和处理总体方案时，着眼于相互有关的各主要分体系，而不是构件和细部构造。但是，与总体考虑的必然效果相反，建筑和工程专业的学生往往是通过学习基本构件及其有关的具体设计和施工要点来学习工程知识。这种方法假设学生自己会返回去发现怎样把各部分结合成整体那当然好。但不幸的是，这种假设很少会实现，因为学习的模式和建筑设计思路的自然流程相反。一个设计者的实际设计经验模式与学习技术知识的模式之间如此的不协调，将使学生难以在设计思路形成的阶段应用这些技术知识。"① 这就是本书在写作中所秉承的基本宗旨的出发点，即以宏观的结构设计概念为基础，逐步阐述建筑结构的设计过程与原理。

因此在本书的章节编排过程中，按照建筑结构设计的基本过程，力求解决两个基本问题，那就是结构受什么样的力？结构应该进行什么样的处理以防止破坏的发生。其实在这两个问题中间还有一个环节，就是结构在力的作用下有什么样的反应，包括内力、应力与变形，这是在力学课程中所需要解决的。这将在另一本书《建筑力学简明教程》中以最为简单明了的方式加以阐述。

本书主要内容如下：

第一章，作为绪论简单地介绍一下什么是建筑结构，有什么作用，又是如何构成的。

第二章，向读者阐述建筑结构上要受到哪些荷载与作用，也就是说要解决结构上受什么样的力这一问题。为了进一步具体说明这一问题，在这一章中介绍了风与地震这两种特殊的荷载对于建筑的影响。

第三章，向读者说明结构的用材与选材的问题。材料的性能对于结构的影响不言而喻，在该章中主要介绍了混凝土与钢材的性能，并初步阐述了钢筋混凝土的工作原理。

第四章，结合前两章的内容，讲述材料强度—内力—荷载之间的构成关系，即设计原理。读者通过这一章可以明确一个结构设计的过程。

第五章，不仅向读者讲解各种常见的建筑结构形式的受力特点与应用领域，而且阐述了结构设计的概念原则。

前五章是从宏观的结构设计与结构分析入手，说明结构设计的基本过程。在经历了这一阶段之后，结构设计将是针对具体构件的设计与计算。因此，在第六、第七章，着重讲解了钢筋混凝土梁、柱这两种最为常见构件的设计。

---

① 林同炎、S. D. 斯多台斯伯利著，高立人、方鄂华、钱稼茹译：《结构的概念和体系（第二版）》，中国建筑工业出版社1999年版，第8~9页。

第六章，以梁为例讲述跨度结构的设计原理，这是结构中最为常见的构件，也是钢筋混凝土结构设计理论的基础。在本章中所涉及的内容包括正截面设计、斜截面设计、裂缝与变形设计、受扭设计等。同时还简单讲述了无梁楼盖、井字楼盖、密肋楼盖、双向板、楼梯等构件的基本构造与原则。

第七章，讲述垂直结构体系的设计，重点阐述压弯构件的设计原理。

结合第六、第七章的内容，可以构成一个较为完整的结构体系——框架结构，这是在结构设计中最为多见的一种结构体系。

第八章，讲述了相对特殊的结构模式——预应力结构与构件。这是可以更加充分发挥混凝土受压性能的一种结构，有着更大的刚度，能更好地控制裂缝的发生。在很多工程实践中，预应力结构被用来控制结构的层高与裂缝。

第九章，简单地介绍了钢结构的有关知识，包括结构体系的几种类型和构件的简单构成。钢结构是比较复杂的结构形式，不论是计算理论还是构造方法，在学习中应该更多的参考有关力学书籍来做进一步的了解。

第十章，阐述结构的地基与基础的相关问题，从土的构成、土的压缩性、土的强度、稳定性到基础的简单选择与设计方法。

从整体来看，本书涉及到结构工程领域的多门课程，由于篇幅限制与本书目标读者的选择，不可能一一阐述，更不能以深奥理论阐述为原则。力求深入浅出是本书的特点，本书所提到的结构设计理论与计算理论也比较浅显，对于相对复杂与难以理解的部分均作了适当的删减，更有利于力学基础不是很深厚的初学者学习。在阅读本书后，如果您对一些问题感兴趣，这本书的基础知识将对您进一步的学习与研究提供帮助。

参加本书编写的还有东北财经大学张建新（第八章）、杜贵成（第十章）老师。尽管在写作之初的想法是力求使本书能够做到："内行愿意看，外行也看得懂。"但是，由于作者专业水平、理论基础以及实践经验的欠缺，书中难免会有错误与表述不当之处，敬请读者谅解，也请各位及时指正。在本书的写作过程中，还参考了大量的书籍和规范，并详列于参考书目之中，在此一并表示感谢。

作者

2006 年 8 月于大连黑石礁

目录

第一章　建筑结构的基本知识 ··· 1
　1.1　结构的作用 ··· 1
　1.2　结构的组成 ··· 3
　1.3　建筑物对于结构的基本要求 ·· 5
　本章小结 ·· 6
　思考题 ··· 6

第二章　荷载的基本概念 ··· 7
　2.1　荷载及其分类 ·· 7
　2.2　活荷载取值 ··· 9
　2.3　特殊荷载与作用简介 ·· 10
　本章小结 ·· 16
　思考题 ··· 16

第三章　常用的结构材料 ··· 17
　3.1　结构材料的基本要求 ·· 17
　3.2　建筑用混凝土 ·· 22
　3.3　建筑用钢材 ··· 27
　3.4　建筑用复合材料——钢筋混凝土、劲性混凝土与钢管混凝土 ···· 34
　3.5　结构用其他材料 ··· 40
　本章小结 ·· 42
　思考题 ··· 42

目 录

第四章　结构设计原理 …………………………………………………… 44
　4.1　结构设计的极限状态理论 ………………………………………… 46
　4.2　建筑物的重要度与设计基准期 …………………………………… 48
　4.3　荷载效应与结构抗力 ……………………………………………… 50
　4.4　荷载与作用的组合与分布 ………………………………………… 52
　4.5　建筑结构设计过程综述 …………………………………………… 56
　本章小结 ………………………………………………………………… 58
　思考题 …………………………………………………………………… 58

第五章　常见的建筑结构体系与受力特点 …………………………… 59
　5.1　结构的经济性、效率与构件的形式 ……………………………… 60
　5.2　结构概念设计与结构选型 ………………………………………… 65
　5.3　砖石砌体结构 ……………………………………………………… 74
　5.4　框架结构的设计原理 ……………………………………………… 85
　5.5　剪力墙结构的设计原理 …………………………………………… 90
　5.6　排架结构的设计原理 ……………………………………………… 94
　5.7　悬索与拱结构 ……………………………………………………… 99
　本章小结 ………………………………………………………………… 103
　思考题 …………………………………………………………………… 104

第六章　最常见的跨度结构——钢筋混凝土梁板结构体系分析 …… 105
　6.1　钢筋混凝土梁板结构体系的构成 ………………………………… 106
　6.2　钢筋混凝土梁式结构的正截面设计 ……………………………… 114
　6.3　钢筋混凝土梁的耐久性与刚度问题——裂缝与变形 …………… 131
　6.4　钢筋混凝土梁的斜截面设计 ……………………………………… 136
　6.5　钢筋混凝土梁板结构的特殊问题——受扭作用 ………………… 145
　6.6　其他钢筋混凝土水平结构 ………………………………………… 150
　6.7　单向板肋梁楼盖设计案例 ………………………………………… 156
　本章小结 ………………………………………………………………… 167
　思考题 …………………………………………………………………… 168

第七章　钢筋混凝土垂直结构体系分析 ……………………………… 169
　7.1　受压构件综述 ……………………………………………………… 169
　7.2　轴心受压构件 ……………………………………………………… 172

7.3 偏心受压构件 ······ 175
7.4 受压构件的综合分析 ······ 183
7.5 钢筋混凝土受拉构件 ······ 186
本章小结 ······ 187
思考题 ······ 188

第八章 预应力混凝土结构原理与应用 ······ 189
8.1 预应力混凝土结构概述 ······ 189
8.2 施加预应力的方法 ······ 193
8.3 预应力混凝土的材料和锚具 ······ 194
8.4 预应力损失与张拉控制应力 ······ 196
8.5 预应力混凝土构件的一般构造 ······ 197
本章小结 ······ 200
思考题 ······ 200

第九章 钢结构的基本构件与结构体系 ······ 201
9.1 钢结构的结构体系 ······ 201
9.2 钢结构的构件连接方式 ······ 203
9.3 钢结构构件的计算与构造 ······ 207
本章小结 ······ 213
思考题 ······ 213

第十章 结构的地基与基础 ······ 214
10.1 地基的基本概念 ······ 215
10.2 土中应力的分布 ······ 218
10.3 土的压缩性与地基沉降 ······ 221
10.4 地基承载力 ······ 222
10.5 土坡的稳定问题 ······ 225
10.6 基础的设计原理 ······ 228
10.7 独立基础的设计计算 ······ 232
本章小结 ······ 234
思考题 ······ 235

附录一：特定词语的解释 ······ 236

附录二：常用建筑材料的性能与相关计算规定 ·················· 241
附录三：世界最高的建筑一览 ······························ 245
参考书目 ·· 246

第一章 建筑结构的基本知识

学习导读

学习建筑结构的设计原理，就必须了解什么是结构，结构是如何构成的，结构在建筑中究竟起着什么作用，以及建筑物结构体系的基本要求是什么。这些概念表面看上去并不复杂，但一名资深的结构工程师与初学者对此类问题的理解是有着极大的差异的，当您已经阅读完这本书再回到这里时，相信和第一次阅读时的感受是不一样的。在这一章，不需要掌握深奥的理论，对于一时不能理解的问题也不必着急，随着学习的进展，就会慢慢的理解。重要的是，在这一章之后，您就会对您所居住的房子有了一些新认识。

关键概念

建筑结构　结构的作用　结构的组成　建筑对于结构的基本要求

建筑物与构筑物（桥梁、水坝）在人们的生产与生活中的作用是毋庸置疑的。为了保证这些建筑物与构筑物在各种自然的与人为的作用下，保持其自身的工作状态，如跨度、高度、稳定性等，必须有相应的受力、传力体系，这个体系就是所谓的结构。

建筑结构是构成建筑物并为使用功能提供空间环境的支撑体，承担着建筑物的重力、风力撞击、振动等作用下所产生的各种荷载；同时又是影响建筑构造、建筑经济和建筑整体造型的基本因素。

常见建筑物的梁、柱、板；桥梁的桥墩、桥跨；水坝、堤岸等就是结构，而人们在日常活动中看不到的基础也属于结构。有了结构，建筑物与构筑物就可以抵抗自然界与人为的各种作用，因此结构必须是安全的。在各种自然与人为的作用下结构必须保持其基本强度要求——不破坏；保持其基本刚度要求——不发生大的变形；保持其基本稳定要求——不出现整体与局部的倾覆。

1.1　结构的作用

从结构的最基本原则来看，结构要承受各种力与作用，从自然的到人为的，并把这些力与作用传递到大地上。

1.1.1 抵抗结构自身的自重作用

自重是地球上的任何物体均存在的基本物理特征，组成结构的材料也同样存在自重。尽管初学者在学习力学基础时，由于简化计算的需要，经常忽略结构的自重。实际上，建筑材料的比重（单位体积的重量）非常大，从而会使自重成为结构的主要荷载，在结构设计中根本不能忽略，如混凝土结构、砖石砌体结构等。

自重是均匀的分布在结构上的，因此自重在计算中经常被简化为均布性的竖直荷载，如梁板的计算。但也有时会为了计算简化的需要，在不影响整体结构受力效果的前提下，将自重简化为集中荷载，如在桁架的计算中，会将构件的自重简化为作用在节点上的集中力。

1.1.2 承担其他外部重力荷载

结构上的各种附加物，如设备、装饰物、人群等，均存在重量，上部结构对于下部结构来讲，也是附加的外部重力荷载，这些都需要下部结构来承担。结构需要承担各种外部重力形成的荷载作用，这是对结构的基本要求，也是单层结构发展为多层结构的前提。

结构所承担的重力荷载多种多样，根据建筑物的差异而不同。北欧地区冬季降雪量极大，因此雪荷载是该地区结构设计所要考虑的重要内容，这也是为什么这里的古典建筑大多是采用尖顶的原因。在下雪时，倾斜的屋面不会存下积雪，而避免建筑物在雪压下倒塌。而大型的加工车间在结构设计时，要考虑屋顶的积灰产生的重力荷载。

1.1.3 承担侧向力与作用

不仅仅是垂直力的作用，抵抗侧向力对于建筑物也是十分重要的。对于较低的建筑物，侧向力并不构成主要的破坏作用。但是随着建筑物的增高，侧向力逐步取代垂直的重力作用，成为影响建筑物的主要作用。常见的侧向作用有风和地震作用。

风是由于空气的流动所形成的，由于建筑物对于风的流动会形成阻力，因此风也会对于建筑物形成推力。

地震时，地面会往复运动，产生侧向位移，由于惯性的原因，建筑物会保持原有的静止状态，因此地面与建筑物之间会形成运动状态的差异，从而形成侧向力的作用。与风不同，地震不是直接产生的力作用在建筑物上。

特定的构筑物由于要满足特殊的功能要求，除了风与地震外，还要承担特定的侧向力，如桥梁要承担车辆的水平刹车力；水坝与堤岸要承担波浪的侧压力与冲击力；

挡土墙要承担土的侧压力等。在结构设计中，侧向力与作用是不能够忽视的，且多数侧向力与作用属于动荷载。

1.1.4 承担特殊作用

除了常规的力与作用外，建筑物可能由于特殊的功能或原因，承担特殊的作用。如我国北方冬季严寒、夏季酷热，温度变化范围可达60℃以上，冬季室内外温差也可以达到50℃以上，温度的变化产生的结构变形不协调是结构内力的重要原因。有的时候，建筑物的地基会产生沉陷，当沉陷不均匀时，也会使建筑产生破坏。结构设计者也要考虑这些特殊原因产生的影响，所设计的结构才是安全的。

1.2 结构的组成

结构是由构件经过稳固的连接而形成的，构件是结构直接承担荷载的部分，连接可以将构件所承担的荷载传递到其他构件上，并进而传递到结构基础上。

从一般的建筑来理解，结构有以下几个特定的组成部分：跨度构件、垂直构件、抗侧向力构件和基础。

1.2.1 形成跨度的构件与结构

建筑物内部要形成必要的使用空间，跨度是必不可少的尺度要求，没有跨度不可能形成内部的空间；没有跨度构件，各种跨度以上的垂直重力荷载不可能传至地面。

常见的跨度构件是梁。有了梁的作用，既可以保证梁下部的空间，又可以在其上部形成平面，从而可以形成第二层的人工空间。梁是轴线尺度远远大于截面尺度的构件，在计算时可以将其简化为截面尺度为零的构件。侧向正交力是梁的基本受力特征，弯曲是梁的基本变形特征。板是梁水平侧向尺度的变异性构件，其原理和作用与梁基本相同，只是板由于尺度与约束的共同作用，体现出明显的空间特征时，其计算原理才会稍有变化。

桁架、拱以及悬索属于特殊的形成跨度的构件与结构，这些结构与构件不是以受弯为基本特征的。在大跨度结构中，梁的弯曲效应过大，对于结构与使用均非常不利，因此大多采用桁架、拱以及悬索等不会形成较大挠度的结构形式。

1.2.2 垂直传力的构件与结构

当跨度构件形成空间并承担相应的重力荷载时，其两端必然形成对于其他构件的向下压力作用，这种压力作用需要传递至地面，同时，任何空间都需要高度方向的尺度，必须有相应的构件形成这种高度要求，这就是垂直传力构件或结构。

常见的垂直传力构件或结构是柱。常规来讲，柱的顶端是梁，梁将其承担的垂直作用传给柱；柱的下部是基础，将作用传递至地面。当然，柱的下部也可以是柱，从而形成多层建筑。在特殊的情况下，柱的下部也可以是梁，一般称之为托梁，托梁将其上柱的垂直力向其两端分解传递。

柱的轴线尺度也远远大于截面尺度，在计算时也可以将其简化为截面尺度为零的构件，轴向力是柱的基本受力特征，同时由于轴向力的偏心影响，柱会同时受弯。墙是柱水平侧向尺度的变异性构件，其垂直方向的受力原理和作用与柱基本相同，但是由于墙的侧向尺度的影响，使其在较大侧向尺度方向上的刚度很大，从而具有良好的抵抗侧向变形的能力，这是柱所不具备的。

1.2.3 抵抗侧向力的构件与结构

建筑物内部要有相应的构件或结构，来抵抗侧向力或者作用。常见的抵抗侧向力的构件是墙，由于侧向尺度较大，墙的侧向刚度也较大，抗侧移能力较强，可以有效抵御侧向变形与荷载。更重要的是墙可以直接与地面相连接，从而使建筑物形成整体的刚度空间。

楼板的侧向刚度也较大，但板并不直接与地面相连，板只能够将建筑物在板所在的平面内形成刚性连接体，而不能如墙一样使建筑物不同层间形成刚度。

除了墙以外，柱与柱之间可以利用支撑来形成抵抗侧向变形的结构，在许多全部采用钢材的建筑中，这种支撑是必不可少的，其作用与墙是相同的。

1.2.4 基础

基础是人工结构的最下部，是将建筑物上部的各种荷载与作用传递至地面的重要部分，没有基础，建筑物就是空中楼阁。由于建筑物所承受的各种荷载与作用，基础也要承担垂直力、水平侧向力、弯曲作用等复杂的作用。基础必须向地面以下埋置一定的深度，以确保建筑物的整体稳定性。但有时由于建筑物埋置深度较深，而建筑物本身自重并不大，地下水可能将建筑物浮起来，如地下车库，因此需要基础具有抗浮（拔）功能。

并不是建筑物地面以下的部分都是基础，大多数情况下，地下室空间并不是基础，可以列为结构的一部分。只有当地下空间必须依靠整体作用，才能形成所必需的作为基础的功能时，地面以下才全部属于基础，这种基础通常称为"箱形基础"。其他常见的基础有桩、筏板、梁、墩台、独立基础等，是根据其形状与受力原理进行分类的。

地基是基础以下的持力土层或岩层，是上部荷载最终的承接者。因此，地基必须有足够的强度、刚度与稳定性。所谓强度，是地基不能受压破坏；所谓刚度，是地基的岩层与土层的压缩性不能超过相应的要求，尤其是不均匀的变形，这会导致建筑物的倾斜及产生裂缝，著名的比萨斜塔就是由于地基的不均匀沉降而形成的；而稳定性是指地基不能够发生滑移与倾覆等整体性的破坏。对于地基与基础将在后续的专门章节中加以介绍。

1.3 建筑物对于结构的基本要求

由于结构对于建筑物特殊的作用与意义，因此结构必须满足特定的要求才能够保证其功能的实现，保证建筑物的功能。

1.3.1 结构的安全性功能要求

安全是建筑物与构筑物的使用者对于结构的基本要求。结构在各种外部与内部的不良作用下，保持其稳固的形体，使内部空间得以存在，使人们的生产、生活得以保证。没有安全性能，建筑物也就失去了基本的意义。对于安全，不同人的理解不同。简单地说就是可以抵御外界的作用，但事实并非简单如此，外力的作用是十分复杂的，也有可能十分巨大，在超过人们预料的巨大作用面前，建筑物也要保证安全。这并不是不破坏，而是以人们所预料的方式进行破坏，并有明确的预警，这才是真正的安全。

1.3.2 结构的适用性功能要求

结构必须适用，能够保证自身发挥其作用的同时，又不能影响到建筑物功能的发挥。如果仅仅满足安全要求，导致结构尺度过大，则不能满足适用性。这是建筑空间设计与结构的基本矛盾——优秀的结构工程师就是要寻找适度的结构尺度。

同时，结构在保证受力安全时，不能产生较大的变形、挠曲、振颤等不良反应，这会影响其功能的正常发挥，当然，这也会在使用中给人以强烈的不安全感，给人以强烈的心理冲击。

1.3.3 结构的耐久性功能要求

结构必须保证在建筑物存在的期限内发挥其应有的功能，结构不能先于建筑物的寿命被破坏。因此要求结构能够抵御自然界的腐蚀作用、气候冷热变化所产生的作用。持续性的、长期的发挥功效，也是结构的基本要求之一。一次性投资的巨大，要求建筑物长期存在慢慢回收成本、产生效益。这种经济性的指标，也必然要求建筑物的耐久性。

本章小结

通过学习，可以知道：结构就是建筑的受力与传力体系，虽然力有很多种，也很复杂，但结构可以保证建筑物的安全。这种安全不仅仅是暂时的，而且是需要在建筑物的寿命期内长期保证的。当然这种安全需求是相对的，不能超出建筑的功能而奢谈安全与坚固。为了保证这种安全效果的实现，结构体系就必须有一系列的构件或部分构成。

思 考 题

1. 结合周边的建筑物，识别建筑中的结构组成。
2. 什么是建筑结构的安全？如何理解"按照既定方式的破坏就是安全"这句话？
3. 指出建筑中不属于结构的组成部分。

第二章 荷载的基本概念

学习导读

结构设计首先就要明确结构上能承受多大的力。荷载就是结构上所受到的力学作用，包括直接承担的外力以及由于变形的不协调所产生的内力。这些力学作用是多种多样的，集中或分布式的、瞬时或永久的、静止或移动的作用在结构上，并对结构产生影响。准确的量化这些荷载是结构设计的前提。对于自重这类的荷载，几何体积与密度就可以解决；但是对于风、地震、人群这类的随机作用的荷载，必须依靠概率统计的方法来确定设计荷载。为了加深理解，本章还对于风与地震这两种荷载作了简单的介绍。

关键概念

荷载　作用　荷载的分类　荷载标准值的取值　基本风压　风荷载的各种调整系数　地震烈度与设防烈度　建筑抗震的分类标准

2.1 荷载及其分类

2.1.1 荷载与作用

我们经常提到的结构所承担的外部作用，一般分为荷载与作用两大类。

荷载是指外界、建筑构造与结构自身对于结构所形成的力；作用是由于外界、建筑构造与结构自身对于结构所形成的变形、位移不协调等原因导致的结构受力。

具体来讲，荷载是指结构自重、建筑物其他构造自重、建筑物各种附加物的自重及其运动形成的力、自然界的作用（风、雨、雪等）等；作用是指温度变化形成的构件与构件的不协调变形、地基的不均匀沉陷导致构件与构件的不协调变形，以及地震导致地表与结构的相对位移而形成的结构受力等。

静定与超静定结构，由于约束状况不同，产生作用的情况也不同（见图2-1）。

静定结构在各种静态的不协调的变形作用下，不产生相应的内力；超静定结构中如果发生个别构件的不协调变形，会由于多于约束的作用，限制变形的发展，从而产生约束力。

各种作用也同样会产生力，变形的不协调会通过力的作用调整为协调，如果不是十分严格的技术文件，在常规上也可以将荷载与作用统称为荷载。

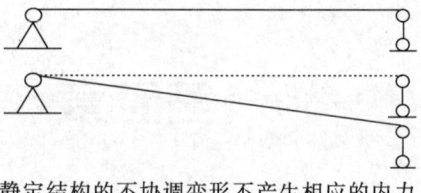
静定结构的不协调变形不产生相应的内力

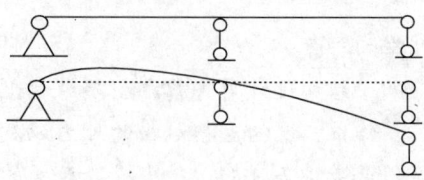
超静定结构的不协调变形产生相应的内力

图 2-1

2.1.2 荷载的分类

根据荷载的特点，经常将荷载分为：恒荷载与活荷载、静荷载与动荷载。

1. 恒荷载与活荷载

根据荷载作用的位置、量值、方向等特征方面与结构发挥效用时间的关系，将荷载分为恒荷载与活荷载。

恒荷载是指在结构发挥效用的时间范围内——建筑物的设计寿命期，位置、方向、量值均不发生变化的荷载。构件的自重以及其他构件传来的相应构件的自重均属于恒荷载。建筑物的各种附加设施不一定属于恒荷载，如抹灰层、屋面保温层属于恒荷载。家具、室内设备等虽然不经常移动，但其持久的存在于一个地方的时间与结构发挥效用的时间范围相比较，仍是十分短暂的，因此不能属于恒荷载。

在结构发挥效用的时间范围内，位置、方向、量值任一参数指标发生变化的荷载都属于活荷载。人群、风、家具等所形成的荷载均属于活荷载。

恒荷载是比较容易度量与计算的，确定的材料与截面必然会有确定的构件自重；确定的结构体系以及确定的构件关联关系，会有确定性的传力路径与方式。活荷载是相对复杂的，必须预测可能出现荷载的变化状况、范围、幅度，才能选择应对活荷载的基本策略；对于各种活荷载可能出现的状况要进行设计、验算与比较，才能确定结构的安全性能。

2. 静荷载与动荷载

根据荷载作用量值的短期变化特征，可以将荷载分为静荷载与动荷载。

静荷载是指短时间尤其是瞬时，量值不发生变化或变化幅度不大的荷载。瞬时不发生变化，就是不会对于结构产生冲击作用的效果，如人群、自重、家具等。静荷载多由重力引起。

动荷载是指短时间，量值发生较大变化的荷载，对于结构会产生冲击作用效果，如车辆、风、地震以及设备的运行等。除风、爆炸等特殊动荷载外，多数动荷载由重力与运动速度共同产生。

2.1.3 力学计算的荷载简化

在力学计算时,活荷载要转化为恒荷载来计算,动荷载要转化为静荷载来计算。活荷载的转化要通过不同活荷载状态的分别计算来实现;动荷载的转化要通过动荷载的等效静力作用来实现,其方式是以与动荷载产生同样结构位移与变形的静力来代替动荷载。对于非荷载作用——位移、温度作用,以与之产生同样结构位移与变形的静力来代替。

经过力学的简化后,荷载呈现出以下两种作用方式的静、恒荷载。

1. 集中荷载

集中荷载是指荷载作用的范围相对于结构的尺度来讲很小,可以忽略为一个点作用的荷载。集中荷载对于结构产生不连续的作用,集中荷载可以直接进行力学计算。

2. 分布荷载

分布荷载是指荷载作用的范围相对于结构的尺度来讲,是线或面作用的荷载。分布荷载对于结构产生相对连续的作用,分布荷载不能直接进行力学计算,需要先求得分布荷载对于结构或构件的整体作用效果。最为常见的分布荷载是均布荷载。

2.2 活荷载取值

作用在结构上的荷载是多种多样的,对于每一种荷载,都必须被确定下来,使之成为可以计算的恒荷载与静荷载,即确定计算荷载的特征值,该值可以代表该类荷载对于建筑物的作用。以该特征值来设计建筑物,结构是相对安全的。

2.2.1 活荷载特征值取值的前提范围

对于某类荷载,测算其特征值时不同的前提范围其量值是不同的。一般来讲,建筑物所承受的荷载的特征值的测算要按以下前提来进行:

1. 功能范围

所谓功能范围是指建筑物的设计功能,住宅、办公、商业、仓储等不同的功能建筑物所承担的对象不同,因此不同功能的建筑物与构筑物所承担的荷载也就不一样。当然,对于同一建筑物的不同功能区域来讲,所承担的荷载也是不一样的。因此说,特定的建筑物会承担特定的荷载,建筑物中特定的功能区域空间会承担特定的荷载。这种功能的确定与功能区域的划分,不是由结构工程师确定的,而是由建筑师根据功能要求确定的。

2. 时间范围

时间范围是指对于特定荷载的测算与统计的时间长度范围。测算时间越长,建筑物所面临的荷载峰值越大,尤其对于自然界的各种作用,如风、雪、雨、地震、洪水等。千年一遇的洪水所形成的水流荷载,要远远大于百年一遇的洪水荷载。一般来说,建筑物的设计基准期是该结构的荷载最短测算期。

3. 空间范围

空间范围是指建筑物所在地,也就是建筑物所面临的特定荷载发生区。就自然界来讲,不同的区域与自然环境荷载发生的状况也不同,这种自然荷载的差异构成了对于不同荷载的荷载发生区域,如地震等级区、雪压等级区、降水等级区、风向与风压等级区等。

2.2.2 活荷载特征值的确定

在确定荷载的测算前提后,需要对相关结构与荷载进行相应期限的统计,形成荷载的统计资料。

从活荷载的量值分布规律来看,不同荷载量值出现频率基本符合正态分布规律,即对于某种特定的被观测与统计的荷载,其不同量值的出现频率与正态分布规律相吻合——较大与较小的荷载出现概率低,常规荷载出现概率高,如图2-2所示。

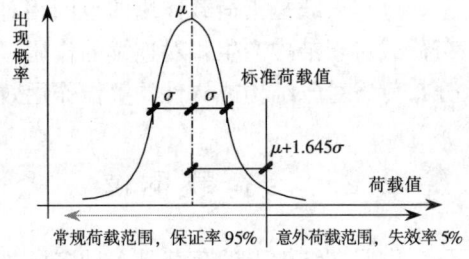

图 2-2

根据荷载统计数据,确定相对较大的指标为该类荷载的特征值,以确保相对于选定的特征值,绝大多数的荷载状况是较小的,以该特征荷载进行设计是安全有效的。

实际上,不可能存在大于所有可能荷载的特征荷载值,因此,寻求绝对安全性的荷载特征值是不可能的。根据工程需要,以95%为保证率指标,即以所选的荷载特征值衡量所有荷载出现的概率状况。95%被称为保证率,超过荷载特征值的特异荷载出现概率为5%,即失效概率为5%。小于95%的荷载指标,即基于该荷载指标进行设计是相对安全的。

根据正态分布函数的数学特征,确定特征荷载 $Q = \mu + 1.645\sigma$,该特征值被称为该荷载的标准值,记作 Q_k。

2.3 特殊荷载与作用简介

在建筑物与构筑物的正常使用状态,常规荷载是人群的活动、设备的运行等的作用;自然界的荷载是风、雨、雪、温差等的作用;特殊的情况下,结构还要面对地震作用。风与地震是两种典型的、随机的动荷载与作用,是结构设计中必然考虑的两种

2.3 特殊荷载与作用简介

因素。

2.3.1 风荷载

1. 风的形成与危害

风是由于大气层的温度差、气压差等大气现象导致的空气流动现象。

建筑物会对风形成阻挡，因此，风会对建筑物形成反作用。建筑物受到风的作用效果，并受地形（空旷、多树、偏斜、多山、城乡、植被、凹凸不平等）、建筑类型（形状、大小、高度、材质、柔度、密封性、空旷性等），以及气流的性质（空气密度、方向、速度、稳定程度等）的影响。由于建筑物形体的关系，不同的建筑物及建筑物的不同侧面所受风的作用也不相同（见图2-3）。

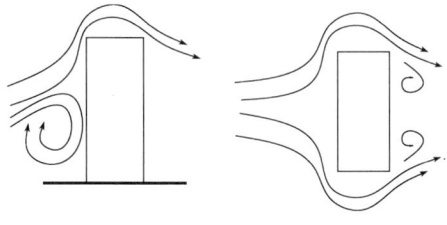

图2-3

风是极其复杂的气流现象，对于受风力作用的建筑物来说，风是随机性的动荷载，巨大的风力作用会导致建筑物水平侧移、振动，甚至垮塌。尽管现今很少有由于风的作用而导致建筑物倒塌的报道，但在建筑史上受到风的作用而倾覆的塔檐、烟囱，甚至桥梁都是有的。20世纪40年代，在美国华盛顿州建设的科玛海峡大桥，就是典型的例证（见图2-4）。

科玛海峡大桥　　　　　　大桥在风的作用下形成扭曲并最终垮塌

图2-4

一般来讲，在风的作用下，建筑物会发生以下破坏：

（1）主体结构变形导致内墙裂缝；

（2）长时间的风振效应使结构受到往复应力作用而发生局部疲劳破坏；

（3）外装饰，尤其是玻璃幕墙、广告牌受风力作用而脱落，对于地处繁华市区的高层建筑来讲，是十分危险的；

（4）对于设计时为减少荷载而设计的轻屋面，受风的作用会像上浮起甚至破坏。

2. 风荷载的形成与设计主导风向

物体的迎风面受到风产生的压力作用，这种压力作用会随着风的级别（风的速度）的不同而不同。对于复杂的建筑形体，建筑物的其他表面（侧面、背面、屋面等），风不仅仅产生类似迎风面的压力，而且还会由于风的流动致使该面受到吸力——由流动的空气与室内静止的空气所形成的压力差导致的。同时由于风向的变化，建筑物各个表面所受到的作用的差异度也极为巨大。

风的方向也是复杂多变的、随机性的。在风荷载的测算与表达过程中，通常以风玫瑰图（见图2-5）表示风向的分布规律——表示某一地区的全年冬季、夏季的风向的分布状况。图2-5中虚线表示该地区冬季风向的分布规律；实线表示该地区夏季风向的分布规律。在设计中，以标准风荷载与风玫瑰图的主导风向为该地区的设计标准。

图2-5

3. 基本风压

基本风压是指某一地区，风力在迎风表面产生作用的标准值，是某一地区风荷载的基本参数。

我国规范对某一地区的基本风压按以下标准确定：选择平坦空旷的，能反映本地区较大范围内的气象特点，并避免局部地形和环境影响的地面区域，在距地面10米高处，年最大风速发生时10分钟内的风速平均值所形成的，并考虑该风速的历史重现期（30年为标准期限）而确定的迎风面风力作用。

分别以30年和50年为风力重现期，所测得的风力统计结果，其保证率应为96.7%和98%。

4. 高度与风的作用

随着风力测试点的高度增加，所受风力作用也随之加大（见图2-6）。高层建筑所面临的风力作用明显高于普通建筑物，其侧面的风力分布规律体现出风力与高度的直接相关关系。因此许多高层建筑采用在高处缩减截面，以减小风的作用效果。

对于平坦或稍有起伏的地形，风压高度变化系数应根据地面粗糙度类别来确定。地面粗糙度可分为A、B、C、D四类：A类指近海海面、海岛、海岸、湖岸及沙漠地区；B类指田野、乡村、丛林、丘陵以及房屋比较稀疏的乡镇和城市郊区；C类指有密集建筑群的城市市区；D类指有密集建筑群，并且

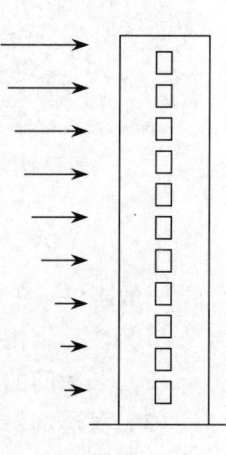

图2-6

房屋较高的城市市区。

5. 建筑形体与风的作用

建筑物所采用的平面与剖面形体，与其各个外表面所受风的作用有密切关系。矩形、圆形、三角形等不同的平面形状的建筑物，各个侧面所受的风力作用差异很大。一般来说，圆形、六边形、Y形、十字形、三角形平面所受风力作用小于矩形，矩形平面建筑物做切角处理后，风力作用会降低。

建筑物表面的粗糙程度也影响着所受风力作用的大小，表面粗糙会加大风力的作用。

6. 风的振动效应

风是随机出现的，阵风对于建筑物的影响也不能忽视。阵风会产生强烈的风振效应，并且具有极大的不稳定性，图2-7记录的是某高耸塔桅结构的顶部在风的作用下所产生的运动轨迹，可以看出其轨迹是极不规律的。

阵风会产生顺风的振动效应与侧风的振动效应，尤其对于高耸的细长建筑，侧风振动效应较大。

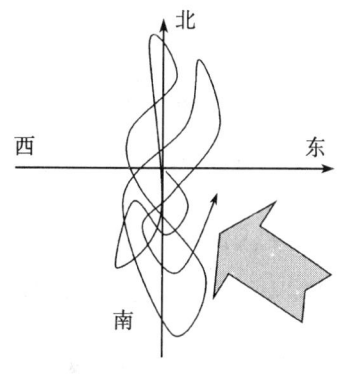

图2-7

7. 风荷载计算公式

综合各种因素，我国规范采用以下计算公式表达建筑物特定区域的风荷载基本设计指标：

$$\omega_k = \beta_z \mu_s \mu_z \omega_0$$

式中，ω_k 表示风荷载标准值；β_z 表示高度 Z 处的风振系数；μ_s 表示建筑物对于风荷载的形体系数；μ_z 表示风荷载的高度变化系数；ω_0 表示建筑物所在地区的基本风压。

对于具体建筑物，多按层间划分风荷载高度分布段落并选择高度系数与风振系数，按照主导风向设定建筑物与风的受力方向关系，按所处的不同侧面确定风的形体系数，从而计算出建筑物各个侧面各个高度区间的风荷载标准值，再根据相关的传力路径折算风荷载与主体结构的相关关系与量值。

8. 城市中心区高层建筑综合风效应

在城市中心区，随着高层建筑大量增加、高度的增高（多数在百米以上）、密度也随之加大。

在这种情况下，高层建筑物对于地表气流穿过形成阻挡，宏观上会减小风的速度，减少风力作用；但在局部会由于风通过面积狭小，形成风力急剧增加，而且这种风力增加是不确定的（见图2-8）。现在西方国家已经开始以风洞试验的方式对城市中心商务高层建筑区域进行特征风的研究（见图2-9）。

第二章　荷载的基本概念

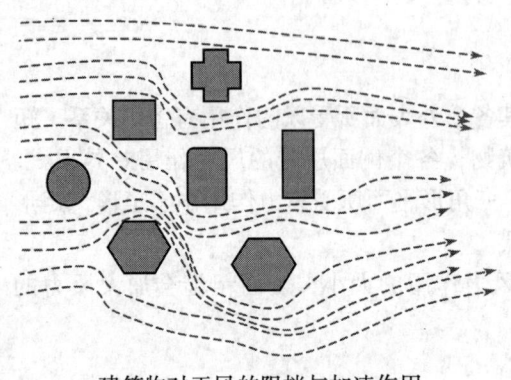

建筑物对于风的阻挡与加速作用

图 2-8

日本某实验室正在进行的城市规划风洞试验

图 2-9

风力的作用是复杂的，虽不至于对建筑产生恶劣的结果，但也应引起关注。现代建筑抗风设计，需要考虑以上多种因素的共同影响，确定建筑物所受侧向风荷载的大小与分布状况。

在高层建筑的施工过程中，要注意塔吊、脚手架等施工过程的抗风设计；在使用过程中，要注意建筑物附加的广告牌、灯箱、旗杆的设计与安装。

2.3.2　地震作用

与风荷载相比，地震作用的破坏性更加严重。和直接荷载作用不同的是，地震作用不是由于外界的力主动产生的，而是在地面发生位移时，由于建筑物的惯性而形成的与地面的相对运动差导致的力的作用，因此建筑物所受到的地震作用与建筑物自身质量关系密切。建筑物质量越大，惯性越大，地震作用也越大。

1. 地震的形成与危害

地震是由于地壳内部发生错动等地质因素引起的地表振颤，地壳内发生地震的地方是震源，震源上方正对着的地面称为震中（见图 2-10）。震源垂直向上到地表的距离是震源深度。震中及其附近的地方称为震中区，也称极震区，是一次地震发生时破坏力最大的地方。地震时，在地球内部出现的弹性波叫做地震波。地震波主要包含纵波和横波。振动方向与传播方向一致的波为纵波（P波），振动方向与传播方向垂直的波为横波（S波）。来自地下的横波能引起地面剧烈的水平晃动，是地震时造成建筑物破坏的主要原因。

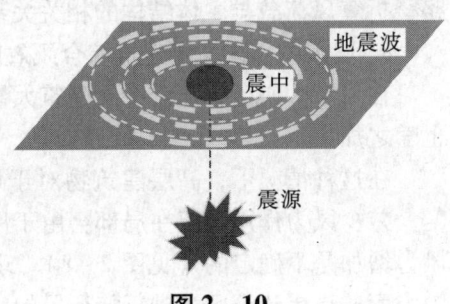

图 2-10

2.3 特殊荷载与作用简介

地球上的地震有强有弱。用来衡量地震强度大小的尺度有两种，震级与地震烈度。震级是衡量地震大小的一种度量。每一次地震只有一个震级。震级是根据地震时释放能量的多少来划分的，国际通用震级标准称为"里氏震级"。地震烈度是指地面及房屋等建筑物受地震破坏的程度。对同一个地震，不同的地区，烈度大小是不一样的。距离震源近，破坏就大，烈度就高；距离震源远，破坏就小，烈度就低（见图 2-11）。

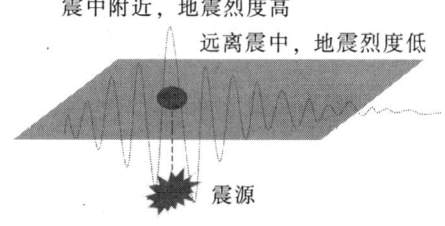

图 2-11

建筑设计中所采用的基本烈度，是指某一地区今后一定测算期内，可能遭受的最大地震烈度，是抗震设计的主要参考指标。而设防烈度，是建筑设计所采用的地震烈度标准，多数情况下采用该地区的基本烈度指标。对于重要建筑物，在基本烈度基础上加以调整。

通常来讲，地震烈度低于 6 度时，不会对于永久性建筑物形成较大破坏。因此，我国规范规定，以 6 度为建筑设计基本设防标准。

2. 抗震设计对于建筑的分类原则

我国荷载规范中，建筑应根据其使用功能的重要性分为甲类、乙类、丙类、丁类 4 个抗震设防类别。

（1）甲类建筑，属于重大建筑工程和地震时可能发生严重次生灾害的建筑，如大江大河的水坝、核设施、煤气中心储气罐等。对于该类建筑物的抗震设计，应该进行专门的技术分析与论证，在实验分析与计算机模拟的前提下进行设计。

（2）乙类建筑，属于地震时使用功能不能中断或需尽快恢复的建筑，是对于抗震救灾起到极为重要作用的建筑，如重要的政府办公楼、大型医院、地区或区域性通讯中心等。这类建筑物的地震作用与抗震措施，应在本地区抗震设防烈度基础上，提高 1 度作为标准。对规模较小的乙类建筑，当其结构改用抗震性能较好的结构类型时，应允许仍按本地区抗震设防烈度的要求采取抗震措施。

（3）丙类建筑，丙类建筑应属于除甲、乙、丁类以外的一般建筑地震作用和抗震措施均应符合本地区抗震设防烈度的要求。

（4）丁类建筑，属于抗震次要建筑。一般情况下，地震作用应符合本地区抗震设防烈度的要求；抗震措施应允许比本地区抗震设防烈度的要求适当降低，但抗震设防烈度为 6 度时不应降低。

对于 6 度区内百万以上人口城市的高层建筑，按照我国规范的要求，按 7 度进行设防。

3. 建筑物的抗震设防标准与设计原则

我国的抗震规范规定了建筑物的三个基本设防标准：

（1）小震不坏。在较基本烈度低 1.5 度的烈度的地震作用下，结构处于正常使用阶段，材料受力处于弹性阶段，在地震的作用下，结构不会产生明显的变化，没有明显的破坏迹象。

（2）中震可修。在遭受基本烈度的地震作用下，结构可能出现一定的损坏，但加以修缮后可继续使用，材料受力处于塑性阶段，但被控制在一定限度内，残余变形不大。

（3）大震不倒。在较基本烈度高 1 度的烈度作用下，结构出现严重破坏，但材料的变形仍在控制范围内，不至于迅速倒塌，以赢得撤离时间。

本 章 小 结

明确结构所受的力学作用是结构设计的前提。测算荷载就是用概率统计的方式来确定某一类荷载的特征值，即按特征值设计结构是安全的。需要明确的是，绝对安全的建筑是不存在的，结构都是具有一定的可靠度的，因此荷载的特征应该偏大。活荷载的典型代表是风与地震。相同的风会由于建筑物的形体、高度等几何特征产生不同的荷载。地震是一种作用，而非荷载。由于地震的复杂性，抗震设计无疑是结构设计理论研究与工程实践领域的最前沿。抗震设计的关键是概念设计，这将在后面的章节中加以阐述。

思 考 题

1. 荷载的特征值是怎么确定的？
2. 什么是结构的可靠度？有什么意义？
3. 基本风压是如何测定的？风荷载在建筑物各个部位产生的具体量值是如何确定的？
4. 地震作用在建筑物上的力是怎么产生的？应该如何量化？
5. 我国抗震设计对于建筑物的分类原则是什么？
6. 建筑物的抗震设防标准与原则是什么？

第三章　常用的结构材料

学习导读

在明确结构上所受的力学作用之后，选择可以使用的结构材料及其相关结构体系是十分重要的。其实在设计中这并非是顺序的过程，因为结构材料的选择影响着结构的荷载状况。结构用材并非是毫无根据的，经过强度、刚度、重度、价格以及环保等多方面的考量，从现阶段的科技发展水平来看，只有混凝土与钢材才是建筑结构材料的优选。

混凝土本身就是复合材料，有着比较复杂的力学性质，受压强度高而受拉强度低，难以独自成为结构用材。钢材是性能优良的、天然的建筑材料，其优异的受力与变形性能，使得"安全"这一设计理念体现得淋漓尽致。钢材可以独自成为结构材料，也可以与混凝土共同组成钢筋混凝土、劲性混凝土等复合材料。工程实践证明，这些新型复合材料的优越性能可以满足建筑技术发展的需要。

砖石材料是古老的建筑材料，由于各种原因，这些材料还在被使用着。虽然其力学性能远不如混凝土与钢材，但是在低矮的建筑中，砖石材料是可以满足要求的，其施工工艺比较简单，造价也相对低廉。

学习本章着重要掌握各种材料的基本力学性能与受力破坏特点，这是一名结构工程师所必需的基本知识。这不仅有助于在设计实践中灵活的选择结构材料与体系，而且对于各种工程事故的分析与鉴定也是十分重要的。

关键概念

建筑材料的选择原则　混凝土的各种强度　混凝土的变形　钢材的应力应变曲线　钢筋混凝土的构成原理　砌体材料的力学性能

3.1 结构材料的基本要求

结构的重要作用以及结构所承担荷载的复杂性，对于结构所采用材料有着较高的要求，不仅仅是强度——抵抗破坏的能力；对于材料的刚度——抵抗变形的能力要求也很高。建筑物、构筑物的体量巨大，耗用材料数量相当惊人，因此要求结构材料的价格尽可能相对低廉，降低工程成本。除此以外，建筑物与构筑物可能不仅仅在单一的环境中存在，要面临气候的变化，甚至要面临特殊的灾祸，如火灾的作用，结构材料应该对于各种环境具有相对的环境适应性，其强度与刚度对于自然界的温度变化要有较大的适应度。

3.1.1 结构材料要有足够的、有一定环境适应度的强度

足够的强度是对于结构材料的基本要求，没有强度或强度不足就根本不能承担建筑物荷载所形成的巨大的应力作用。结构的材料还要面对季节变化所导致的温度、湿度、冻融循环等，此时其强度也不能有明显的变化，即同样具有承担荷载的能力。同时，结构的材料还应该能够抵御空气与环境的腐蚀影响；在特殊情况下，如火灾等，结构材料必须能够保证其强度性能在一定的时间范围内不会明显失效，使人们可以逃离险境。

从微观来看，以现有的科技水平与工艺水平，任何天然材料与人工生产的材料，均存在着各种缺陷，如材质不均匀、不稳定的状况。有些材料表现十分明显，如混凝土；有些不明显，如钢材。但从严格的数学与力学的角度来讲，所有材料的破坏临界值——强度指标，对于统一的试验标准、不同的试验个体来讲，均体现出一定的离散性。因此，这就需要以统计的手段来确定特定材料的强度特征性指标，即以该指标进行设计时，尽管实际材料的强度指标会有离散性，但该指标对于大多数设计所采用的材料是有效的和安全的。

确定材料强度指标的方法与确定荷载指标的方法类似，即模拟结构材料各种可能的常规工作环境，对于按照标准生产的材料，制作成标准试件，以标准的测试方法测量各个试件的强度指标，再以统计的方法测算各种强度区间的概率指标，回归成为强度分布图。

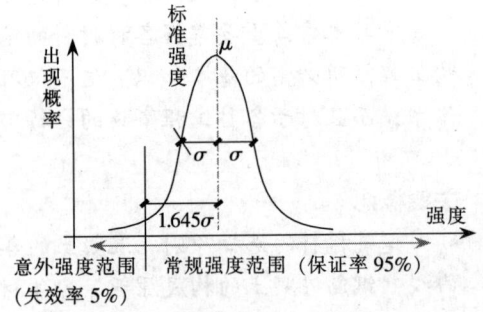

图 3-1

强度分布图（见图 3-1）一般呈正态分布函数，试验中按照 95% 的保证率的原则来选择特征强度指标，使高于该指标的材料强度的总概率为 95%，即失效概率为 5%。

因此，按照正态分布函数的基本数学特征，可以确定材料的强度指标为：

$$R_k = \mu - 1.645\sigma,$$

式中，R_k 表示被试验检验材料的标准强度指标；μ 表示被试验检验材料在统计性试验中所测得的材料强度平均值；σ 表示被试验检验材料在统计性试验中所测得的材料

强度的标准差值。

3.1.2 结构材料要有足够的刚度

除了强度指标，刚度对抵抗变形的能力也同样重要。没有足够的刚度，构件受力后虽然不会破坏，但可能由于变形过大，导致构件与构件之间的宏观几何关系发生改变，进而会使得结构整体的受力性能复杂化和不确定性增加，使设计复杂性提高，实际使用的模糊性加大，安全性降低。

除了力学问题，变形也会导致使用中的问题，梁的挠曲过大，会使室内的人感到紧张与恐慌；墙面变形会使其表面的装饰材料发生裂缝、严重时会脱落。当变形不均匀、不一致时，会产生整体结构的倾斜，导致各种精密度要求较高的设备失效。如果材料在静态力学作用下会产生较大的变形，则该结构与材料在动态力学作用下会产生较大的振幅，这种大幅度的振动会导致结构的破坏加剧。

结构的刚度指标是强度指标之外的次重要指标，在结构设计中，刚度指标一般不属于设计内容，而是属于验算内容。根据强度计算指标的结果，在已经满足强度要求的前提下，验算结构或构件的刚度是否满足要求。

3.1.3 结构材料要有相应的重度

材料的重量是结构保持自身稳定性的重要手段，尽管现代建筑的要求是材料应该轻质高强，然而过轻的自重会使结构的自身惯性即保持自身固有的力学状态的能力变小。建筑物自身的自重是其保持整体稳定、抵抗倾覆的重要因素，庞大的体积与自重，可以有效地抵御荷载所形成的运动趋势，使结构的稳固性大大增强。

现代建筑物、构筑物中有许多结构都是利用结构的自重来达到其功能的。如重力式水坝、挡土墙，利用自重保持结构在水、土侧向作用下的稳定，达到挡水、挡土的目的；重型屋面利用自重抵抗风的作用；重力式桥墩利用自重抵抗水流、风、车辆的动力作用，稳定桥面。

当然，并不是材料越重越好，自重荷载是设计荷载的重要组成部分，而自重大的结构，地震反应也剧烈。

3.1.4 结构材料要有相对低廉的价格

结构材料使用量大，有效控制成本是必须的。从现有的资料测算表明，较现代化的建筑物，如写字楼、商业中心等，结构施工部分所消耗的资金约占建筑物建设总成本的1/3左右；一般民用建筑，如住宅，结构施工部分所消耗的资金约占建筑物建设总成本的2/3左右；一般工业建筑，如厂房，结构施工部分所消耗的资金约占建设总成本的4/5，甚至更多；而构筑物，如桥梁、水坝，其结构成本几乎就是建设总成本。

因此，在选择结构材料时，价格低廉是非常重要的前提条件，以保证总成本的控制。

当然，材料的价格并非是施工成本的全部，施工的难易程度也是总成本的重要影响因素，施工复杂不仅会使施工投入量增加，而且还会使施工期限延长，导致资金占用时间增加，机会成本与风险加大。材料良好的施工性能表现在两方面：其一，使用该材料的施工过程简便易行，劳动强度低，易于工业化生产，因此可以大幅度地降低生产成本，降低工程造价；其二，材料施工中的质量稳定性高，不会由于现场的施工过程与不利的作业环境，导致严重的质量问题甚至事故，即材料的施工环境适应度较高。

所以，设计者应从结构的性能要求、材料的基础价格、施工的难易程度等多方面综合考虑材料的成本，使性能价格比达到较优化的程度。

3.1.5 结构材料要有良好的环保性能

环保是面向未来的一种潮流，建筑材料、结构材料作为材料中用量较大的一类，更应体现环保原则。

结构材料良好的环保性能，要从三方面体现出来：

第一，指材料在使用中不会对环境与健康形成不良的危害，对于人体不会产生不良作用，无毒、无放射性、没有不良气体的释放、不与空气发生不良反应等。这是对于结构材料环保性能的基本要求。然而由于现代化施工工艺的要求，结构材料在施工过程中会大量使用各种添加剂，以保证其抗渗、抗冻等特殊的性能。许多环保事故表明，添加剂的滥用会导致严重的环境问题。

第二，在材料的生产过程中不会对自然界产生相对的破坏，不会大范围的破坏自然界、影响自然环境，不破坏生态平衡。从这个意义上来讲，木材并不属于环保材料，尤其对于我国这样的森林覆盖率远远低于世界平均水平的国家，大量的木材作为结构材料是十分不合适的。黏土砖在生产过程中要占用大量的农田，烧砖需要采用大量的黏土，对于耕地紧缺的我国，显然也是违反环境保护与可持续发展原则的。

第三，材料是可回收、可以重复利用的，从而减少新材料的利用，间接保护自然。由于建筑物的寿命期限一般较长，多数设计期限都超过百年，因此对于建筑结构材料的重复利用方面的性能要求并不十分严格，而装饰装修材料在此方面的原则正在逐步显现出来。现在正在研究开发一种依靠破碎混凝土拌合的再生混凝土，这无疑会使得大量废弃房屋所形成的建筑垃圾有了最好的去处，也会大大减少人们生产水泥沙石对自然界的开发。

3.1.6 结构材料的常规选择

从材料的选择原则与标准、现有的科学技术发展水平、现有的经济条件与技术条件的限制，以及现阶段工程建设的实践中可以看出，符合这些条件的主要结构材料主要是钢材与混凝土材料。

1. 混凝土

混凝土是一种脆性材料，现代混凝土用水泥、水、沙子和碎石制成，需要与钢材联合工作才能保证其功效的发挥，常见的有钢筋混凝土结构、劲性混凝土结构。

（1）古代混凝土。古代水泥的主要成分是生石灰，由石灰石加热制成。在公元前2500年，已有石灰窑，已知最早铺设强力混凝土的建筑建成约在公元前700年前的西亚地区。在伊拉克的泽温市保存至今的一条262米长的渡槽桥上，沿水道铺设了0.9米厚的混凝土层。公元前200年至公元400年，古罗马人也曾使用混凝土材料建造皇帝浴池的穹顶、神殿的大圆顶、地下水道等。

（2）钢筋混凝土。最早使用者是法国花卉商莫尼尔。1867年，他用水泥覆盖角丝网制造水盆和花盆。随后他又把这个方法应用于制造横梁、楼板、管道和桥梁，接着取得在混凝土内放上纵横铁条的专利权，铁条承受张力而混凝土则承受压力，这一方法一直沿用至今。

（3）预应力混凝土。1886年德国建筑家多切林发明了预应力混凝土，法国的佛莱辛奈从1940年起进一步在这方面进行研究。佛莱辛奈的设想是在混凝土未干时把钢筋张拉，使钢筋承受张力；混凝土凝固后，放松张力；这样就使混凝土在正常负荷下受拉的区域，因受压紧而承受预加压力。如果预加的压力大于来自重量以及荷载所产生的张力，混凝土就只承受压力，可以避免裂缝的发生。预应力混凝土梁与同样承受荷载的钢筋混凝土梁相比，可少用钢筋和混凝土。

对于一些特殊的构筑物，由于自身的重量与特定的环境要求，如港口、道路、水坝等，混凝土材料为首选。普通跨度的多层与高层结构多数采用混凝土结构，但随着层数的增加、跨度的加大，结构强度的效率（结构强度抵抗外荷载的比率）随着结构自重的增加而减小。因此，超高层与大跨结构多数选择钢结构，相对于混凝土来讲，相同的构件截面可以承担更大的荷载。

2. 钢材

钢材的受力塑性很好，是良好的建筑用材料，缺点是不耐火、不耐腐蚀，必须用防火涂料、防腐涂料涂刷表面才能作为结构材料使用，但现代的科技已经解决了防火与防腐的问题。

铁用作建筑材料已有上千年，在中世纪欧洲，人们已熟知铁的抗拉性能与木的抗压性能，采用了最简单的铁、木组合的三角形构架。近200年来，物理、化学与冶金科学技术的发展，显著改善了铁材性能，18世纪后叶，铸铁与熟铁出现，正式用作桥梁与房屋的结构材料。19世纪上半叶，英、法两国大量生产型铁，当时铁价比木价还低廉，又具有杆件细、易架设、能防火等优点，为架桥、建塔、盖房提供了物质条件。随之欧洲兴起一股取代笨重砖石结构与易燃木结构的铁建筑热潮。到1855年采用贝氏酸性转炉炼钢，1860年英国又发明并大量生产廉价钢，使方兴未艾的铁建筑更添生气，如虎添翼。

在高度吸收前人成果的基础上，终于出现了被誉为"19世纪三大建筑"的三座钢铁建筑物：1851年伦敦首届国际博览会的水晶宫、1889年巴黎国际博览会的机械馆和埃菲尔铁塔，成为该时代的最高成就。近百年来，钢材发展更趋完善。因其匀质、各向同性、高强、弹性模量大，既是理想弹性体，又具良好塑性。并因钢结构实际受力状况与理论计算结果极其相符，钢材至今仍是效能最高、最理想、最安全可靠的结构材料，遂成为近、现代结构的柱石。

钢结构的施工速度快、建筑有效空间大（构件截面小）也是采用钢结构的主要原因。但是钢结构不耐腐蚀，在高温下会迅速失去强度——不耐火，这两点缺陷限制着钢材的大量使用。为了保证钢材的使用，需要采用特殊的处理，如防锈漆、防火涂料等。现代化学工业技术已经可以相对完善而经济地解决此类问题，使得钢结构可以大量的运用于建筑工程。

除了钢与混凝土之外，常用的结构材料还有黏土砖、毛石、木材等，但与混凝土、钢材相比，均存在着各种不足，因此逐渐退出了人们选择的范畴，仅在特定的工程中采用。

3.2 建筑用混凝土

混凝土是常见的建筑材料，在我们日常生活中所见到的大多数建筑物、构筑物全部使用或部分使用混凝土作为主体结构材料的。作为一种优异的建筑材料，不仅仅是其价格相对低廉，可以就地取材，而且更可以被塑造成各种形状，满足建筑师在设计时对于建筑形体、曲线等的特殊需求，因此许多建筑师称混凝土为其城市雕塑作品的理想材料。另外，混凝土耐火性能、耐腐蚀性能好，可以在许多恶劣的条件下使用。

但是混凝土的缺点也是显而易见的，与其强度相比，其自重很重，因此很多采用混凝土的结构所承担的荷载，实际上就是结构的自重，这在大跨度结构中尤甚。从效率的观点来看，混凝土的承载效率较低。混凝土在强度上也有着先天的缺陷。首先，相对于混凝土的承压能力，其抗拉能力很弱，这在结构使用中可以说是致命的缺陷。由于荷载的不确定性，必然导致结构在微观状态下的受力也随之存在不确定性，不仅是受压，还要受拉。因此，必须在设计中考虑荷载与应力的复杂变化与规律，在可能受拉的部位配置能够抗拉的补充材料，多数情况下采用钢筋。但实际工程的复杂性有时会使得优秀的工程师在设计时也不能预见到所有状况。其次，混凝土的强度具有极

3.2 建筑用混凝土

大的离散性与不稳定性，这与混凝土的成分及制作过程有关。混凝土是由骨料（石子与沙）、水泥凝胶（水与水泥的水化物）组成的混合物，由于施工与材料的原因，混凝土内部除了以上两种主要材料外，还有少量的未水化的水泥颗粒、游离的与结合在水泥凝胶表面的水分、气泡、杂质等。混凝土是组成不均匀的材料，不同构件的施工作业条件也存在巨大的差异，其力学性能必然体现出较大的离散性。因此在设计中所采用的强度标准，在实践中不一定全部满足。

通过多年的研究与实践，现代的工程技术已经可以有效地控制混凝土的质量，并采用钢筋、钢纤维等材料改善混凝土的性能、弥补其缺陷。从现在的建筑工程材料发展来看，可以大范围取代混凝土的材料还没有出现。

3.2.1 混凝土的强度理论

作为离散性较大的材料，混凝土的强度较为复杂，同时混凝土又是受压与受拉强度差异较大的材料，使其强度测算更加复杂。通常，对于混凝土的强度有四个标准：标识强度、设计强度、抗拉强度与特殊强度。

（1）标识强度。标识强度是指对于不同强度种类的混凝土进行强度标识的指标，是采用共同的标准对于不同的混凝土进行测试后所得出的指标。由于测试带有某种特定性，因此该指标不一定能够在实际设计中加以采用。

（2）设计强度。在设计中实际采用的强度，是混凝土的设计强度，是考虑到实际工程中的受力状况所采用的强度指标。

（3）抗拉强度。标识强度与设计强度均属于混凝土的抗压强度指标，由于在某些特定条件下，混凝土的抗拉强度指标也很重要，如混凝土水池的抗裂性计算，因此对于混凝土也需要抗拉强度。与钢材有所不同，混凝土的抗拉强度极低，必须采用特定的措施才能够测量。

（4）特殊强度。混凝土的特殊强度，是指混凝土在多维压力作用下的强度指标，即在多维压力作用下的材料的强度与普通单轴压力作用下强度的相关关系，进而可以解释一些结构设计中的特定现象，如局压破坏、螺旋箍筋与钢管混凝土等。

1. 立方抗压强度

立方抗压强度是混凝土的基本强度指标，是在特定的条件下使用特定的试验方法对于特定的混凝土进行测试所得出的混凝土强度指标。

按照我国的混凝土技术规范，立方抗压强度的定义与测算可以描述为：在标准的试验机上，以标准的实验方法，对于大量的、按照某一统一标准生产制作的混凝土标准试件进行压缩破坏，所得出的保证率为95%的强度指标，即 f_{cu}。标准试件是指试件的尺度与养护状况。我国规范所确定的标准试件的尺度为150毫米边长的立方体；养护状况为标准状况，即温度为20℃±3℃，相对湿度90%，标准大气压下养护28

天。混凝土在标准状况下 28 天的强度指标并不是其最高强度指标，仅是一个特征指标，在 28 天之后，混凝土强度仍然会有缓慢的增长，有时甚至会持续几年。

强度指标是确定不同混凝土强度等级的标准，我国混凝土强度等级确定为：C10、C15、C20、C25、C30、C35、C40、C50、C60 等常用标准，以及 C65、C70、C75、C80 等高强混凝土标准。C20 的含义是：该混凝土的特征强度为 $20N/mm^2$。

在这样的实验前提条件下，由于混凝土自身的离散性特点，大量的混凝土试件的受压破坏强度也表现出较大的离散性，当某一指标能够使混凝土试验强度的 95% 均大于该指标时，则该指标为相应制作标准的混凝土的立方抗压强度。

图 3-2 形象地说明了某试验过程的情况。在该试验中，经过若干次的，针对同一标准的混凝土试件的相同试验，得出若干个不同的试验强度，并在坐标图中表示出来。当采用某一强度指标来衡量这组试验数据时，如果 95% 的数据指标高于所选定的强度指标，则该强度指标为该组试件的特征强度，即标准强度。

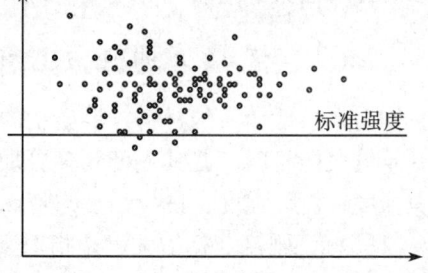

图 3-2

如果采用不同的保证率来衡量同一标准所生产的试件，则强度等级有所不同，提高保证率会导致强度等级降低，而降低保证率会得到较高的强度等级（见图 3-3）。因此可以说，强度等级是与保证率相关的概念，其统计结果，并不代表着具体试件或构件的强度状况，按照低标准生产的个别试件与构件的强度等级，有可能达到较高的标准；同样，按照高标准生产的个别试件与构件的强度等级，也有可能达不到较高的标准，则失效。

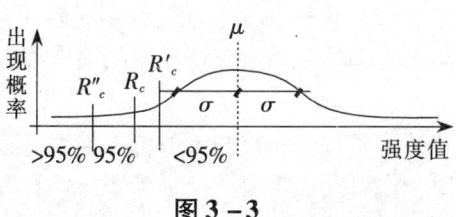

图 3-3

因此，对于混凝土的强度的理解可以归纳为：

(1) 混凝土的强度是指某一类混凝土的统计指标，单一的具体试件的强度指标与统计指标没有直接关系；

(2) 以强度指标来衡量某一类混凝土的强度，可以达到 95% 的保证率，即 95% 的试件强度均高于该指标，以该指标进行强度设计是相对安全的。

(3) 对于同一组试件的试验结果，按照不同的保证率要求，所得到的特征强度是不同的；

(4) 不排除较低强度等级的试件，在试验中可能达到较高的强度指标，但不能说明该试件的强度指标就是高强度等级的。

2. 轴心抗压强度

由于压力试验机压板对于试件的边界约束影响区域有限，当立方抗压强度试件的高度增加时，试件中部所受的影响逐渐减小，试件受压破坏的强度指标逐渐降低。在试验中发现，当试件高度增加至宽度的3倍以上时，试件的强度指标不再降低，而是趋于稳定，说明此时试件中部受压破坏截面已经不再受边界约束的影响，其破坏体现出混凝土材料本身的破坏强度（见图3-4）。因此，在我国《混凝土设计规范》中，将此时的混凝土试件受压强度称为轴心抗压强度，也叫做混凝土的棱柱体抗压强度。轴心抗压强度可以作为混凝土构件受压设计的强度指标。

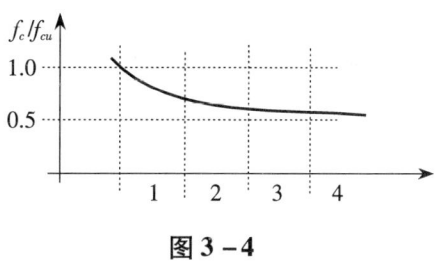

图 3-4

3. 抗拉强度

与受压强度相比，混凝土的抗拉强度很低，虽然有一定的强度，但一般不作为计算依据。在实际结构设计中，凡是混凝土的受拉区均配有钢筋来承担拉应力，也不考虑混凝土的抗拉强度，在拉力的作用下，混凝土是开裂的，钢筋混凝土是带裂缝工作的。但是对于特殊建筑物，如抗渗型要求较高的水池、地下室的外墙等，混凝土的抗裂性的高低是保证不发生渗漏的主要因素，此时特别需要使用混凝土的抗拉强度进行抗裂计算。

4. 复合受力强度

在实际结构中，由于受弯矩、剪力、扭矩等多种外力的作用，混凝土经常处于非简单的单轴应力状态，而受多种应力的组合作用。混凝土构件中的受力混凝土单元体也会处于多维应力的作用。另外，在实际工程中，混凝土还经常处于局部受力状态，如混凝土或钢柱作用于混凝土基础上，形成对于混凝土基础的较高的局部压力，如果简单的从混凝土的普通强度角度分析，是难以解释的。

对于实际的工程材料，在同时有侧向压力的作用时，该侧向压力会延缓纵向受压所形成裂缝的出现与开展，促使纵向受压强度在一定范围内有效提高；反之，侧向拉力会使纵向受压裂缝的开展加快，促使纵向受压强度明显降低。

在工程中，对于混凝土的多维强度的应用是很广泛的，不仅是局压问题的解释，而且还有实际的工程构件与结构，如螺旋箍筋（见图3-5a）与钢管混凝土（见图3-5b）。

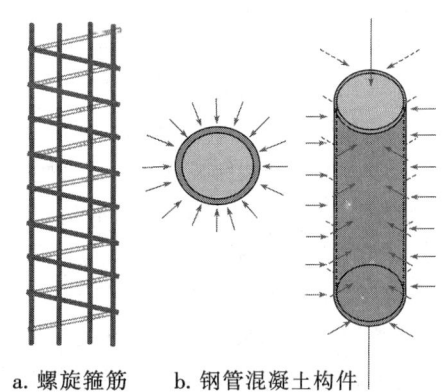

a. 螺旋箍筋　　b. 钢管混凝土构件

图 3-5

螺旋箍筋是圆形或多边形钢筋混凝土轴心受压柱经常采用的一种配筋方式，该钢筋的主要作用不在于承担普通箍筋所承担的剪力，而是对于其内部的核心混凝土形成有效的侧向压力，提高混凝土的抗压能力。

钢管混凝土是在钢管中灌注混凝土，形成内部是混凝土外部是钢管的钢管混凝土构件，其受力如图3-5b所示。在实际结构中，该结构主要用于轴心受压构件，如高层建筑底层的柱、拱桥的主拱、地下结构的主柱等。使用钢管混凝土结构，不仅可以有效地减小原来使用钢筋混凝土的构件的截面，还可以有效提高构件的延性，使结构具有良好的抗震性能。

3.2.2 混凝土的变形理论

1. 混凝土的短期荷载变形

混凝土在外荷载的短期作用下会发生变形（见图3-6），变形种类包括：外力去除后可以恢复的材料弹性变形；不可以恢复的水泥胶体（水泥与水的水化物）的塑性变形。短期外荷载与变形呈相关关系，荷载越大，变形越大，塑性体现得越发明显。

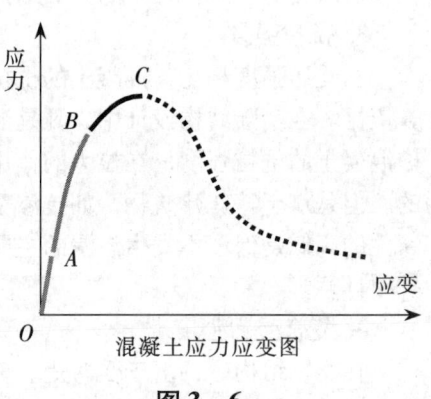

图3-6

从大量的统计试验回归分析表明，混凝土的标准强度的变化与混凝土的变形能力并不呈现出确定的相关关系，而且强度提高或降低时，混凝土的极限变形能力基本相差不大。

2. 混凝土的长期荷载变形

混凝土在外荷载长期作用下，虽然荷载不变，但其变形体现出持续性的微小增加的现象，混凝土的这种长期的不变荷载作用下的变形，称为徐变现象。

徐变会使混凝土梁挠度增加，柱偏心增大，预应力结构的预应力损失，以及结构受力状况的改变与内力重分布。

徐变在受力的早期发展迅速，随时间的推移，发展速度逐渐变缓，最终徐变量趋于稳定。当外力撤除后，构件会形成瞬时回缩（见图3-7）。

混凝土产生徐变的原因在于：混凝土内部水泥与水的水化物——水泥胶体，在高应力状态下的塑性流动。这种微观状态下的形体改变，会随着时间的推移，逐步

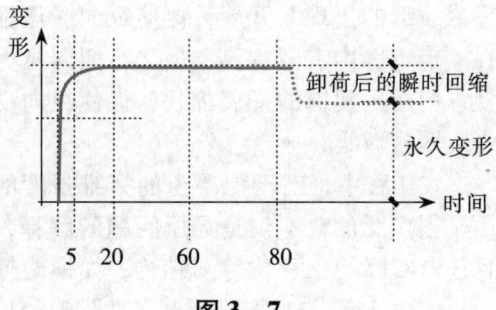

图3-7

累积形成宏观上的变形表现；另外，混凝土受力后，其内部也同时产生了大量的不可恢复的细小裂缝，但是由于荷载并没有达到混凝土的临界破坏荷载，因此细小裂缝形成后，逐渐稳定并不再继续开展成为破坏性裂缝，细小的微观状态的裂缝也会在宏观上形成变形。

从混凝土的徐变的原因分析可以知道，控制水泥胶体的流动、控制微观裂缝的开展是控制徐变的主要方法。在保证施工和易性与混凝土强度的基础上，增强混凝土的密实度，减少水泥胶体在混凝土中的含量，可以有效减小徐变。

3. 混凝土非受力变形——收缩

混凝土的非受力变形也被称为非应力变形，即在混凝土非受力状态下所发生的变形，该变形与混凝土的受力无关，而与混凝土的内部材料组成有关，主要是水泥胶体。

混凝土的非应力变形主要发生在混凝土的凝结硬化过程中，混凝土会发生体积的自然变化，一般表现为收缩。混凝土的收缩主要源于两方面：一种是干缩，是由于混凝土内部水分大量或短时间内的迅速蒸发失水所导致的体积减小，其表现犹如干涸的泥塘；另一种是凝缩，是水泥与水在凝结成胶体的过程中发生收缩，凝结硬化后的水泥胶体的体积要小于原混凝土的体积。这两种收缩均是混凝土在空气中凝结硬化所发生的，如果混凝土在水中凝结硬化，体积会略有膨胀。

减小徐变的方法对于减少收缩也是十分有效的，特别是加强混凝土的养护。另外在混凝土的配料中加入膨胀剂，可以使其在凝结硬化过程中产生膨胀来抵抗收缩。

3.3 建筑用钢材

3.3.1 钢材综述

钢是以铁为基础，以碳为主要添加元素的合金，同时还有其他改善钢材性质的元素以及不良杂质。随着钢材成分的不同，钢材的性能有很大差异。

1. 钢材的优势

（1）钢材是优秀的建筑材料，与混凝土、木材相比，虽然质量密度较大（钢筋混凝土为25千牛/立方米、木材为6千牛/立方米、钢材为78千牛/立方米），但其强度设计值较混凝土和木材要高得多（可以达到十倍以上），而且钢材质地均匀，各向同性，弹性模量大，有良好的塑性和韧性，为理想的弹塑性体，并具有较好的延性，因而抗震及抗动力荷载性能好。钢材基本符合目前所采用的计算方法和基本理论，便于做各种力学计算与推导。

（2）钢材的质量密度与屈服点的比值相对较低，因此在承载力相同的条件下，钢结构与钢筋混凝土结构、木结构相比，构件横截面较小，重量较轻，更加便于运输和安装；钢结构生产具备成批大件生产和高度准确性的特点，可以采用工厂制作、工地安装的施工方法，所以其生产作业面多，可缩短施工周期，进而为降低造价、提高效益创造条件，更节约资金占用时间，对于商业建筑更有利于提前进入市场，效率较高。坐落于美国芝加哥的希尔斯大厦，建筑高度曾经一度排名世界第一，其地上钢结构主体建筑仅用了15个月就宣告封顶，这对于混凝土结构是不可想像的。

（3）钢材的强度高、承载力大而自重相对轻，因此钢结构有效空间较大，不仅仅是平面空间的有效率（可利用面积/建筑总面积）较高，而且可以在建筑有效使用高度不降低的情况下，降低层高，进而在建筑物总高度不降低、建筑物使用空间满足的情况下，增加建筑物的层数，提供更多的使用面积。

（4）钢结构的构件截面是空腹的，可以为各种管道提供大量的空间，减少对于建筑空间的占用，并可以保证维修的方便。

（5）钢结构不仅施工方便，对于拆卸也同样方便，拆卸后的钢材可以有效的回收利用，因此钢结构是很好的环保型结构体系，钢材是很好的环保型材料。

（6）钢材可以经过焊接施工进行连接，由于焊接结构可以做到完全密封，一些要求气密性和水密性好的高压容器、大型油库、气柜、管道等板壳结构都采用钢结构。

（7）钢材制作成钢筋，置于混凝土的受拉区，形成钢筋混凝土，可以有效改善混凝土受拉不足的特点，发挥混凝土受压强度相对较高的优势，形成对于材料的合理利用。

2. 钢材的缺陷

（1）钢材的缺点在于不耐火，当温度在250℃以内时，钢的物理力学性质变化很小，但当温度达到300℃以上，强度逐渐下降，达到450℃～650℃时，强度降为零。因此，钢结构可用于温度不高于250℃的场合。在自身有特殊防火要求的建筑中，钢结构必须用耐火材料予以维护。当防火设计不当或者当防火层处于破坏的状况下，有可能产生灾难性的后果。

（2）钢结构抗腐蚀性较差，新建造的钢结构一般都需仔细除锈、镀锌或刷涂料，以后隔一定时间又要重新刷涂料，维护费用较高。目前国内外正在发展不易锈蚀的耐候钢，可大量节省维护费用，但还未被广泛采用。

无论是在结构性能、使用功能及经济效益上，钢结构都有一定的优越性。

3.3.2 钢材的成分与一般分类

1. 钢材的成分分析

钢的基本元素为铁（Fe），普通碳素钢中占99%，此外还有碳（C）、硅（Si）、锰（Mn）等杂质元素，及硫（S）、磷（P）、氧（O）、氮（N）等有害元素，这些元素的总含量约1%，但对钢材力学性能却有很大影响。

钢与生铁的区分在于含碳量的大小。含碳量小于2.06%的铁碳合金称为钢。含碳量大于2.06%的铁碳合金称为生铁。

（1）碳作为钢材中的各种添加元素来讲，是除铁以外最主要的元素。碳含量增加，使钢材强度提高，但塑性、韧性，特别是低温冲击韧性下降，同时耐腐蚀性、疲劳强度和冷弯性能也显著下降，恶化钢材可焊性，增加低温脆断的危险性。一般建筑用钢要求含碳量在0.22%以下，焊接结构中应限制在0.20%以下。

（2）硅作为脱氧剂加入普通碳素钢。适量硅可提高钢材的强度，而对塑性、冲击韧性、冷弯性能及可焊性无显著的不良影响。一般镇静钢的含硅量为0.10%~0.30%，含量过高（1%以上），会降低钢材塑性、冲击韧性、抗锈性和可焊性。

（3）锰是一种弱脱氧剂。适量的锰可有效提高钢材强度，消除硫、氧对钢材的热脆影响，改善钢材热加工性能，并改善钢材的冷脆倾向，同时不显著降低钢材的塑性、冲击韧性。普通碳素钢中锰的含量约为0.3%~0.8%。含量过高（1.0%~1.5%以上）使钢材变脆变硬，并降低钢材的抗锈性和可焊性。

（4）硫为有害元素。引起钢材热脆，降低钢材的塑性、冲击韧性、疲劳强度和抗锈性等。一般建筑用钢含硫量要求不超过0.055%，在焊接结构中应不超过0.050%。

（5）磷为有害元素。可提高强度、抗锈性，但严重降低塑性、冲击韧性、冷弯性能和可焊性，尤其低温时易发生冷脆，含量需严格控制，一般不超过0.050%，焊接结构中不超过0.045%。

（6）氧为有害元素。引起热脆，一般要求含量小于0.05%。

（7）氮能使钢材强化，但显著降低钢材塑性、韧性、可焊性和冷弯性能，增加失效倾向和冷脆性。一般要求含量小于0.008%。

为改善钢材力学性能，可适量增加锰、硅含量，还可掺入一定数量的铬、镍、铜、钒、钛、铌等合金元素，炼成合金钢。钢结构常用合金钢中合金元素含量较少，称为普通低合金钢。

2. 钢材的分类

（1）如果按照钢材的化学成分分类，则可以将钢材简单的分为碳素钢与合金钢两类。其中碳素钢中又可分为：低碳钢，含碳量小于0.25%；中碳钢，含碳量为0.25%~0.60%；高碳钢，含碳量高于0.60%。合金钢可以分为：低合金钢，合金元素总含量小于5.0%；中合金钢，合金元素总含量为5.0%~10%；高合金钢，合金元素总含量大于10%。建筑工程中，钢结构用钢和钢筋混凝土结构用钢，主要使用非合金钢中的低碳钢，以及低合金钢加工成的产品。合金钢亦有少量应用。

(2) 如果按脱氧程度划分钢材的类别，可以分为沸腾钢、镇静钢和半镇静钢。沸腾钢是脱氧不完全的钢，浇铸后在钢液冷却时有大量一氧化碳气体外逸，引起钢液剧烈沸腾。沸腾钢内部杂质和夹杂物多，化学成分和力学性能不够均匀、强度低、冲击韧性和可焊性差，但生产成本低，可用于一般的建筑结构。而镇静钢是指在浇铸时，钢液平静地冷却凝固，基本无一氧化碳气泡产生，是脱氧较完全的钢。钢质均匀密实，品质好，但成本高。镇静钢可用于承受冲击荷载的重要结构。此外，还有比镇静钢脱氧程度还要充分彻底的钢，其质量最好，称特殊镇静钢，其适用于特别重要的结构工程。脱氧程度与质量介于镇静钢和沸腾钢之间的钢，称为半镇静钢，其质量较好。

(3) 如果按照钢材在结构中的使用方式，还可以将钢材分为钢结构用钢与混凝土结构用钢。钢结构用钢多为型材，即热轧成形的钢板和型钢等；薄壁轻型钢结构中主要采用薄壁型钢、圆钢和小角钢；钢材所用的母材主要是普通碳素结构钢及低合金高强度结构钢。钢结构用钢有热轧型钢、冷弯薄壁型钢、棒材、钢管和板材。钢筋混凝土结构用钢多为线材（钢筋）（见图3－8）。混凝土具有较高的抗压强度，但抗拉强度很低。用钢筋增强混凝土，可大大扩展混凝土的应用范围，而混凝土又对钢筋起保护作用。钢筋混凝土结构的钢筋，主要由碳素结构钢和优质碳素钢制成，包括有热轧钢筋、冷拔钢丝和冷轧带肋钢筋、预应力混凝土用热处理钢筋、预应力混凝土用钢丝和钢绞线。

图3－8

3. 钢材的牌号

(1) 碳素结构钢材

国家标准《碳素结构钢》（GB700－88）中规定，牌号由代表屈服点的字母、屈服点数值、质量等级符号、脱氧方法等四部分按顺序组成。

其中以"Q"代表屈服点；屈服点数值共分195MPa、215MPa、235MPa、255MPa和275Mpa五种。Q195强度不高，塑性、韧性、加工性能与焊接性能较好，主要用于轧制薄板和盘条等。Q215与Q195钢基本相同，其强度稍高，大量用做管坯、螺栓等。Q235强度适中，有良好的承载性，又具有较好的塑性和韧性，可焊性和可加工性也较好，是钢结构常用的牌号，大量制作成钢筋、型钢和钢板用于建造房屋和桥梁等。Q235良好的塑性可保证钢结构在超载、冲击、焊接、温度应力等不利因素作用下的安全性，因而Q235能满足一般钢结构用钢的要求。Q255强度高、塑性和韧性稍差，不易冷弯加工，可焊性较差，主要用做铆接或拴接结构，以及钢筋混凝土的配筋。Q275强度、硬度较高，耐磨性较好，但塑性、冲击韧性和可焊性差，不宜在建筑结构中使用，主要用于制造轴类、农具、耐磨零件和垫板等。

钢材的牌号中同样要表示出该钢材的质量状况，质量等级以硫、磷等杂质含量由多到少，分别用 A、B、C、D 符号表示，随着牌号的增大，其含碳量增加，强度提高，塑性和韧性降低，冷弯性能逐渐变差。同一钢号内质量等级越高，钢材的质量越好。例如：Q235－A 一般用于只承受静荷载作用的钢结构；Q235－B 适合用于承受动荷载焊接的普通钢结构；Q235－C 适合用于承受动荷载焊接的重要钢结构；Q235－D 适合用于低温环境使用的承受动荷载焊接的重要钢结构。

脱氧方法以 F 表示沸腾钢，B 表示半镇静钢，Z、TZ 表示镇静钢和特殊镇静钢。Z 和 TZ 在钢的牌号中予以省略。

例如：Q235－A·F 表示屈服点为 235Mpa 的 A 级沸腾钢。

(2) 低合金高强度结构钢材

低合金高强度结构钢的牌号的表示方法为：屈服强度－质量等级。以屈服强度划分成五个等级：Q295、Q345、Q390、Q420、Q460；质量也分为五个等级：E、D、C、B、A。

国家标准《低合金高强度结构钢》（GB1591－94）规定了各牌号的低合金高强度结构钢的化学成分、力学性能。由于合金元素的强化作用，使低合金结构钢不但具有较高的强度，且具有较好的塑性、韧性和可焊性。低合金高强度结构钢广泛应用于钢结构和钢筋混凝土结构中，特别是大型结构、重型结构、大跨度结构、高层建筑、桥梁工程、承受动力荷载和冲击荷载的结构。

3.3.3 钢材的工程力学性能

1. 钢材的应力应变分析

将钢材做成标准受拉试件，对其进行张拉，并对横截面的应力与应变状况进行对比分析，做出应力应变曲线（见图 3－9）。从应力应变曲线中可以看出，钢材受拉力破坏的过程可以分为五个阶段：

第一阶段，弹性阶段。当拉力处于相对较小的阶段时，钢材的应力与应变呈固定的比例关系——弹性模量，而且不同的钢材拥有相同的弹性模量。弹性模量反映了材料受力时抵抗弹性变形的能力，它是钢材在静荷载作用下计算结构变形的一个重要指标。

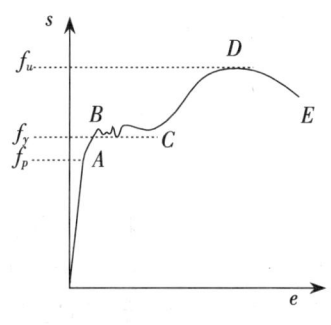

图 3－9

第二阶段，塑性阶段。当拉力达到并超过一定限值后，钢材的应力应变曲线不再继续保持直线状态，而是逐步呈现出弯曲状态，表明钢材开始进入塑性。强度不同、种类不同的钢材开始进入塑性状态的时间不同，钢材弹性阶段与塑性阶段的区分点被称为比例极限 f_p，即应力与应变成比例的最高应力极限。

第三阶段，屈服阶段。继续增加拉力，曲线开始进入颤动阶段，材料表现出在所承担的应力基本不变的前提下，应变持续性的增加，其宏观表现就是在承担的荷载不变的情况下，发生持续性的变形增加。该现象被称为屈服，该阶段被称为钢材的屈服阶段，或"屈服台阶"，该阶段的特征强度指标被称为屈服强度。

第四阶段，强化阶段。钢材在经过屈服阶段的内部金属结构调整后，应力与应变之间的相关关系重新恢复，虽然不成固定的比例关系，但应力与应变增加同时存在，因此该阶段被称为钢材的强化阶段，强化阶段的应力顶峰被称为极限强度，经过强化阶段后的钢材，强度已经完全表现出来，再增加荷载，钢材进入破坏阶段，即第五阶段。

从钢材受力至破坏的五个阶段来看，钢材是天然用于建筑的结构材料。除了钢材具有较高的强度外，钢材存在的屈服特征是极其重要的，正是有了屈服，才使得钢材这种材料在保证承担较高应力与荷载的条件下，表现出较大的变形——破坏前的预警，可以向使用者提供破坏先兆及时逃离或处理。另外，钢材屈服后不是立即破坏，在钢材屈服后的强化阶段，钢材拥有一定的强度储备——屈服后强度，可以保证钢材的破坏后期强度，这也是安全的重要保证。

因此在结构设计中，将屈服强度确定为钢材的强度指标，并规定钢材的屈服强度的实测值不应大于设计值的1.3倍。同时考虑极限强度与屈服强度的比值关系——强屈比，在承担较大动荷载的结构与抗震性能要求较高的结构、钢筋混凝土结构的受力主筋，对于该比例关系要求不得低于1.25倍。需要明确的是，并非所有的钢材都具有明显的屈服强度，体现出良好的塑性。很多钢材，如钢绞线、冷拔低碳钢丝等，其应力应变曲线并不存在屈服与塑流过程。因此，其设计采用的屈服强度并非是实验中可以真实测量的指标，而是一个折算指标——以抗拉强度的85%为屈服强度，称之为条件屈服强度。

2. 钢材的基本工程指标

为了保证结构中钢材的力学与变形性能，以下指标作为选择钢材必须进行检查的指标：

（1）强度指标。钢材除了屈服强度之外还有极限强度，即钢材所能承担的最大受拉应力特征指标，当应力达到该指标时，被检测的钢材试件将被拉断。

（2）塑性指标。伸长率、断面收缩率是结构或构件在受力时（尤其在承受动力荷载时），材料塑性的好坏决定了结构是否安全可靠，因此钢材塑性指标比强度指标更为重要。

伸长率 $\delta = (l_1 - l_0)/l_0$，如果把经过受拉试验后的断裂试件的两段拼起来，便可测得标距范围内的长度 l_1，l_1 减去标距长 l_0 就是塑性变形值，该值与原长 l_0 的比率称为伸长率 δ。伸长率 δ 是衡量钢材塑性的指标，它的数值越大，表示钢材塑性越好。良好的塑性，可将结构上的应力（超过屈服点的应力）重新分布，从而避免结构过早破坏。δ_5 和 δ_{10} 分别表示 $l_0 = 5d_0$ 和 $l_0 = 10d_0$ 时的伸长率。对同一种钢材 $\delta_5 >$ δ_{10}。这是因为钢材中各段在拉伸的过程中伸长量是不均匀的，颈缩处的伸长率较大，因此当原始标距 l_0 与直径 d_0 之比愈大，则颈缩处伸长值在整个伸长值中的比重愈小，因而计算出的伸长率就愈小。某些钢材的伸长率是采用定标距试件测定的，如标距 $l_0 = 100mm$ 或 $200mm$，则伸长率用 $\delta100$ 或 $\delta200$ 表示。

断面收缩率 $\Psi = (A_0 - A_1)/A_0$，其中，A_0 为试件原来的断面面积；A_1 为试件拉断后颈缩区的断面面积。断面收缩率是指试件拉断后，颈缩区的断面面积缩小值与原断面面积比值的百分率，是衡量钢材塑性的一个比较真实和稳定的指标，但是在测量时容易产生较大的误差。因而钢材标准中往往只采用伸长率为塑性保证要求。当钢材较厚时，或承受沿厚度方向的拉力时，要求钢材具有板厚方向的收缩率要求，以防厚度方向的分层、撕裂。

（3）钢材的韧性。钢材韧性是指钢材在塑性变形和断裂的过程中吸收能量的能力，也是表示钢材抵抗冲击荷载的能力，它是强度与塑性的综合表现，钢材韧性通过冲击试验（见图3-10）测定冲击功。

冲击韧性值 $a_k = A_k/A_n$，其中，A_k 为冲击功；A_n 为试件缺口处的净截面积。钢材的冲击韧性越大，钢材抵抗冲击荷载的能力越强。a_k 值与试验温度有关，有些材料在常温时冲击韧性并不低，破坏时呈现韧性破坏特征。但当试验温度低于某值时，a_k 突然大幅度下降，材料无明显塑性变形而发生脆性断裂，这种性质称为钢材的冷脆性。

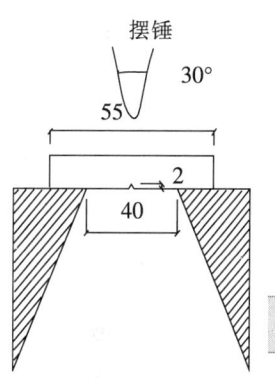

图3-10

钢结构设计规范对钢材的冲击韧性 a_k 有常温和负温要求的规定。选用钢材时，根据结构的使用情况和要求提出相应温度的冲击韧性指标要求。

（4）冷弯性能。冷弯性能是指钢材在冷加工（常温下加工）产生塑性变形时，对产生裂缝的抵抗能力。冷弯性能用试验方法来检验钢材承受规定弯曲程度的弯曲变形性能，检查试件弯曲部分的外面、里面和侧面是否有裂纹、裂断和分层。

（5）抗疲劳性能。疲劳现象是指钢材受交变荷载反复作用（微观产生往复应力），钢材在应力低于其屈服强度的情况下突然发生脆性断裂破坏的现象，称为疲劳破坏。钢材的疲劳破坏一般是由拉应力引起的，首先在局部开始形成细小断裂，随后由于微裂纹尖端的应力集中而使其逐渐扩大，直至突然发生瞬时疲劳断裂。疲劳破坏是在低应力状态下突然发生的，所以危害极大，往往造成灾难性的事故。

（6）钢材的可焊性。可焊性是指在一定工艺和结构条件下，钢材经过焊接能够获得良好的焊接接头的性能。可焊性分为施工上的可焊性，即材料是否容易进行焊接施工，在施工过程中焊接是否会产生相关问题；使用性能上的可焊性，即焊接过的对于钢材各种力学性能的影响,是否满足钢材的使用要求,焊接构件在焊接后的力学性不能低于母材。

3.4 建筑用复合材料——钢筋混凝土、劲性混凝土与钢管混凝土

钢筋混凝土、劲性混凝土及钢管混凝土属于钢与混凝土两种材料的复合材料,当然,混凝土本身就是一种复合材料。复合材料中,不同的材料成分往往承担不同的微观力学作用,与使用单一的材料相比,其工作性能往往是单一材料所难以达到的。

3.4.1 钢与混凝土协调工作的前提

并不是所有的、任意的两种材料,均可以形成复合材料,尽管两种材料理论上可能存在优势互补,但共同工作必须存在可能性与前提。

混凝土与钢共同工作的前提在于两种材料有效的互补性,钢材有效地改善了混凝土力学性能的离散性,减小了混凝土破坏的脆性;混凝土对于钢材的连续性的侧向约束,大大降低了钢材发生失稳的概率,同时混凝土对于钢材表面的保护也减少了钢材的锈蚀,减缓了钢材在火中的破坏时间。

1. 钢材在混凝土中的作用

钢材与混凝土的合作主要形式是钢筋、型钢和钢管。

钢筋在混凝土中主要作用是配置在混凝土的受拉区,承担相应的拉力,并约束混凝土内裂缝的开展;钢筋要配置在混凝土内部的相对外侧,在其内部形成混凝土的核心区,并使该核心区混凝土处于多维应力状态,提高其强度;钢筋在混凝土内部形成钢筋骨架,与混凝土形成整体的结构。

劲性混凝土是在钢筋混凝土中加入型钢所形成的特殊复合材料,由于型钢芯的存在,可以有效改善混凝土的延性,大大提高混凝土的抗震性能;混凝土对于钢材的侧向约束,保证了钢材力学性能的发挥,不会因失稳提前退出工作。

钢管混凝土是在钢管中填入混凝土后形成的建筑构件,多数为圆形与多边形钢管混凝土。它利用钢管和混凝土两种材料在受力过程相互之间的组合作用——混凝土受压膨胀促使钢管膨胀受拉,钢管的反力促使混凝土处于多维受压状态,使混凝土的塑性和韧性大为改善,且可以避免或延缓钢管发生局部屈曲,使钢管混凝土整体具有承载力高、塑性与韧性好、经济效益优良和施工方便等优点。

2. 混凝土的作用

混凝土在结构中主要承受压力;混凝土为钢筋提供有效的侧向支撑,避免受压钢

筋失去稳定；混凝土可以为钢筋提供有效的锚固，并为钢筋形成外部保护层，防止其锈蚀；混凝土包裹在钢材的表面，在火灾时可以延缓钢材温度升高的时间，提高钢材的耐火极限。

因此，混凝土作为钢材的保护层是十分重要的，必须满足一定的厚度，才能有效地保护钢材。混凝土保护层厚度是指纵向受力钢筋的外表面到截面边缘的垂直距离，用 a_s 表示。混凝土作为保护层至少有三个作用：①保护钢材不被锈蚀；②在火灾等情况下，使钢材的温度上升缓慢；③对于钢筋混凝土结构，可以使纵向钢筋与混凝土有较好的黏结。

构件的混凝土保护层厚度与环境类别和混凝土强度等级有关。一般来讲，在阴湿的环境中、室外、地下以及腐蚀性环境中的保护层厚度要大些；随着混凝土强度等级的提高，混凝土的致密性也会加大，相对的保护层厚度也可以减少。

3. 两种材料温度线膨胀系数的影响

除了共同工作的互补效应之外，混凝土与钢材的温度线膨胀系数在微观上基本相同，是同一数量级。其意义在于采用钢与混凝土所形成的复合型材料的建筑结构，可以保证在较大温度变化范围下，钢材与混凝土共同工作的效果，保证复合材料的环境适应度。

3.4.2 钢筋在混凝土中的锚固

钢筋混凝土是最为常见的钢与混凝土共同工作的复合型材料，如果要保证钢筋的受拉作用，必须保证钢筋在混凝土中形成有效的锚固，即提供受拉所产生的反力，才能发挥钢筋的作用。一般来说，钢筋在混凝土中的锚固力来源于以下几方面。

（1）摩擦力。所谓摩擦力是指钢筋与混凝土接触表面在钢筋受力后所存在的摩擦作用，统计试验表明，这种摩擦力的大小是钢筋与混凝土接触的表面积成正比的关系；对于表面光面的钢筋来讲，摩擦力是其锚固力的主要来源。

（2）化学胶着力。混凝土在凝结硬化过程中，水泥胶体与钢筋间产生的相互吸附的作用。混凝土强度等级愈高，胶着力也愈高。

（3）机械咬合力。钢筋表面的凸凹不平，在钢筋与混凝土之间由于力学作用出现相对错动时，所形成的机械挤压作用，表面变形钢筋有月牙纹、螺纹，这样会显著增加机械咬合作用。钢筋在拉力的作用下，钢筋与混凝土之间的锚固作用使得钢筋与混凝土紧紧地联结在一起，但是随着拉力的增大，钢筋与混凝土表面的相对错动会对混凝土产生环向张力作用。当钢筋中的拉力增大，作用在钢筋周围混凝土中的环向张力将会使混凝土产生沿钢筋轴线方向的裂缝。随着钢筋状态、间距及混凝土保护层厚度等工作条件的不同，黏结的破坏也可能出现不同的形态，钢筋与包裹的混凝土之间产生较大的相对滑动而最终被拔出；当钢筋外围的混凝土较薄时，混凝土可能发生突然崩裂的破坏。因此可以看出，钢筋的混凝土保护层的意义不仅在于保护钢筋免受锈蚀与延缓高温破坏，同时也承担着钢筋锚固的重要作用，所以钢筋保护层的厚度是施工中必须保证的。另外，当两根钢筋距离过近时，钢筋之间的混凝土与钢筋形成统一的受力体系，其表面积小于钢筋单独受力时的钢筋表面积，不利于钢筋的锚固，因此，在钢筋混凝土结构中，必须保证受力钢筋之间的最小净距离。

1. 锚固力的表达与测定

锚固强度可以用公式表达：$F = \int_0^x \tau(x)\pi d dx$，式中，$F$ 为钢筋的锚固力；x 为钢筋的锚固长度；$\tau(x)$ 为锚固力沿钢筋纵向长度的分布函数；d 为钢筋直径。可以看出，锚固力的大小与钢筋锚固长度 (x)、钢筋直径 (d)、钢筋与混凝土连接表面状态 $\tau(x)$ 有关（该函数与混凝土的受拉强度 f_t 有关）。

在实际工程中，当计算中充分利用钢筋的抗拉强度时，普通受拉钢筋的锚固长度应按下列公式计算：

$$l_a = \alpha f_y / f_t d$$

式中：l_a 为受拉钢筋的锚固长度；f_y 为钢筋抗拉强度设计值；f_t 为混凝土轴心抗拉强度设计值，当混凝土强度等级高于C40时，按C40取值；d 为钢筋的公称直径；α 为钢筋的外形系数，按《混凝土规范》取用。

但当符合以下条件时，计算的锚固长度应进行修正：当HRB335、HRB400和RRB400级钢筋的直径大于25mm时，其锚固长度应乘以修正系数1.1；HRB335、HRB400和RRB400级的环氧树脂涂层钢筋，其锚固长度应乘以修正系数1.25；当钢筋在混凝土施工过程中易受扰动（如滑模施工）时，其锚固长度应乘以修正系数1.1；当HRB335、HRB400和RRB400级钢筋在锚固区的混凝土保护层厚度大于钢筋直径3倍且配有箍筋时，其锚固长度可乘以修正系数0.8。

除构造需要的锚固长度外，当纵向受力钢筋的实际配筋面积大于其设计计算面积时，如有充分依据和可靠措施，其锚固长度可乘以设计计算面积与实际配筋面积的比值。但对有抗震设防要求及直接承受动力荷载的结构构件，不得采用此项修正。

根据条件修正后的锚固长度不应小于按公式计算锚固长度的70%，且不小于250mm；当HRB335级、HRB400级和RRB400级纵向受拉钢筋末端采用机械锚固措施时，包括附加锚固端头在内的锚固长度可按本规范公式按锚固长度的70%计算。

2. 保证锚固强度的构造措施

为了保证钢筋和混凝土的共同工作，现行《混凝土规范》要求进行锚固强度的计算来确定基准锚固长度。除此之外，常规的增强锚固措施还有：

（1）端部弯钩。带肋钢筋与混凝土之间有良好的黏结作用，端部不需做弯钩。当计算中充分利用抗拉强度时，光面钢筋的末端都应做180°标准弯钩，弯后平直段长度不小于3d。板中的细钢筋和插入基础内的受压钢筋常做成直弯钩。用作梁、柱中的附加钢筋、梁的架立钢筋和板中的分布钢筋的光面钢筋可不做弯钩。

（2）机械锚固措施。

按计算 HRB335、HRB400 和 RRB400 级钢筋的锚固长度，此时也可以在钢筋末端采取机械锚固措施。机械锚固的形式如图 3-11 所示。

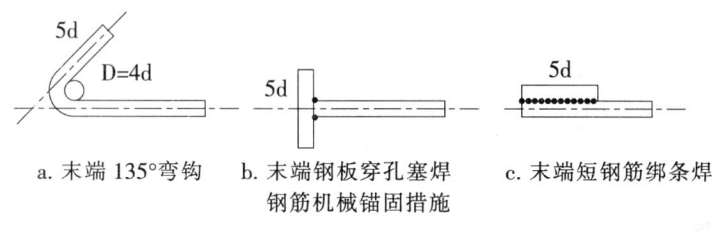

a. 末端135°弯钩　　b. 末端钢板穿孔塞焊　　c. 末端短钢筋绑条焊
　　　　　　　　　　钢筋机械锚固措施

图 3-11

采取机械锚固措施时，锚固长度范围内的箍筋不少于3个，直径不小于锚固钢筋直径的1/4，间距不大于锚固钢筋直径的5倍。当混凝土的保护层厚度不小于锚固钢筋直径的5倍时，可以不设置箍筋。

3.4.3 劲性混凝土

1. 劲性混凝土及其优点

劲性混凝土（SRC）结构是钢与混凝土组合结构的一种主要形式（见图 3-12），由于其承载能力高、刚度大、耐火性好及抗震性能好等优点，已越来越多地应用于大跨结构和地震区的高层建筑以及超高层建筑。

以劲性混凝土为主体结构的结构与构件，有时称之为组合结构。组合结构的力学实质在于钢与混凝土间的相互作用和协同互补，这种组合作用使此类结构具有一系列优越的力学性能。

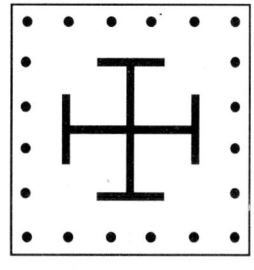

图 3-12

SRC 结构比钢结构可节省大量钢材，增大截面刚度，克服了钢结构的耐火性、耐久性差及易屈曲失稳等缺点，使钢材的性能得以充分发挥，采用 SRC 结构，一般可比纯钢结构节约钢材 50% 以上。与普通钢筋混凝土（RC）结构相比，劲性混凝土结构中的配钢率可比钢筋混凝土结构中的配钢率要大很多，因此可以在有限的截面面积中配置较多的钢材，所以劲性混凝土构件的承载能力可以高于同样外形的钢筋混凝土构件的承载能力一倍以上，从而可以减小构件的截面积，避免钢筋混凝土结构中的

"肥梁胖柱"现象，增加建筑结构的使用面积和空间，减少建筑的造价，产生较好的经济效益。

SRC结构在施工上，钢骨架可作为施工的自承重体系，获得很好的经济和社会效益，同时，由于SRC结构整体性强，延性性能好等优点，能大大改善钢筋混凝土受剪破坏的脆性性质，使结构抗震性能得到明显的改善，即使在高层钢结构中，底部几层也往往为SRC结构，如上海的第一高楼金茂大厦和深圳的地王大厦。

据日本1978年宫城县冲地震的统计显示，在调查的95幢层数为7~17层的SRC建筑中，仅有13%（12幢）发生结构轻微损坏。因此日本抗震规范规定：高度超过45米的建筑物不得使用钢筋混凝土结构，而劲性混凝土结构则不受此限制。

我国也是一个多地震国家，绝大多数地区为地震区，甚至位于高烈度区，因此在我国，推广SRC结构就具有非常重要的现实意义。到目前为止，我国采用SRC结构的建筑面积还不到建筑总面积的千分之一，而日本在6层以上的建筑物中采用SRC结构的建筑物占总建筑面积的62.8%。因此，SRC结构在我国有着非常广阔的市场和应用前景。

2. 劲性混凝土结构的特殊问题

第一，钢骨的含钢率。关于劲性混凝土构件的最小和最大含钢率，目前没有统一的认识，但当钢骨含钢率小于2%时，可以采用钢筋混凝土构件，而没有必要采用劲性混凝土构件。当钢骨含钢率太高时，钢骨与混凝土不能有效地共同工作，混凝土的作用不能完全发挥，且混凝土浇注施工有困难。一般说来，较为合理的含钢率为5%~8%。

第二，钢骨的宽厚比。钢板的厚度不宜小于6mm，一般为翼缘板20mm以上，腹板16mm以上，但不宜过厚，因为厚度较大的钢板在轧制过程中存在各向异性，由于在焊缝附近常形成约束，焊接时容易引起层状撕裂，焊接质量不易保证。钢骨的宽厚比应满足规范的要求。

第三，钢骨的混凝土保护层厚度。根据规范规定，对钢骨柱，混凝土最小保护层厚度不宜小于120mm；对钢骨梁则不宜小于100mm。

第四，要重视劲性混凝土柱与钢筋混凝土梁在构造连接上的配合协调问题。

3. 钢骨的制作与相关构造措施

钢骨的制作必须采用机械加工，并宜由钢结构制作厂家承担。施工中应确保施工现场型钢柱拼接和梁柱节点连接的焊接质量；型钢钢板的制孔，应采用工厂车床制孔，严禁现场用氧气切割开孔；在钢骨制作完成后，建设单位不可随意变更，以免引起孔位改变造成施工困难。

劲性混凝土与钢筋混凝土结构的显著区别之一是型钢与混凝土的黏结力远远小于钢筋与混凝土的黏结力。根据国内外的试验，大约只相当于光面钢筋黏结力的45%。

3.4 建筑用复合材料——钢筋混凝土、劲性混凝土与钢管混凝土

因此，在钢筋混凝土结构中认为钢筋与混凝土是共同工作的，直至构件破坏。而在劲性混凝土中，由于黏结滑移的存在，将影响到构件的破坏形态、计算假定、构件承载能力及刚度、裂缝。通常可用两种方法解决：一种是在构件上另设剪切连接件（栓钉），并按照计算确定其数量，即滑移面上的剪力全由剪切连接件承担，称为完全剪力连接。这样可以认为型钢与混凝土完全共同工作；另一种方法是在计算中考虑黏结滑移对承载力的影响，同时在型钢的一定部位，如柱脚与柱脚向上一层范围内、与框架梁连接的牛腿的上下翼缘处、结构过渡层范围内的钢骨翼缘处加设抗剪栓钉作为构造要求。

钢骨柱的长度应根据钢材的生产和运输长度限制及建筑物层高综合考虑，一般每三层为一根，其工地拼接接头宜设于框架梁顶面以上 1~3m 处。钢骨柱的工地拼接一般有三种形式：全焊接连接、全螺栓连接、栓和焊混合连接。设计施工中多采用第三种形式，即钢骨柱翼缘采用全熔透的剖口对接焊缝连接，腹板采用摩擦型高强度螺栓连接。

框架梁、柱节点核心区是结构受力的关键部位，设计时应保证传力明确，安全可靠，施工方便，节点核心区不允许有过大的变形。

3.4.4 钢管混凝土

钢管混凝土虽由两种材料组合而成，但对构件业而言，它被视为一种新材料，即所谓的"组合材料"（不再区分钢管和混凝土）。

外包钢管对核心混凝土的约束作用使混凝土处于三向受压应力状态，延缓了混凝土的纵向开裂，而混凝土的存在避免或延缓了薄壁钢管的过早局部屈曲，所以这种组合作用使组合结构具有较高的承载能力。同时该组合材料具有良好的塑性和韧性，因而抗震性能好。

在火灾作用下，由于钢管和核心混凝土之间相互贡献、协同互补，使钢管混凝土具有良好的耐火性能。首先，由于核心混凝土的存在，使钢管升温滞后。火灾情况下，外包钢皮的热量充分被核心混凝土吸收，使其温度升高的幅度大大低于纯钢结构，可有效地提高钢管混凝土构件的耐火极限和防火水平。其次，当温度升高时，由于钢管和核心混凝土之间变形的不一致，二者之间亦会存在相互作用问题，从而使它们处于复杂应力状态，且随着温度连续变化，这种相互作用的变化也是连续的。从而使钢管混凝土构件的耐火性能大大优于钢材和混凝土二者的叠加。在火灾后外界温度降低后，钢管混凝土结构已屈服截面处钢管的强度可以不同程度的恢复，截面的力学性能比高温下有所改善，结构的整体性比火灾中也有提高，这可以为结构加固补强提供方便。这和火灾后钢筋混凝土结构与钢结构都有所不同，对于钢筋混凝土其截面力学性能和整体性不会因温度的降低而恢复，而钢结构其失稳和扭曲的构件在常温下也

不会有更多的安全性。

另外，高强混凝土的弱点——脆性大、延性差，可以依靠钢管混凝土来达到较好的解决。将高强度混凝土灌入钢管，高强度混凝土受到钢管的有效约束，其延性将大为增强。此外，在复杂受力状态下，钢管具有很大的抗剪和抗扭能力。这样，通过二者的组合，可以有效地克服高强混凝土脆性大、延性大的弱点，使高强混凝土的工程应用得以实现，经济效益得以充分发挥。

大量实例证明，与普通强度混凝土的钢管混凝土和钢柱相比，钢管高强度混凝土可节约钢材50%左右，降低造价；和钢筋混凝土柱相比，不需要模板，且可节约混凝土50%以上，减轻结构自重50%以上，而耗钢量和造价略多或约等。采用在钢管内填充高强度混凝土而形成的钢管混凝土，除了具备钢管普通强度混凝土的其他优点外，至少可节约混凝土60%以上，减轻结构自重60%以上。

3.5 结构用其他材料

除了钢材与混凝土之外，常用的结构材料还有木材、砌体材料与结构铝合金材料。木材在我国有较大范围的应用，但由于我国是一个森林极度匮乏的国家，使用木材作为结构材料是不经济的，也不利于环境的保护。砌体材料主要是砖、砌块、石材等，砌体材料属于脆性材料，形成的砌体结构也属于脆性结构，同时砌体结构施工劳动量大、强度高，因此已经被逐步的淘汰。结构铝合金材料的使用正方兴未艾，铝合金以其自重轻、强度高（强度/密度）等特点，随着科学技术的发展正逐步应用于大跨度结构上。

3.5.1 砌体材料及其基本特征

砌体材料主要是砖、砌块、石材等。砌体材料依靠黏结材料的作用形成整体受力体系，黏结材料主要是砂浆、水泥砂浆或水泥石灰混合砂浆。因此，砌块质量、砂浆质量与砌筑的工艺质量是影响砌体强度的主要因素，与混凝土相比，砌体结构的离散性更大，整体性更差。

3.5.2 砖石砌体构件的破坏过程

对于其砌体构件进行压力试验，可以发现该构件的破坏过程（见图3-13）：当压力处于较小的阶段时，砌体结构整体没有变化，只是在局部的砖出现竖向裂缝，但不会形成多皮砖的贯通，从整体来看，仍处于安全状态。此时荷载大约为破坏荷载的50%~70%以下，同时试验证明，裂缝的出现与砂浆强度的关联度很大。

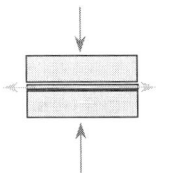 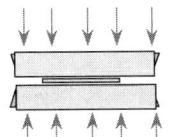 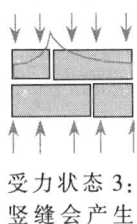

受力状态1：砂浆的横向扩张作用促使砖的裂缝提前发生。

受力状态2：不均匀的砂浆使得砖实际上受弯，加速裂缝的发生与开展。

受力状态3：竖缝会产生的应力集中。

图 3-13

继续增加荷载，裂缝会扩展，逐渐形成小区域的几皮砖的贯通性裂缝，此时约为破坏荷载的 80%～90%，停止加荷，裂缝有缓慢的继续开展的迹象，说明构件已经处于危险状态，在长期荷载作用下将破坏。此时荷载略有增加，裂缝会迅速扩展，并上下全部贯穿，将砌体分为若干个独立受压柱，进而失稳彻底破坏。

3.5.3 砌体材料的选用

第一，结构采用砌体材料，应因地制宜，就地取材，尽量选用当地性能良好的块体和砂浆材料。材料应具有较好的耐久性，即长期使用过程中仍具有足够的承载力和正常使用的性能。

第二，结构采用砌体材料，应区别对待，便于施工。例如多层砌体房屋的上部几层受力较小，可选用强度等级较低的材料，下部几层则应采用强度较高的材料。一般采用不同强度等级的砂浆较好，但变化也不应过多，以免施工时疏忽造成差错。

第三，应考虑建筑物的使用性质和所处的环境因素。例如地面以上和地面以下墙体的周围环境截然不同，地表以下地基土含水量大，含有各种化学成分物质，基础墙体一旦损坏则难以修复，从长期使用的要求出发，应该采用耐久性较好和化学稳定性较强的材料，同时要采取措施隔断地下潮湿环境对上部墙体的影响（例如设置防潮层等）。

第四，砌体规范还规定，五层或五层以上房屋的墙以及受振动或层高大于 6m 的墙、柱所用材料的最低强度等级要求为：砖 MU10、砌块 MU7.5、石材 MU30、砂浆 M5。

3.5.4 砌体材料的应用

砌体材料多数仅用来作为墙体材料，发挥其承压能力较强的特点，与木结构或钢筋混凝土等结构形成的水平跨度体系共同形成房屋结构。但也有直接使用砌体材料形成跨度结构的建筑物与构筑物，所利用的是拱的原理，如我国古代的赵州桥以及西方古时候的教堂建筑。

河北赵州石桥（见图3–14）建于1300多年前的隋代，桥长约64m，净跨37m，拱圈的宽度在拱顶为9m；在拱脚处为9.6m。建造该桥的石材为石灰岩，石质的抗压强度非常高（约为100MPa）。

图3–14

本章小结

明确结构所受的力学作用是结构设计的前提。测算荷载就是用概率统计的方式来确定某一类荷载的特征值，即一概特征值设计结构。需要明确的是，绝对安全的建筑是不存在的，但结构都具有一定的可靠度，因此荷载的特征应该偏大。活荷载的典型代表是风与地震。相同的风会由于建筑物的形体、高度等几何特征产生不同的荷载。地震是一种作用，而非荷载。由于地震的复杂性，抗震设计无疑是结构设计理论研究与工程实践领域的最前沿。抗震设计的关键是概念设计，这将在后面的章节中加以阐述。

思 考 题

1. 在选择结构用材料的时候，依据的原则有哪些？
2. 混凝土的立方抗压强度是如何测定的？影响因素有哪些？
3. 如何理解具体混凝土试块强度与标准强度的关系？

4. 为什么混凝土立方抗压强度不可以作为设计依据？设计强度采用什么指标？
5. 与基本强度相比，混凝土的复合强度有什么变化？有什么应用意义？
6. 混凝土的徐变产生原因是什么？如何防治徐变的发生？
7. 为什么说钢材是天然的建筑结构材料？
8. 在工程实践中，钢材受力屈服过程的意义是什么？
9. 钢与混凝土为什么可以构成共同工作的复合材料？
10. 钢筋在混凝土中是如何锚固的？
11. 如何提高与加强锚固效果？
12. 钢管混凝土的原理是什么？

第四章　结构设计原理

> **学习导读**
>
> 　　结构设计就是要在结构与荷载之间求得平衡，这就需要明确结构破坏与使用的状态，称之为极限状态。除此之外还要明确结构的重要程度与设计基准期，这是荷载调整的前提。结构并非承担单一荷载的作用，各种荷载可能同时出现，在结构不同的位置上分布，这些都需要在设计之初就加以明确。荷载与结构之间平衡状态的数学表达式是很复杂的，但说明了恒荷载、活荷载与荷载的组合与结构抗力之间的关系。
>
> 　　由于结构的复杂性，对于荷载的分布问题，仅以连续梁为例进行阐述，并提出包络图的概念。这些原理在其他结构设计中也是通用的。
>
> **关键概念**
>
> 　　承载力极限状态　正常使用极限状态　结构的可靠度　建筑物的重要度　重要度系数　设计基准期　荷载效应　结构抗力　荷载的最不利组合　连续梁荷载的最不利分布　包络图

　　根据我们对于荷载与材料的认识，我们对于结构设计可以确定以下基本概念与原则：结构设计，就是根据建筑物的功能选择适当的结构形式与使用材料，并以此来确定结构的荷载、内力，进而确定结构中最大内力发生的截面及其应力，在此基础上调整该应力与材料强度的关系，在使之相对应的基础上绘制工程图纸的过程，如图4-1所示。

　　结构设计具体过程可以描述为：

　　第一步，确定建筑物的功能与建筑区域，这是由投资者与建筑师所确定的。

　　第二步，结构工程师根据建筑物的位置、形式及各种功能，确定该建筑物所使用的结构形式、结构材料、力学简化模型与所面临的荷载。

　　第三步，枯燥的力学计算工作。计算力学的进步与计算机的使用使得该工作变得相对简单，我们可以迅速地得出使用特定材料的结构在荷载作用下的反应——弯矩、剪力、轴力、扭矩等。进而在理论上，可以根据确定的截面形式，计算出所有截面上、所有点的应力状况。但这不是十分必要的，我们只要找到最大的应力所在的位置并求出来就可以了。

随后的工作仅仅是进行最大应力与材料强度的比较，最为经济的结论是最大应力与材料的强度是相等的——临界状态；偏于安全考虑的设计者会选择一个合理的比例参数，使强度适当的大于应力指标。但也经常出现不理想的情况，即强度不足，这时候的措施是重新修正结构中各个杆件的截面尺度，再进行计算，直到符合设计者的要求。

多数设计者的工作到此结束，但有时还会验算一下结构的变形，防止出现由于变形过大致使结构计算失效（不符合力学的小变形原则）或不满足使用要求。

第四步，如果上述工作均满足设计要求，即可以画出图纸，完成设计工作。

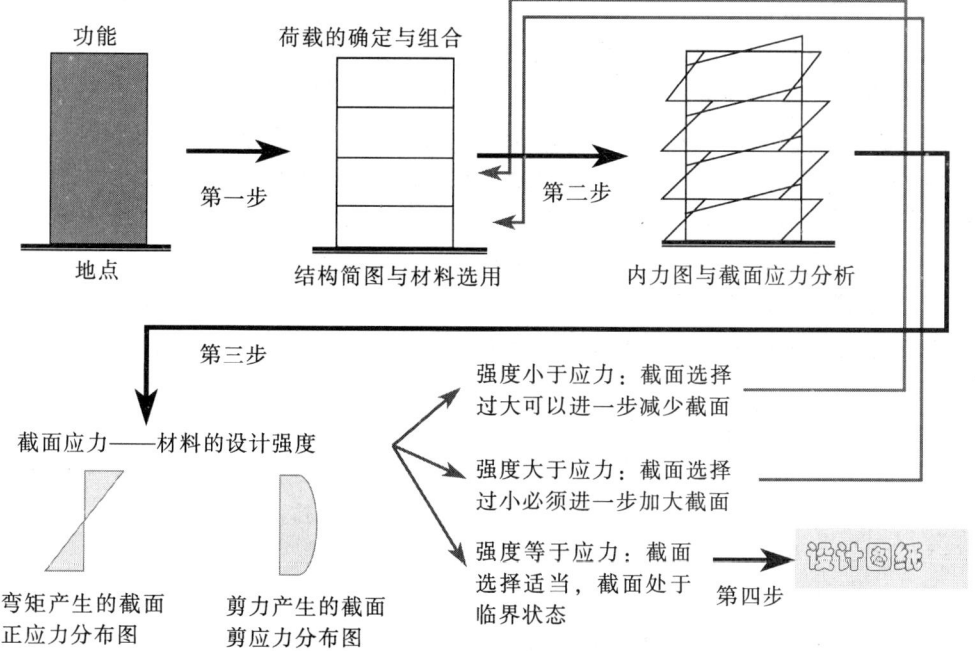

图 4-1

可以看出，结构设计是一个循环的过程，在这个过程中，并非是寻求唯一化的解决方案，而是对于前提假设求得合理的结果。因此，对于同一结构的最终设计结论也可能是完全不同的。另外，由于结构、材料与荷载都是极其复杂的，因此仅仅依靠力学分析是不够的，工程师的实践经验是十分重要的。尤其在结构的选型阶段，这个过程的结论是千差万别的，优秀的工程师的超人之处在于选择过程——选择一个合理简捷而高效的结构形式是全部设计成功的基础，或者可以说是设计的主要工作。因此，"概念设计"是结构设计的基本理念与原则。

4.1 结构设计的极限状态理论

结构设计就是寻找结构的极限状态的过程，并力求使结构受力变得经济、简捷与高效，否则结构设计是毫无意义的——任何人都可以选择一个大得惊人的截面来承担荷载。

4.1.1 结构设计的极限状态

所谓结构设计的极限状态，是指结构在受力过程中存在某一特定的状态，当结构整体或其中的组成部分达到或超过该状态时，就不能够继续满足设计所确定的功能，此特定的状态就是该结构或部分的极限状态。对于建筑结构来讲，认定什么样的状态为其极限状态，是十分重要与必要的，这不仅涉及到结构设计的准则问题，更涉及结构的适用性、安全性与耐久性。在多年实践的基础上，现代建筑的结构设计，设定了两个极限状态为设计的基准：承载力极限状态与正常使用极限状态。

（1）承载力极限状态，就是指结构所达到的最大的荷载承担状态。它是对于结构所确定的最大承载力指标，结构达到或超过了该指标时，结构会发生严重的破坏，如断裂、坍塌、倾覆等，将导致严重的损失。对于结构来讲，承载力极限状态的发生，标志着结构的破坏，结构作为承载体系的功能的丧失，损失无疑是巨大的，因此要将该状态的发生概率控制得很低。

当出现以下现象时，可以判断出结构已经不能够继续承担相应的荷载或作用了，已经进入了结构的承载力极限状态，即结构将处于坍塌状态，彻底失去承载的能力：①因材料强度不足或塑性变形过大而失去承载力；②结构的连接失效而变成机构；③结构或构件丧失稳定；④整个结构或部分失去平衡。

（2）正常使用极限状态，就是指结构在外力作用下，所发生的不能满足建筑物的基本功能的实现的状态，但建筑物在该状态下并不会发生灾难性的后果。通常所理解的正常使用极限状态，主要是指结构发生了影响使用的变形、位移、裂缝、振颤等问题。

当出现以下现象，则表明结构已经对其正常使用形成障碍，为正常使用极限状态，但不处于危险之中：①出现影响外观与使用的过大的变形，但该变形的大部分属于弹性变形而非塑性变形；②局部发生破坏而影响结构的使用；③发生影响使用的振颤；④影响使用的其他状态。

当结构出现正常使用极限状态的表现时，结构一般不会垮塌，也就是说，结构仍具有承担荷载的能力，仍然可以被认为是安全的。但是，这些问题虽不会导致结构的破坏，却可以影响建筑物的正常使用，使其功能不能够完全发挥出来，有时甚至会对人的心理形成巨大的冲击与压力，例如，任何人面对自己头上大梁的裂缝，都会感到极度的不安，即便是设计者本人也一样，尽管他深信其设计是安全的。

（3）两种极限状态的计算与设计指标。在设计中，两种极限状态都必须同时得到满足，那种重视承载力极限状态而忽视正常使用极限状态的设计思想是极其错误的。常规的做法是对于承载力极限状态进行设计计算，当满足该状态后，再对正常使用极限状态进行校核与验算，以确保后一状态也可以得到满足。但是，当两种状态的计算与设计所采用的指标有所差异时，承载力极限状态的后果是较严重的，因此荷载指标与材料的强度均应采用设计值；而对于正常使用极限状态的验算则通常采用荷载指标与材料强度的标准值。

荷载的设计值一般高于荷载的标准值，其比值称为荷载的分项系数，根据荷载的种类不同，所采用的分项系数也有所不同。对于永久荷载的分项系数：当其效应对结构不利时，对由可变荷载效应控制的组合，系数应取 1.2，对由永久荷载效应控制的组合，系数应取 1.35；当其效应对结构有利时，一般情况下系数应取 1.0，对结构的倾覆、滑移或漂浮验算，系数应取 0.9。而对于可变荷载的分项系数：一般情况下系数应取 1.4，对标准值大于 4KN/m² 的工业房屋楼面结构的活荷载系数应取 1.3。

材料强度的设计值低于其标准值，其比值称为强度的分项系数。

4.1.2 结构设计的基本要求

对于结构设计来讲，设计师至少要使其所设计的结构满足两个方面的基本要求，即安全性与适用性。

首先是安全性，即满足特定的、与建筑物的功能相适应的承载力极限状态。这对于结构来讲是最为基础的，也是最为根本的。

其次是适用性，即保证结构在日常使用中满足要求，在常规荷载作用下不会发生影响正常使用极限状态的要求。在结构设计中，适用性一般不需要特殊设计，正如前文所述，在结构满足与保证其安全性的基础之上，进行相应的验算。

除此以外，结构设计者还必须考虑结构的耐久性，即结构保证承载力的持续时间与承载力的环境适应度。

因此，对于结构工程师来讲，在进行结构设计时，所要考虑的结构的基本问题为：所设计的结构安全吗？是否适用？能保证其对于环境变化与岁月流逝的适应吗？

当然，经济问题也是结构工程师所要考虑的，即结构的投资问题。这不仅仅包括结构杆件截面尺度的选择问题，如选择较小的截面可以获得相对低廉的造价；还要涉及到不同的结构形式与材料选择而导致的施工成本问题，如静态的材料采购价格、动态的施工复杂性与施工周期等。

4.1.3 结构的可靠度

结构满足相对的功能要求的程度被称为结构的可靠度。所谓相对的功能要求，是指建筑物所在的特定的位置与环境、特定的设计功能与安全等级要求。不同的建筑物条件各不相同，结构设计的要求也不一样。但是，需要特别说明的是，没有任何结构可以达到100%的可靠度，100%意味着该建筑物是绝对不会倒塌的，绝对安全的。这显然在理论上是荒谬的，在实践中也是难以做到的，理性的投资者与设计者不会盲目的提高建筑物的可靠度指标，而是根据建筑物的重要程度确定其基本设计依据。

常规建筑物的可靠度指标一般为95%，是对于特定的地区所建设的、在特定的时间范围内、完成特定功能的建筑物，以及特定的荷载的可靠度为95%。这是一个相对的概念，不同的建筑物之间的可靠度与安全性是不可以简单比较的，原因在于不同的建筑物的功能不同、荷载不同、所在位置与地质状况也不同。

结构的可靠度是一个非常复杂的概念，整体结构的可靠度不仅仅包括每一杆件各个截面的可靠度、杆件之间的相互关系、结构体系的构成关系等多方面的内容；还包括对荷载的认识，尤其是对于不确定的荷载，如风、地震等的研究；更要包括对于建筑物倒塌后的严重性进行评估，以确定其安全等级。可靠度指标也绝不是简单的、绝对化的指标，而是非常模糊性的指标体系。在设计中，不能将单一截面的破坏就视为杆件的破坏，也不能将单一杆件的破坏视为结构的破坏，要根据不同的设计原则来进行区分。当今一些结构工程与力学研究领域内的工程师们，正力求采用模糊数学的理论与方法，来解决结构中的模糊破坏与临界标准的界定问题，并取得了大量的成果。

对于处在相同地区、具有相同功能、按照相同设计标准所设计的建筑物，其可靠度指标应该是完全相同，与所使用的材料的强度及性能是无关的。从材料的延性、强度以及抵抗动力荷载的性能上来看，钢材要优于钢筋混凝土，钢筋混凝土也同样优于砖石砌体，但是采用不同材料设计的结构，所使用的截面尺度不同，构造处理方式不同，结构体系也截然不同。正是采用了不同的处理方式，对于相同的功能与荷载，其承担能力是相同的，可靠度也是相同的。

4.2 建筑物的重要度与设计基准期

在实际工程的设计中，设计者要考虑不同建筑物的重要程度，即对于破坏与倒塌后形成的后果进行评估，因此，对于不同功能的建筑物与构筑物形成了不同的重要度参数。同时，还要根据所设计的建筑物未来预期的使用年限，来确定其设计基准期，这不仅仅是为了保证结构在经过自然状态下的磨损后具有同样的承载能力，更是为了保证结构能够有效地承担在设计基准期时间范围内所可能出现的自然荷载。

4.2.1 建筑物的重要度

我国根据建筑物的功能与破坏后的影响，将建筑物的重要程度分为三级，在设计中，不同级别的建筑物取不同的重要度系数 γ_0，用以将荷载设计值进行相应的调整，取得更加安全的效果。

一级建筑物，破坏后果极其严重，属于重要的建筑物，$\gamma_0 = 1.1$，即对于设计荷载进行放大 10% 的调整。例如，医院、通讯中心、交通枢纽、重要的政府办公楼、危险品仓库等属于一级建筑物。

二级建筑物，破坏后果比较严重，属于一般的建筑物，$\gamma_0 = 1.0$，对于荷载不进行调整。常规上的建筑物多数属于二级建筑物。例如，普通住宅、宾馆、办公楼、厂矿企业的普通厂房等，这些建筑物的破坏后果相对来讲较小。

三级建筑物，破坏后果相对不严重，属于比较次要的建筑物，$\gamma_0 = 0.9$，即对于荷载进行折减。多数临时性建筑物或设施属于三级建筑物，在设计中可以采取一些措施，减少结构上的投入。

4.2.2 结构的设计基准期

结构保证其设计可靠度指标的时间期限，即为确定可变荷载代表值而选用的时间参数，称为设计基准期。在基准期内，结构的可靠度指标完全满足设计要求。

设计基准期的意义在于，该基准期是测算最大荷载重现期的基本期限。自然界的荷载如风、雪与地震等，均有相应的周期性的变化规律。设计基准期就是结构设计时所考虑的最大荷载重现期。如果设计基准期为 20 年，荷载即为 20 年一遇；设计基准期为 50 年，荷载即为 50 年一遇。设计基准期选择的时间范围越长，特征荷载指标就越大，设计标准相应就越高。我国规范对于常规建筑物的设计基准期规定为 50 年，特殊建筑物的设计基准期可以根据具体情况单独确定。

在设计基准期内，设计时所确定的特殊荷载并不一定出现。而且，在建筑物超过设计基准期后，也并非意味着结构的失效，而是其可靠度在理论上有所降低，因此基准期不能等同于建筑物的使用寿命。

对于建筑物的投资与建设方，也可以根据需要，自行设定其投资建设的设计基准期与建筑物的重要度，但是在没有资方特殊要求的前提下，设计施工应该执行相关国家标准。

4.3 荷载效应与结构抗力

在了解了荷载与材料的强度之后,作为结构工程师的关键任务在于要确定荷载与材料强度的相互关系。

4.3.1 结构荷载的确定

根据我国现行的荷载规范,按照工程设计的标准,可以将结构上的荷载作用分为:永久荷载作用、可变荷载作用及偶然荷载作用三类。

(1) 永久荷载作用。永久荷载作用是指在建筑与结构所存在的期限内不发生变化的荷载与作用,即在结构使用期间,其值不随时间变化,或其变化与平均值相比可以忽略不计,或其变化是单调的并能趋于限值的荷载。例如,结构自重、土压力、预应力等。这些荷载与作用不仅是大小不变,而且位置与方向也不会发生变化,属于恒荷载。

(2) 可变荷载作用。可变荷载是指在建筑与结构所存在的期限内会发生变化的荷载与作用,即在结构使用期间,其值随时间变化,且其变化与平均值相比不可以忽略不计的荷载。例如,楼面活荷载、屋面活荷载和积灰荷载、吊车荷载、风荷载、雪荷载等。这些荷载与作用可能是大小发生变化,或者方向与位置发生变化,也可能大小、方向与位置均会发生变化,属于活荷载。

(3) 偶然荷载作用。偶然荷载是指在建筑与结构所存在的期限内会偶然发生的荷载作用,即在结构使用期间不一定出现,但是一旦出现,其值很大且持续时间很短的荷载。例如,爆炸力、撞击力等。

4.3.2 荷载效应

由荷载引起结构或构件的反应,例如,内力产生弯矩、剪力、轴力、扭矩;变形产生挠度、转角和裂缝等,通称为荷载效应,通常以 S 来表示。

由于荷载位置与方向差异,不同荷载对于同一结构产生的效果不同,可以用数学表达式表述为:$S = CQ$,其中,C 为荷载效应系数,即特定结构或构件对于特定荷载的荷载效应系数是确定的。

例如简支梁,在均布荷载(荷载集度 q)作用下,其最大弯矩为 $M = ql^2/8$,最大剪力为 $V = ql/2$;则其最大弯矩的荷载效应系数为:$C = l^2/8$,最大剪力的荷载效应系数 $C = l/2$。

荷载效应系数的确定,对于结构设计的过程来讲是一个大大的简化过程,虽然荷载的量值千差万别,但荷载的性质、位置可以做简单的分类,因此就可以针对特定的结构形式、特定的荷载特征，确定不同的荷载效应系数。在设计中，可以简单的以公式 $S = CQ$ 求得特定截面的内力与变形。

例如对于三跨连续梁，在特定荷载作用下的荷载效应系数如表 4-1 所示。在确定了 G 与 Q 的量值后，即可以直接求得 M_1、M_2、M_B、M_C、V_A、V_{Bl}、V_{Br}、V_{Cl}、V_{Cr}、V_D 等关键内力指标。

表 4-1

受力模式	跨中 M_{max}		支座弯矩		剪 力			
	M_1	M_2	M_B	M_C	V_A	V_{Bl} / V_{Br}	V_{Cl} / V_{Cr}	V_D
G G G G G G (A B C D)	0.224	0.067	-0.267	0.267	0.733	-1.267 / 1.000	-1.000 / 1.267	-0.733
Q Q　Q Q (A B C D)	0.289	—	0.133	-0.133	0.866	-1.134 / 0	0 / 1.134	-0.866
Q Q　　 (A B C D)	—	0.200	-0.133	0.133	-0.133	-0.133 / 1.000	-1.000 / 0.133	0.133
Q Q Q Q　　 (A B C D)	0.229	0.170	-0.311	-0.089	0.689	-1.311 / 1.222	-0.778 / 0.089	0.089
Q Q　　　　 (A B C D)	0.274	—	0.178	0.044	0.822	-1.178 / 0.222	0.222 / -0.044	-0.044

4.3.3 结构抗力

结构或构件抵抗各种力学作用与变形的能力，即强度、刚度、稳定性、抗倾覆能力等被称为结构抗力，通常以 R 来表示。

结构抗力与结构所选择的材料、截面的形式、结构形式相关。确定结构抗力是结构设计者的基本任务，在结构设计中，设计者通过结构材料、杆件截面形式与尺度、结构形式等的选择，确定了特定结构的结构抗力。

4.3.4 结构安全的数学表达

对于任意结构,在任意荷载作用下,其安全状态必须满足表达式:$R \geqslant \gamma_0 S$,即 $R \geqslant \gamma_0 CQ$,或 $R - \gamma_0 CQ \geqslant 0$,即结构特定的抗力要不小于荷载在结构上产生的特定荷载效应。

4.4 荷载与作用的组合与分布

在实际结构的设计中,需要考虑一些特殊的问题,那就是实际结构可能同时承担多种不同的荷载作用,这些荷载作用可能相互加强,也可能相互削弱;荷载作用的位置也会有各种变化,不同的作用位置对于结构的影响也是不同的,也可能出现相互加强或相互削弱的情况。因此对于结构设计者来讲,在设计开始时就要根据建筑物的实际状况,考虑多种不同荷载的组合方式与作用的位置,以求得对于结构的最为不利的作用状况。只有在最不利的作用下结构是安全的,才可以保证结构在大多数状态下的安全。

4.4.1 荷载与作用的组合原理

荷载与作用的组合是以最不利组合为基本原则的,即将可能同时出现的荷载同时作用在结构上,以求得对于结构的最为不利的荷载状况。当然,并不是所有的荷载都可以同时出现的,有时同时出现还会有相互削弱的情况。因此在设计中仅考虑可以同时出现并可以相互加强的荷载状况。

经过荷载的最不利组合设计后,结构处于一个相对的安全的状况中,在大多数的情况下,结构不会面临大于该最不利组合的荷载作用环境,这是结构工程师工作的责任范围;但对于某些难以预料的特殊作用,仍然可以摧毁结构,这不是结构工程师工作的责任范围。

进行荷载组合的基本原则:结构自重是不能忽略的,是在各种状况中均存在的;活荷载的出现是随机的,少数活荷载同时出现是可能的,但同时达到设计荷载的特征指标的概率较小;将最大的活荷载的组合系数设定为1,不进行任何折减;同时将其他活荷载根据其同时出现的可能性进行相加,并考虑这种可能性的概率再对其相加结果进行折减。

经过荷载的最不利组合后,确定地区、确定功能、确定结构、确定构件上的设计荷载效应(承载力极限状态)为:

$$S = C_G \gamma_G G_k + C_{Q1} \gamma_{Q1} Q_{1k} + \sum \psi_i C_{Qi} \gamma_{Qi} Q_{ik}$$

经过荷载的不利组合后，验算结构正常使用极限状态（裂缝与变形）的荷载效应为：

$$S = C_G G_k + C_{Q1} Q_{1k} + \sum \psi_i C_{Qi} Q_{ik}$$

式中：S——荷载效应；
　　　C——荷载效应系数；
　　　C_G——恒荷载的荷载效应系数；
　　　C_Q——活荷载的荷载效应系数；
　　　C_{Q1}——最大活荷载的荷载效应系数；
　　　C_{Qi}——任意活荷载的荷载效应系数；
　　　ψ——其他活荷载的组合系数；
　　　Q_{ik}——其他活荷载的标准值。
　　　γ——荷载分项系数；
　　　γ_G——恒荷载的荷载分项系数；
　　　γ_Q——活荷载的荷载分项系数；
　　　γ_{Q1}——最大活荷载的荷载分项系数；
　　　γ_{Qi}——任意活荷载的荷载分项系数；
　　　G_k——恒荷载标准值；
　　　Q_{1k}——最大的活荷载的标准值；

因此，对于结构的具体截面来讲，结构设计的安全状态表达式可以写作：

$$R(f_1, f_2 \ldots f_n, x_1, x_2 \ldots x_n) \geq \gamma_0 (C_G \gamma_G G_k + C_{Q1} \gamma_{Q1} Q_{1k} + \sum \psi_i C_{Qi} \gamma_{Qi} Q_{ik})$$

式中，$f_1, f_2 \ldots f_n$——结构材料的强度指标，$x_1, x_2 \ldots x_n$——截面的几何尺度指标。

4.4.2　结构上的荷载最不利分布

恒荷载在结构上的位置是确定的，而活荷载则不同，在不同的位置上对于结构的影响则不同。结构工程师就要考虑这种由于荷载的移动而产生的截面不利状况。由于实际工程结构是千差万别的，而荷载作用也是千差万别的，难以采用具体的数学表达式将其表示清楚，因此，本章以连续梁为例，说明在均布活荷载的作用下该结构截面内力的具体变化。

连续梁是结构设计时经常采用的结构形式，不仅在建筑工程中使用，也常见于桥梁等大型结构。连续梁以其传力明确，设计简便，功能明确等特点，深受结构工程师的喜爱。除了梁的自重荷载所形成的恒荷载外，均布的活荷载在不同的跨度间自由分布对于结构会产生不同的影响。由于恒荷载作用确定，因此在不利组合中暂时忽略恒荷载的存在。

当活荷载作用于第一跨时，梁的变形与弯矩如图 4 – 2 所示。

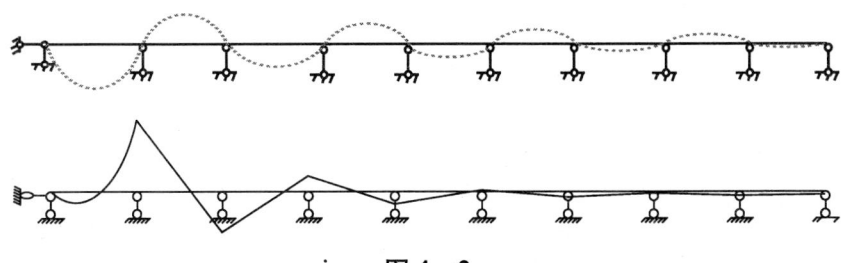

图 4 – 2

同样，当活荷载作用于第二跨时，梁的变形与弯矩如图4-3所示。

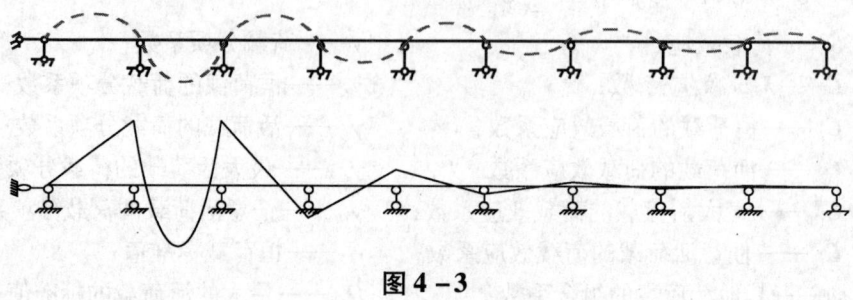

图4-3

当活荷载作用于第三跨时，梁的变形与弯矩如图4-4所示。

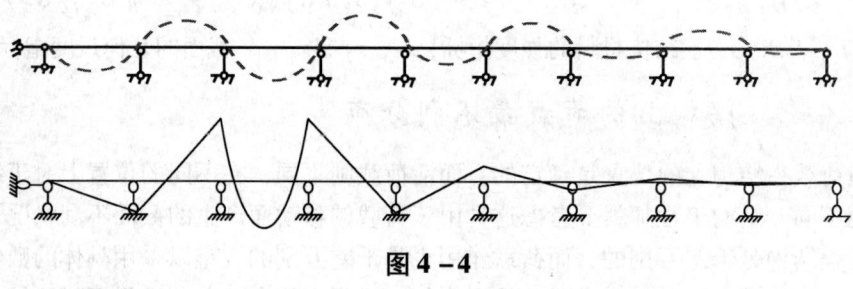

图4-4

当活荷载作用于第四跨时，梁的变形与弯矩如图4-5所示。

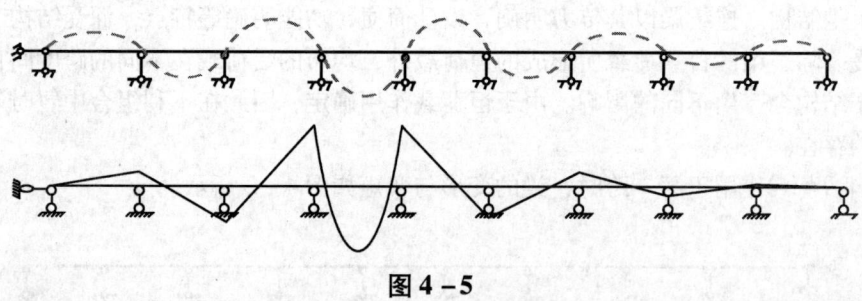

图4-5

从图4-2至图4-5中可以看出，不同的荷载作用位置所产生的变形是不一样的，即不同的荷载位置所产生的内力的差异，以及不同荷载位置之间的内力的相互关系，有时相互加强，有时相互削弱。因此，在对于连续梁的某一跨作结构设计时，工程师要在梁上作对于该跨最为不利的荷载分布。

从图 4-2 至图 4-5 中可以得出以下对于连续梁结构的最不利荷载分布规律：

(1) 当求某一跨中的最大正弯矩时，应考虑在该跨布置活荷载，同时在该跨两侧的相邻跨隔跨布置。例如，求第 3 跨中最大正弯矩，在第 3 跨布置活荷载，然后要考虑在第 1、5、7、9 跨布置活荷载，如图 4-6 所示。

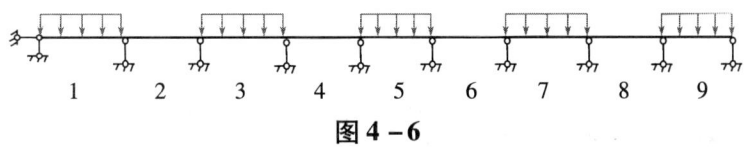

图 4-6

(2) 当求某一跨中的最大负弯矩时，应考虑在该跨不布置活荷载，而在两侧相邻跨布置，并继续在相邻跨的隔跨布置。例如，求第 3 跨中最大负弯矩，则在第 3 跨不布置活荷载，然后要考虑在第 2、4、6、8 跨布置活荷载，如图 4-7 所示。

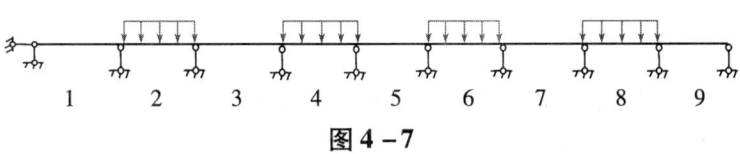

图 4-7

(3) 当求某一支座的最大负弯矩时，应考虑在该支座相邻两跨布置活荷载，并继续在相邻跨的隔跨布置。例如，求第 3、第 4 支座处的最大负弯矩，则在第 3 跨、第 4 跨布置活荷载，然后要考虑在第 1、6、8 跨布置活荷载，如图 4-8 所示。

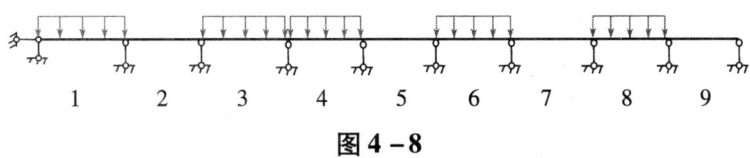

图 4-8

(4) 当求某一支座的最大剪力时，与求该支座最大负弯矩时所分布荷载状况相同。

对于其他结构，如刚架、排架、桁架、拱等常见结构也是如此，均要找出其最不利荷载分布与组合的规律，再进行各种分布与组合。

4.4.3 包络图

由于在实际结构的受力过程中，各种受力形式均有可能出现，而且还可以同时出现。因此结构的强度与刚度必须在各种条件下均要得到满足。这就要求设计者将各种受力分部条件下的内力图相互重叠,将各种荷载布置下的内力图绘制在同一连续梁上,从而得到各种荷载作用的内力图的外包络线,即内力包络图。

图4-2至图4-5是第1、2、3、4跨分别布置活荷载时,连续梁所形成的弯矩的包络图。实际结构的荷载分布所形成的包络图更为复杂,如图4-9所示。

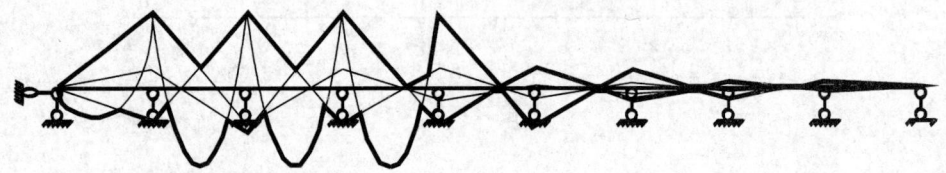

图4-9

包络图并非是一种实际的内力图,而是各种可能的内力图的叠加,因而可以出现同一截面不同的受力状况,既有正弯矩,又有负弯矩。在包络图中可以确定某一截面所可能承担的最大正负内力值,近而可以求出该截面的最大应力,再根据该应力值进行截面的强度设计。

另外对于连续梁,考虑荷载的影响区域,一般取相邻5个跨之内的荷载分布为有效荷载,在5个跨之外的荷载分布为无效荷载,因为5个跨之外所分布的荷载对于本跨的影响,可以在工程计算中忽略。

4.5 建筑结构设计过程综述

4.5.1 建筑设计的一般程序

一栋建筑物从设计到施工落成,需要建筑师、结构工程师、设备工程师、施工工程师的通力合作。不论建设项目的规模大小、复杂程度,在设计程序方面一般必须经过三个设计阶段,即初步设计、技术设计、施工图设计。

(1)初步设计阶段。这个阶段主要是建筑师的工作,如建筑物的总体布置、平面组合方式、空间体型、建筑材料等,此时结构工程师要配合建筑师做出结构选型。

初步设计阶段提出的图纸和文件主要有:建筑总平面图,包括建筑物的位置、标高、道路绿化以及基地设施的布置和说明;建筑物各层平面图、立面图、剖面图,并应说明结构方案、尺寸和材料;设计方案的构思说明书,结构方案及构造特点,主要技术经济指标;建筑设计造价估算书,包括主要建筑材料的控制数据。

(2)技术设计阶段。该阶段的主要任务是在初步设计的基础上,确定建筑、结构、设备等专业的技术问题、技术设计的内容,各专业间相互提供资料、技术设计图纸和设计文件。要求建筑设计图纸标明与其他技术专业有关的详细尺寸，并编制建筑专业的技术条件说明书和概算书。

结构工程师要根据建筑的平面、立面构成、设备分布等做出结构布置的详细方案图，并进行力学计算。设备工程师也要提供相应的设备图纸及说明书。同时，各专业须共同研究协调，为编制施工图打下基础。

(3) 施工图设计阶段。这一过程的主要任务是在技术设计的基础上，深入了解材料供应、施工技术、设备等条件，做出可以具体指导施工过程的施工图纸，包括建筑、结构、设备等专业的全部施工图纸，工程说明书，结构计算书和设计预算书。

4.5.2 结构设计的一般过程

虽然不同材料的建筑结构各有特点，但设计的一般过程仍可归纳如下。

(1) 结构选型。在收集基本资料和数据（如地理位置、功能要求、荷载状况、地基承载力等）的基础上，选择结构方案，即结构形式和结构承重体系。原则是满足建筑特点、使用功能的要求、受力合理、技术可行，并尽可能达到经济技术指标先进。对于有抗震设防要求的工程，要充分体现抗震概念设计思想。

(2) 结构布置。在选定结构方案的基础上，确定各结构构件之间的相互关系，初步定出结构的全部尺寸。确定结构布置也就确定了结构的计算简图，确定了各种荷载的传递路径。计算简图虽是对实际结构的简化，但应反映结构的主要特点及实际受力情况，用于内力、位移的计算。所以结构布置是否合理，将影响结构的性能。

(3) 确定材料和构件尺寸。按规范要求选定合适等级的材料，并按各项使用要求初步确定构件尺寸。结构构件的尺寸可用估算法或凭工程经验定出，也可参考有关手册，但应满足规范要求。

(4) 荷载计算。根据使用功能要求和工程所在地区抗震设防等级确定永久荷载、可变荷载（楼、屋面活荷载，风荷载等）及地震作用。

(5) 内力分析及组合。计算各种荷载下结构的内力，在此基础上进行内力组合。各种荷载同时出现的可能性是多样的，而且活荷载位置是可能变化的，因此结构承受的荷载以及相应的内力情况也是多样的，这些应用内力组合来表达。内力组合即所述荷载效应组合，在其中求出截面的最不利内力组合值作为极限状态设计计算承载能力、变形、裂缝等的依据。

(6) 结构构件设计。采用不同结构材料的建筑结构，应按相应的设计规范计算结构构件控制截面的承载力，必要时应验算位移、变形、裂缝及振动等限值要求。所谓控制截面是指构件中内力最不利的截面、尺寸改变处的截面以及材料用量改变的截面等。

(7) 构造设计。各类建筑结构设计的相当一部分内容尚无法通过计算确定，可采取构造措施进行设计。大量工程实践经验表明，每项构造措施都有其作用原理和效果，因此构造设计是十分重要的设计工作。构造设计主要是根据结构布置和抗震设防要求确定结构整体及各部分的连接构造。

另外，在实际工作中，随着设计的不断细化，结构布置、材料选用、构件尺寸等都不可避免地要作调整。如果变化较大时，应重新计算荷载和内力、内力组合以及承载力，验算正常使用极限状态的要求。

4.5.3 结构设计应完成的主要文件

结构设计计算书，结构设计计算书对结构计算简图的选取、荷载、内力分析方法和结果、结构构件控制截面计算等，都应有明确的说明。如果结构计算采用商业化计算机软件，应说明软件名称，并对计算结果作必要的校核。

结构设计施工图纸，所有设计结果，以施工图纸反映，包括结构、构件施工详图、节点构造、大样等，应标明选用材料、尺寸规格、各构件之间的相互关系、施工方法的特殊要求、采用的有关标准（或通用）图集编号等，要达到不作任何附加说明即可施工的要求。施工详图需全面符合设计规范要求，并便于施工。

本章小结

结构设计就是以荷载的最不利组合，即荷载出现的种类、量值与位置均是不利的为基础来设计计算的。在这种情况下，结构是安全的，那么结构在真实荷载环境中也就是相对安全的。本章所阐述的荷载最不利组合的数学模型，体现了概率极限状态的设计原则，这一原则是结构设计理念的基础，宜着重理解。

思 考 题

1. 什么是结构受力的极限状态？有哪几种极限状态？
2. 判断结构处于承载力与正常使用极限状态的标准是什么？
3. 为什么设定结构重要度系数？荷载将如何调整？
4. 什么是结构的设计基准期？与结构满足承载力要求的有效期限有什么区别？
5. 可不可以说超出了设计基准期的结构是不安全的？
6. 什么是荷载效应？什么是结构抗力？写出其相互关系的数学表达式。
7. 说明连续梁荷载最不利组合的几种状态。
8. 什么是包络图？与弯矩图是什么关系？
9. 结构设计最终要完成哪些设计文件？各起到什么作用？

第五章　常见的建筑结构体系与受力特点

学习导读

本章是本书中重要的承上启下的一章。

所谓承上，就是根据前几章所讲的相对抽象的结构设计理论，在本章综合介绍现在工程实践中经常采用的各种结构体系，多层、高层、大跨等多方面的结构均有相关的介绍。虽不全面，但可以作为继续学习与研究的基础。

所谓启下，就是根据本章所讲述的各种结构体系的特点，以后的章节将阐述结构的组成部分——构件的设计与计算。虽然结构体系有多种多样，但构件却是相对简单，无非是受弯、受剪、拉压、扭转以及各种组合作用。

阅读本章的内容，需要具有一定的力学基础，尤其是结构力学的相关知识，这样才能从宏观概念上理解与把握结构体系的力学问题。

关键概念

砖混结构及其受力传力体系　框架结构及其受力传力体系　剪力墙结构及其受力传力体系　排架结构及其受力传力体系　拱结构及其受力传力体系　索结构及其受力传力体系　结构设计的概念原则

按采用材料的不同，结构可分为钢结构、木结构、砖石结构、混凝土结构；按组成结构单元的几何尺度与线、面、体的不同，结构可分为杆件结构、薄壁结构和实体结构；按结构承荷传力的单向或多向不同，结构可分为平面结构与空间结构。小空间的低层与多层房屋，多采用砖混建筑结构。因其空间不大，可采用钢、木、钢筋混凝土作楼屋盖，而用砖石作承重墙和柱。空间稍大、层数较多，尤其在地震区的多层和高层建筑多采用混凝土或钢材的框架、框架—剪力墙、剪力墙、筒体等结构。大空间的单层或多层房屋，多采用中跨与大跨建筑结构。用各种材料作梁、桁架、排架、拱、壳、折板、网架、网壳、悬索等结构。桥梁在大跨度结构是很典型的，很多结构形式在建筑中也有使用，如大型桁架、预应力大梁、大跨度拱、悬索等。随着技术的发展，越来越多的原来只在桥梁中使用的结构，在建筑中也有使用。

第五章 常见的建筑结构体系与受力特点

不同的建筑功能要求，采用不同的结构形式与体系。从宏观上看，跨度与高度是选择结构的主要依据，由于跨度与高度的变化，结构形式会产生较大的差异。但是在同样的跨度与高度前提下，并不是仅仅存在一种可以选择的结构，这就要考虑多方面的因素，包括适用功能、美观效果与经济性等。

现代建筑高度更高、跨度更大，因而结构显得越来越重要，很多经典的现代建筑，以其雄伟的结构而著称，如巴黎的埃菲尔铁塔、中国香港的中国银行大厦，这些建筑已经成为当地的重要标志。随着现代建筑设计理念的发展，那种以宏观的几何构图与造型所形成的力量美感越来越深入人心，谁能说金门桥所体现出的力学原理，不是美学的构图呢？

5.1 结构的经济性、效率与构件的形式

经济性与效率是现代设计的关键问题，也是价值工程的焦点——以最少的投入，获得最高的产出。在进行结构设计时也是同样，工程师要根据建筑对于空间的要求，以最简洁的结构与用材，满足其要求，这就要求工程师精确地把握力学、材料以及施工工艺等多方面的知识与技巧，才能达到这一目的。

5.1.1 结构的经济性

在满足规范要求的坚固与安全前提下，结构工程师要全面综合考虑建筑物在施工与使用期间，所有一切因素产生的经济效果。很难设想，一个不经济的结构能称得上好的设计。如前面设计原理所提到的，恰当的选择结构形式与构件尺度，是体现结构工程师专业水准的重要标志。

一个建筑物的经济性通常包括下列三大方面：

第一，建筑物的静态成本，即通常人们所认为的经济性概念。虽然建筑物的成本费用，随时间、地点、建材生产与施工技术水平而不断变化，但在一定的时期与范围内，这些费用是相对固定的。建筑物的静态成本，主要包括土建费用与建筑设备费用。它们与生产水平、施工技术、劳动效率等密切相关，先进的工业化国家的机械化程度高，材料价格低于劳力价格，所以大量采用预制装配化程度高的钢结构、预应力混凝土结构。发展中国家的劳力价格低于材料价格，故使用大量人力与小型机具施工，多采用砖石与钢筋混凝土结构。造价也受到其他如抗震、防火等次要因素的影响。建筑造价是建筑、结构、设备三个专业的相互影响的共同结果，不能专注于降低某一专业的造价，而不顾其他两专业的造价。

第二，建筑物的动态成本，即建筑物投入使用后，为保证其适用功能而进行的维护、修缮费用。节省一次性投资而造成长期维修成本的高昂投入，或者其他连续性问

题的工程例子有很多。维修成本包括建筑构造与结构的维护费（如露面钢材需要油漆等的保养与维修费）和保持正常使用环境（如采光、空调等）的能源与材料消耗费用。动态成本还应包括早日竣工投产、收回投资、加速资金周转等因素在内。

第三，建筑物的广义成本，即由于建筑物所产生的社会与环境问题及其成本。虽然建设成本问题并不是大多数结构设计者所要考虑的，这属于投资决策问题。但在某些特殊问题上，结构工程师的选择是极其关键的。正如桥梁设计中桥高的选择一样，较高的桥面高度会带来巨大的投资增加；而较低矮的桥面高度虽然成本相对低廉，但会限制水面船只的通行，造成运输障碍。现在很多海湾都谋求建设跨海大桥，桥面的高度控制就是结构工程的社会效益问题，低矮的桥面可能是某些港口彻底失效。

结构本身的投资是一个复杂的问题，在钢结构与混凝土结构的选择过程中，尤其体现了这一点。这种投资比较不能是简单的、静态的、孤立的过程，一个成熟的设计师要在直接的材料成本、施工工艺成本、空间使用效率、建筑设备的协调、维修维护的费用、意外事件的安全性甚至拆除成本与回收价值等多方面来探讨结构的选择问题。

5.1.2 结构的效率

所谓结构的效率是指结构所固有的合理性，即结构对于所承接的荷载进行传递时，其简洁性、实用性与可靠性。简捷有效的传力体系是设计的目标，为取得最高的承载效率，要做到：提高传力的效率，即一切荷载应尽可能地以最短路线取得平衡并传到地基；保证材料的效率，即一切结构材料应发挥出最大强度潜力，以抗衡荷载。

1. 传力效率

力的最佳传递路径是能被支座反力直接平衡，即从荷载作用点通过结构构件、支座到达地基的传力路线越短，则构件用料越少、结构自重越轻、经济效率也越好。根据结构承荷传力路线的长短，其荷载平衡方式有直接平衡、间接平衡与迂回平衡三种。

（1）直接平衡。既然荷载应以最短、最直接途径来达到平衡，那么二力平衡是最直接的平衡。如轴心受压柱中，荷载直接沿柱轴线以最简单、最直接、最短途径传入地基达到平衡。

严格地按力的最短途径确定构件外形，应是最经济的方式，但在建筑中往往很难实现。形成跨度是结构的基本要求，而跨度的支座两端距离较大，外荷载与支座反力并不共线，总要走一定"弯路"才能传到支座上去。因此，建筑中的承荷传力很少以这种最直接的平衡方式实现，而更多以间接的，甚至迂回的平衡方式实现。

（2）间接平衡。间接平衡是指通过间接的方式将荷载传递至支座上。虽非直接平衡，却是各类结构中最接近直接平衡，因而也是最好的承荷传力方式。拱结构与索结构，即是很好的证明。

第五章 常见的建筑结构体系与受力特点

拱结构是古老的结构形式，依靠合理拱轴，将荷载转化为轴向压力。使用受压材料就可以形成较大的跨度，因此古代的桥梁多数采用拱结构。但拱结构的问题在于，受压杆件特定的失稳效应会使拱结构不能做得更加轻巧，同时合理拱轴还会因为荷载的变化而变化，带有不确定性。在这点上，索结构具有特殊的优势，索结构以受拉为基本出发点，从根本上摆脱了受压失稳的可能性，而对于不同的荷载，也有着很大的适应性。虽然悬索本身是张力结构，但其支承结构——撑杆、立柱、压环、边缘构件等都是受压构件，要注意特殊问题的存在。

拱结构与索结构的主要问题在于：该结构类型难以形成较为平坦的屋面结构，这就意味着采用这种形式难以做成多层结构。如果形成多层结构，必须形成平整的跨度空间，在此类空间中，梁是最佳选择。

（3）迂回平衡。直线的梁是典型的迂回平衡结构，其依靠受弯来形成空间。由于弯矩的作用在截面内会产生两种相反的应力，因此截面内材料的利用率较低。

为在梁下获得使用空间，梁两端必须支于墙顶上才能构成房屋，因此梁柱结构是承荷与传力方式中路线最迂回、效率最差的结构，但在功能应用上，却是最好的。梁、柱刚接的刚架是梁柱结构中的改善形式，虽其弯矩峰值减少、差距缩小。迂回传力必然产生弯矩，使刚架仍是以抗弯为主，抗拉压为次的结构。

2. 材料效率

以材料所能承担的最理想方式、最大的应力作用来设计结构体系的内力，无疑是最有效率的。这可从以下四方面考虑：

（1）选材合宜。各种结构材料受力特性不同，脆性材料耐压，钢材抗拉、抗压强度虽相等，但因高强而细长的压杆易失稳，故钢材虽然有很好的受压性能，但其作为受拉材料更为适合；钢筋混凝土与预应力混凝土是结合钢材与混凝土两者长处的结构材料。选料要根据所选结构类型的受力状态，以发挥材料之长处，而避开材料之弱点。

（2）内力均匀。构件截面尺寸是按内力最危险截面、应力最危险点来确定的，因此，内力与应力分布越均匀越好，这样结构的效率才高。构件内力峰值要小，且沿构件纵轴内力分布要均匀。内力分布均匀，各个理想设计截面会趋于相等，材料利用率在所有的截面都接近100%，施工也比较方便。内力不均匀，为了保证材料效率的发挥，各截面就会发生变化，施工困难，还会由于应力集中发生破坏。如果按照统一截面设计，就会形成浪费。

（3）应力均匀。构件横截面上正应力分布要均匀，才能充分发挥材料的强度潜力。轴向力的作用结果，是截面上分布着均匀的应力。正应力分布不均匀的根本原因在于有弯矩的存在，弯矩越大，正应力分布越不均匀，因而不能材尽其用。

（4）强度破坏。要让构件发生强度破坏，而不要在强度破坏前就产生压曲失稳。

5.1 结构的经济性、效率与构件的形式

为保证压杆稳定，须加大按强度所需的截面尺寸，必然多用材料，结构受压的承载效果不如受拉。受拉力结构是材料效率最高的结构形式，在实际工程中很少可以将结构设计成只有拉力的结构。

在工程设计中，提高结构构件材料的使用效率所采用的方式有以下几种：

第一，尽可能地按材料的力学性能使用与优化使用材料。例如，钢筋混凝土，在钢筋混凝土结构中，钢筋的作用不仅是在受拉区承担拉力，还体现在混凝土构件的整体性提高。劲性混凝土、钢管混凝土更是将钢材与混凝土的组合性能使用至极，大大地提高了混凝土的延性，使结构的抗震性显著加强。实践证明，钢材与混凝土的组合使用，是现代建筑材料的基本使用方式。

第二，由于结构中大量的构件是受弯构件，提高抗弯刚度是保证材料使用效率的基本手段。对于抗弯刚度 EI 来讲，E 为材料的弹性模量，不能改变；截面的几何特征 I 是惯性距，其在截面面积不变，即材料用量不变的前提下惯性距大大提高。工字形截面即是这个道理。

第三，简化结构，提高效率。可以将结构中效率较低、应力较小的部分去除，将其补充到发挥效率较高的部位上，通常称之为格构化。

在简化过程中，结构内的应力迹线的走向与分布是布置格构杆件的依据原则，使杆件尽量处于受拉的主应力迹线上，可以获得最大的受力效果（见图 5-1）。同时，为加大侧向刚度，即压杆（墙、柱、撑、拱等）存在压曲失稳、拉杆（拉杆、悬索等）存在过于细长会柔软与颤动、平面结构（梁、柱、刚架、拱、索等）存在过于单薄等，要增设空间支撑或加大截面宽度。

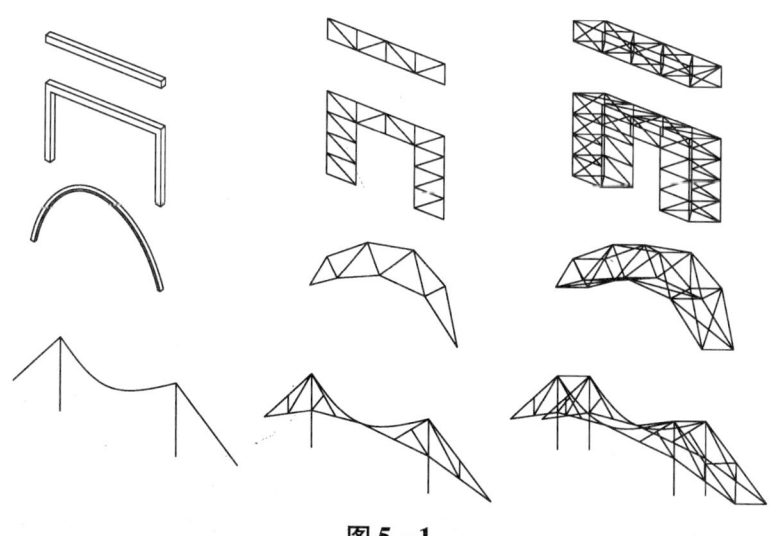

图 5-1

综合抗弯与侧向刚度双重需要，为加大截面的高度与宽度，为材尽其用，把材料用到远离截面形心的上下与左右边缘，遂成格构式结构。构件格构化后的杆件，都是仅承受轴向拉力或压力的二力杆或起到稳定性的杆件。桁架是典型代表，可以使用桁架组成各种空间结构形式，达到设计目的。

梁、刚架、拱、索是最基本的四种结构形式，各种结构形式有自己的跨度适用范围。一般情况下，梁应用最广、最常见，也最基本，多用于小跨，用于中跨的梁应与柱刚接形成刚架。索用于大跨。而拱，由于它宜于用砖、石、混凝土等耐压材料，故应用范围极广，能用于小跨、中跨，以至于大跨。

5.1.3 结构构件的形式

根据材料的使用状况与优化原则，根据结构的构成，构件的形式与作用也不同。

1. 线形构件

具有较大长细比的细长构件，称为线形构件或线构件。当它不是作为一个独立构件承受荷载，而是作为某种构件（如框架、桁架或支撑）中的一个组成部分时，则称为杆件。

杆件是最为常见的结构构件，当它作为框架中的柱或梁使用时，主要承受弯矩、剪力和压力，其变形中的最主要成分是垂直于杆轴方向的弯曲变形。当它作为桁架或支撑中的弦杆和腹杆使用时，主要是承受轴向压力或拉力，轴向压缩或轴向拉伸是其变形的主要成分。线构件是组成框架体系、框撑体系、框墙体系和板柱体系的基本构件。

2. 平面构件

具有较大横截面边长比、宽厚比的片状构件，称为平面构件或面构件。楼板与墙是典型的平面构件。

楼板在使用时，当楼板承受平面内弯矩时，根据支撑状况的不同，可以表现出空间受力体系的双向板，也能表现为可以简化为梁的单向板。当楼板承受平面外弯矩时，其巨大的刚度可以协调整体结构的受力状况。

墙体使用时，承受着沿其平面作用的水平剪力和弯矩，也承担一定的竖向压力；弯曲变形和剪切变形是墙体侧移的主要成分。

平面构件是组成全墙体系、框墙体系、框托墙体系的基本构件。

3. 立体构件

由线构件或面构件组成的具有较大横截面尺寸和较小壁厚的空间受力构件，称为立体构件，又称空间构件。筒就是立体构件，实腹墙筒、空腹墙筒和支撑筒，则是由三片以上实心墙体、带孔墙体或平面支撑围成的立体构件。在高层建筑结构中，立体构件作为竖向筒体使用时，主要承受倾覆力矩、水平剪力和扭转力矩。与线构件和面构件相比较，立体构件具有大得多的抗推刚度，而且具有较大的抗扭刚度，在水平荷载作用下所产生的侧移值较小,因而特别适合用于高层建筑结构。立体构件是框筒体系、筒中筒体系、框筒束体系、支撑框筒体系、大型支撑筒体系和巨型框架体系中的基本构件。另外,折板、薄壳等也是立体的空间结构体系。

5.2 结构概念设计与结构选型

结构设计是极其复杂的,力学计算仅仅是对于结构的计算简图与荷载简化模式的分析,实际结构的受力状况存在着大量的被忽略的内容。因此作为结构工程师,不能简单地依靠力学分析,更不能依靠计算机的计算结果,而应该根据力学与结构的基本概念,把握结构设计中宏观的结构体系与概念原则。尤其对于结构的抗震设计,概念原则更为重要。

通常在结构设计与选型时,概念设计是对于结构的破坏方式、整体性、刚度、结构与地基的关系等方面要做宏观的多方面的考虑。根据建筑物的需要,选择恰当的结构形式、传力路经、破坏模式等关键问题。其中选择简捷合理的传力路径,是结构设计者的基本工作。

5.2.1 概念1:结构的破坏方式——延性与脆性

1. 延性

结构与构件的破坏方式的确定是在结构设计之初就要明确的问题,延性破坏显然是工程师们的首选。所谓延性破坏是指材料、构件或结构具有在破坏前发生较大变形并保持其承载力的能力,宏观表现上为挠度、倾斜、裂缝等明显破坏先兆的破坏模式,更为重要的是,尽管出现明显的破坏征兆,但延性材料或结构仍然能够保持其承载力。延性破坏的这种性能对于建筑物是十分重要的,其意义在于以下几方面:

首先,破坏先兆与示警作用。历史上发生的重特大建筑事故大多属于脆性破坏,如果建筑物在破坏之前呈现明显征兆可以提醒人们及时撤离现场或进行补救。完全不能破坏的材料是不存在的,因此材料在破坏之前的示警作用对于建筑物来讲就十分重要了。

其次,延性材料或结构的延性不仅仅要体现在变形上,还要体现在破坏延迟上,即在承载力不降低或不明显降低的前提下,产生较大的明显的变形,即发生屈服。这种破坏的延迟效应可以为逃生或者建筑物的修补提供宝贵的时间。

再次,正是由于延性材料与结构所产生的变形能力,因此对于动荷载的作用,可以体现出良好的工作性能,这对于结构的抗震是十分关键的。在地震的作用下,结构所发生的宏观与微观的变形,都会储存大量的能量,避免发生破坏。

2. 脆性

脆性是与延性相对应的破坏性质,脆性材料或构件、结构在破坏前几乎没有变形能力,在宏观上则表现为突然性的断裂、失稳或坍塌等。应注意的问题是,虽然有些脆性材料可能具有较高的强度,采用脆性材料或构件、结构可能存在较大的承载力,但因没有破坏征兆或破坏征兆不明显,采用时宜多加慎重。

3. 实现延性与防止脆性的原则

在结构设计时实现延性与防止脆性的方法其实并不复杂,一般遵循以下原则:

其一,要尽可能采用延性材料为建筑结构材料,钢材是很好的延性材料,这在结构材料选择的章节已经提出过。以往钢结构多用于高层、大跨度建筑,以及承担动荷载的建筑中。随着科学技术的发展,钢结构住宅也已经开始逐步推广。

其二,对于脆性材料,可以采用延性材料改善其不良的性能,是指具有延性材料的破坏特征。最为明显的例子是钢筋混凝土、劲性混凝土与钢管混凝土的应用。实践证明,由钢材改良后,混凝土作为脆性材料,也可以在建筑中大量使用,并且体现出很好的延性。尤其是钢管混凝土,由于钢管的约束作用,混凝土在高应力作用下,甚至可以发生塑流,体现出塑性。

其三,在结构中避免出现细长结构杆件、薄壁构件,以防止失稳的发生。失稳破坏是由于尺度关系造成的破坏形式,一般与材料关系不大。采用延性材料的结构并不一定是延性结构,失稳就是特例。由于失稳问题,使得很多轻质高强的材料在使用时稍有不慎,就会发生意外。调查表明,钢结构建筑由于自身材料受力屈服的破坏是很少的,多是由于失稳造成的。

其四,对于不能够简单地依靠延性材料进行改良的脆性材料,使用时应该慎重。使用比较多的脆性材料是砖石材料,经过长期的工程实践,砖石结构的适用范围、结构模式都是比较确定的。选用砖石作为结构材料时,不宜采用新型结构形式,同时应该注意增大脆性材料的安全系数。

5.2.2 概念2:结构的整体性——形体与刚度

结构的整体性是指结构在荷载的作用下所体现出来的整体协调能力与保持整体受力能力的性能。整体性与结构的整体形状以及刚度相关度较大。

1. 结构的形体设计

结构的形体设计是指建筑物的平面、立面形状以及形状的形成设计。对于简单的垂直力,尤其是重力的作用,除了倒锥形的建筑之外,不同的形体并没有多大的差异。但是对于侧向力的反应,不同形体却大有不同。

(1)立面形状设计。随着建筑物的增高,如何抵抗侧向力,逐渐成为设计的主要问题。从力学的基本原理来看,简单的、各方向尺度比较均衡的平面形状更有利于对侧向力的抵抗,而复杂的平面是极为不利的,应该由简单的平面进行有机地组合。

结构立面的形状与组合关系到结构不同层间的侧向力传递问题,简捷的、各方向尺度比较均衡的竖向形状是有利的。不规则的立面建筑形态，如过于高耸的结构，突然变化的形式，对于抗震与受力都是不利的（见图5-2）。

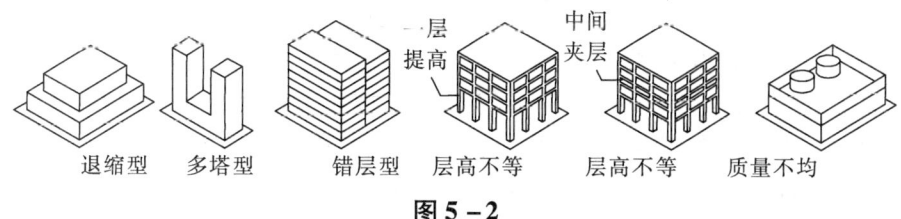

图5-2

建筑物的高度与宽度的比例也是十分重要的，超出限值的高耸结构是不利的，因此对高宽比例要有限定：

第一，钢筋混凝土结构高层建筑的高宽比限值（见表5-1）。

表5-1

结构体系	非抗震设计	抗震设防烈度		
		6度、7度	8度	9度
框架	5	5	4	2
框墙、框架墙筒	5	5	4	3
现浇剪力墙	6	6	5	4
筒中筒或框筒束	6	6	5	4

第二，钢结构高层建筑的高宽比限值（见表5-2）。

表5-2

结构类型	结构体系	非抗震设计	抗震设防烈度		
			6度、7度	8度	9度
钢结构	框架	5	5	4	3
	框架支撑（剪力墙）	6	6	5	4
	各类筒体	6.5	6	5	4
混凝土—钢结构	钢框架—混凝土剪力墙	5	5	—	—
	钢框架—混凝土芯筒				
	钢框筒—混凝土芯筒	6	5	5	—
劲性混凝土结构	框架	5	5	4	3
	框架剪力墙	5.5	5	5	4
	各类筒体	6	6	5	5

（2）平面形状设计。除了竖向构成以外，结构平面布置必须考虑有利于抵抗水平和竖向荷载，受力明确，传力直接，力争均匀对称，减少扭转的影响。在地震作用下，建筑平面要力求简单规则，风力作用下则可适当放宽。在进行结构平面布置时，需要注意：

第一，平面布置力求简单、规则、对称，避免应力集中的凹角和狭长的缩颈部位；避免在凹角和端部设置楼电梯间；平面的长度比不宜过大，L/B 一般宜小于 6；为了保证楼板在平面内有很大的刚度，也为了防止建筑物各部分之间振动不同步，建筑平面的外伸段长度应尽可能小；由于在凹角附近，楼板容易产生应力集中，要加强楼板配筋。

第二，结构平面的刚度中心与几何中心应尽可能重合，对于楼梯、电梯间，避免偏置，以免产生扭转效应的影响。

第三，对于由于功能设计而导致的特殊平面图形，应该考虑设置结构缝隙，即将复杂的结构分解成为若干个简单的结构单元（以矩形为主），以利于受力。对于不规则平面建筑形态，使用时应尽量避免或应极为慎重（见图 5-3）。

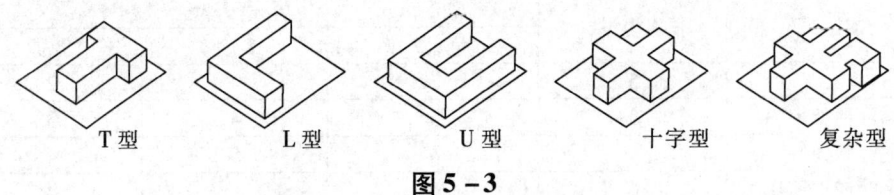

T型　　L型　　U型　　十字型　　复杂型

图 5-3

（3）抗风形态设计。除了抗震设计，建筑物的抗风设计也是典型的形体设计。建筑物的形体是产生不同效果的风荷载的重要原因，因此建筑物的抗风设计主要是进行形体选择，选择对于空气的流动产生阻力小的形体，也就是平常所说的流线型。流线型的平面与立面形体更有利于风的通过，因而产生的风力总体作用较弱。但正是由于其周边的风速加大，同时也会导致围护结构承担的负压作用加强。

建筑物的抗风形体设计包括三个方面的内容：平面几何形体、平面长度方向与主导风向的关系、立面几何形体与表面状态。

选择周边棱角相对少的平面几何形体，是抗风设计的第一步。一般来说，圆形、椭圆形等形状对于风的阻力最小，但是这些形状不利于建筑物的平面功能的实现，因此较少的采用。多数情况下采用矩形平面，有时可以对矩形平面的四角做削切处理，使得平面的突出部分不十分明显。实践证明，这种处理可以大大削减对于风的阻力。

建筑物的平面长度方向也十分重要，如果建筑物呈细长的平面形状，这就像一堵

5.2 结构概念设计与结构选型

墙挡住了气流的流动，自然会引起较大的风荷载作用。

对于建筑物的立面几何形体，从理论上讲，金字塔形的建筑物是最为理想的抗风形体，缩减了顶部的侧向尺度，减小了风荷载较大的区域的作用面积，更降低了建筑物的重心，使其更加稳定，同时侧向的斜向构件能够将顶部荷载更好的传递到基础（见图 5-4）。然而采用该形状的建筑物的有效使用面积会大大降低，在经济上是极不合算的。在工程实践中，很多建筑物则是采用了建筑物顶部设有镂空的过风孔洞或层间的办法，以减小风力的作用，如中央电视台中标方案。在建筑物的立面选择上，还要注意不能将建筑物设计成高耸结构，或尽量不在建筑物顶部设立高耸的支架、天线、塔桅等。

旧金山泛美大厦

图 5-4

对于建筑物表面，整体选择材质光滑，无棱角或突出的部分，也可以有效地减少迎风面所受的风力作用，这也是高层建筑经常采用玻璃幕墙的原因之一。另外，在选择结构材料时，应尽可能选择重度较大的材料与构件，这可以大大提高结构的惯性与稳定性，不仅可以有效减小风所产生的振颤，更可以防止风所产生的负压作用致使结构发生向上的变形。

2. 建筑物的刚度问题

建筑物保持其刚度是十分重要的。只有保持其形体与构件之间的几何关系，结构的计算理论与分析理论才是有效的。刚度设计是结构设计的基本工作。

结构刚度分为构件的刚度与结构整体刚度两大类：构件刚度主要是梁式构件对于垂直荷载的变形反应，属于局部问题；整体刚度则是整体结构在侧向力作用下的变形反应，是结构设计的关键问题，尤其是对于风、地震等特殊荷载的作用，更应注意。

随着建筑物的增加，侧向作用逐步成为主要影响因素，因此对于结构抗侧移刚度要求越来越高。建筑物的刚度分布最为重要的是均衡，即平面内的均衡与竖向的均衡，避免刚度剧烈变化形成应力集中。

在结构设计时应该注意，同层结构除特定设计的抗剪构件（剪力墙）外，其余构件不宜出现刚度不均匀；建筑物、构件在荷载方向上的尺度是刚度的基本要素，惯性距的大小是十分关键的；建筑物局部可以设计成柔性结构以耗散地震的能量，但整体必须是满足刚度要求的；另外，除有特殊要求外，垂直构件的刚度不宜小于水平构件的刚度。

下列结构形式的刚度是不连续的，使用应极其慎重（见图5-5、图5-6）。

第五章 常见的建筑结构体系与受力特点

 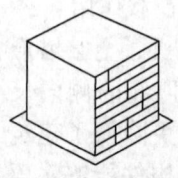 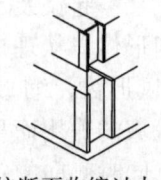 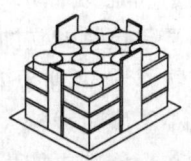

剪力墙不贯通　　竖向结构不连贯　　柱断面收缩过大　　质量与刚度比显著改变

侧向刚度变化的建筑

图 5-5

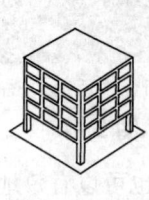 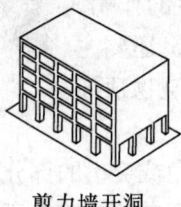 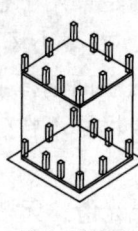 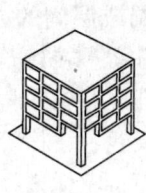 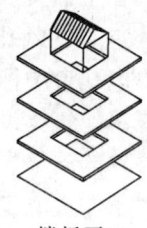

外柱不贯通　　剪力墙开洞　　外柱不贯通　　梁不贯通　　楼板开口

抵抗侧向力的结构布置不当

图 5-6

由于特殊原因，实际结构中也会出现上下结构体系不同的状况而导致的刚度不均衡。为此，必须在结构转换的楼层设置刚度较大的转换层，称结构转换层，才可以将上部结构的侧向荷载较为均匀地传递至下部抗侧向力的结构上。

5.2.3 概念3：结构与地基的关系

1. 场地的选择

建筑物所在的场地也是影响建筑安全的重要因素，不同的场地类别适用于不同的结构形式。但不论什么复杂的因素，坚硬、平整的场地都是十分必要的。对于不利的建设场地，避开是最好的，但有时是根本找不到合适的位置，或位置已经被限定下来，就需要做各种地基的处理（见表 5-3）。

表 5-3　　有利、不利和危险地段的划分

地段类别	地质、地形、地貌
有利地段	稳定基岩，坚硬土，开阔、平坦、密实、均匀的中硬土等
不利地段	软弱土、液化土、条状突出的山嘴，高耸孤立的山丘，非岩质的陡坡，河岸的边坡的边缘，平面分布上成因、岩性、状态明显不均匀的土层（如古河道、疏松的断层破碎带、暗埋的沟谷和半填半挖地基）等
危险地段	地震时可能发生滑坡、崩塌、地陷、地裂、泥石流等，及发震断裂带上可能发生地表位错的部位

5.2 结构概念设计与结构选型

第一，单一性的土层、岩层对于抗震是有利的。对于结构设计者来讲，分布均匀、走势平缓的岩层或涂层是最好的地基形式。

第二，场地的震动频率应与建筑物的自振频率相错开。地震时的共振是造成结构破坏的重要原因，避免共振可以有效地减少结构破坏。因此，进行高层建筑设计时，首先要估计预期地震引起的该建筑所在场地的地震动卓越周期，然后，在进行建筑方案设计时，通过改变房屋层数、结构类别和结构体系，来尽量扩大建筑物基本周期与地震动卓越周期①之间的差距。

第三，避免可能发生滑坡、液化的场地。这类场地在地震时可能形成下陷。

第四，坡地与差异性地基是危险的。由于坡地上的建筑物底层构件的刚度是不一致的，短柱刚度大，极易形成破坏。差异性地基在地震时，极易形成断层，导致建筑物倒塌破坏。

2. 基础的埋置深度

高层建筑犹如一根埋在地上的悬臂梁，因此基础必须埋置在地面以下一定的深度，才能满足结构抵抗侧向力的要求。

我国规范规定，基础埋置深度不少于建筑地上高度的 1/15，采用桩基础时不少于建筑地上高度的 1/18（桩长不计入埋深）。

5.2.4 结构的选型

根据结构的概念设计原理，对于不同的建筑物需要选择不同的结构形式。结构形式力求简捷，传力路径清晰明确，破坏结果确定，并可以保证有多道防止破坏的防线。一般不设计成静定结构，以超静定结构为主。高度与跨度是最基本的两种限制条件与要素。

1. 高度与结构形式的关系

高层结构的横向尺度一般小于竖向尺度，结构的整体变形以弯曲变形为主要特征，保证结构的整体刚度是结构选择的重点。随着建筑高度的增加，侧向作用成为结构所抵御的主要作用，保证结构在侧向作用下的刚度，成为结构设计的重点。不同的材料使用，结构的高度不同；不同的结构构成，适用高度不同；不同的荷载状态，尤其是抗震状况，高度也不同。层数较多的高层建筑，需要采用钢筋混凝土结构（见表 5-4）；层数更多的特高层建筑则采用钢结构、混凝土—钢组合结构（见表 5-5）。

---

① 又称地震动主导周期，一个地区的卓越周期，是地震机制、震源特性、传播介质和该地区场地条件的综合性产物。

第五章 常见的建筑结构体系与受力特点

表 5-4　　　　钢筋混凝土结构高层建筑的最大适用高度　　　　单位：m

结构体系		非抗震设计	抗震设防烈度			
			6度	7度	8度	9度
框架	现浇	60	60	55	45	25
	装配整体	50	50	35	25	—
框架—剪力墙 框架—墙筒	现浇	130	130	120	100	50
	装配整体	100	100	90	70	—
现浇剪力墙	剪力墙全到底	140	140	120	100	60
	底层部分框架	120	120	100	80	—
筒中筒或框筒束		180	180	150	120	70

表 5-5　　　　钢结构高层建筑的最大适用高度　　　　单位：m

结构类型	结构体系	非抗震设计	抗震设防烈度		
			6度、7度	8度	9度
钢结构	框架	110	110	90	—
	框架—支撑（剪力墙）	240	200	180	140
	各类筒体	400	350	300	250
混凝土—钢结构	钢框架—混凝土剪力墙	220	180	—	—
	钢框架—混凝土芯筒				
	钢框筒——混凝土芯筒	220	220	150	—
劲性混凝土结构	框架	110	110	90	70
	框架—剪力墙	180	150	120	100
	各类筒体	200	180	150	120

从图 5-7 中也可以清楚地看到钢筋混凝土结构体系的建筑高度（层数），图 5-8 表示出钢结构体系的建筑高度（层数）。

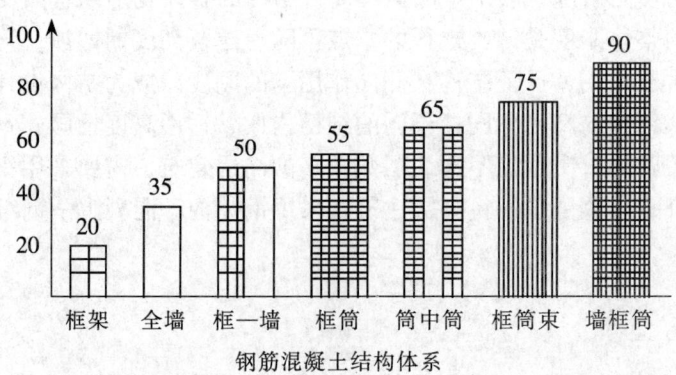

图 5-7

5.2 结构概念设计与结构选型

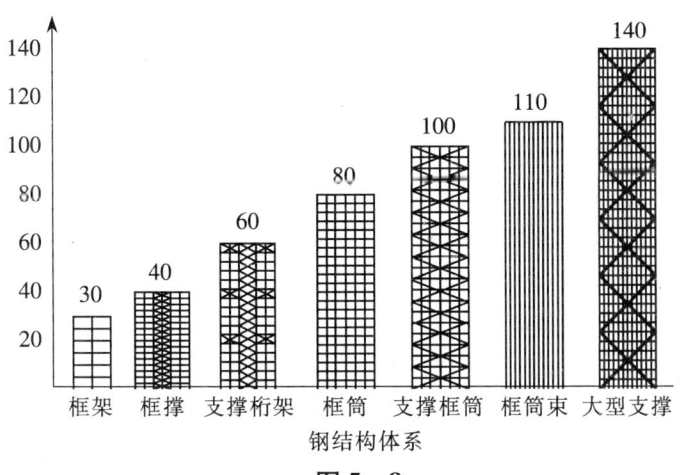

图 5-8

2. 跨度与结构形式的关系

跨度是建筑空间的基本性能，没有跨度就没有室内空间。梁是最常见的形成跨度的构件。空间大跨度结构则是由梁演变而来的：从普通梁的弯矩图可见，梁沿跨度和截面的受力都很不均匀，材料强度不能得到充分的发挥。对于通常跨度的楼盖梁来说，可将矩形截面变为工字形截面——对于梁中部的应力较小的部分进行节约化处理，并对于梁边缘部位进行加强，进而采用格构式梁或桁架，以提高梁的承载力和刚度。但在工字形截面与桁架中，同一截面内的受力仍是拉、压共存，效率较低。为了实现结构的更大跨越，则必须将截面的受力转化为一种，使材料的效率发挥至最大，即拱和索以其截面受力的均一性成为高效结构，进而横向扩展形成空间结构。

所谓空间结构，是指形状呈三维曲面状态，具有三维受力、荷载传递路线短、受力均匀等特点。自然界也有许许多多令人惊叹的空间结构，如蛋壳、海螺等是薄壳结构；蜂窝是空间网格结构；肥皂泡是充气膜结构；蜘蛛网是索网结构；棕榈树叶是折板结构等。

著名的悉尼歌剧院就是采用空间薄壳结构的典型代表（见图5-9）。这些结构受力效果优

图 5-9

越，材料使用经济，同时也具有很高的艺术欣赏价值。衡量一个大跨度空间结构设计水平的高低，有五项基本指标[①]：①材料强度充分发挥的程度；②基础推（拉）力处

---

① 王仕统教授谈衡量大跨度空间结构优劣的五个指标（http://www.cabrss.com.cn/page/document/doc-wang.htm）。

理的方式；③施工安装费用的高低；④跨度是否满足要求；⑤结构的艺术表现力。

大跨度结构是极具有艺术表现力的结构体系，发挥这种表现力和利用这种装饰效果，可以自然地显示出结构所体现的力学之美。优秀的工程师会以不同的形式的结构来满足跨度要求：小跨度结构依靠简支梁就可以，跨度的增加会采用连续梁式的结构。一般民用建筑如住宅、宾馆、写字楼等可以采用框架（钢架）就可以达到跨度要求（跨度可达10米）。但这对于大型公共建筑与工业建筑是远远不够，大跨结构多为单层，其屋面效果十分重要，是体现建筑美感的重要组成部分。大跨度结构产生的空间作用强烈，屋面与楼面的重量也十分巨大。因此，相对轻型结构与整体式空间结构是大跨度建筑的首选。

对大跨度空间结构体系来说，梁式结构体系是受力最差的体系，而大跨度空间结构多数采用钢结构。要设计好一个大跨度空间结构建筑，建筑师和结构工程师以及施工工程师的合作十分重要。

5.3 砖石砌体结构

砖石结构是低矮建筑采用最多的结构形式，也是人类历史上最为古老的结构体系，不论中国还是西方，都有大量的具有悠久历史的砖石建筑，有的至今还发挥着作用。

位于德国的北莱茵—威斯特清伦州，历时600余年才完成的，被联合国教科文组织列入《世界遗产名录》、素有欧洲最高尖塔之称的科隆大教堂，就是砖石砌体结构的典范（见图5-10）。

由于砌体结构特有的耐压而抗弯、抗拉能力弱的特点，所以古老的砌体结构大多依靠拱来形成跨度。从建筑造型上来看，砌体结构经常体现出高耸而雄伟感觉，因而被欧洲宗教建筑采用。哥特式教堂建筑的结构体系是由石头的骨架券和扶壁组成。它的基本单元是在一个正方形或矩形平面四角的柱子上方的双圆心骨架尖券，四边和对角线上各一道，屋面架在券上，形成拱顶。这样就可以在不同的跨度上做出矢高相同的券，拱顶重量轻，交线分明，减少了券脚的推力，简化了施工。

我国古代的砌体结构多使用砌体作为承重与围护

图5-10

结构，以木屋架构成跨度结构，很少直接使用砌体结构形成跨度。直接形成跨度的结构多见于拱桥。

现在所说的砌体结构，也大多指由砌筑墙体形成承重结构的房屋结构体系，其屋面与楼盖大多由其他材料（主要是钢筋混凝土）来形成跨度体系。

5.3.1 砖石砌体结构房屋常见的结构体系

对于砌体结构这种小跨度结构，建筑结构形式或结构体系一般是指房屋的竖向承重结构体系。常见的砌体房屋结构，分为砌体墙承重结构体系和混合承重结构体系两大类。前者包括纵墙承重结构、横墙承重结构和纵横墙承重结构；后者包括内框架砌体承重结构和底层框架砌体承重结构。这两类结构体系的受力特点是有显著区别的。

1. 砌体墙承重结构体系

砌体墙承重结构体系特点是结构在整个高度上都由墙承重。承重墙的布置方案不仅影响房屋平面、空间的划分，更涉及荷载的传递路线和房屋的空间刚度等结构设计中的基本问题。按其竖向荷载传递路线的不同，概括为以下三种。

（1）纵墙承重结构。纵墙承重结构（见图 5-11）是指由纵墙直接承受楼、屋面荷载的结构。荷载分两种方式传递到纵墙上，一种是单向楼（屋）面板直接搁置在纵墙上；另一种是搁置于进深梁（大梁）上，进深梁又搁置于纵墙上，后一种为多见。因此，竖向荷载的传递路线为：板→进深梁（或屋架）→纵墙→基础→地基。这种结构形式通常用于非抗震设防区的教学楼、实验楼、图书馆和医院、食堂等砌体房屋。

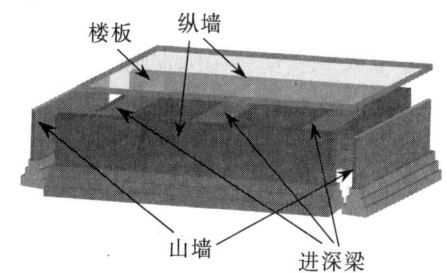

图 5-11

纵墙承重结构的优点是横墙布置不受限制，空间布置灵活，使用功能容易满足。主要缺点是横墙较少、间距较大，房屋的整体空间刚度较差，对抗震尤其不利。为室内采光需要限制纵墙间距（一般不能超过 8m），纵墙上的门窗大小受到限制，并不得设于进深梁下方。

（2）横墙承重结构。横墙承重结构是单向楼（屋）面板直接搁置于横墙上形成的结构布置方案（见图 5-12）。竖向荷载的主要传递路线为：板→横墙→基础→地基。

横墙承重结构的特点是：每一开间设置一道横墙（一般为 2.7m~4.2m）且与纵墙拉结，房屋的空间刚度大，整体性强，有利于抵御水平荷载（风荷载、地震作用）。纵墙主要起围护、隔断，以及与横墙连接形成辖体的作用。其承载能力较富裕，故对纵墙上门窗设置限制较少，是一种较经济的结构布置。横墙承重结构适用于住宅、招待所等空间要求小的房屋。

（3）纵横墙承重结构。纵横墙承重结构是指房屋纵横两种承重墙体兼而有之的承重结构（见图 5-13）。大致分为两种结构布置方式，一是部分横墙承重，部分设置进深梁形成的纵横墙共同承重结构，如教学楼、实验室、办公楼等。二是由于使用上的要求，在横墙承重结构中改变某些楼层的楼板搁置方向，形成部分部位下部横墙承重、上部纵向承重，或上部横墙承重、下部纵向承重的纵横向承重结构。

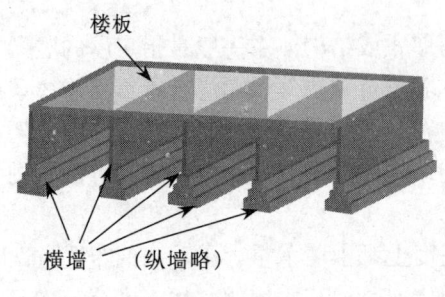

图 5-12

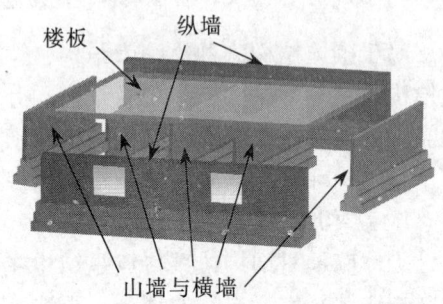

图 5-13

纵横墙承重结构具有结构布置较为灵活的优点，空间刚度较纵墙承重结构为好。

事实上，房屋中经常同时有纵、横向承重墙体，例如纵墙承重结构中的山墙也承重，横墙承重结构中的走廊内纵墙也承重。另外，当楼、屋面板为现浇钢筋混凝土双向板结构时，砌体房屋一般是纵横墙承重结构。

2. 混合承重结构体系

（1）内框架砌体结构（见图5-14）是内部为钢筋混凝土框架，外墙为砌体承重的混合承重结构。按梁、柱设置可分为三种：单排柱到顶的内框架承重结构，一般用于2层至3层房屋；多排（2排或2排以上）柱到顶的多层内框架承重结构。底层内框架房屋，抗震性能极差，不宜在抗震设防区采用。目前，内框架砌体结构已较少采用。

图 5-14

（2）底层框架剪力墙砌体结构（见图5-15）则是上部各层由砌体承重、底层由框架和剪力墙承重的混合承重结构体系，简称底层框架砌体承重结构。底层剪力墙可采用无筋砌体或配筋砌体，有抗震要求的房屋中应采用配筋砌体和钢筋混凝土剪力墙。底层框架砌体结构能适应底层大开间的功能要求，例如设有商店、邮局、餐厅及旅馆的临街建筑。如果底层和二层都为框架和剪力墙承重，则称底部框架砌体结构。

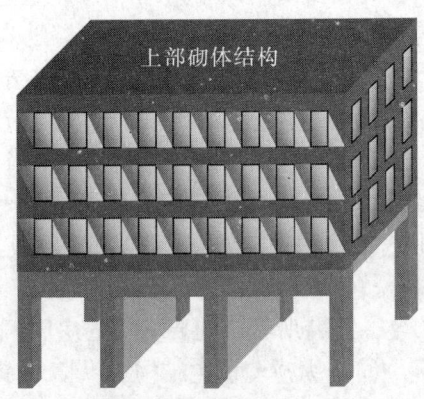

底层框架剪刀墙砌体结构

图 5-15

底层框架砌体结构的特点是上刚下柔,房屋结构的竖向刚度在底层和第二层之间发生突变,因此,框架结构的顶部楼板结构体系必须按照结构转换层来设计。同时底层的抗震剪力墙应该布置规则、对称,保证底层刚度;房屋的高度要限制,高宽比要适当,房屋总层数在设防烈度6、7度区不宜超过六层;8度区不宜超过五层;9度区不宜超过三层。

同时,底层框架抗震墙砖房的底层应设置为纵、横向的双框架体系,避免一个方向为框架、另一个方向为连续梁的体系。

5.3.2 砖石砌体结构的力学简化体系构成

砌体结构房屋是由楼(屋)盖的水平承重结构构件与墙、柱、基础等竖向承重结构构件构成的空间受力体系。结构中荷载的传递路线、墙柱的内力分布等与其空间刚度有着密切的关联。

为简化计算,砌体结构房屋常按平面受力结构计算。通常取房屋的一个开间为计算单元(见图5-16),该单元范围内的荷载由本单元的构件承受。但是对于房屋的空间受力体系,进行结构静力计算时,计算方案要反映结构的空间工作性能。

横墙与屋盖体系是气体结构房屋形成空间体系,以及空间刚度的重要因素。横墙的间距不同时,横墙对于整体结构的侧向约束作用也明显不同。

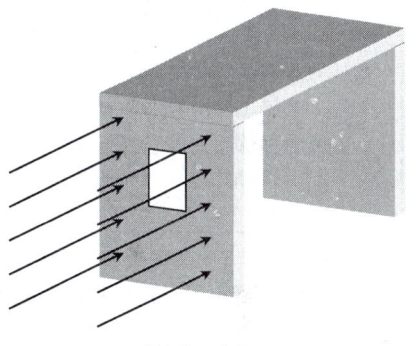

图 5-16

屋面体系的刚度的影响也很大,当屋面体系刚度较大时,可以整体协调各个横墙的侧向支撑作用,可以有效地形成空间的刚度。

根据单层房屋的构造和荷载情况,一般取单元的计算简图为一平面排架,纵墙可以简化为排架柱,屋盖简化为与柱铰接的横梁。按房屋空间刚度的大小,砌体房屋结构的力学简化体系分为三种(见图5-17):

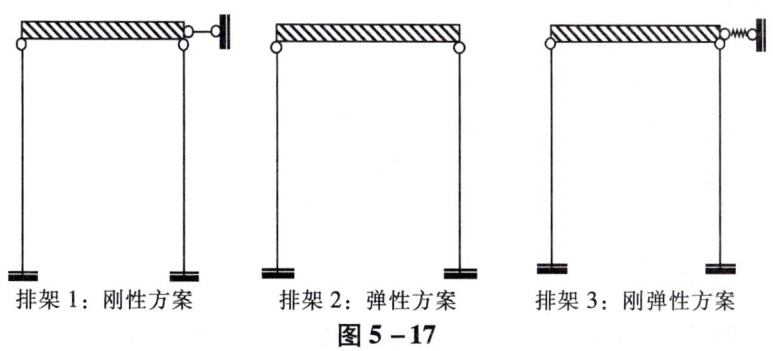

排架1:刚性方案　　排架2:弹性方案　　排架3:刚弹性方案

图 5-17

(1) 若房屋横向变形很小,说明房屋的空间作用很强,可把屋面结构看做是墙体上端的不动铰支座。在荷载作用下,墙柱内力可按上端有不动铰支座的竖向构件计算,这类房屋称为刚性方案房屋。

(2) 若房屋横向变形较大,说明房屋的空间作用很弱,墙顶的最大水平位移接近于平面结构体系。计算墙体内力时可按平面排架计算,排架横梁(屋盖)的水平刚度值可取为无限大。这类房屋称为弹性方案房屋。

(3) 若房屋横向变形存在,但介于以上两种情况之间,则其工作性能介乎刚性方案与弹性方案之间,称为刚弹性方案房屋。计算简图可以取平面排架结构,为考虑其空间作用,在排架柱顶加上一弹性支座,引入一个小于1的空间性能影响系数。

砌体规范规定房屋的力学简化体系按表5-6划分。

表 5-6

楼(屋)盖类别	刚性方案	刚弹性方案	弹性方案
整体式、装配整体式和装配式无檩体系钢筋混凝土屋盖或钢筋混凝土楼盖	$S<32$	$32 \leqslant S \leqslant 72$	$S>72$
装配式有檩体系钢筋混凝土屋盖、轻钢屋盖和有密铺望板的木屋盖或木楼盖	$S<20$	$20 \leqslant S \leqslant 40$	$S>40$
冷摊瓦木屋盖和石棉水泥瓦轻钢屋盖	$S<16$	$16 \leqslant S \leqslant 36$	$S>36$

注:①表中S为房屋横墙间距,长度单位m;②多层房屋的顶层可按单层房屋确定计算方案;③无山墙或伸缩缝处无横墙的房屋应按弹性方案考虑。

上述三种力学简化体系是按纵墙承重结构来划分的。当要计算横墙承重结构的横墙或山墙内力时,应以纵墙间距取代表中的S(横墙间距)作为划分计算方案的依据。

在实际设计中,设计者应尽可能地将砌体结构房屋设计成刚性方案。这种特定的力学简化体系要通过一定的构造设计才能实现,除了横墙满足间距的要求外,还要满足一定的构造要求:

(1) 横墙中开有洞口时,洞口的水平截面面积不应超过横墙截面面积的50%,墙体中的开洞会削弱横墙的刚度。

(2) 横墙的厚度不应小于180mm,横墙过薄会使其刚度减小。

(3) 单层房屋的横墙长度不宜小于其高度,多层房屋的横墙长度不宜小于$L/2$(L为横墙总高度),横墙长度过小,会使其刚度在总体上减弱。

5.3.3 砖石砌体结构的构造要求

砖石砌体结构的构造措施一般包括圈梁、过梁和构造柱。

1. 圈梁

圈梁就是在墙体中设置的,增强房屋的整体性和体刚度,有效改善由于地基不均匀沉降或较大振动荷载对砌体的不利影响,保证墙体侧向稳定性的钢筋混凝土梁(见图 5 - 18)。圈梁与墙体整浇在一起,是墙体的组成部分,与墙体共同受力。梁、板下的称圈梁,位于基础以上但埋置在 ±0.000 以下的圈梁称基础圈梁。

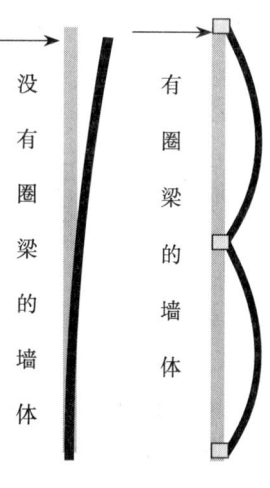

(1) 圈梁设置。车间、仓库、食堂等空旷单层房屋:砖砌体房屋檐口标高为 5m ~ 8m 时,应设圈梁一道;檐口标高大于 8m 时,应适当增设圈梁。砌块砌体房屋檐口标高为 4m ~ 5m 时,应设圈梁一道;檐口标高大于 5m 时,宜适当增设圈梁。在有吊车或较大振动设备的单层工业厂房中,除在檐口或窗顶标高处设一道圈梁外,还宜在吊车梁标高处或其他适当位置增设圈梁。住宅、宿舍、办公楼等多层砌体民用房屋的层数为 3 ~ 4 层时,应在檐口标高处设圈梁;层数超过 4 层时宜在所有纵横墙上每层设置圈梁。多层砌体工业房屋中,宜每层设置圈梁。设置墙梁的多层砌体房屋应在托梁、墙梁顶面和檐口标高处设置圈梁,其他楼层处宜在所有纵横墙上每层设置圈梁。

图 5 - 18

此外,建筑在软弱地基或不均匀地基上的砌体房屋中,除按上述规定设置圈梁外,还应符合的要求有:墙体上开洞过大时,开洞部分圈梁应予以加强;多层房屋宜设有基础圈梁和檐口圈梁,其他各层可隔层设置,必要时也可每层设置;单层工业厂房、仓库中可结合基础梁、联系梁、过梁等酌情设置。圈梁应设置在外墙、内纵墙和主要内横墙上,并在平面内连成封闭系统。

(2) 圈梁构造。圈梁宜连续地设在同一水平面上,并形成封闭状。当圈梁被门窗洞口截断时,应在洞口上部增设相同截面的附加圈梁。附加圈梁与圈梁的搭接长度应不小于二者中线到中线垂直间距的 2 倍,即 $\Delta L \geqslant 2\Delta h$,且不得小于 1m(见图 5 - 19)。

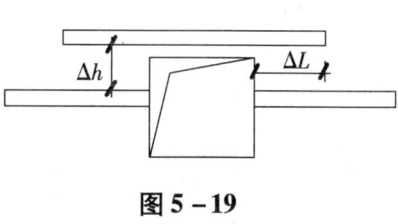

图 5 - 19

纵横墙交接处的圈梁应有可靠的连接,圈梁在墙的转角和丁字接头处的连接构造如图 5 - 20。刚弹性和弹性方案房屋中圈梁应与屋架、大梁等构件可靠连接。当横墙为墙梁时,墙梁顶面应设置贯通圈梁。

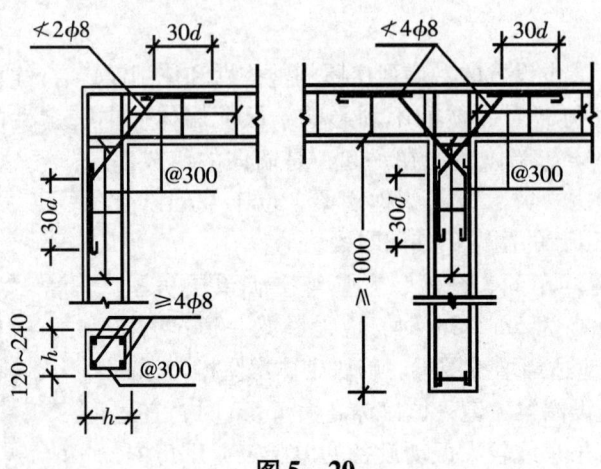

图 5-20

钢筋混凝土圈梁的厚度宜与墙厚相同，当墙厚不小于 240mm 时，其宽度不宜小于墙厚度的 2/3。圈梁高度应不小于 120mm。纵向钢筋不宜少于 4φ10，绑扎接头的搭接长度按受拉钢筋考虑，箍筋间距应不大于 300mm。圈梁兼做过梁时，过梁部分的钢筋应按计算用量单独配置。

采用现浇钢筋混凝土楼（屋）盖的多层砌体结构房屋，当层数超过 5 层时，除在檐口标高处设一道圈梁外，可隔层设置，并与楼（屋）面板一起现浇。未设置圈梁的楼面板嵌入墙内的长度不宜小于 120mm，厚度宜为板厚和块体的模数，其纵向钢筋不宜小于 2φ10。

2. 墙、柱高厚比

墙、柱属于受力承重构件，除必须满足承载力要求以外，还应确保其在施工阶段和使用期间的刚度和稳定性。影响墙、柱刚度和稳定的原因包括施工偏差、施工阶段和使用期间的偶然撞击和振动等。墙、柱支承高度和厚度的关系反映其刚度和稳定性，为此须验算墙、柱高厚比，要求墙、柱实际高厚比不得超过高厚比限值。高厚比要求是一种构造措施，设计时必须满足。

所谓墙、柱高厚比，是指墙体计算高度与计算厚度的比值，并非实际高度与实际厚度的比值。即 $\beta = H_0/h$，式中：H_0 为墙体计算高度，h 为墙体计算厚度。

（1）计算高度既要考虑墙、柱上下端的支撑条件，墙两侧的支撑条件，又要考虑砌体的构造特点。砌体规范规定的无吊车单层和多层房屋中墙、柱高度 H_0 的计算，取值如表 5-7 所列。

表 5-7 中构件高度 H 的取值规定是：房屋底层为楼顶面到墙、柱下端的距离，下端支点的位置可取在基础顶面，当基础埋置较深且有刚性地面时可取室外地面以下

表 5-7

房屋类别			柱		带壁柱墙或周边拉结墙		
			排架方向	垂直排架方向	$S>2H$	$2H \geqslant S > H$	$S \leqslant H$
无吊车的单层和多层房屋	单跨	弹性方案	$1.5H$	$1.0H$		$1.5H$	
		刚弹性方案	$1.2H$	$1.0H$		$1.2H$	
	多跨	弹性方案	$1.25H$	$1.0H$		$1.25H$	
		刚弹性方案	$1.1H$	$1.0H$		$1.1H$	
	刚性房屋		$1.0H$	$1.0H$	$1.0H$	$0.4S+0.2H$	$0.6S$

注：①上端为自由端的构件 $H_0=2H$；②无柱间支撑的独立砖柱在垂直排架方向的 H_0，应按表中小数值乘以 1.15 后采用；③S 为房屋横墙间距；④山承重墙的计算高度应根据周边支承或拉结条件确定。

500mm；房屋其他层次为楼板或其他水平支点间的距离；无壁柱的山墙可取层高加山墙尖高度的 1/2，带壁柱山墙则取壁柱处的山墙高度。

（2）墙体的计算厚度与墙体的水平方向平直段长度（横墙之间的距离）有关，与墙体的墙垛状况相关，与墙体的基本厚度相关。

砌体房屋结构中，需进行高厚比验算的构件包括承重的柱、无壁柱墙、带壁柱墙、带构造柱墙，以及非承重墙等。

3. 过梁的设置

过梁也属于砖混结构中的一种重要构件，在其他结构形式中也有使用。由于砖石砌体结构的松散性，当砖墙上需要开设洞口时，为了保证洞口的完整性，承担洞口上部墙体重量，需要设置过梁。应该明确的是，过梁仅仅承担洞口上部墙体重量，由于墙体内部的内拱作用，较高部位墙体的重量向洞口两侧分担。因此说过梁属于局部构造性构件，而圈梁属于整体结构构件。

常见的过梁种类分三大类：钢筋混凝土过梁、钢筋砖过梁和砖砌平拱过梁（见图 5-21）。钢筋混凝土过梁属于最为常见的过梁，可以适用较大的跨度，有矩形和 L 形截面，矩形一般用于内墙，L 形截面多用于外墙。钢筋砖过梁和砖砌平拱过梁用于较小的洞口。

4. 构造柱的设置

在抗震地区，为了保证墙体的整体性以及墙体之间共同工作的性能，通常在墙体 L、T 形连接部位设置钢筋

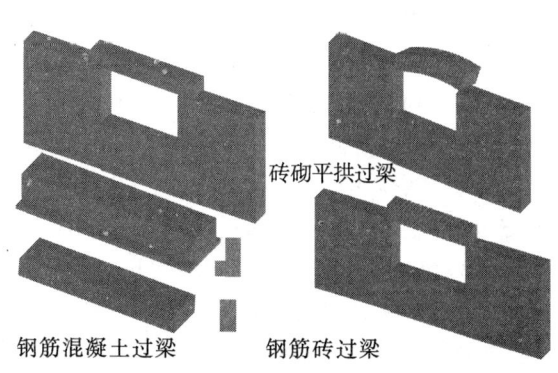

图 5-21

混凝土芯柱,用以增强墙体刚度与房屋整体性,称为构造柱(见图 5-22)。

由于构造柱是墙体的组成部分,施工时先砌筑墙体并留出构造柱的位置,在墙体砌筑完成后,再将钢筋绑扎好,双侧架设模板,浇筑混凝土。

构造柱应和圈梁有效地联结,形成整体性,采用的方法是向墙体内留设钢筋:$\phi 6@500$, $L=500$。构造柱配筋可以选用 $4\phi 12$,箍筋 $\phi 6@250$。

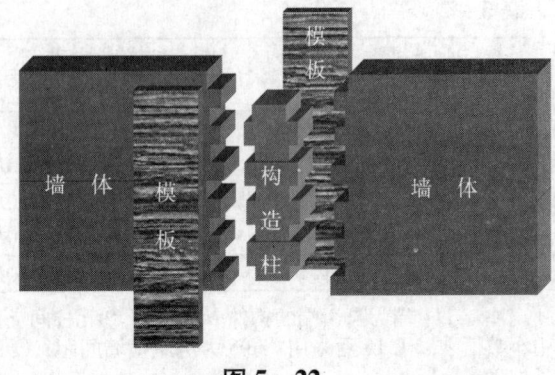

图 5-22

5. 砌体房屋结构的其他基本构造要求

为保证房屋的空间刚度和整体性,以及结构可靠性,除高厚比限值、圈梁设置、过梁设置、构造柱设置的要求外,还应满足下列基本构造要求。

(1)承重独立砖柱的截面尺寸应不小于 240mm~370mm。

(2)屋架跨度大于 6m 或梁跨度分别大于 4.8m(砖砌体)、4.2m(砌块砌体)时,应在支承处砌体上设置混凝土或钢筋混凝土垫块。当墙中有圈梁时,垫块与圈梁宜浇成整体。

(3)厚度为 240mm 的砖墙上梁的跨度大于或等于 6m、砌块墙以及厚度小于 240mm 的砖墙上梁的跨度大于或等于 4.8m 时,宜在梁支座下设壁柱或采取其他加强措施。

(4)预制钢筋混凝土板的支承长度,在墙上不宜小于 100mm;在钢筋混凝土圈梁上不宜小于 80mm;当利用板端伸出钢筋拉结用混凝土灌缝时,其支承长度可为 40mm,但板端缝宽不宜小于 80mm,灌缝混凝土强度不宜低于 C20。

(5)支承在墙、柱上的屋架及跨度大于或等于 8m(支承于砖砌体)、7.2m(支承于砌块砌体)的预制梁的端部,应采用锚固件与墙、柱上的垫块锚固。

(6)填充墙、隔墙应分别采取措施与周边构件可靠连接。

(7)山墙处的壁柱宜砌至山墙顶部,檩条应与山墙可靠拉结。

(8)砌块砌体应分皮错缝搭砌,上下皮搭砌长度不得小于 90mm。不满足此要求时,应在水平灰缝内设置不少于 $2\phi 4$ 的焊接钢筋网片(横向钢筋的间距不宜大于 200mm),网片每端均应超过该垂直缝,其长度不得小于 300mm。

(9)砌块墙与后砌隔墙交接处,应沿墙高每 400mm 在水平灰缝内设置不少于 $2\phi 4$ 的焊接钢筋网片。

(10)在混凝土砌块房屋纵横墙交接处,距墙中心线每边不小于 300mm 范围内的孔洞,宜采用强度不低于 C20 灌孔混凝土灌实,灌实高度应为墙的全高。

（11）混凝土砌块墙体的下列部位如未设圈梁或混凝土垫块，宜采用强度不低于 C30 的混凝土将孔洞灌实：搁栅、檩条和钢筋混凝土楼板的支承面下，高度不小于 200mm 的砌体；屋架、梁等构件的支承面下高度不小于 400mm，长度不小于 600mm 的砌体；挑梁支承面下距墙中心线每边不小于 300mm，高度应不小于 600mm 的砌体。

（12）在砌体中留槽、洞及埋设管道时，不应在截面长边小于 500mm 的承重墙体及独立柱下埋设管线；墙体中应避免沿墙长方向穿行暗线或预留、开凿水平沟槽，无法避免时应采取必要的加强措施或按削弱后的截面验算墙体的承载力。

5.3.4 砖石砌体结构的裂缝控制

1. 砖石砌体结构的裂缝状况

砌体属脆性材料，容易开裂，图 5-23 是砌体房屋最常见的几种裂缝。裂缝的防治是砌体结构工程的重要技术问题之一。墙体裂缝不仅有损建筑物外观，更重要的是有些裂缝可能影响墙体的整体性、承载能力、耐久性和抗震性能，并给使用者在心理上造成压力。

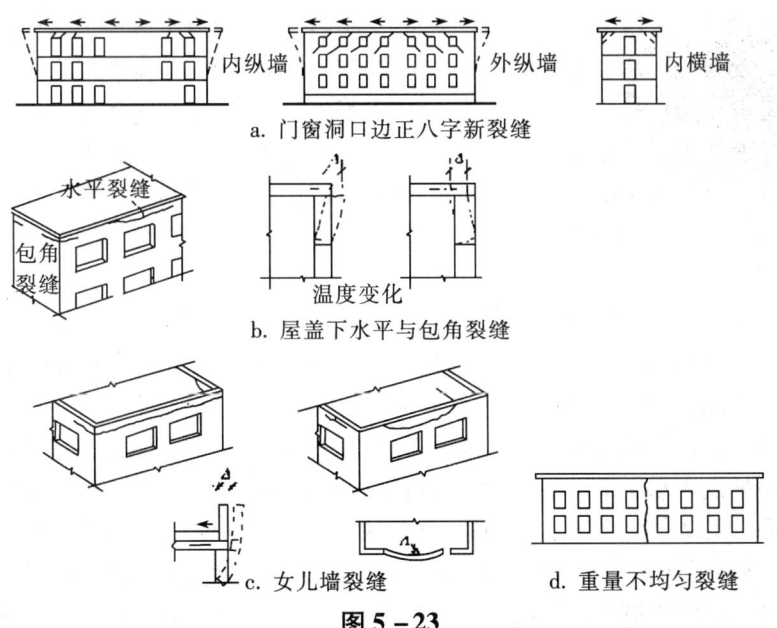

图 5-23

引起砌体结构墙体裂缝的原因很多，除了设计质量、施工质量、材料质量、地基不均匀沉降等以外，根据工程实践和统计资料，最为常见的裂缝有温度裂缝，材料干燥收缩裂缝等。这类裂缝几乎占全部可遇裂缝的 50% 以上。

2. 砖石砌体结构的裂缝防治

实际上，建筑物的裂缝是不可避免的，对策是采取措施防止或减轻墙体开裂。

(1) 地基的不均匀沉降产生的裂缝。地基的较大不均匀沉降对墙体内力的影响很复杂，精确计算也很困难。合理结构设计措施能在很大程度上调整和减小地基不均匀沉降。防止和减轻由地基不均匀沉降引起墙体裂缝的主要措施有以下几方面：

首先，合理的结构整体布置，主要措施有：控制软土地基上的 L 型房屋的长高比，长度与高度之比 L/H 不宜大于 2.5（其他地基上可适当大些）；房屋平面形状力求简单；房屋各部分高差不宜过大，对于空间刚度较好的房屋，连接处的高差不宜超过一层，超过时宜用沉降缝分开；相邻两幢房屋的高差（或荷载差异）较大时，基础之间的距离应根据本地有效工程经验确定，不应过近。

其次，加强房屋结构的整体刚度，合理布置承重墙体，应尽量将纵墙拉通，并隔一定距离（不大于房屋宽度的 1.5 倍）设置一道横墙且与纵墙可靠连接；设置钢筋混凝土圈梁可显著增强纵横墙连接、提高墙柱稳定性、增强房屋的空间刚度和整体性，调整房屋不均匀沉降。

再次，设置沉降缝，房屋体型较复杂时宜用沉降缝将其划分成若干平面形状规则且刚度较好的单元。沉降缝一般设置于地基上压缩性有显著差异处、房屋高度或荷载差异较大的交接处，房屋过长时也宜在适当部位设沉降缝。沉降缝应自屋顶到基础把房屋完全分开，形成若干长高比较小、体型规则、整体刚度较好的独立沉降单元。

(2) 温度变化产生的裂缝。为防止或减轻房屋在正常使用条件下由温差和干缩变形引起的墙体竖向裂缝，应在墙体中设置伸缩缝。伸缩缝应设在因温度和收缩变形可能引起应力集中、砌体中产生裂缝可能性最大的位置。伸缩缝的间距可按表 5-8 中数据确定。

(3) 防止或减轻房屋顶层墙体开裂。屋面应设置有效的保温、隔热层；屋面保温（隔热）层或屋面刚性面层及砂浆找平层中应设置分隔缝。分隔缝间距不宜大于 6m，并与女儿墙隔开，其缝宽不宜小于 30mm；采用装配式有檩体系钢筋混凝土屋盖和瓦材屋盖；在抗震设防烈度为 7 度及 7 度以下地区，在钢筋混凝土屋面板与墙体圈梁的接触面处设置水平滑动层，滑动层可采用两层油毡夹滑石粉或橡胶片等。长纵墙中可只在两端的 2~3 个开间内设置。横墙中可在两端各 $L/4$ 的范围内设置（L 为横墙长度）；顶层屋面板下设置现浇钢筋混凝土圈梁，并沿内外墙拉通；顶层挑梁末端下墙体灰缝内设置 3 道焊接钢筋网片（纵向钢筋不宜少于 2φ4，横向钢筋间距不宜大于 200mm 或 2φ6 拉结筋），钢筋网片或拉结筋自挑梁末端伸入两边墙体的长度不小于 1m；顶层墙体有门窗等洞口时，在过梁上的水平灰缝内设置 2~3 道焊接钢筋网片或 2φ6 拉结筋，并伸入过梁两端墙内不小于 600mm；顶层及女儿墙砂浆强度等级不

表 5-8　　　　　　　　　　　　　　　　　　　　　　　　　　单位：m

屋盖或楼盖类别		间距
整体式或装配整体式钢筋混凝土结构	有保温层或隔热层的屋盖、楼盖	50
	无保温层或隔热层的屋盖	40
装配式无檩体系钢筋混凝土结构	有保温层或隔热层的屋盖、楼盖	60
	无保温层或隔热层的屋盖	50
装配式有檩体系钢筋混凝土结构	有保温层或隔热层的屋盖、楼盖	75
	无保温层或隔热层的屋盖	60
黏土瓦或石棉水泥瓦屋盖、木屋盖或楼盖、砖石屋盖或楼盖		100

注：①表中数值适用于烧结普通砖、多孔砖、配筋砌块砌体房屋。对于石砌体、蒸压灰砂砖、蒸压粉煤灰砖和混凝土砌块房屋取表中数值乘以 0.8。当有实践经验并采取有效措施时，可不遵守本表规定；②按本表设置的墙体伸缩缝，一般不能同时防止由于钢筋混凝土厚盖的温度变形和砌体干缩变形引起的墙体局部裂缝；③层高大于 5m 的烧结普通砖、多孔砖、配筋砌块砌体结构单层房屋的伸缩缝间距可按表中数值乘以 1.3；④温差较大且变化频繁的地区和严寒地区内不采暖的房屋及构筑物伸缩缝的最大间距，应按表中数值予以适当减小；⑤墙体的伸缩缝隙与结构的其他变形缝相重合，在进行立面处理时，必须保证缝隙的伸缩作用。

低于 M5；女儿墙应设置构造柱，构造柱间距不宜大于 4m，构造柱应伸至女儿墙顶并与现浇钢筋混凝土压顶整体浇筑；房屋顶层端部墙体内适当增设构造柱。

（4）为防止或减轻房屋底层墙体裂缝，可根据情况采取的措施。增大基础圈梁的刚度；在底层的窗台下墙体灰缝内设置 3 道焊接钢筋网片或 3φ6 拉结筋，并伸入两边窗间墙内不小于 600mm；采用钢筋混凝土窗台板，窗台板嵌入窗间墙内不小于 600mm。

（5）墙体转角处、纵横墙交接处的构造措施。宜沿竖向每隔 400mm ~ 500mm 设拉结筋，其数量为每 120mm 墙厚不少于 1~6 道或用焊接钢筋网片，埋入长度从墙的转角或交接处算起，每边不小于 600mm。

5.4　框架结构的设计原理

框架结构是多层建筑物最经常使用的结构形式之一，该结构以其传力明确而简捷的特点，被结构工程师所青睐。框架结构的构件受力形式以受弯为主，杆件可以采用各种延性材料，形成钢框架、钢筋混凝土框架、劲性混凝土框架、木框架等多种框架形式。不论哪一种，其宏观受力状况是相同的。在这里，以钢筋混凝土框架为例，阐述框架结构的各种特点。

5.4.1　框架结构房屋的结构组成

框架结构的组成包括梁、板、柱和基础（见图 5-24）。梁与柱的节点为刚节点，个别情况下做成半铰节点。柱的基础多为刚性节点基础，有时做成铰节点。框架结构属于超静定结构，在力学计算中，通常称之为刚架。

1. 柱

柱是框架的主要承重构件、抗侧向力构件，是框架的关键构件。框架结构的柱多为矩形，从室内看，一般突出于墙面。近几年，随着计算技术的发展，也随着人们对于室内空间要求的提高，异型柱如"L"、"T"、"十"形状的柱逐渐流行。在一些大型建筑中，也有采用圆形柱。

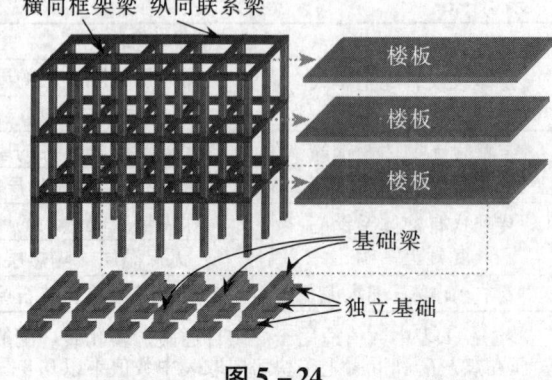

图 5-24

2. 梁

梁在框架中起着双重作用，一方面梁承接着板的荷载，并将其传递至柱上，进而通过柱传递至基础；另一方面，梁也在协调着柱的内力，与柱共同承担竖向与水平荷载。

框架与框架之间的梁称为联系梁，理论上联系梁不承担荷载，仅仅连接框架。实际上，联系梁也要调整框架不均匀的受力作用，促使框架受力更加均衡。同时联系梁也承担着板所传来的部分荷载。

3. 板

板是不仅直接承担垂直荷载的构件，而且对于水平荷载，板所起到的作用也是十分重要的。板是重要的保证框架结构空间刚度的构件，板的平面内刚度极大，甚至可以被认为是无穷大，因此可以起到对于各个柱所承担的侧向受力进行整体协调的作用，还可以有效平衡各个框架之间的受力不均匀。在楼梯间处，由于没有连续的楼板，空间刚度大大折减，要靠四角的柱来稳固这一不利空间，因此很多工程师将楼梯间四角的柱设计为相对较大的尺寸。

梁与板一般采用钢筋混凝土整体浇筑，才能保证这种空间刚度，装配式楼板不能满足要求，因此对于抗震地区，现浇楼板是必需的。

4. 墙

框架结构的墙体仅仅是填充性的墙体，即为分隔与围护的作用，不承担任何重量与作用。没有墙体，框架结构仍然存在。因此，墙体要与框架可靠的相连，防止在意外受力时被甩出结构，但又要避免连接过密而与框架形成整体工作体系，改变框架的受力状态。

5. 基础

由于框架柱是各自独立的将上部荷载传递至地面的，可以对于每一根柱单独设计其基础，因此框架多采用柱下独立基础。但有时由于荷载较大或地基相对软弱，以及各个独立基础下的土层的差异，独立基础之间会形成地基的不均匀变形，从而导致地上结构的裂缝；或由于独立基础面积过大，在实际施工中已经形成各个基础的相连状态，此时设计者也经常选择柱下条形基础。

一方面柱下条形基础可以调整柱之间的受力，是地基承担的荷载更加均匀；另一方面条形基础的基底面积要大于独立基础，更有利于基础对于荷载的承担与分布，提高了基础的整体性。条形基础可以设计成单向的平行的条形基础，也可以设计成相互交叉形式的交叉梁式基础，后者的整体性更好。

对于较高层的框架结构，或地质状况相对较软弱的区域，框架结构的基础也可以选择筏板式基础，即以一块筏板将各个柱子连在一起，协调柱子之间的作用，形成整体性的基础，更有利于荷载的传递。筏板基础施工极为方便，但是由于筏板较为厚大，混凝土用量较多，因此在选择时宜慎重。

基础与基础之间一般设有基础梁，其作用是平衡柱所承担的弯矩，减小基础由于弯矩作用产生的偏心。

5.4.2 框架结构的计算模型与传力路径

1. 计算平面

由于框架结构横向柱数量较少，刚度较弱，同时也由于计算技术的制约，传统的框架结构设计多进行横向平面结构的设计计算，将横向的梁在设计中做成框架梁。而相对横向结构的纵向柱较多，刚度较大，一般仅做构造处理。纵向的框架与框架之间有联系梁，随着现代建筑体形的复杂化与计算技术的发展，现代框架结构有时已经很难明显地区分框架梁与联系梁了。

框架结构一般采取正交矩形柱网的方式，并在整体平面上也形成矩形。当然这并非绝对，计算技术的发展已经可以保证现代的工程技术人员，在面对任何复杂的平面时，均可以做出满意的设计。

2. 计算荷载传递

框架结构中，受力主要是垂直力与水平力两类。垂直荷载源于自重，以及各种活荷载。除非特殊荷载，多数垂直荷载被设计成均布荷载，可以直接作用在框架上（楼板搭载框架梁上），也可以通过其他构件（次梁）以集中荷载的方式传递至框架上（楼板搭在非框架梁的次梁上，再由次梁传递至框架梁上）。框架结构的垂直荷载通过梁板体系来承担，进而传给柱，由柱传给基础。

水平荷载主要是由风与地震的作用产生的。由于楼板承担了建筑中主要的重量，地震时在楼板高度处会产生巨大的地震作用力，因此一般将水平地震荷载简化为作用在楼板高度处的水平集中力。框架所承担的风力作用在建筑物的侧墙上，进而通过侧墙传递至承担墙体的框架梁上,因此风荷载对于框架也可以简化为集中作用。也就是说,水平荷载作用的简化结构是作用于各个层高处的水平集中荷载。

从框架结构的内力图(见图5-25)可以看出,框架结构的梁、柱是共同协调受力的,除了等跨结构的中柱在垂直荷载作用下,可以不承担弯矩,其他各种情况下的柱均要承受弯矩。这对于顶层柱来讲,由于轴向作用的荷载较小,弯矩作用表现得就更加明显。

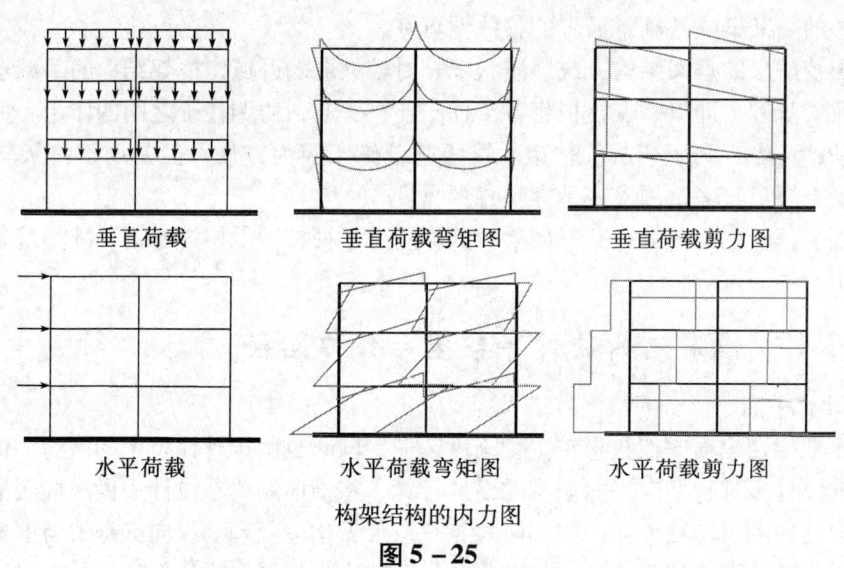

构架结构的内力图
图5-25

5.4.3 框架结构的计算方法简述

在实际的工程设计中,框架结构的内力基本上采用计算机进行精确分析完成。但手工算法也时有采用,主要是对于简单的框架进行初步分析,了解手工算法,对于掌握框架结构的力学概念与结构构造,是十分重要的。常用的手工算法有以下几种:

(1) 竖向荷载作用下的近似计算——分层计算法。由精确分析法与弯矩图可知,在竖向荷载作用下,多层多跨框架侧移较小,各层荷载对其他层杆件的内力影响也较小,因此可以在计算中进行简化。分层计算法的基本假定为:在竖向荷载作用下,可以忽略框架的侧向位移;忽略本层梁上的竖向荷载对于其他各层梁的内力的影响。此时,多层框架可以按单层框架进行求解,在误差允许的范围内,大大简化了计算过程。

(2) 水平荷载作用下的近似计算——反弯点法。框架结构所受的水平荷载(地震力、风力)可简化成节点上的水平集中力。在集中力作用下,框架梁、柱弯矩图均为直线，且杆件都有一个反弯点，即弯矩为0的点。如果能求出反弯点的位置和反弯点处的剪力，则框架梁、柱的内力图即可求出。

当框架横梁线刚度与柱的线刚度之比大于3时，框架上部各层节点实测转角很小，可在计算中进行简化与忽略。在计算中基本假定为：在确定各杆间的剪力分配时，认为框架横梁的线刚度与柱的线刚度之比为无穷大，则上下柱端只有侧移而无转角，且同一层柱中各端的侧移相等；在确定各柱反弯点的位置时，认为除底层外，各层柱的上下端转角相等。这样，反弯点的位置就确定在了柱的中部，采用剪力分配法，就可以求得框架结构的内力图。

（3）水平荷载作用下的改进反弯点法——D值法。改进的反弯点法是在分析多层框架受力和变形特点的基础上，提出修正柱的抗侧移刚度和调整反弯点高度的方法。修正后柱的抗侧移刚度以D来表示，称为D值法。它的两项改进为：其一，增加了柱的侧移刚度修正系数，反映了由于节点转动降低柱抵抗侧移的能力，可以根据梁、柱线刚度比值计算柱侧移刚度；其二，调整反弯点高度，经分析发现，柱的反弯点高度与该柱上下两端转角大小有关，因此柱的反弯点并不一定处于柱的中心高度。

根据D值法，可以更准确地分析出框架结构在侧向力作用下的变形与受力。详细的计算，可参考相关高层建筑设计方面的书籍。

5.4.4 框架的设计概念原则

框架结构属于高次超静定结构，计算复杂，虽然可以依靠计算机进行精确分析，但必须建立在概念设计的基础之上。对于框架结构设计，其概念原则包括：强柱弱梁、强节弱杆、强剪弱弯、强压弱拉，以及避免使用与框架成整体的小面积刚性墙体等。

（1）强柱弱梁。在结构的破坏过程中，柱的破坏会导致整体或局部结构的坍塌，因此要将柱设计得更加稳固；而相对的梁，由于其失效一般不会导致整体结构的问题，因此相对次要。另外，由于柱的破坏可能出现相对脆性的状况，而梁的破坏一般均为延性，因此对于柱的设计，要选择更高的可靠度。

（2）强节弱杆。节点与杆件的设计关系，一方面在于节点是杆件的联系，节点破坏要比杆件的破坏严重得多；另一方面在于现代的设计计算理论中，杆件设计已经较为成熟，而节点设计尚没有完善的理论。

（3）强剪弱弯。与受弯的破坏过程相比，杆件受剪破坏过程体现出相对的脆性，而且受剪计算的计算公式也体现出更多的经验性而非理论性，防止受剪破坏是防止结构整体破坏的重点之一。

（4）强压弱拉。使结构出现更多的受拉特征破坏，是设计的关键之一。钢筋混凝土结构的受压破坏是混凝土的破坏，属于脆性；而受拉破坏是钢筋的屈服破坏，为延性。因此设计者更希望将结构设计成以受拉破坏为特征的体系。

（5）避免使用与框架成整体的小面积刚性墙体。与框架成整体的小面积刚性墙体的刚度要远大于柱的刚度，会承担更多的侧向作用，因此，刚性墙体会改变框架结构的受力体系，改变结构的传力过程，使框架结构出现超出设计的破坏，这是很危险的。

（6）柱宜采用正方形对称配筋，双向受弯设计，纵向梁不一定为联系梁。这是因为在抗震地区，地震作用的方向是随机的，正方形属于双向对称截面，采用双向对称受弯设计，更有利于抗震。由于多向随机的水平作用，各个方向均应设置框架梁。另外，还要保证框架梁、柱刚性中心线应在一个平面内，避免偏心；避免用梁承担其他框架梁，同层梁的标高尽量一致，避免较大的高差；同时，框架柱的轴压比（N/f_cA——垂直荷载下组合设计轴心压力产生的结构断面压应力与砼抗压设计强度之比）应控制在一定范围内（相关内容参见第七章）。

5.5 剪力墙结构的设计原理

剪力墙一般是钢筋混凝土墙片，由于墙体的横向尺度很大，所以会形成较大的平面内刚度，可以抵抗较大的侧向作用。在高层建筑中，剪力墙是至关重要的结构组成部分，这是因为随着建筑物的增高，侧向作用逐步取代垂直作用，成为结构设计中的控制性受力。

剪力墙可以单独形成结构体系，墙体同时承担重力与侧向力；也可以与框架共同组成结构体系，分担不同的作用；还可以与其他结构形成多种结构模式（如悬挂结构）。不论在什么结构中，剪力墙的抗侧向力的功能是不变的。

5.5.1 剪力墙结构的构成

1. 框架剪力墙结构体系

框架剪力墙结构是剪力墙在结构中最常见的结构。框架剪力墙结构，顾名思义，是框架与剪力墙共同形成的结构体系。在这一结构体系中，框架结构可以保证宽敞自由的平面空间布置，剪力墙可以保证结构的侧向稳定性。通常情况下，剪力墙与框架在建筑结构中，形成以下不同的结构体系：

其一，单片墙体—框架模式。在这一体系中，剪力墙是单独的墙体，与框架相连。为了保证结构整体刚度，剪力墙一般布置在结构的周边，并保证刚度的对称性分布（见图5-26）。

其二，剪力墙形成筒状，与框架组成剪力墙筒—框架模式。在该模式中，剪力墙不是单独的墙片，而是具有空间性能的筒。筒一般布置于结构的中心区域，可以兼做电梯与楼梯井。这种模式的结构在现代建筑中非常普遍，原因在于高层建筑必须设置电梯，电梯井壁自然会形成剪力墙体系。但这种结构不利于墙体的有效布置，尤其是结构的横向刚度较小（见图5-27）。

其三，剪力墙—刚臂—框架模式。该体系中，剪力墙通过刚性大梁或桁架—刚臂与框架相连，刚臂会促使剪力墙的变形完全复制到框架上，并协调剪力墙与框架的变形。这与框架—剪力墙中，依靠刚度较小的框架梁的联结作用协调剪力墙与框架的变形完全不同。刚臂一般相隔10层左右设置，除了刚臂以外，以框架梁形成各层间梁（见图5-28）。

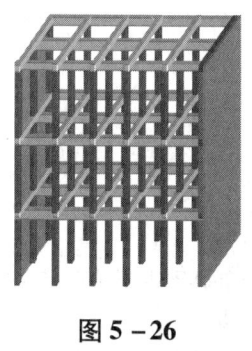 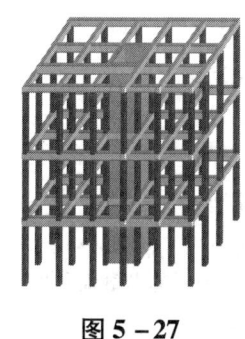 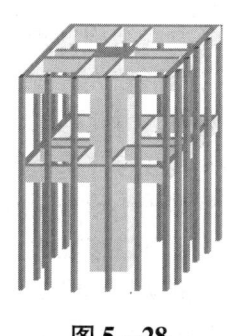

图5-26　　　　　　图5-27　　　　　　图5-28

2. 剪力墙结构体系

单独依靠剪力墙也可以形成剪力墙结构，但由于墙面较多且开孔困难，大大地限制了使用的空间，一般只在高层住宅或宾馆中使用。全剪力墙结构有以下几种不同的形式：

其一，剪力墙片所构成的板式建筑。剪力墙在结构短向布置，以多片墙体形成横向刚度较大的建筑。该结构形式纵向刚度相对较小，一般采用在纵向中部布置剪力墙的方式（见图5-29a）。

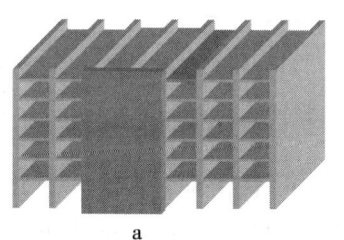 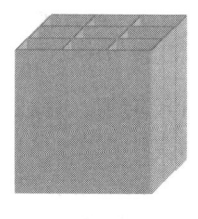

a　　　　　　　　b

图5-29

其二，剪力墙筒式建筑。剪力墙在双向形成空间结构体系，形成筒状或通束。这种结构的刚度较大，适于做高层或超高层建筑（见图5-29b）。

5.5.2　框架剪力墙结构受力特点

框架剪力墙结构是最为普遍的高层建筑模式之一。

由于刚度较小，框架结构在侧向力作用下体现出的是剪切变形模式，即底层相对变形大，顶层相对变形小。

剪力墙在侧向力作用下体现的是弯曲变形模式，即顶层相对变形大，底层相对变行小。

框架与剪力墙的变形协调使得结构受力变得十分复杂：由于剪力墙的刚度较大，使得框架底部实际承担的剪力很小，与在框架结构中，框架底部剪力较大形成对比；而在框架剪力墙结构的顶部，由于剪力墙侧向变形较大，对于框架会形成侧向推力，因此框架顶部相对剪力却较大，这与框架结构中框架顶部剪力相对较小形成对比。框架的中下层，层间位移较大，其最大值剪力发生相应的层间（见图5-30）。

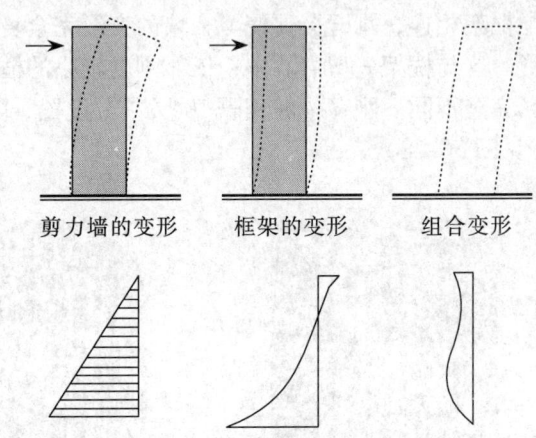

剪力墙的变形　　框架的变形　　组合变形

高层建筑侧向均　高层建筑剪力墙　高层建筑框架
布荷载简化剪力图　剪力分布状况图　剪力分布状况图

图 5-30

因此，框架结构附加剪力墙后，框架自身与原有的框架结构相比，受力会有较大的出入，必须重新核算。那种认为"任何框架在附加了剪力墙之后会更加稳固"的理念是错误的，认为"框架剪力墙结构，是框架承担垂直作用，剪力墙承担水平作用"的简单组合也是错误的。

5.5.3 剪力墙的基本构造

1. 剪力墙的一般布置原则

剪力墙宜采用均匀、分散的布置模式，剪力墙的片数多、每片的刚度不宜过大，且较均匀，有利于从整体上提高建筑的刚度，也可以使结构的刚度更加均匀，避免应力集中现象。

剪力墙宜采用对称、周边布置原则：可以有效地抵抗建筑物在地震作用下可能产生的扭转效应，对称布置保证了刚度的均匀性，周边布置增大了抗扭刚度。

对于剪力墙筒式的结构体系，一般不满足这些要求，可以采用补充墙体的方法，在结构周边布置剪力墙，可以满足要求。

剪力墙的基本位置一般设置在：①竖向荷载较大的部位。一方面可以承担重力荷载，减小柱子的尺度；另一方面可以防止剪力墙在受弯时出现拉力，提高其承载力，也有利于基础的受力。②平面形状变化处。针对应力集中的出现，采用剪力墙对结构进行加强。③电梯间与楼梯间。没有楼板，平面刚度减小，而且容易产生应力集中，另外电梯间的井壁自然是剪力墙。④为避免纵向的温度变形对剪力墙产生影响，纵向墙体不宜布置于结构的两侧。

对于横向剪力墙，其间距不宜超过建筑物宽度的 2.5 倍，也不宜超过 30 米，也是为了避免温度应力的强烈作用。

纵横剪力墙宜联合布置为 T、L、+、? 等形式，互为腹板与翼缘，增加惯性矩与抗弯刚度。

2. 剪力墙的一般构造

剪力墙片一般较薄，平面内刚度较大，但平面外刚度很小，剪力墙的边缘则更是柔弱。因此，剪力墙要设置边柱与边梁，加强其边缘刚度，防止边缘失稳，剪力墙边缘钢筋应形成刚性封闭，避免边缘失稳破坏，进而保证整体墙面的刚度，提高其工作效果。

楼板是极为重要的水平刚度分布与连接构件，可以有效地将框架与剪力相连接为整体，共同工作。因此，楼板上不宜开大量的不规则的孔洞，不同层楼板的孔洞宜上下对齐。必要时要在孔洞周边设有钢筋加强带，以防止刚度折减与应力集中。

剪力墙横向尺度不宜过大，以保证墙体受弯的力学状态，避免过度受剪；墙片的横向尺度不宜相差悬殊，必要时在剪力墙上规则的开洞，使整体墙片成为联肢墙片。剪力墙中应设置暗柱与暗梁，即竖向与水平的钢筋加强带。

剪力墙的混凝土强度等级不宜低于 C20。在剪力墙结构中墙厚应不小于楼层高度的 1/25，在框架剪力墙结构中应不小于楼层高度的 1/20，且都应不小于 140mm。

墙内钢筋有布置于水平截面两端的竖向受力钢筋（一般都采用对称配筋，$A'_s = A_s$）、均匀分布的水平分布钢筋和竖向分布钢筋均应采用热轧钢筋，墙每端的竖向受力钢筋不宜少于 4 根直径为 12mm 的钢筋或 2 根直径为 16mm 的钢筋。沿该竖向钢筋方向宜配置直径不小于 6mm、间距为 250mm 的拉筋。

墙中水平分布钢筋和竖向分布钢筋的直径不应小于 8mm，间距不应大于 300mm，在温度应力、收缩应力较大的部位，宜适当加粗。水平分布钢筋沿墙的两个侧面应双排布置并用拉筋连系，拉筋直径应不小于 6mm，间距应不大于 600mm。水平分布钢筋和竖向分布钢筋的最小配筋率均为 0.2%，在重要部位宜适当提高。

剪力墙水平分布钢筋应伸至墙端，并向内水平弯折 10d（d 为钢筋直径）。当剪力墙端部有翼墙或转角墙时，内墙两侧的水平分布钢筋和外墙内侧的水平分布钢筋应伸至翼墙或转角墙外边，并分别向两侧水平弯折，弯折长度不宜小于 15d。在转角墙处，外墙外侧的水平分布钢筋应在墙端外角处弯入翼墙，并与翼墙外侧水平分布钢筋搭接。

剪力墙中的门窗洞口宜上下对齐，洞口上、下两边的水平纵向钢筋应满足洞口连梁正截面受弯承载力要求，截面面积分别不宜小于在洞口截断的水平分布钢筋总截面面积的一半,且不应少于2根,直径$d \geqslant 12mm$;钢筋纵向钢筋自洞口边伸入墙内的长度不应小于受拉钢筋锚固长度。

洞口连梁应沿全长配置箍筋,箍筋直径不宜小于6mm,间距不宜大于150mm。在顶层洞口连梁纵向钢筋伸入墙内的锚固长度范围内,箍筋间距应不大于150mm,直径宜与该连梁跨内箍筋直径相同。同时,门窗洞边的竖向钢筋应按受拉钢筋锚固在顶层连梁高度范围内。

5.6 排架结构的设计原理

排架结构是相对简单的大跨度结构,一般为单层建筑物。采用排架结构最为常见的建筑物是单层工业厂房,但是在许多民用建筑中,如影剧院、菜市场、仓库等也可以采用排架结构。排架结构属于平面超静定结构,但与框架相比,超静定次数较少,手工计算较为容易。排架计算一般采用剪力分配法,是力学中位移法的一种。

5.6.1 排架结构的结构组成

1. 结构组成

排架结构由三个主要部分组成:形成跨度的屋面结构、竖向支撑结构、基础结构。

在计算中,要进行前提假设:①基础与柱之间为刚性联结;②柱顶端与屋架之间为铰接;③屋面结构的刚度为无穷大,即没有轴向变形。在设计中,要做好各种构造措施以保证这种前提假设的实现(见图5-31)。

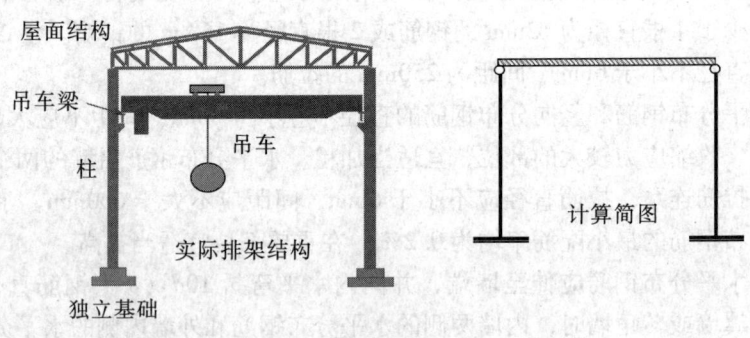

图5-31

2. 屋面结构

由于排架结构跨度较大,屋面结构多采用桁架体系、钢结构或钢筋混凝土结构,以减轻屋面结构的重量。较小跨度的排架结构(跨度在15米以下)则多采用钢筋混凝土屋面梁。

5.6 排架结构的设计原理

屋架之间搭设屋面板（见图 5-32）。为了保证屋面结构的整体刚度，屋面板多数采用重型结构，即大型预应力混凝土屋面板——无檩体系。有时也采用轻型屋面结构，以檩条连接屋架，在檩条之上放置小型屋面板或轻型板——有檩体系。同时为了保证屋面体系的刚度，屋架之间还要设置各种支撑，通常包括上、下弦水平支撑、垂直支撑及纵向水平系杆。

图 5-32

（1）屋架上弦支撑（见图 5-33）是指排架每个伸缩缝区段端部的横向水平支撑，它的作用是在屋架上弦平面内构成刚性框，增强屋盖的整体刚度，保证屋架上弦或屋面梁上翼缘平面外的稳定，同时将抗风柱传来的风荷载传递到（纵向）排架柱顶。

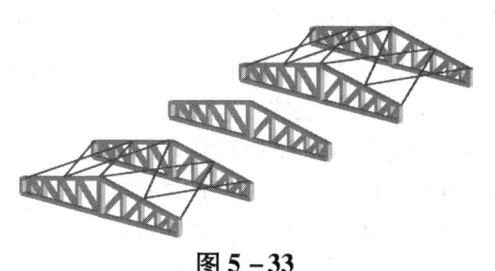

图 5-33

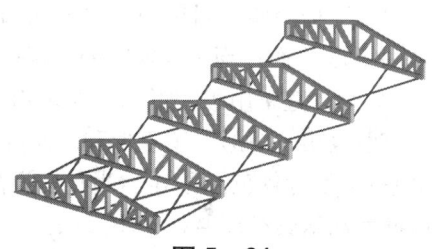

图 5-34

（2）屋架（屋面梁）下弦支撑（见图 5-34）包括下弦横向水平支撑和纵向水平支撑两种。下弦横向水平支撑的作用是承受垂直支撑传来的荷载，并将山墙风荷载传递至两旁柱上。下弦纵向水平支撑能提高排架的空间刚度，增强排架间的空间作用，保证横向水平力的纵向分布。

（3）屋架垂直支撑（见图 5-35）除能保证屋盖系统的空间刚度和屋架安装时结构的安全外，还能将屋架上弦平面内的水平荷载传递到屋架下弦平面内。所以垂直支撑应与屋架下弦横向水平支撑布置在同一柱间内。在一般情况下，当屋面采用大型屋面板时，应在未设置支撑的屋架间相应于垂直支撑平面的屋架上弦和下弦节点处，设置通长的水平系杆。对于有檩体系，屋架上弦的水平系杆可以用檩条代替（但应对檩条进行稳定和承载力验算），仅在下弦设置通长的水平系杆。

当厂房需要天窗时，屋面设置天窗架；当特殊的原因使柱距加大时，由于纵向屋面板不能加长，因此屋架也不能移位，就必须设置托架保证屋架的支撑（见图 5-36）。

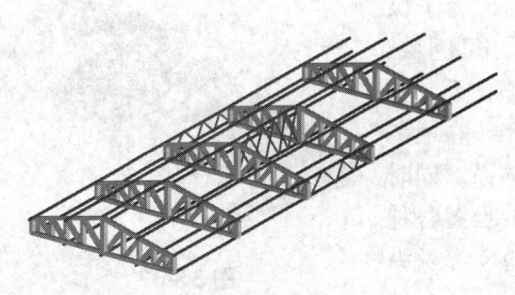 

图 5-35　　　　　　　　　　　图 5-36

3. 排架结构的柱

排架结构的柱截面可以采用多种形式，但不论哪种形式，在建筑跨度方向上的尺度均应大于长度方面的尺度。目前常用的有实腹矩形柱、工字形柱、双肢柱等。

根据工程经验，目前对预制柱可按截面高度 h 确定截面形式：当 $h \leqslant 600mm$ 时，宜采用矩形截面；当 $h = 600mm \sim 800mm$ 时，采用工字形或矩形；当 $h = 900mm \sim 1400mm$ 时，宜采用工字形；当 $h > 1400mm$ 时，宜采用双肢柱。

实践表明，矩形、工字形和斜腹杆双肢柱的侧移刚度和受剪承载力都较大，因此《建筑抗震设计规范》规定，当抗震设防烈度为 8 度和 9 度时，厂房宜采用矩形；工字形截面和斜腹杆双肢柱，不宜采用薄壁工字形柱、腹板开孔柱、预制腹板的工字形柱和管柱；柱底至室内地坪以上 500mm 范围内和阶形柱的上柱宜采用矩形截面。

柱上有牛腿，可以承担吊车梁、联系梁。这些梁均与柱成铰接状态。一般排架柱以吊车梁牛腿为界，分上下两段，分别称为上柱与下柱；在排架结构的纵向上，采用柱间支撑（见图 5-37）来保证结构纵向的稳定性与刚度，同时传递纵向荷载。为了避免温度应力的作用，有利于在温度变化或混凝土收缩，结构可以较自由变形而不致产生较大的温度或收缩应力，柱间支撑一般设置在结构纵向的中间区域，并在柱顶设置通长刚性连系杆来传递荷载。

4. 排架结构的其他构件

（1）抗风柱（山墙壁柱）。单层厂房的山墙受风面积较大，一般需设置抗风柱将山墙分成区格，使墙面受到的风荷载，一部分（靠近纵向柱列的区域）直接传至纵向柱列，另一部分则传给抗风柱，

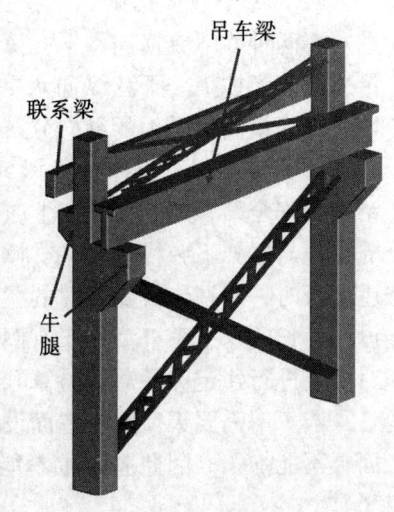

图 5-37

再由抗风柱下端直接传至基础，而上端则通过屋盖系统传至纵向柱列（见图 5-38）。

(2) 圈梁、联系梁、过梁和基础梁。当用砌体作为厂房的围护结构时，一般要设置圈梁或联系梁、过梁及基础梁。圈梁将墙体与厂房柱箍在一起，其作用是增强房屋的整体刚度，防止由于地基的不均匀沉降或较大振动荷载等对厂房的不利影响。联系梁的作用除联系纵向柱列，增强厂房的纵向刚度，并把风荷载传递到纵向柱列，还承受其上部墙体的重力。联系梁通常是预制的，两端搁置在柱牛腿上，其连接可采用螺栓连接或焊接连接。过梁的作用是承托门窗洞口上的墙体重力。在进行厂房结构布置时，应尽可能将圈梁、联系梁和过梁结合起来，使一个构件能起到两个或三个构件的作用，以节约材料，简化施工。在一般厂房中，通常用基础梁来承托围护墙的重力，而不另做基础。基础梁与柱一般可不连接，直接搁置在柱基础杯口上。当基础埋置较深时，放置在基础上面的混凝土垫块上。

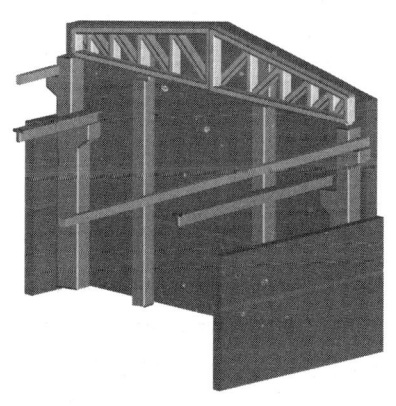

图 5-38

(3) 吊车梁与牛腿。吊车梁是承担吊车荷载的构件，一般都是简支梁结构，搭放在柱的牛腿上。吊车梁多采用 T 形截面。

柱上的牛腿主要承担各种附加在柱侧面上的垂直作用，如吊车梁、联系梁、低跨厂房的屋面结构等。根据牛腿伸出柱体的距离 a 与牛腿高度 h_0 的不同，牛腿可分为短牛腿（$a \leqslant h_0$）、长牛腿（$a > h_0$）。牛腿是排架柱上的最为重要的构件，承担着吊车梁、联系梁等重要构件的荷载。其破坏形态主要取决于 a/h_0 值：当 $a/h_0 > 0.75$ 和纵向受力钢筋配筋率较低时，一般发生弯曲破坏（见图 5-39a）；当 $a/h_0 < 0.75$ 时发生剪切破坏，又可以分纯剪破坏（见图 5-39b）、斜压破坏（见图 5-39c）和斜拉破坏（见图 5-39d）三种；当加载板过小或混凝土强度过低，由于很大的局部压应力而导致加载板下混凝土局部压碎破坏（见图 5-39e）。

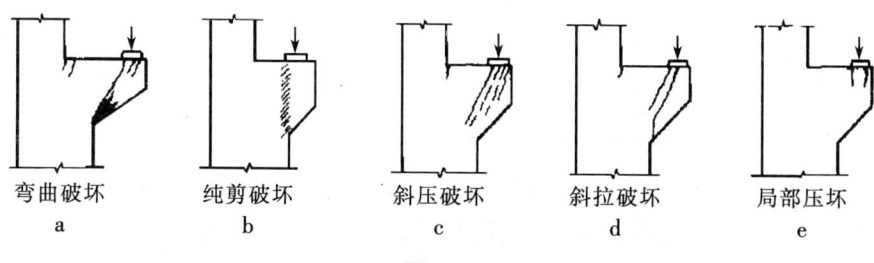

弯曲破坏 a　　纯剪破坏 b　　斜压破坏 c　　斜拉破坏 d　　局部压坏 e

图 5-39

5.6.2 排架结构的受力传力路径分析

1. 排架结构的计算单元

在排架结构的计算过程中,选择横向为计算方向,选择相邻柱距的中心线为分界线,建立计算单元,包括:屋面体系、柱、基础。计算单元原则上只承担该单元内的各种荷载作用。

2. 排架结构的计算荷载

(1) 排架上作用的永久荷载,主要有各种构件的自重产生(见图5-40):屋面体系自重 G_1,偏心作用于柱顶;墙体自重 G_Q 通过牛腿作用在柱上,对柱形成偏心作用;上柱自重 G 上,对于上柱形成轴向作用,对于下柱形成偏心作用;下柱自重 G 下对于下柱形成轴心作用;吊车梁(含轨道)G_L 通过牛腿作用在柱上,对柱形成偏心作用。

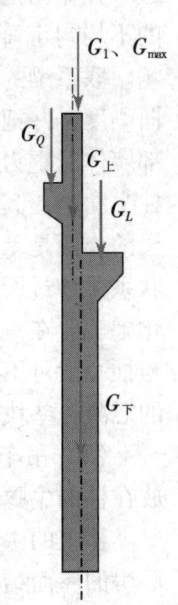

图 5-40

(2) 排架上作用的可变荷载包括:屋面均布活荷载,即施工、检修等荷载。屋面积雪荷载(根据实际地区考虑)、屋面积灰荷载(排灰量大的生产车间、厂房)。

风荷载,在侧墙与山墙形成推力或吸力,方向与墙体正交;在屋面形成吸力,垂直向上。屋面坡的两侧风荷载不同,但采用重型屋面时,该荷载可以不考虑。

对于可变荷载,需要考虑荷载的组合:根据荷载发生的可能性,均布活荷载、积灰、雪荷载可以不同时考虑,在计算时取大值,与屋盖自重传力路经相同。

(3) 排架上作用的特殊荷载主要包括:地震荷载与吊车荷载。地震荷载根据排架所在地区的抗震等级确定。

3. 荷载的传递路径

排架结构的垂直荷载与水平荷载最终均由柱子承担,并传递至基础。

(1) 垂直荷载传递路径:

屋面荷载 → 柱顶 → 柱身 → 基础 → 地基

    墙体 → 牛腿 ↑

    吊车体系 → 牛腿 ↑

(2) 水平荷载传递分为纵横双向,横向:

风(均布荷载)→墙身→联系梁⇌圈梁(转化为集中荷载)→柱身→基础→地基

    地震荷载(屋面体系、集中荷载)→ 柱顶 ↑

    吊车荷载(集中荷载)→ 吊车梁 → 牛腿 ↑

纵向：

风（均布荷载）→ 山墙 → 抗风柱（转化为集中荷载）→ 屋面体系 → 柱列纵向支撑 → 基础 → 地基地震荷载（屋面体系、集中荷载）

5.7 悬索与拱结构

悬索是只需要承担轴向拉力的构件，以悬索为主的结构体系称为悬索结构；而拱可以根据荷载下被设计成为特定的曲线形状使各个截面只有压力，而不存在弯矩与剪力。悬索与拱是两种截然不同结构体系，但其共性在于，截面只承担一种作用效果，可以把材料的性能发挥到极致。

拱结构是古典建筑技术发展水平的重要标志。在古代几乎不存在有效承担拉力的材料，依靠承担压力而形成较大的跨度，其难度显而易见。悬索是依靠具有优良受拉性能的材料才得到了大规模的应用的结构，是材料科学发展的标志，是现代建筑技术水平的标志。

5.7.1 悬索结构

梁、桁架、排架、刚架、拱等结构构件都是可以承担压应力，属于刚性结构（Rigid structures）。而悬索结构与之完全不同，为柔性结构（Flexible structures），柔性结构仅能够承担拉力，不能承担压力。因此，现代悬索结构必须与其他结构配合使用，才能保证其稳定性。悬索不仅用于桥梁、塔桅、登山索道与吊装结构用的走线滑车，也能用于建筑屋盖。凡用索作屋盖主要承重构件，并悬挂起来的结构，统称为悬索结构。

1. 索所采用的受拉材料

能够承受一定压力的材料较多，但可以很好地承担拉力的材料却不多见，直到冶金技术的大力发展之后，人们才可以生产出性能优良的钢材，悬索结构才能够得以大量实施。

索所采用的受拉材料，以钢绞线或钢丝束为主。由直径为 2.5mm、3mm、4mm、5mm，强度可达 1500 ~ 1800N/mm^2 的高强碳素钢丝；七根扭绞而成为直径 7.5mm、9mm、12mm、15mm 的钢绞线。

2. 悬索结构一般形式

常见的悬索结构一般采用这几种形式：桥式、轮辐式、双曲面式等。现代悬索结构还有其他更为复杂的形式。

（1）桥式。所谓桥式悬索结构，是以主塔基座，悬挂垂索并张拉横梁或屋面，形成类似悬索桥的屋面形式。北京亚运会英东游泳馆工程，就是采用这一设计方法所形成的悬索屋面（见图 5-41）。在桥式结构中，主塔是悬索结构的重要构件，由主塔牵引的悬索长拉起整个屋面。

（2）轮辐式。所谓轮辐式悬索结构，因其形状如同车轮辐而得名（见图 5-42）。该悬索结构为圆形，由中环、边环、悬索组成。中环承担着巨大的拉力；边环（边梁）承担压力。整个屋面支撑在下部结构上，形成室内空间。在这种结构体系中，中环与边环是悬索的受力点，是整个悬索结构的关键。

图 5-41

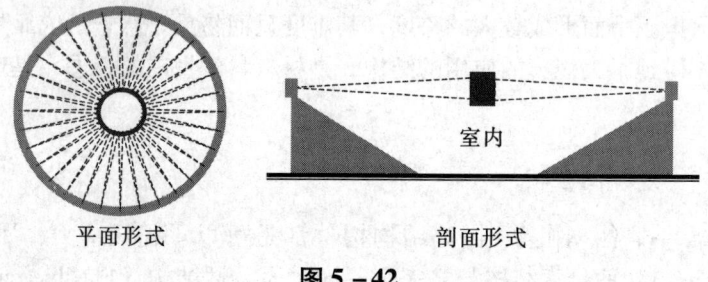

图 5-42

（3）双曲面式。双曲面形式的悬索屋面由悬索与边梁组成（见图 5-43），受力形式类似于轮辐式悬索屋面，但不一定形成圆形，屋面体系是一个双向弯曲的曲面，由悬索直接构成，成马鞍形。

3. 悬索结构的优缺点

索极其柔软，毫无抗弯刚度，可以认为索内弯矩与剪力均为零，即索只能承担轴向拉力。因此，悬索结构可以最大限度地发挥材料的性能，而且还可以在一定范围内调整自身形状以适应荷载的变化。但悬索的柔性又使悬索结构存在根本性的弱点，它给结构带来一些不容忽视、亟待解决的主要问题：

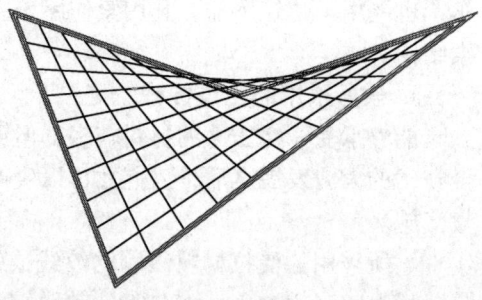

图 5-43

首先，悬索形状的不稳定性使其对活荷载变动极为敏感。在活载作用下，悬索虽非几何可变体系，但因其无任何抗压、抗弯、抗剪能力，柔索自然只能随活荷载顺势变动其线形，而呈现新的索线形状，这种适应活荷载多变的索形变动很大，对屋面其他不具有变形适应性的构造造成极大威胁。

其次，悬索可以承担拉力，但无承担压力的能力，无法承担自然界多变的荷载状况。例如屋面结构为了承担重力荷载，悬索向上长拉，但在风荷载作用下，悬索却起不到相应的抗风作用。

针对上述悬索形状与受力不稳定的问题，通常采用下列方案加以解决。

第一，可以加大恒荷载，促使结构处于稳定状态。采用重型屋面设计原则，以重力形成悬索的巨大的张拉作用，避免在风荷载作用下形成反向受力。这种模式在悬索桥梁中使用较多，重型桥面使大桥处于稳定状态。

第二，采用附索承担其他荷载。以主索承担重力荷载，以附索承担风荷载。对于轮辐式悬索结构，双层索面所形成的结构体系，就可以分别抵御重力与风的共同作用。对于桥式结构、双曲结构也是如此，桥式结构的主、附索往往在一个平面内；而双曲结构则呈现出正交的方向因而形成双向曲面的几何造型。

4. 多层悬索结构

经过特殊的结构处理，悬索结构也可以做成多层甚至高层结构。图5-44为明尼亚波利斯联邦储备银行大厦，该结构所采用的悬索形式。结构依靠垂索悬挂楼板与大梁，使其底部可以跨越广场，形成难以想像的底层大跨度。

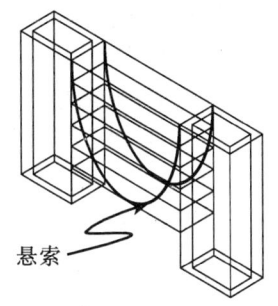

图5-44

5.7.2 拱结构

拱结构是十分古老的结构，在良好的受拉材料诞生之前，这种结构几乎承担了所有大跨度结构的任务。黄土高原的窑洞，虽然是洞窟式的建筑，但其结构形式却是拱的作用。在砖石结构的建筑中，为了获得较大的跨度，拱结构是唯一的选择，这在古老的教堂中比比皆是。而古时候的桥梁中，拱结构更占了绝大多数。

现代桥梁中，拱结构也是重要的一种形式，对于特殊地理环境，高山峡谷之间的桥梁，拱结构可能是最佳的选择。一方面，两边的高山可以作为天然的推力基础；另一方面，拱结构必需的跨高也为跨越峡谷提供了可能。在我国西南地区，由于特定的地理环境，修建了大量的拱桥以解决高山峡谷的交通问题（见图 5-45）。

1. 拱结构的受力特点

拱结构是以受压为主的结构形式，在力学计算中，对于不同的荷载作用，拱结构存在有不同的合理拱轴。在实际工程中，为了适应荷载的差异性，相对重型的结构是十分必要的，依靠结构自重所形成的合理拱轴，对抗外荷载

图 5-45 贵州江界河大桥

的影响。拱结构另一个特点就是推力基础，对于拱结构的基础处理是十分重要的，必须保证基础坐落在稳定的土层或岩层上，不能有任何滑移产生。对于拱结构来讲，高山峡谷是最有利的地基。当地基不能保证拱结构的侧向推力，或拱结构不落地时，常使用拱的支座拉杆，以拉力平衡其基础或支座的侧向推力。

拱结构也可以做成多跨的形式，形成连续拱。连续拱的中间支座，由于拱之间可以形成支座处的推力平衡，仅存在垂直重力作用，因此中间支座可以相对简化。但连续拱的最大的问题在于，如果某一个拱失效，就会导致两侧的拱失去侧向支撑，也会失效，进而会产生灾难性的后果——由于相继失去支撑，顺序倒塌。为了防止这种状况的发生，设计师们往往有选择的将中间某跨的一个或几个基础做成重力基础——可以承担推力。当发生意外事件时，这些推力基础可以保证整个拱结构不会全部坍塌，经过维修后可以迅速恢复。

2. 拱结构的形式

拱结构是弯曲的，不能形成平面，除了直接作为屋面以外，难以直接使用，对于桥梁尤其如此。根据拱与桥面的关系，可以分为三类：

（1）上承式拱桥。桥面在拱的上部，这种桥一般在高山峡谷地区使用。桥面较高，可以满足拱高的要求，也可以保证下部通行的要求（见图 5-46a）。

（2）中承式拱桥。桥面在拱的中部穿过，拱一般是双拱结构，以拉杆或垂索悬挂桥面。这种桥可以在较低的河岸上使用（见图 5-46b）。

（3）下承式拱桥。桥面在拱的下部穿过，拱一般是双拱结构，也以拉杆或垂索悬挂桥面。由于桥面就在拱支座处，因此桥面可以作为基础之间的拉杆使用，即下承式拱桥可以不做推力基础（见图 5-46c）。

（4）中下承式拱桥，由于有拉杆或垂索的存在，也被称为悬索拱桥。这种桥梁十分美丽，是城市建设的重要组成部分。

a. 上承式拱桥

b. 中承式拱桥

c. 下承式拱桥

图 5-46

3. 拱的悬挂结构

现代建筑在使用拱结构时，已经超越了屋面结构。采用拱结构作为主体承重体系，采用拉杆来悬挂横梁，可以形成广阔的室内空间，尤其是底层的大空间结构，是其他结构形式无法办到的（见图 5-47）。

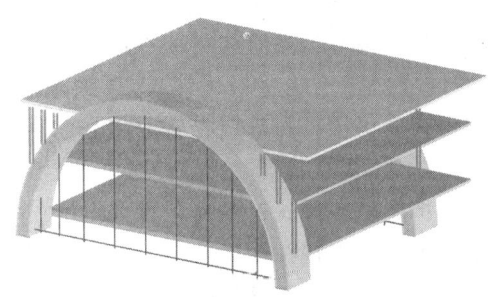

图 5-47

本 章 小 结

本章讲述的结构形式仅仅是工程实践中的一小部分，但都是常见与常用的。
1. 砖混结构中的各种结构体系，应用于不同的跨度、高于空间要求的建筑中。
2. 框架结构一般用于多层建筑中，使用灵活，适用范围很广，是结构工程师必须掌握的内容。

3. 剪力墙结构一般用于高层建筑，并有不同的表现形式与应用范围，由于墙体的尺度问题，不能简化为杆件进行计算，因此其力学分析比较复杂。

4. 排架结构的阐述虽然以单层工业厂房为基础，但也广泛的应用于展览馆、市场等民用建筑中。该结构的计算模型的构成，是学习者着重理解的关键环节。

5. 悬索结构与拱结构一般只在大跨结构中采用，体现了材料可学的发展水平，力学计算复杂。

思 考 题

1. 结构设计中，重要的概念原则有哪些？违反了这些原则会有什么问题？
2. 延性破坏对于结构的意义是什么？如何保证结构的延性？
3. 结构刚度对于结构设计的意义是什么？
4. 整浇的、连续的、在一个平面内的楼板对于结构设计有什么重要意义？
5. 砖混建筑的结构体系有哪几种，各适用于哪些功能要求？
6. 砖混结构抗震需要进行哪些特殊构造处理？
7. 框架结构是如何构成的？垂直荷载与侧向荷载是如何传递至地面的？
8. 框架结构在设计中依据的概念原则有哪些？
9. 剪力墙在结构中有哪几种构成方式？
10. 剪力墙在结构中一般布置原则有哪些？
11. 框架剪力墙结构中的框架与框架结构中的框架在受力时有什么差别？与剪力墙是如何协调受力的？
12. 绘制出排架结构的计算简图，并说明在实际结构中需要如何处理才能保证计算简图的实现？
13. 排架结构的屋面支撑体系有哪些？各起到什么作用？
14. 如何设置排架结构的柱间支撑？
15. 排架结构的牛腿常见的破坏形式有几种？各在什么情况下发生？
16. 排架结构的水平与垂直荷载是如何传递的？
17. 悬索结构的优势与不足各是什么？
18. 拱结构的受力特点是什么？
19. 在力学计算中，合理拱轴是抛物线，实际结构中是吗？为什么？
20. 试推导桥式悬索结构的索线方程。

第六章 最常见的跨度结构——钢筋混凝土梁板结构体系分析

学习导读

在第一章中就提到过，跨度构件是结构体系最重要组成部分，没有跨度就没有内部空间，也就没有建筑。虽然在第五章中曾提及，梁板结构的效率比较低，但由于可以最大限度地满足使用功能，因此还是得到了最广泛的应用。由于我国工程实践中的梁板结构主要是钢筋混凝土结构，因此在没有特殊指名的情况下，本章均为钢筋混凝土结构。

梁板结构在受力上以受弯、受剪为主，同时可能会受扭。本章着重介绍杆件正截面受弯的设计计算、弯剪共同作用的斜截面设计计算。矩形截面梁正截面设计计算是钢筋混凝土结构计算理论的经典部分，以材料力学的正截面受弯构件的设计分析为基础，根据混凝土材料与钢筋的实验性能加以修正，并考虑相关限制条件，得出钢筋混凝土正截面计算的基本公式——单筋矩形截面的设计计算。根据钢材与混凝土的强度关系以及矩形截面的特点，推导出使用更加广泛的双筋矩形截面与T形截面的设计计算公式。

与正截面相比，钢筋混凝土斜截面设计计算的理论性较差，但是依据实验分析也可以得出相关的经验公式。而受扭构件的设计较为复杂，本书仅作简单的介绍，并不作为重点内容。同时本章还对于梁板结构在正常使用过程中的裂缝与变形问题加以简单的介绍。

除了梁以及可以简化为梁式结构的单向板，以及肋梁楼盖这一典型的楼盖体系之外，本章还简单地介绍了无梁楼盖、井字与密肋楼盖等经常在建筑中采用的楼盖和楼梯，但详细的设计计算并没有进行详细的阐述。

由于涉及到具体的设计计算，本章在最后提供了一个较为完整的钢筋混凝土肋梁楼盖的设计计算案例，可供学习者参考。但其中可能涉及到在本书中并未提及或深入解释的、较为深入的概念，可参考钢筋混凝土设计规范以及有关教材。

关键概念

肋梁楼盖的力学模型　单向板　塑性铰　弹性设计与塑性设计原则　梁板钢筋基本构造　适筋梁正截面的破坏过程　适筋梁正截面单筋设计　超筋与少筋梁的危险性　适筋梁正截面双筋设计　T形截面正截面设计　斜截面承载力计算　受扭构件承载力计算模型　裂缝与变形的控制　双向板　无梁楼盖　密肋楼盖　井字楼盖

第六章 最常见的跨度结构——钢筋混凝土梁板结构体系分析

建筑物与构筑物中的梁板结构是土木工程中常见的结构形式，是在建筑结构中形成跨度的最普遍的构件，而且除了在建筑的楼盖或屋盖中得到广泛应用外，还被用于桥梁的桥面结构，水池的顶盖等水平结构以及水池池壁、地下室挡土墙等侧向构件和筏板基础等基础构件。梁板结构的广泛应用使其设计原理具有较为普遍的意义。

6.1 钢筋混凝土梁板结构体系的构成

6.1.1 梁板结构的力学模型与设计原则

梁板结构，是由梁与板所形成的结构体系，梁在楼板下部托承着楼板，将楼板所承担的荷载汇集并通过两端向其支座传递。梁是板的支座，而梁的支座通常为柱、墙，当然梁也可以搭在其他梁上，构成梁承接梁的结构。

如果梁板结构的梁均为等跨等高，形成井格式的结构，称为井式楼盖（见图6-1b）；如果井式楼盖的梁密而且小，所形成的楼盖通常称为密肋楼盖（见图6-1c）。

如果梁板结构的梁高不等，梁跨通常也不等，且相对的小梁以大梁为支座，通过大梁向垂直结构体系传递荷载，该类楼盖通常称为肋梁楼盖，大小梁的组合犹如胸骨与肋骨一样（见图6-1a）。

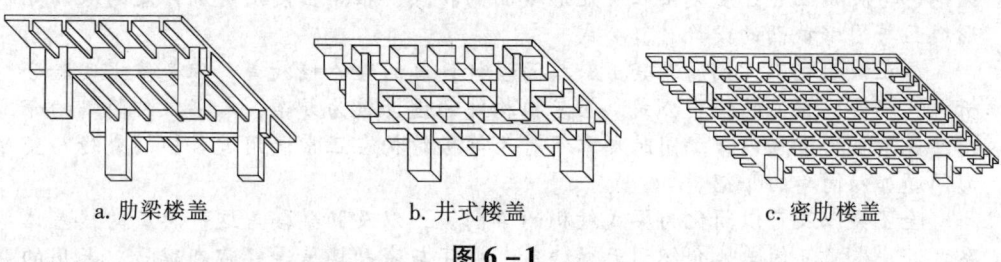

a. 肋梁楼盖　　　　b. 井式楼盖　　　　c. 密肋楼盖

图 6-1

肋梁楼盖是最为普遍的楼盖形式，其传力路经明确、计算相对简单并可以化简为平面力学结构的特点，深受结构工程师的喜爱，被广泛应用在钢筋混凝土结构、砖石砌体结构中。

1. 肋梁楼盖结构力学模型

任何结构的力学计算模型均应包括三部分：杆件的简化、支座与连接的简化、荷载的简化。

（1）杆件的简化。在垂直荷载作用下，肋梁楼盖式的梁板结构侧向受力并受弯，梁可以在力学计算上，简化为不同的梁式杆件，简支梁或连续梁（见图6-2）。

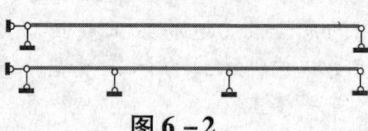

图 6-2

6.1 钢筋混凝土梁板结构体系的构成

楼板的简化较梁稍有复杂，如果板可以简化为简支梁或连续梁，应满足的条件：板首先是矩形平面，板的受力与变形在板的宽度范围内均相同，这样对于板的计算就可以选取宽度方向上的单位板宽的板带为代表，在长度方向上简化为梁式杆件。但在实际工程中，板并非完全符合这一前提条件。在假设板上的荷载在板的宽度范围内均匀分布以及板的形状必须是矩形外，还要具体考察板的其他条件：①如果板是对边支撑的，或单边支撑而形成外伸悬臂的，可以简单简化为梁式结构；②如果板是临边支撑的，则不论荷载如何分布，均难以对其进行平面简化，属于空间结构，但实际工程中，这种板除非有特殊需要，一般很少采用，可以以其他结构形式加以代替。③如果板是三边或四边支撑，则要看板的长（L）与宽（B）的比例。当 $L/B > 2$ 时，经过力学的复杂分析，可以得出以下结论：板的短向承担了96%以上的荷载作用，因此在工程设计与计算中，可以忽略短边的支撑，仅考虑长边支撑在短向受力。三边支撑板可以根据支撑情况，简化为悬臂梁（$B-L-B$ 支撑）或简支梁与连续梁（$L-B-L$ 支撑），这种板被称为单向板（见图 6-3a）。当 $1/2 < L/B < 2$ 时，则不可以忽略短边的支撑，为长边、短向共同受力，这种板被称为双向板，双向板不能简化为梁式结构，属于空间受力结构，较为复杂（见图 6-3b）。

常规的梁板结构均以单向板为主。

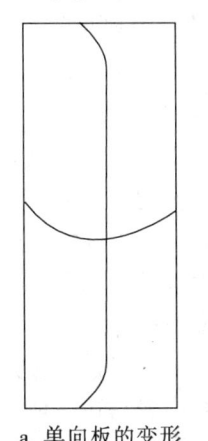
a. 单向板的变形模式

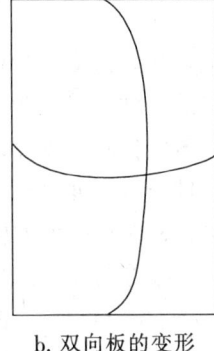
b. 双向板的变形模式

图 6-3

（2）支座的简化。除了连续梁与简支梁的梁身外，梁的支座简化也要考虑一些复杂问题。

由于选取力学计算简图时，将板与梁整体连接的支承假定为理想的自由铰支座，因此支座没有弯矩的约束作用。这其实是忽略了实际结构为钢筋混凝土的整浇体系，忽略了次梁对板以及主梁对次梁的弹性约束作用，即支座不仅提供垂直支撑，还可以提供抵抗弯矩的作用，作为支座的梁不仅受弯，而且可能受扭，实际支座为约束铰支座（见图 6-4）。

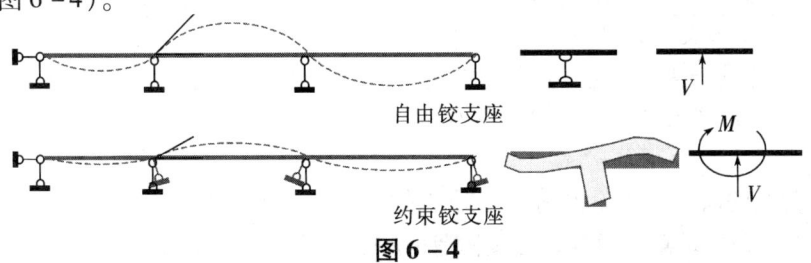

图 6-4

第六章 最常见的跨度结构——钢筋混凝土梁板结构体系分析

由于支座的约束作用,实际工程的连续梁支座处的转角位移要小于理想状态的连续梁支座转角。类似的情况也不同程度地发生在次梁与主梁之间。

对于约束支座的简化,在设计中通常采用荷载调整的办法。由于约束作用,使得支座处的转角减小,因此梁跨中的垂直位移也会减小,这与减小梁上荷载是在一定程度上等效的。因此在设计中,在荷载总值不变的情况下,可以采用调整荷载分布的方式,还原结构的变形状态,以折算荷载代替实际荷载。

- 对于板来讲,其刚度较小,梁的约束作用较为明显,荷载调整幅度较大:
计算恒荷载分布集度 $g' = g + q/2$;计算活荷载分布集度 $q' = q/2$。

- 对于次梁来讲,其刚度较大,主梁的约束作用较为弱,荷载调整幅度较小:
计算恒荷载分布集度 $g' = g + q/4$;计算活荷载分布集度 $q' = 3q/4$。

- 对于主梁,如果其支撑结构为砖石砌筑墙体,其约束作用极小,可以忽略。但是如果其支座为钢筋混凝土柱或墙,则要加以考虑。通常混凝土柱或墙是与主梁刚接的,柱对主梁弯曲转动的约束能力取决于主梁线刚度与柱(墙)线刚度之比,当比值较大时,支撑体系对于梁的约束能力较弱。一般认为,当主梁的线刚度(EI/L)与柱子线刚度之比大于 5 时,可忽略这种影响,按连续梁模型计算主梁,否则应按梁、柱刚接的框架模型计算。

梁作为支座的另一个问题,是梁在荷载作用下会产生垂直位移,这与支座的绝对支撑状况不相符。但一般来讲,刚度的差异减小了这种影响,肋梁楼盖结构可以忽略。然而对于井格楼盖与密肋楼盖结构,这种影响是不能忽略的,较为复杂。

梁、板的计算跨度,即支座的间距,是在计算弯矩时所应取用的跨间长度,理论上应取为该跨两端支座处转动点之间的距离。在设计中,当按弹性理论计算时,计算跨度一般取两支座反力之间的距离;当按塑性理论计算时,计算跨度则由塑性铰位置确定。计算跨度的取值方法见表 6-1。

表 6-1

支撑情况	计算跨度 (l_0)	
	梁	板
两端与梁(柱)整体连接	净跨 (l_n)	净跨 (l_n)
两端支撑在砖墙上	$1.05l_n (\leq l_n + b)$	$l_n + h (\leq l_n + a)$
一端与梁(柱)整体连接,另一端支撑在砖墙上	$1.025l_n (\leq l_n + b/2)$	$l_n + h/2 (\leq l_n + a/2)$

注:表中 b 为梁的支撑宽度,a 为板的搁置长度,h 为板厚。

(3) 荷载的简化。不论恒荷载还是活荷载,单向板肋梁楼盖所承担的荷载以分布荷载为主,如果是集中荷载,通过构造措施使之转化为分布荷载。

板选取1m宽的板带以及所承担的分布荷载为计算单元；次梁选取相临次梁中心线范围内的荷载为计算承担荷载；主梁的荷载为集中荷载，计算选取主梁集中荷载承担点两侧主次梁中心线所围拢范围内荷载，并将分布荷载折算成集中荷载。

荷载的传递路径为：板直接承担荷载并将其传递给次梁，板与次梁承担的是均布荷载；次梁将荷载传递给主梁，主梁承担的是均布（自重）与集中荷载（次梁传来）（见图6-5）。

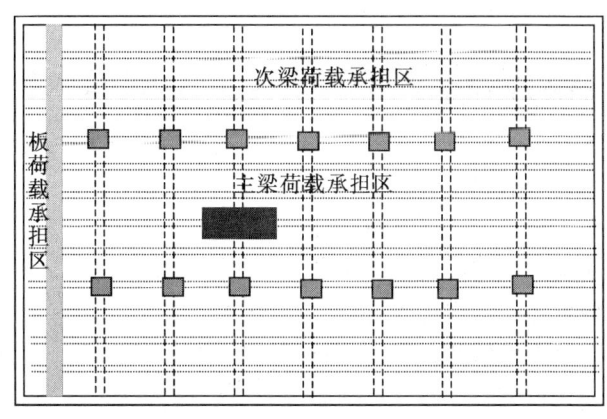

图6-5

2. 梁式结构的弹性与塑性设计原则

实际工程中，杆件与结构的破坏是一个非常复杂的概念性问题，尽管"屈服"是认定材料强度达到极限的标准，但是不能简单地以一点的屈服为截面达到极限的判断标准，同样也不能以一个截面发生屈服作为杆件达到承载极限的判断标准，更不能以一个杆件发生屈服作为结构达到承载极限的判断标准。

只有杆件或结构不能继续承担外力时，结构才是真正的极限状态。以一个截面的极限状态作为杆件极限状态，以一个杆件的极限状态作为整个结构极限状态的设计判断标准的设计原则被称为弹性设计原则。对于静定结构，这种弹性设计原则是有效的，也是偏于安全的。但是对于超静定结构，由于多于约束的存在，尽管某一个截面或杆件进入了塑性，但整体结构仍有可能可以继续承担荷载，直到其他杆件也相应出现塑性，并使整体结构成为机构时，才达到承载力的极限——以该原则进行结构设计属于结构的塑形设计原则（见图6-6）。

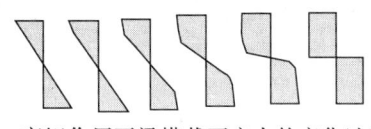
弯矩作用下梁横截面应力的变化过程

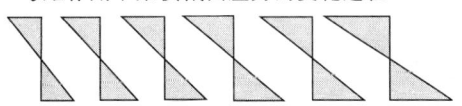
弯矩作用下梁横截面应变的变化过程

图6-6

当截面进入塑性后，由于材料屈服的出现使截面所在梁段变形加大，截面转动效果十分明显，出现类似于铰一样的区域，称为塑性铰，即结构中某一截面在弯矩作用下进入塑性后，并不失去其承载力，可以视为可以承担一定弯矩作用并可以保证一定变形能力的铰。

塑性铰的变形是由于杆件的某一个区域进入塑性所产生的，称为是区域性铰，因此塑性铰相对于普通铰节点而言，并非是"点铰"，而是区域铰，如图6-7图所示。当 A-A 截面在外力作用下开始出现屈服时，其截面弯矩为 M_1；弯矩继续增加，A-A 截面屈服变形加大，并且在该截面两侧的部分区域也相继进入屈服阶段；当 A-A 截面完全屈服后，不能再承担荷载时，其截面弯矩为 M_2，该梁完全达到极限状态。此时，在 L 长度区域范围内的截面均会有不同程度的屈服发生，即塑性铰区域。

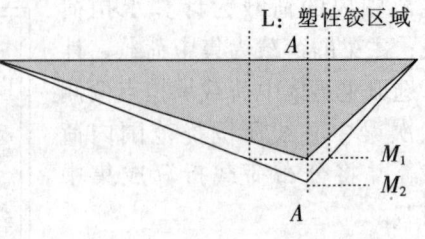

图 6-7

塑性铰是在较高的特定荷载状态下出现的，因此塑性铰仅仅是单向转动的铰，与普通铰的自由转动不同。因此可以这样理解塑性铰：塑性铰可以传递弯矩作用，非自由铰；塑性铰只能在弯矩作用下单向转动，不能反向转动；塑性铰是一个区域性铰。

超静定结构的某个截面或节点成为塑性铰后，仍具有承载力，直至出现的塑性铰将结构转化为机构时，结构才被认为破坏。但此时的结构与没有塑性铰时的结构大有不同，内力分布规律会发生改变，与力学计算的初步假定不同，这种现象，称为塑性内力重分布。

如图 6-8 所示，两跨连续梁在荷载作用下，根据力学原理，中间支座截面弯矩最大，并最开始出现屈服，出现塑性铰（见图 6-8a）。根据塑性铰的原理，并假设该处弯矩不再增加，整个结构仍可以继续增加荷载，对于增加的荷载 ΔF，结构就如同两跨简支梁，其弯矩承担值为 $\Delta M = M_{max} - M_1$（见图 6-8b），此时三个弯矩极值点均达到强度极限，均形成塑性铰，整个结构形成机构，最终破坏。最终结构的弯矩图如图 6-8c。该弯矩图与按力学原理直接计算的弯矩图所不同。

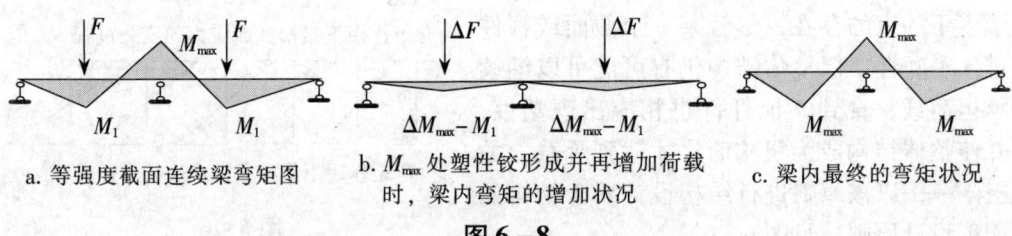

a. 等强度截面连续梁弯矩图　　b. M_{max} 处塑性铰形成并再增加荷载时，梁内弯矩的增加状况　　c. 梁内最终的弯矩状况

图 6-8

该设计原则就是塑形设计原则，就是在充分考虑结构塑性内力的重分布所产生的承载能力增加的基础上进行设计的方法。

在设计中，应根据结构所处的位置与重要程度进行塑性设计：重要的构件与结构采用弹性设计原则，次要的构件与结构采用塑形设计原则。在梁板结构中，板与次梁多采用塑形设计原则，主梁多为弹性设计原则。

由于塑性设计时会考虑材料的塑性变形，因此实际结构在使用中会产生较大的变形与裂缝，因此使用时不允许出现裂缝，受侵蚀作用的结构、轻质混凝土与特殊混凝土结构、预应力与叠合构件一般不允许采用塑性设计原则。按塑性理论计算的构件承载力要稍大于按弹性理论计算的结果，因此直接承担动荷载的构件也不采用塑形设计原则。

6.1.2 板的基本构造

1. 板的几何尺度

为了保证板的刚度，使其挠度不至于过大，常规的单向板板厚不小于其跨度的1/35（简支梁式结构）、1/40（连续梁式结构）、1/12（悬臂梁式结构）；但由于楼板的重量较大，为减轻由于自重产生的荷载，在满足基本刚度要求的前提下，板应尽量薄一些。

一般来讲，常规结构的板厚度一般不小于80mm；如果板搁置于墙上，则搁置长度不小于120mm。

2. 板的受力钢筋配置

如果板中受力钢筋的直径为8mm，间距100mm，则板的配筋在图纸中可以表示为$\varphi^b 8@100$。如果板内钢筋有弯折，则弯起角度一般为30°，当板厚大于120mm时，弯起角度为45°（见图6-9）。

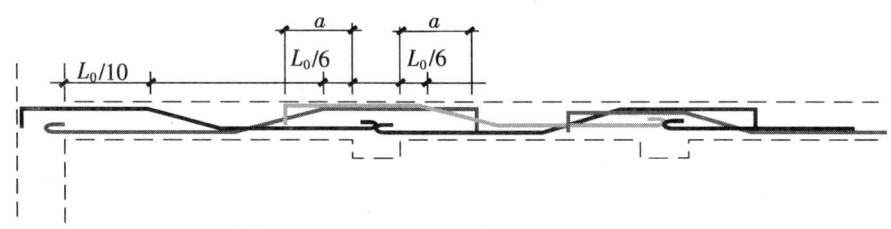

图6-9 板配筋示意

当板所承担的活荷载与永久荷载的比值小于等于3时，$a = l_0/4$；大于3时，$a = l_0/3$。

板的纵向受拉钢筋常采用HRB235级，HRB335级和HRB400级钢筋较少采用，多用于特殊厚板中，如车库楼板、地下室底板等。常用板直径是6mm、8mm、10mm和12mm，其中现浇板的板面钢筋直径不宜小于8mm。为了便于浇筑混凝土，保证钢筋周围混凝土的密实性，板内钢筋间距不宜太密，为了正常地分担内力，也不宜过稀。钢筋的间距一般为 70mm～200mm，当板厚 h≤150mm，间距不宜大于 200mm；当板厚 h>150mm，间距不宜大于 1.5h，且不应梁内钢筋大于 250mm。

3. 板的构造钢筋配置

除了需要通过计算才能确定的受力筋外，板中还要布置一些构造钢筋，是不需要进行计算的。构造钢筋必须放置，以承担那些在计算中忽略的应力，同时使计算与实际受力状态更加一致（见图 6-10）。

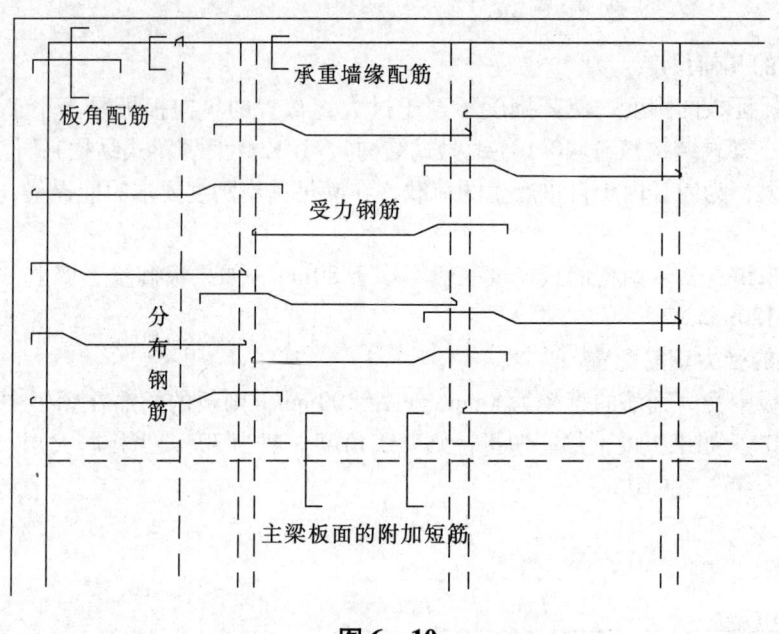

图 6-10

（1）分布钢筋。沿受力钢筋正交方向，分布钢筋是构造钢筋，其作用为浇筑混凝土时固定受力钢筋的位置；抵抗收缩和温度变化所产生的内力；承担并分布板上局部荷载产生的内力，以及未计入的其他因素，如承担板沿长跨实际存在的某些弯矩。

板内纵向受力钢筋应与分布钢筋相垂直，并放在外侧，分布钢筋宜采用 HRB235 级和 HRB335 级钢筋，常用直径是 6mm 和 8mm。单位长度上分布钢筋的截面面积不应小于单位宽度上受力钢筋截面面积的 15%，分布钢筋的间距不宜大于 250mm，直径不宜小于 6mm。温度变化较大或集中荷载较大时，分布钢筋的截面面积应适当增加，其间距不宜大于 200mm。

（2）沿承重墙缘配筋。嵌入承重墙内的板，墙体的约束作用会在局部产生负弯矩，而使板顶出现开裂，因此应沿墙每米配置不少于 5φ6 的钢筋，其伸入墙边长度

$\geq l_0/7$。

（3）板角配筋。两边嵌入墙内的板角部分，会在弯矩作用下产生翘曲，因此在板面双向配置 $5\varphi6$ 的构造筋，伸出墙边长度不小于 $l_0/4$。

（4）主梁板面的附加短筋。板中受力钢筋与主梁的肋平行，在靠近主梁附近，部分荷载将由板直接传递给主梁从而产生一定的负弯矩。为防止板与梁肋相连附近出现裂缝或裂缝开展过宽，应在板面沿梁肋配置构造筋。构造筋的数量为每米不少于 $5\varphi6$，其单位长度内的总截面面积应不小于板中单位长度内受力筋截面积的 1/3，伸出梁边长度不小于 $l_0/4$。

6.1.3 梁的基本构造

1. 梁的几何尺度

梁的截面宜采用对称形式，基本选择为矩形、"T"形、"工"形等。对于矩形截面，为了保证梁的刚度，跨高比为 1/12 至 1/8，连续梁可以至 1/15；为了保证受力的效果，截面高宽比宜在 2~3 之间；同时普通钢筋混凝土梁的跨度不宜大于 9m。

2. 梁的受力钢筋配置

（1）普通建筑结构梁中，纵向受力钢筋宜采用 HRB335 级，特殊大型结构采用 HRB400 级或 RRB400 级，常用直径为 12mm、14mm、16mm、18mm、20mm、22mm 和 25mm。根数最好不少于 3（或 4）根。设计中若采用两种不同直径的钢筋，钢筋直径至少相差 2mm，以便于在施工中能用肉眼识别。

对于绑扎的钢筋骨架，其纵向受力钢筋的直径：当梁高为 300mm 及以上时，应不小于 10mm；当梁高小于 300mm 时，应不小于 8mm。

为了便于浇筑混凝土以保证钢筋周围混凝土的密实性，梁底纵筋的净间距不宜小于钢筋直径，也不宜小于 25mm；梁顶纵筋的净间距不宜小于钢筋直径的 1.5 倍，且不宜小于 30mm。为了满足这些要求，梁的纵向受力钢筋有时须放置成两层，甚至还有多于两层的。上、下钢筋应对齐，不能错列，以方便混凝土的浇捣。当梁的下部钢筋多于两层时，从第三层起，钢筋的中距应比下面两层的中距增大 1 倍。

（2）梁的箍筋多采用 HPB235 级，特殊采用 HRB335 和 HRB400 级的钢筋，常用直径是 6mm、8mm 和 10mm。

纵筋表示为：$n\varphi m$，n 为钢筋数量，m 为钢筋直径。箍筋表示为：$\varphi b @ x$，b 为钢筋直径，x 为箍筋间距。这些数据需要计算确定。

3. 梁的构造钢筋配置

梁角部纵向要配置相应的架立钢筋，以保证箍筋的位置并传递箍筋的荷载。架立钢筋直径不宜小于 8mm；当梁的跨度为 4m~6m 时，直径不宜小于 10mm；当梁的跨度大于 6m 时，直径不宜小于 12mm。

图 6-11 表示梁中的各个钢筋为：①梁顶钢筋，跨端部承担梁顶弯矩作用，跨中主要起架立箍筋作用，也可以在需要时充当受力筋；②梁底钢筋，主要的承担弯矩作用钢筋；③弯筋，在跨端负弯矩较大时，在梁顶发挥效用；在跨中正弯矩较大时，在梁底发挥效用，弯曲段可以承担剪力；④腰筋，当梁高大于 700mm 时设置，保证箍筋

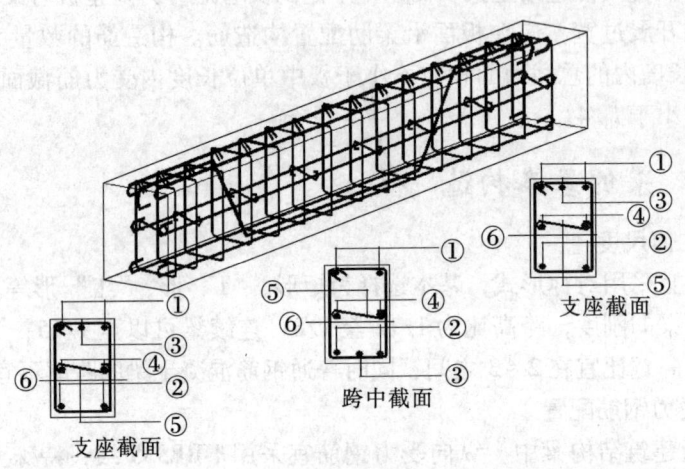

图 6-11

的稳定性，并承担非应力变形的作用；⑤拉筋，主要用于固定腰筋，并承担横向温度应力；⑥箍筋，形成混凝土完整骨架，并承担剪力。

当主、次梁相接时，在主梁中次梁的位置上要附加吊筋与箍筋，以便次梁的荷载更好的分担在主梁上（见图 6-12）。

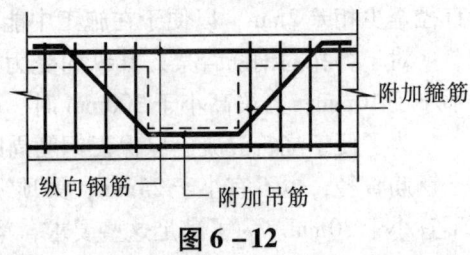

图 6-12

6.2 钢筋混凝土梁式结构的正截面设计

钢筋混凝土梁式结构的破坏分为正截面、斜截面与扭转三种基本破坏，以及三种原因共同产生的复合破坏。三种破坏分别产生于弯矩、剪力与扭矩的作用。尽管钢筋混凝土属于复合型材料，但是从受力状态、破坏过程与特征上看，仍能够部分的符合材料力学的基本原理，可以采用材料力学的基本分析方法对其进行分析，并根据工程实验对于理论分析进行相应的修正，从而形成理论——实验模式的计算理论。

6.2.1 钢筋混凝土梁的正截面的实验分析

1. 实验过程描述

对于承担纯弯作用的构件,根据实验过程绘制弯矩与变形的相关图,如图 6-13。截面内的应力分布状况如图 6-14。

(1) 第 I 阶段。当弯矩较小时,截面曲率,或梁的跨中挠度与弯矩的关系接近直线变化,这时的工作特点是梁尚未出现裂缝,称为第 I 阶段。当弯矩达到某一量值后,受拉区部分混凝土的拉应力达到极限,开裂并退出工作,第 I 阶段结束。

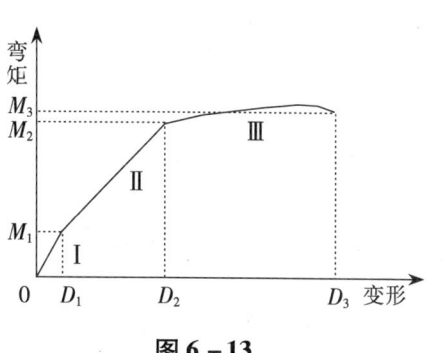

图 6-13

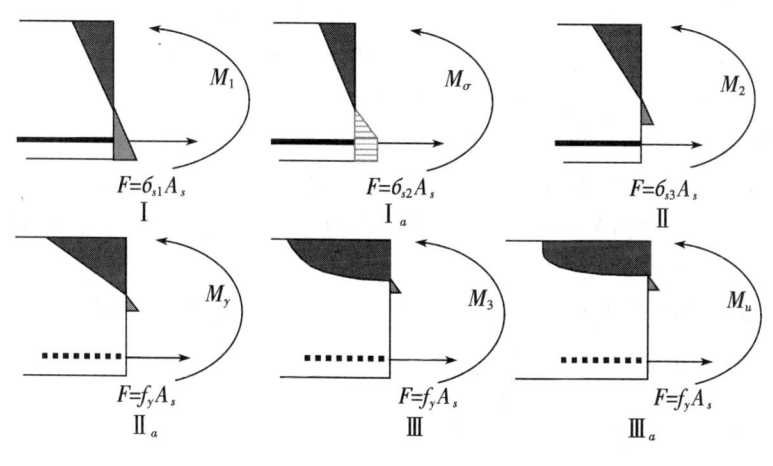

图 6-14

(2) 第 II 阶段。继续增加荷载,受压区混凝土受压,受拉区以钢筋受拉为主,梁底部不断出现新的裂缝,随着裂缝的出现与不断开展,挠度的增长速度较开裂前要快。这时的工作特点是梁带有裂缝,称为第 II 阶段。弯矩—变形关系曲线上也明显的呈现出第一个转折点。当弯矩进一步增大,受拉钢筋开始屈服,第 II 阶段结束。

(3) 第 III 阶段。继续增加荷载,钢筋屈服,应力不再增加,但屈服后的变形加大,促使裂缝开展,弯矩—变形关系曲线上也随即出现了第二个明显转折点。在第 III 阶段中,钢筋已经屈服,变形迅速增大,裂缝急剧开展,挠度和截面曲率骤增。混凝土受压区迅速减小,到第 III 阶段末,受压区混凝土被压碎,正截面失去承载力,梁破坏。

2. 实验过程分析

（1）第Ⅰ阶段是混凝土开裂前的未裂阶段。刚开始加载时，由于弯矩很小，沿梁高量测到的梁截面上各个点的应变也小，且应变沿梁截面高度为直线变化——符合平截面假定。由于应变很小，这时梁的工作情况与匀质弹性体梁相似，混凝土基本上处于弹性工作阶段，应力与应变成正比，受压区和受拉区混凝土应力分布图形为三角形。在弯矩增加到 M_{cr} 时（见图 6-14），受拉区边缘应变值即将到达混凝土受弯时的极限拉应变实验值，截面遂处于即将开裂状态，称为第Ⅰ阶段末，用 I_a 表示。此时受压区边缘应变量测值相对还很小，故受压区混凝土基本上仍处于弹性工作阶段。

第Ⅰ阶段的特点是混凝土没有开裂；受压区混凝土的应力图形为直线弯矩与截面曲率基本上是直线关系。

第Ⅰ阶段末可作为受弯构件抗裂度的计算依据。

（2）第Ⅱ阶段是混凝土开裂后至钢筋屈服前的裂缝阶段。$M = M_{cr}$ 时，在纯弯段抗拉能力最薄弱的某一截面处，当受拉区边缘拉应变值到达混凝土极限拉应变实验值时，将首先出现第一条裂缝，即梁由第Ⅰ阶段转入为第Ⅱ阶段工作。

在裂缝截面处，混凝土一开裂，就把原先由它承担的那一部分拉力转给钢筋，使钢筋应力突然增大许多，故裂缝出现时梁的挠度和截面曲率都突然增大，同时裂缝具有一定的宽度，并将沿梁高延伸到一定的高度。裂缝截面处的中和轴位置也将随之上移，在中和轴以下裂缝尚未延伸到的部位，混凝土虽然仍可承受一小部分拉力，但受拉区的拉力主要由钢筋承担。随着弯矩继续增大，受压区混凝土压应变与受拉钢筋的拉应变的实测值都不断增长，当应变的量测标距较大，跨越几条裂缝时，测得的应变沿截面高度的变化规律仍能符合平截面假定。由于受压区混凝土应变不断增大，受压区混凝土应变增长速度比应力增长速度快，塑性性质逐渐表现出来，受压区应力图形逐渐呈曲线变化。当弯矩继续增大到 M_y，促使受拉钢筋应力达到屈服强度时，称为第Ⅱ阶段末，用 $Ⅱ_a$ 表示（见图 6-14）。

第Ⅱ阶段的特点是截面混凝土裂缝发生、开展的阶段，在此阶段中梁是带裂缝工作的。其受力特点是：在裂缝截面处，受拉区大部分混凝土退出工作，拉力主要由纵向受拉钢筋承担，但钢筋没有屈服；受压区混凝土已有塑性变形，但不充分，压应力图形为只有上升段的曲线；弯矩与截面曲率是曲线关系，截面曲率与挠度增长速度加快。

第Ⅱ阶段末可以作为结构正常使用极限状态的验算，即裂缝与变形验算。

（3）第Ⅲ阶段是钢筋开始屈服至截面破坏的破坏阶段。纵向受力钢筋屈服后，正截面就进入第Ⅲ阶段工作。钢筋屈服，截面曲率和梁的挠度也突然增大，裂缝宽度随之扩展并沿梁高向上延伸，中和轴继续上移，受压区高度进一步减小。这时受压区混凝土边缘应变也迅速增长，塑性特征将表现得更为充分，受压区压应力图形更趋丰满。当弯矩再增大至极限弯矩实验值 M_u 时，称为第Ⅲ阶段末，用Ⅲ$_a$表示。此时，边缘压应变到达（或接近）混凝土受弯时的极限压应变实验值，标志着截面已开始破坏（最大压应变理论）。

在第Ⅲ阶段整个过程中，钢筋所承受的总拉力大致保持不变，但由于中和轴逐步上移，内力臂（钢筋合力中心线与混凝土合力中心线的距离）略有增加，故截面极限弯矩略大于屈服弯矩。可见，第Ⅲ阶段是截面的破坏阶段，破坏始于纵向受拉钢筋屈服，终结于受压区混凝土压碎。

在第Ⅲ阶段的特点是纵向受拉钢筋屈服，拉力保持为常值；裂缝截面处，受拉区大部分混凝土已退出工作，受压区混凝土压应力曲线图形比较丰满，有上升段曲线，也有下降段曲线；弯矩还略有增加；受压区边缘混凝土压应变达到其极限压应变实验值时，混凝土被压碎，截面破坏；弯矩—变形关系为接近水平的曲线。

第Ⅲ阶段末可作为正截面受弯承载力计算的依据。

3. 破坏过程特点

综上所述，配置有适当钢筋的试验梁从加载到破坏整个过程，有以下特点：

首先，在第Ⅰ阶段梁的截面曲率或挠度增长速度较慢；第Ⅱ阶段由于梁带裂缝工作，截面曲率或挠度增长速度较前加快；第Ⅲ阶段由于钢筋屈服，故截面曲率和梁的挠度急剧增加。

其次，随着弯矩的增大，中和轴不断上移，受压区高度逐渐缩小，混凝土边缘压应变随之加大，受拉钢筋的拉应变也随弯矩的增长而加大，但平均截面状况仍符合平截面假定。

4. 少筋梁与超筋梁的危险性

前面讨论的梁的破坏均在配有适当的钢筋基本前提下进行的，这是十分重要的，如果混凝土梁中的钢筋配置不当，过多或过少，都会形成其他的破坏模式。

当受拉区配置钢筋过少时，受拉区的混凝土开裂后，钢筋不能承担增加的拉力，混凝土开裂前原有混凝土所承担的拉力，会立即屈服，甚至拉断少筋梁。少筋梁的裂缝出现的集中、宽大，承载力低而且破坏突然，没有任何破坏先兆，属于脆性破坏（见图 6-15）。

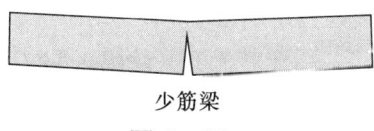

少筋梁

图 6-15

而配置钢筋过多时，受拉区钢筋承载力过高，而混凝土区域承压能力相对薄弱，直到混凝土受压破坏，钢筋也不会出现屈服现象，此梁被称为超筋梁。超筋梁出现的裂缝分布区域大，细而密，承载力较高，但由于钢筋不屈服，因此体现出的变形与挠度较小。又因为该梁破坏是以混凝土被压碎为前提，破坏突然，也属于脆性破坏，也不能作为结构使用（见图 6-16）。

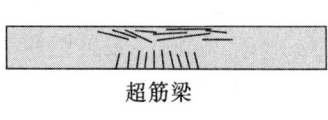

超筋梁

图 6-16

这里需要明确的是，少筋梁不能作为结构使用，主要是由与承载力较低的原因。而超筋梁的承载力虽然较高，但也不可以作为结构使用的主要原因在于超筋梁的破坏几乎没有什么先兆，破坏的突然性使人们完全不能预料。从钢筋混凝土梁的破坏形态可以看出，"安全"并非仅仅意味着承担荷载的能力，同时意味着破坏的形态，只有延性破坏，即破坏前有足够的变形的破坏形态，材料体现出塑性，才是真正的、结构所需要的破坏形态。可以保证延性破坏的结构才是安全的。

6.2.2 钢筋混凝土适筋梁的正截面的基本力学分析

根据适筋梁的试验以及破坏过程的分析，可以设定"钢筋进入屈服状态且混凝土被压碎状态"为该梁的正截面承载力极限状态。在极限状态中，承载截面的受压区混凝土承担压力，同截面内的钢筋与少部分混凝土承担拉力。因此，根据力学平衡的原则，可以列出截面基本方程如下（图6-17）：

水平方向：$\sum x = 0$ 时 $F_c = F_s + F_c'$

式中，F_c 为截面混凝土所承担的压力；F_s 为截面钢筋所承担的拉力；F_c' 为截面混凝土所承担的拉力。

垂直方向没有力的作用，$\sum y = 0$，平面内力矩平衡，向钢筋合力的中心线取力矩：

$$\sum M = 0 \quad F_c L_c - F_c' L_c' = M_u$$

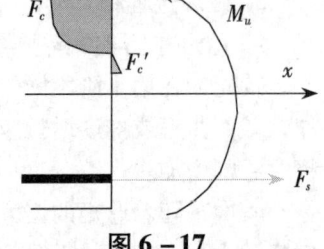

图6-17

式中：L_c 为受压区混凝土的合力至钢筋合力点的距离；L_c' 为受拉区混凝土的合力至钢筋合力点的距离。

对于 F_c，可以按下一方式确定：设截面受压区混凝土应力沿梁高度方向的分布方程为 $\sigma_c(y)$，因此可以确定：$F_c = \int_0^{x_0} \sigma_c(y) b dy$，其中：$b$ 为截面宽度，x_0 为混凝土受压区的高度。

同样对于 F_c'，设截面受拉区混凝土应力沿梁高度方向的分布方程为：$\sigma_c'(y)$，因此可以确定：$F_c' = \int_0^{x_0'} \sigma'(y) b dy$，其中：$b$ 为截面宽度，x_0' 为混凝土受拉区的高度。

而对于 F_s，设钢筋截面面积为 A_s，钢筋在屈服时的应力为 f_y，则 $F_s = A_s f_y$

另外，根据截面几何关系还可以确定：$L_c = h - a_s - x_0/2$；$L_c' = h - a_s - x_0 - x_0'/2$。式中，$a_s$ 为受拉钢筋合力中心线到受拉区混凝土边缘的距离，如果梁内受拉钢筋为单排，a_s 等于35mm；如果钢筋为双排，a_s 等于60mm；对于板来讲，a_s 等于20mm。h 为截面高度。

于是，截面平衡方程可以表示为：

$\sum x = 0$ 时, $F_c = F_s + F_c'$

则 $\int_0^{x_0} \sigma(y) b dy = A_s \cdot f_y + \int_0^{x_0'} \sigma'(y) b dy$

$\sum M = 0$ 时, $F_c L_c - F_c' L_c' = M_u$

则 $\int_0^{x_0} \sigma(y) b dy (h - a_s - x_0/2) - \int_0^{x_0'} \sigma'(y) b dy (h - a_s - x_0'/2) = M_u$

即:截面平衡方程组为:

$$\begin{cases} \int_0^{x_0} \sigma(y) b dy = A_s f_y + \int_0^{x_0'} \sigma'(y) b dy \\ \int_0^{x_0} \sigma(y) b dy (h - a_s - x_0/2) - \int_0^{x_0'} \sigma'(y) b dy (h - a_s - x_0'/2) = M_u \end{cases}$$

6.2.3 钢筋混凝土梁的正截面基本计算公式的工程修正

1. 混凝土应力状况的简化

根据力的简化原则——合力相等,以及对于钢筋合力中心线的合力矩相等的原则,并通过一系列的实验分析与计算,可以将混凝土受压区变化着的应力分布函数简化为常数形式,即应力分布函数图形为矩形,折算后的混凝土应力分布函数为 $\sigma_c'(y) = a_1 f_c$,其分布区间为截面受压区边缘至内部 x 范围内。a_1 为受压区混凝土矩形应力图的应力值与混凝土轴心抗压强度设计值的比值,对于不同强度等级的混凝土可以通过实验分析来确定。当混凝土强度等级不超过 C50 时,a_1 取值为 1.0;当混凝土强度等级为 C80 时,a_1 取值为 0.94;C50 至 C80 之间按线性内插法确定。f_c 为混凝土轴心抗压强度设计值。x 为折算应力图形的高度,即截面计算受压区高度。

因此,对于混凝土压应力区的合力,可以简化为 $F_c = a_1 f_c b_x$,b 为截面宽度。

对于截面内的拉应力,虽然截面混凝土拉应力也存在,但由于混凝土抗拉强度本身就较低,而且混凝土受拉区域也较小。经过大量的实验证明,截面内的混凝土拉力对于截面的力学平衡影响较小,在进行工程计算的前提下,可以将其忽略。

这样,原有的复杂的计算公式就可以简化为:

$\sum x = 0$ 时, $a_1 f_c b_x = A_s f_y$

$\sum M = 0$ 时, $a_1 f_c b_x (h - a_s - x_0/2) = M_u$

设 $h_0 = h - a_s$,则方程组可以简化为:

$\sum x = 0$ 时, $a_1 f_c b_x = A_s f_y$

$\sum M = 0$ 时, $a_1 f_c b_x (h_0 - x_0/2) = M_u$

这样,原来的复杂的方程组已经得到了大大的简化,未知数仅为 x 和 A_s,因此可以进行简单的求解。

2. 简化公式的应用条件

尽管经过简化后，计算公式十分简单，但并非意味着该公式可以自由使用，尚存在以下问题有待解决。

由于混凝土的破坏符合极限压应变理论，当混凝土的最大应变达到其极限值 ε_{cu} 时，混凝土即告破坏。轴心受压时情况如此，在受弯矩作用下，截面的受压区最大受力破坏处也同样。因此根据平截面假定，必须通过设计使受弯构件的正截面混凝土受压区被限制在一定范围 x_{0b} 内，才可以使受拉区钢筋有足够的应变，促使钢筋屈服。

如果截面承担的弯矩较大，计算所得的受压区高度 x_0 大于 x_{0b} 时，受拉区的钢筋应变小于其屈服应变，不能屈服（见图 6-18）。为保证这一点，需做以下调整或假设，以便使问题简单化：①必须假设钢筋混凝土受弯构件正截面破坏时，仍符合材料力学的平截面假定；②要根据大量的实验统计分析结果，确定计算公式中折算的混凝土受压区高度 x 与真实的混凝土受压区高度 x_0 之间的关系；③必须确定钢筋在屈服时的应变量为多少；④必须确定用以判断混凝土破坏的极限压应变为多少。

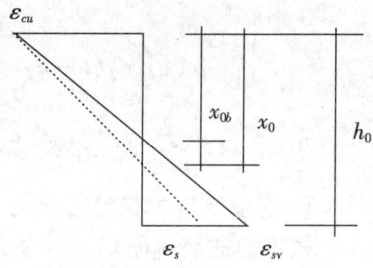

图 6-18

为解决这几个问题，在平截面假定的基础上，经过大量的实验分析与计算，确定以下结论或假设：①计算公式中折算的混凝土受压区高度与真实的混凝土受压区高度之间的关系为：对于常规结构中使用的强度等级为 C50 以下混凝土，$x = 0.8x_0$（当混凝土强度等级为 C80 时，取 $x = 0.74x_0$，其间按照线性内插法确定）。②钢筋在屈服时的应变量 $\varepsilon_{sy} = f_y/E_s$，即假设钢材在屈服时仍符合虎克定律。③ $\varepsilon_{cu} = 0.0033 - (f_{cu,k} - 50) \times 10^{-5}$，$f_{cu,k}$ 为混凝土立方体抗压强度标准值，如按该式计算所得 ε_{cu} 值大于 0.0033，取为 0.0033。因此，对于常规结构中使用的 C50 以下混凝土，强度标准值为 0.0033。

对于临界状态，即钢筋屈服的同时混凝土被压碎，根据截面应变图形，可以确定以下几何关系：

$$\frac{x_{b0}}{h_0} = \frac{\varepsilon_{cu}}{\varepsilon_{cu} + \varepsilon_{sy}} \Rightarrow \frac{x_b}{0.8h_0} = \frac{1}{1 + \dfrac{f_y}{E_s \cdot \varepsilon_{cu}}} \Rightarrow \frac{x_b}{h_0} = \frac{0.8}{1 + \dfrac{f_y}{E_s \cdot \varepsilon_{cu}}}$$

设 $\xi = x/h_0$，称为截面的相对受压区高度；$\xi_b = x_b/h_0$，称为界限相对受压区高度。该值的确定是十分重要的，如果在方程的求解计算中，求得 x/h_0 大于该指标，说明钢筋不能屈服，构件将被设计成超筋梁的破坏模式，即方程的计算结果 $\xi = x/h_0$ 要小于等于 ξ_b。同样为了防止出现少筋梁的计算结果，需要明确规定截面的最少配筋率

ρ_{min}，当截面配筋率 $\rho = A_s/bh_0 < \rho_{min}$ 时，必须按照规范要求，配置适当的钢筋，以防止出现少筋破坏。

综上所述，钢筋混凝土适筋梁正截面破坏的计算的前提条件是：①钢筋混凝土受弯构件止截面破坏时，仍符合材料力学的平截面假定；②忽略混凝土抗拉强度；③混凝土受压区应力图形可以简化为矩形，应力指标为 $a_1 f_c b$，分布范围 $x = 0.8x_0$；④钢筋在屈服时的应变量 $\varepsilon_y = f_y/E_s$，即假设钢材在屈服时仍符合虎克定律。

基于以上前提，可以采用计算公式：

$\sum x = 0$ 时，$a_1 f_c b x = A_s f_y$

$\sum M = 0$ 时，$a_1 f_c b x (h_0 - x_0/2) = M_u$

且计算结果满足 $x/h_0 \leq \xi_b$，实际配筋要保证 $\rho \geq \rho_{min}$。根据计算结果，钢筋仅在梁受拉一侧放置，成为单筋矩形截面计算公式。

3. 截面承载力的设计与计算

根据前面的公式与限制条件，可以解决两类问题：

（1）已知截面几何尺度、材料选择与弯矩大小，进行截面配筋设计。钢筋截面面积、直径与根数称为截面设计。

（2）已知截面几何尺度、材料选择与钢筋截面面积（直径与根数），计算该截面可以承担的弯矩值称为截面校核。

【例1】某矩形截面梁，截面 $b \times h = 300 \times 500$（见图6-19），混凝土为C30，该截面承担弯矩为200KNm，配置HRB335级钢筋，请计算该截面所需配置的最小钢筋面积。

解：计算方程组：$\begin{cases} \sum x = 0 & a_1 f_c b x = f_y A_s \\ \sum M = 0 & M = a_1 f_c b x (h_0 - x/2) \end{cases}$

由于混凝土强度等级为C30，不超过C50，所以 a_1 取为1.0，可以查相应的材料表格可知 $f_c = 14.3 \text{N/mm}^2$；对于HRB335级钢筋，$f_y = 300 \text{N/mm}^2$。

设受拉区钢筋配置为梁底单排，因此有：

$h_0 = h - 35 = 500 - 35 = 465 \text{mm}$

将 h_0 代入方程 $M = a_1 f_c b x (h_0 - x/2)$

则 $200 \times 10^6 = 14.3 \times 300 \times x (465 - x/2)$

得 $x = 112 \text{mm}$

对于计算结果 x 进行校核，防止出现大于 x_b 的情况而超筋。

$x_b = \xi_b h_0$

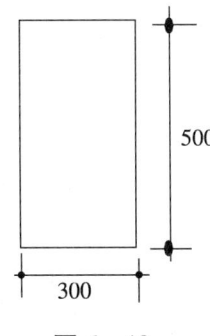

图6-19

对于 C30 混凝土与 HRB335 级钢筋，$\xi_b = 0.55$。
$$x_b = \xi_b h_0 = 0.55 \times 465 = 255.75mm$$
则 $x_b > x$，结果满足适筋梁要求。

因此，$A_s = a_1 f_c bx / f_y = 14.3 \times 300 \times 112 / 300 = 1601.6mm^2$

截面配筋率：$\rho = A_s / bh_0 = 1601.6 / 300 \times 465 = 1.15\% > \rho_{min}$

查钢筋表，对于 HRB335（20MnSi）钢筋，选择 $4\Phi 20 + 2\Phi 16$，$A_S = 1256 + 402 = 1658mm^2 > 1601.6mm^2$，可以满足要求。

【例2】某矩形截面梁，截面 $b \times h = 400 \times 600$（见图6-20），混凝土为 C30，该截面梁底配有双排 HRB335 级钢筋 $4\Phi 25 + 4\Phi 20$，求该截面能够承担的最大弯矩。

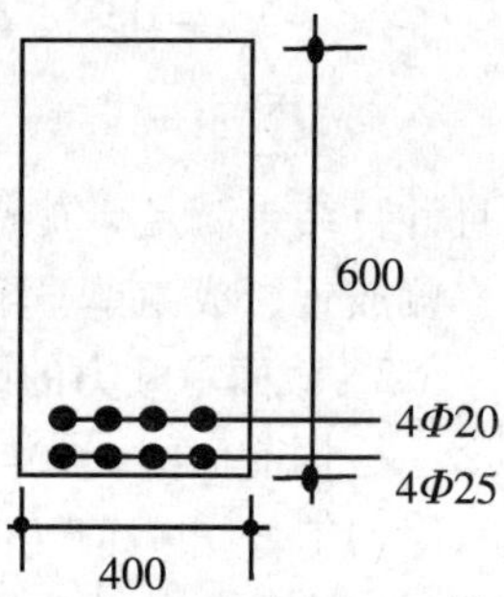

解：计算方程组：$\begin{cases} \sum x = 0 \quad a_1 f_c bx = f_y A_s \\ \sum M = 0 \quad M = a_1 f_c bx(h_0 - x/2) \end{cases}$

由于混凝土强度等级为 C30，不超过 C50，所以 a_1 取为 1.0，可以查相应的材料表格可知 $f_c = 14.3N/mm^2$；对于 HRB335 级钢筋，$f_y = 300N/mm^2$。

钢筋配置为双排，因此：
$$h_0 = h - 60 = 540mm, \quad A_s = 1964 + 1256 = 3220mm^2 \text{ 代入方程组}$$
则 $x = f_y A_s / a_1 f_c b = 300 \times 3220 / 14.3 \times 400 = 168.9mm$

对于工程中已经存在的结构，一般不需要再验算 ξ_b 的值。

则 $M = a_1 f_c bx(h_0 - x/2) = 14.3 \times 400 \times 168.9(540 - 168.9/2) = 440.15KNm$

即：该截面能够承担的最大弯矩为 440.15KNm。

图 6-20

【例3】某矩形截面梁，截面 $b \times h = 400 \times 600$（见图6-21），混凝土为 C30，求当仅在梁底配有钢筋时，该截面能够承担的最大弯矩及截面最大配筋率（设 $h_0 = h - 60$）。

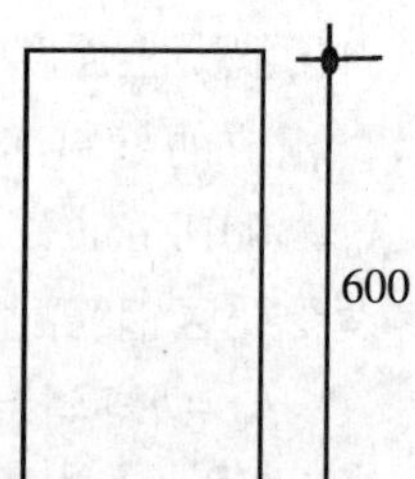

提示：本例题在于着重理解 ξ_b 的意义。当 $x = x_b$ 时，截面的破坏可以出现以下现象：受拉区钢筋刚刚屈服还没有进入屈服后阶段时，受压区混凝土即告压碎破坏。此时，x 为截面计算受压区高度的最大值 x_b，当 $x > x_b$ 时，截面会形成超筋梁的破坏状态。

解：计算方程组：$\begin{cases} \sum x = 0 \quad a_1 f_c bx = f_y A_s \\ \sum M_s = 0 \quad M = a_1 f_c bx(h_0 - x/2) \end{cases}$

图 6-21

仅在梁底配有钢筋，且截面达到最大承载弯矩时，钢筋配置量一定达到适筋梁的极限，计算受压区高度也会达到极限值。对于 C30 混凝土与 HRB335 级钢筋，$\xi_b = 0.55$。

则 $x = \xi_b h_0 = 0.55 \times 540 = 297$mm

混凝土强度等级不超过 C50，a_1 取为 1.0，$f_c = 14.3$N/mm^2，$f_y = 300$N/mm^2

则 $A_s = a_1 f_c bx/f_y = 14.3 \times 400 \times 297/300 = 5662.8$mm^2

此时，截面最大配筋率 $\rho_{max} = 5662.8/400 \times 540 = 2.62\%$

$$M_{max} = a_1 f_c bx(h_0 - x/2) = 14.3 \times 400 \times 297(440 - 297/2) = 496.91\text{KNm}$$

即：该截面能够承担的最大弯矩为 496.91KNm。

该例题说明，如果实际结构所承担的弯矩大于 496.91KNm，则必须考虑其他办法，否则继续采用本方法，则会导致结构被设计成超筋梁。

【例4】某简支板，板厚 = 100mm，板计算跨度 3.0m，混凝土为 C30，综合均布荷载为 10KN/m^2（包含自重）。计算板的配筋（HPB235 级）。

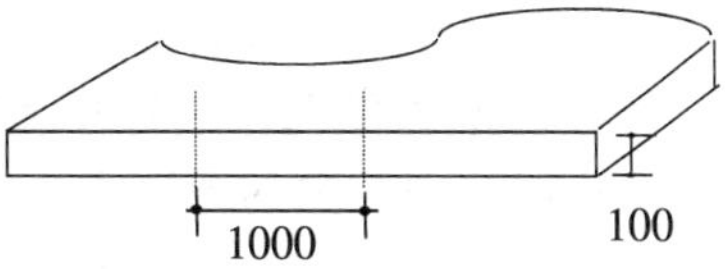

解：取一米宽板带（见图 6-22），得：

均布荷载为：10KN/m，

跨中弯矩为：$M = qL^2/8 = 10 \times 3.0^2/8 = 11.25$KNm

$\sum x = 0$ 时，$a_1 f_c bx = f_y A_s$

$\sum M = 0$ 时，$M = a_1 f_c bx(h_0 - x/2)$

图 6-22

混凝土强度等级不超过 C50，a_1 取为 1.0，$f_c = 14.3$N/mm^2，$f_y = 210$N/mm^2

则 $h_0 = h - 20 = 80$mm，$b = 1000$mm

因此对于：$M = a_1 f_c bx(h_0 - x/2)$ 有：$11.25 \times 10^6 = 14.3 \times 1000 \times x \times (80 - x/2)$

得 $x = 10.5$mm，$\xi_b h_0 = 0.55 \times 80 = 44$mm；则 $x < \xi_b h_0$

所以，$A_s = a_1 f_c bx/f_y = 14.3 \times 1000 \times 10.5/210 = 715$mm^2

选择钢筋：$\Phi 10@100$，$A_s = 785$mm^2

6.2.4　钢筋混凝土梁的正截面的扩展设计

钢筋混凝土梁的正截面的扩展设计问题的提出。

【例5】某矩形截面梁，截面 $b \times h = 300 \times 500$，混凝土为 C30，该截面承担弯矩为 400KNm，配置 HRB335 级钢筋，请计算该截面所需配置的最小钢筋面积。

解：计算方程组：$\begin{cases} \sum x = 0 & a_1 f_c bx = f_y A_s \\ \sum M = 0 & M = a_1 f_c bx(h_0 - x/2) \end{cases}$

由于混凝土强度等级为 C30，不超过 C50，所以 a_1 取为 1.0，查相应的材料表格

$f_c = 14.3\text{N}/\text{mm}^2$；对于 HRB335 级钢筋，$f_y = 300\text{N}/\text{mm}^2$。

设受拉区钢筋配置为梁底单排，因此 $h_0 = h - 35 = 500 - 35 = 465\text{mm}$

则 $400 \times 10^6 = 14.3 \times 300 \times x\ (465 - x/2)$

得 $x = 285\text{mm}$

对于计算结果 x 进行校核，防止出现大于 x_b 的情况而超筋。

$$x_b = \xi_b h_0$$

对于 C30 混凝土与 HRB335 级钢筋，$\xi_b = 0.55$。

得 $x_b = \xi_b h_0 = 0.55 \times 465 = 255.75\text{mm}$

则 $x_b < x$，结果不满足适筋梁要求，如果继续设计可能导致该梁被设计成超筋梁。但是实际结构是存在这种情况的，而且可能承担更大的弯矩作用，对于设计者来讲，不能因为可能导致超筋而放弃，必须寻求更好的办法。

1. 超筋问题的解决思路与评价

造成超筋现象的原因在于：与钢筋较高的抗拉强度以及抗拉能力相比，混凝土受压区的强度与抗压能力偏低。因此防止出现并解决超筋问题，主要思路是提高受压区混凝土的抗压能力。该问题的解决思路有三种方法：方法一，提高受压区混凝土的强度等级；方法二，在受压区放入钢筋加强其承压能力；方法三，扩大受压区面积。

对于方法一，在实际施工中是比较难以做到的。因为实际混凝土浇筑是一次完成的，如果仅对于受压区提高其强度，施工成本较高。经过工程实践的检验，尽管提高了混凝土抗压强度，整个截面抗弯能力的提高效果也不是特别显著；而且工程成本较高。

对于方法二，是非常有效的措施，且成本相对低廉。因为钢筋不仅受拉性能良好，抗压强度也十分高，而且由于有混凝土的侧向约束，受压钢筋不会产生侧向失稳，可以保证其抗压能力的完全发挥。

对于方法三，也是实际工程中经常考虑的。因为在实际工程中，经常会出现 T 形截面梁。T 形截面梁是梁板整浇结构，当梁承担板的荷载而受弯时，与梁受压区整浇的板也会承担部分压力，因此整浇的梁板结构中，梁实际上是 T 形截面，板可以参与梁顶的受压。另外，在预制结构中，为了保证梁对于楼板的承接效果，也经常采用 T 形截面梁。同样，还有许多截面可以化简为 T 形截面，如工形、口形（箱形）、Γ 形等（见图 6 - 23）。

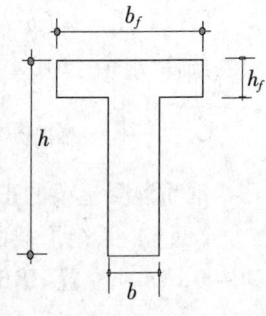

图 6 - 23

T 形截面梁的翼缘并非全部均匀受压，而是在梁顶区域承担压力较多，在两侧逐渐远离该区域时，压应力逐渐减小。因此对于 T 形截面梁的翼缘宽度，应该在工程设计上做出相应的调整与简化，使简化后的翼缘承担均匀分布的压力。在梁高方向，应力分布的简化方式与矩形截面相同，在梁宽度方向，所形成的计算翼缘宽度 h_f，宜遵循表 6-2 中原则。

表 6-2

项目	考虑内容		T 形截面		Γ 形截面
			梁板结构	独立梁	梁板结构
1	按计算跨度 l_0 考虑		$l_0/3$	$l_0/3$	$l_0/6$
2	按肋梁净距 s_n 考虑		$b+s_n$	—	$b+s_n/2$
3	按翼缘高度 h_f 考虑	$h_f/h_0 \geq 0.1$	—	$b+12h_f$	—
		$0.1 \geq h_f/h_0 \geq 0.05$	$b+12h_f$	$b+6h_f$	$b+5h_f$
		$0.05 \geq h_f/h_0$	$b+12h_f$	b	$b+5h_f$

注：b 为梁腹板的宽度；如肋形梁在梁跨内设有间距小于纵肋间距的横肋时，则可不遵守表列情况 3 的规定；对有加腋的 T 形和 Γ 形截面，当受压区加腋的高度大于翼缘高度且加腋宽度小于 3 倍的翼缘高度时，则翼缘的计算宽度可以按表列情况 3 的规定，增加 2 倍的腋宽；独立梁受压区的翼缘板在荷载作用下，经验算沿纵肋方向可能产生裂缝时，其计算宽度取为腹板宽度 b。

2. 受压区放入钢筋后梁的配筋计算（双筋截面）

如果在混凝土受压区放入钢筋来提高受压区的抗压能力，设混凝土的压应变可以满足使钢筋屈服的要求，则该状态的基本方程组为：

$$\begin{cases} \sum x = 0 & a_1 f_c bx + f'_y A'_s = f_y A_s \\ \sum M = 0 & M = a_1 f_c bx(h_0 - x/2) + f'_y A'_s(h_0 - a'_s) \end{cases}$$

式中：f'_y 为受压区钢筋的屈服强度；A'_s 为受压区钢筋的配筋面积；a'_s 为受压区钢筋合力中心线至混凝土上边缘的距离；h_0 为混凝土有效截面高度，在梁顶也配有钢筋时，受压区抗压能力提高使受拉区钢筋配置增多，一般为双排，所以 $h_0 = h - 60$。

当然，该公式也有其使用的限制条件。由于在梁顶混凝土与钢筋是整体浇筑的，因此两种材料应具有相同的变形。当混凝土达到极限应变发生破坏时，钢筋进一步产生变形是不可能的，也就是说，钢筋的实际应力指标只能达到发生与混凝土极限压应变相同的应变时的应力值。因此，当钢筋在此应变能够屈服时，f'_y 就是钢筋的屈服强度；若钢筋强度较高，在此应变下不能够屈服，其强度 f'_y 应为：$E_s \varepsilon_s = E_s \varepsilon_{cu}$，相对保守可以取为 400N/mm^2。另外，混凝土受压区的高度也很重要，当受压区高度过小时，会导致受压钢筋变形过小甚至受拉，因此对于计算所得的 x，要满足 $x \geq 2a'_s$。

由于计算公式是从单筋矩形截面计算公式推导而来，因此原公式的使用条件与基本假设也必须得到满足，即必须保证 $x \leq \xi_b$。

【例 6】某矩形截面梁，截面 $b \times h = 300 \times 500$（见图 6-24），混凝土为 C30，该截面承担弯矩为 400KNm，所有配置钢筋为 HRB335 级，计算该截面所需配置的最小钢筋面积。

解：首先应该确定该截面按单筋配筋所能承担的弯矩，如果外弯矩大于该弯矩，则要考虑双筋截面。当单筋配筋承担弯矩为最大值时，相应的计算受压区高度为：

对于 C30 混凝土与 HRB335 级钢筋，$\xi_b = 0.55$

$$x_b = \xi_b h_0 = 0.55 \times (500 - 60) = 242 mm$$

则最大单筋截面弯矩：

$$\begin{aligned} M_b &= a_1 f_c b x_b (h_0 - x_b/2) \\ &= 14.3 \times 300 \times 242 (440 - 242/2) \\ &= 331.18 KNm < 400 KNm \end{aligned}$$

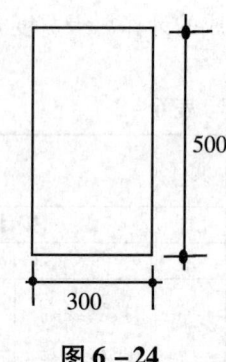

图 6 – 24

因此要配双筋。

$$\begin{cases} \sum x = 0 & a_1 f_c b x + f'_y A'_s = f_y A_s \\ \sum M = 0 & M = a_1 f_c b x (h_0 - x/2) + f'_y A'_s (h_0 - a'_s) \end{cases}$$

由于混凝土强度等级为 C30，不超过 C50，所以 a_1 取为 1.0，可以查相应的材料表格，$f_c = 14.3 N/mm^2$；对于 HRB335 级钢筋，$f_y = 300 N/mm^2$。

将已知条件代入方程组：

$$\begin{cases} 14.3 \times 300 \times x + 300 \times A'_s = 300 A_s \\ 400 \times 10^6 = 14.3 \times 300 \times x (440 - x/2) + 300 \times A'_s \times (440 - 35) \end{cases}$$

在方程组中，未知数为：x、A'_s、A_s，利用两个方程求解三个未知数，必须直接进行设计，确定一个未知数。通常的做法为：设 $x = k\xi_b h_0$，k 不大于 1，即保证 $x \leq x_b$，同时要保证 $x \geq 2a'_s$；为保证混凝土的有效利用，同时保证截面的延性，k 宜尽可能大一些。

因此，设 $x = 0.9\xi_b h_0 = 0.9 \times 0.55 \times 440 = 217.8 mm$，代入方程组

得 $A'_s = 745.95 mm^2$，$A_s = 3860.49 mm^2$

选用钢筋：A'_s：$3\Phi 18$，$A'_s = 763 mm^2$

A_s：$8\Phi 25$，双排，$A_s = 3927 mm^2$

【例7】某矩形截面梁，截面 $b \times h = 300 \times 500$（见图 6 – 25），混凝土为 C30，该截面配置钢筋为 HRB335 级，梁顶配置钢筋 $2\Phi 22$，$A'_s = 760 mm^2$；梁底配置钢筋 $6\Phi 25$，双排，$A_s = 2945 mm^2$，求该梁可以承担的最大弯矩。

解：基本方程

$$\begin{cases} \sum x = 0 & a_1 f_c b x + f'_y A'_s = f_y A_s \\ \sum M = 0 & M = a_1 f_c b x (h_0 - x/2) + f'_y A'_s (h_0 - a'_s) \end{cases}$$

将 $A_s' = 760\text{mm}^2$，$A_s = 2945\text{mm}^2$ 代入方程，

$$x = (f_y A_s - f_y' A_s')/a_1 f_c b$$
$$= (300 \times 2945 - 300 \times 760)/14.3 \times 300$$
$$= 152.80\text{mm} > 2a_s'$$
$$M = a_1 f_c b x(h_0 - x/2) + f_y' \times A_s' \times (h_0 - a_s')$$
$$= 14.3 \times 300 \times 152.80 \times (440 - 152.80/2)$$
$$+ 300 \times 760 \times (440 - 35)$$
$$= 238.34 + 92.34 = 330.68\text{KNm}$$

因此，该梁可以承担的最大弯矩为 330.68KNm。

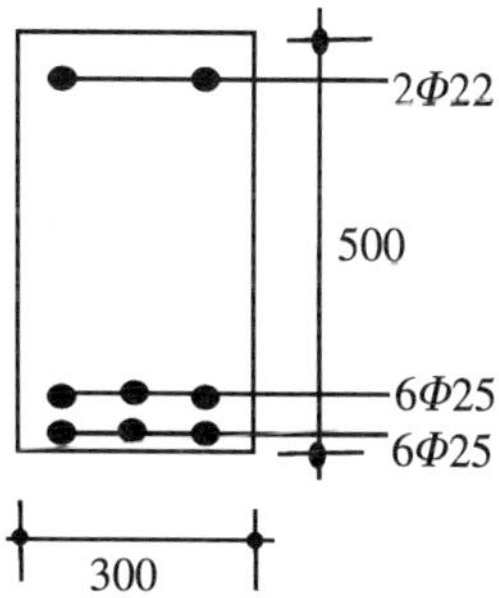

图 6-25

3. 混凝土受压区横向扩展成为 T 形截面的配筋计算

T 形截面混凝土受压区形状在弯矩不同时会发生变化。当弯矩较小时，混凝土仅在翼缘中形成受压区，如图 6-26a；而当弯矩较大时，混凝土不仅在翼缘中形成受压区，进而还会使部分腹板受压，如图 6-26b。对于不同的受力区域，抗弯设计会有所不同。分析两种不同的受力区域，发现两者之间存在着临界受力图形，如图 6-26c 所示。此时 T 形截面所承担的弯矩为：

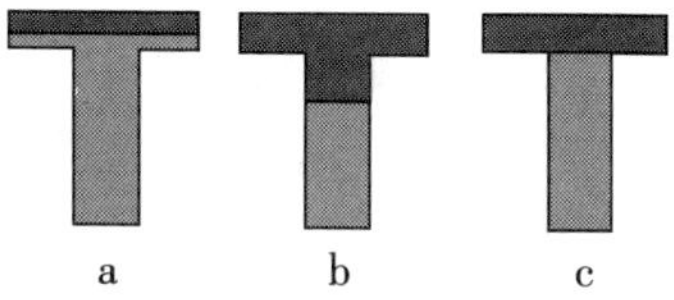

$$M_b = a_1 f_c b_f h_f (h_0 - h_f/2)$$

图 6-26

如果截面所承担的弯矩 $M \leq M_b$，混凝土仅在翼缘中形成受压区，该类 T 形截面被称为第一类 T 形截面；如果截面所承担的弯矩 $M > M_b$，混凝土不仅在翼缘中形成受压区，还会进而使部分腹板受压，该类 T 形截面被称为第二类 T 形截面。

对于第一类 T 形截面，混凝土仅在翼缘中形成受压区，受压区与受拉区的计算分界线——中和轴在翼缘中，因此可以假设混凝土受压区高度为 x，可以列出方程组：

$$\begin{cases} \sum x = 0 & a_1 f_c b_f x = f_y A_s \\ \sum M = 0 & M = a_1 f_c b_f x (h_0 - x/2) \end{cases}$$

即该截面可以被视为以翼缘宽度为宽度，以截面总高为高度的矩形截面（见图 6-27），翼缘以下的腹板全部处于受拉区，由于不考虑混凝土的受拉作用，而被忽略。

在对该截面的求解中应注意：

（1）由于计算受压区高度小于翼缘高度，所以对于求解的 x 可以不用校核与 $\xi_b h_0$ 的相关关系。

（2）由于受拉钢筋仅配在狭小的腹板区域内，为保

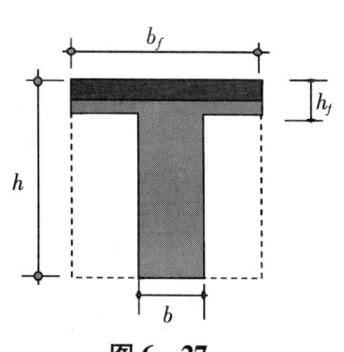

图 6-27

证钢筋间距与保护层，因此钢筋多为两排 $h_0 = h - 60$。

对于第二类T形截面，混凝土不仅在翼缘中形成受压区，腹板的一部分也参与受压，受压区与受拉区的分界线——中和轴在腹板中。假设混凝土受压区高度为 x，因此可以列出方程组：

$$\begin{cases} \sum x = 0 & a_1 f_c b x + a_1 f_c (b_f - b) h_f = f_y A_s \\ \sum M = 0 & M = a_1 f_c b x (h_0 - x/2) + a_1 f_c (b_f - b) h_f (h_0 - h_f/2) \end{cases}$$

即该截面可以被视为两个截面的组合：以腹板宽度为宽度，以截面总高为高度的矩形截面；以翼缘与腹板宽度差值为宽度，以翼缘高为高度的双矩形受压区，以及钢筋受拉的截面组合（见图6-28）。

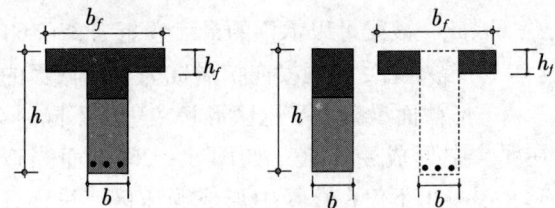

图 6-28

在对该截面的求解中应注意：
（1）对于求解的 x 需要校核与 $\xi_b h_0$ 的相关关系。
（2）由于钢筋仅配在腹板的狭小区域内，为保证钢筋构造，应配置为两排，$h_0 = h - 60$，如果还不满足要求，必要时应对翼缘底部做适当加宽。

【例8】T形截面尺度如图，混凝土为C30，该截面承担弯矩为300KNm（见图6-29），所有配置钢筋为HRB335级，请计算该截面所需配置的最小钢筋面积。

解：首先判断混凝土的受压区域，根据方程：

$$\begin{aligned} M_b &= a_1 f_c b_f h_f (h_0 - h_f/2) \\ &= 14.3 \times 500 \times 100 (540 - 100/2) \\ &= 350.35 \text{KNm} > M \end{aligned}$$

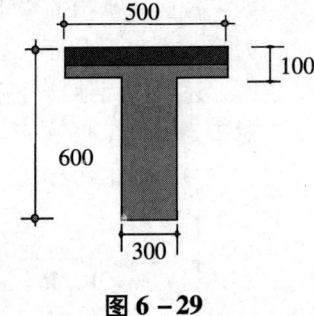

图 6-29

因此，可以判断，该截面的受压区仅在翼缘中，为第一类T形截面。假设混凝土受压区高度为 x，因此可以列出方程组：

$$\begin{cases} \sum x = 0 & a_1 f_c b_f x = f_y A_s \\ \sum M = 0 & M = a_1 f_c b_f x (h_0 - x/2) \end{cases} \quad \begin{cases} 14.3 \times 500 \times x = 300 A_s \\ 300 \times 10^6 = 14.3 \times 500 \times x (540 - x/2) \end{cases}$$

得 $x = 84.3 \text{mm}$，则 $A_s = 2008.6 \text{mm}^2$

钢筋选用：$8\Phi18$，$A_s = 2036 \text{mm}^2$。

【例9】T形截面尺度如图，混凝土为C30，该截面承担弯矩为400KNm（见图6-30），所有配置钢筋为HRB335级，请计算该截面所需配置的最小钢筋面积。

解：首先判断混凝土的受压区域，根据方程：
$$M_b = a_1 f_c b_f h_f (h_0 - h_f/2)$$
$$= 14.3 \times 500 \times 100 \times (540 - 100/2)$$
$$= 350.35 \text{KNm} < M$$

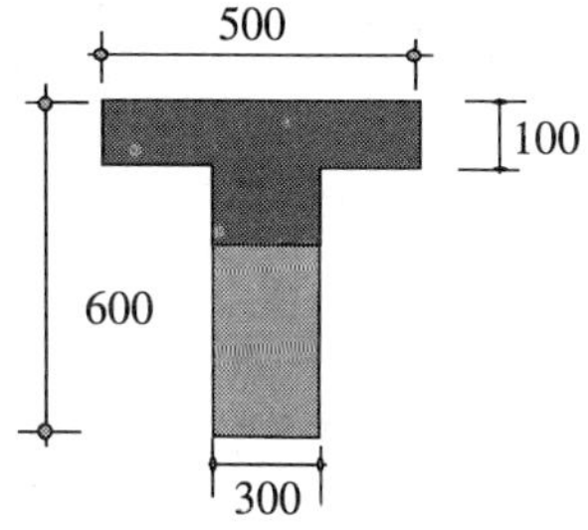

因此，该截面的受压区不仅在翼缘中，而且部分腹板受压，为第二类 T 形截面。假设混凝土受压区高度为 x，可以列出方程组：

$$\begin{cases} \sum x = 0 & a_1 f_c b x + a_1 f_c (b_f - b) h_f = f_y A_s \\ \sum M = 0 & M = a_1 f_c b x (h_0 - x/2) + a_1 f_c (b_f - b) h_f (h_0 - h_f/2) \end{cases}$$

得　　　$x = 127.1 \text{mm} < \xi_b h_0$

则　　　$A_s = [a_1 f_c b x + a_1 f_c (b_f - b) h_f]/f_y = 2771 \text{mm}^2$

钢筋选用：$4\Phi 20 + 4\Phi 22$，$A_s = 1256 + 1520 = 2776 \text{mm}^2$。

图 6 – 30

【例10】T 形截面尺度如图 6 – 31，混凝土为 C30，跨中截面承担弯矩为 400KNm，支座截面承担负弯矩 300KNm，所有配置钢筋为 HRB335 级，分别计算两截面所需配置的最小钢筋面积。

解：根据【例9】的计算结果，跨中截面：
$$x = 127.1 \text{mm}, \ A_s = 2776 \text{mm}^2$$

但对于支座截面，尽管该截面为 T 形，但相反的弯矩方向使得翼缘在受拉区域，由于假定混凝土不参与受拉，因此翼缘没有力学作用，仅起到分布钢筋的作用。即该截面为矩形截面。

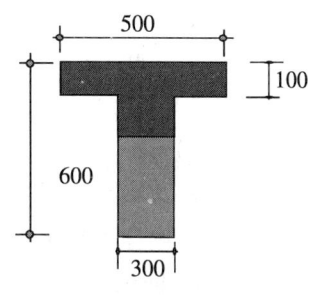

图 6 – 31

$x_b = \xi_b h_0 = 0.55 \times (600 - 35) = 310.75 \text{mm}$（由于翼缘较宽，钢筋可以放置为一排）

$M_b = a_1 f_c b x (h_0 - x/2)$
$= 14.3 \times 300 \times 310.75 \times (540 - 310.75/2)$
$= 512.75 \text{KNm} > 300 \text{KNm}$

则　　　$M = a_1 f_c b x (h_0 - x/2)$
　　　　$300 \times 10^6 = 14.3 \times 300 \times x (565 - x/2)$

得　　　$x = 141.5 \text{mm}$

则　　　$A_s = a_1 f_c b x / f_y = 2023 \text{mm}^2$

钢筋选用：$6\Phi 22$，$A_s = 2281 \text{mm}^2$。

【例11】 箱形截面尺度如图 6-32a，混凝土为 C30，跨中截面承担弯矩为 3000KNm，所有配置钢筋为 HRB335 级，计算截面所需配置的最小钢筋面积。

解：该箱形截面可以化简为图示"工"形截面如图 6-32b，受拉区翼缘可以忽略，即为 T 形截面。

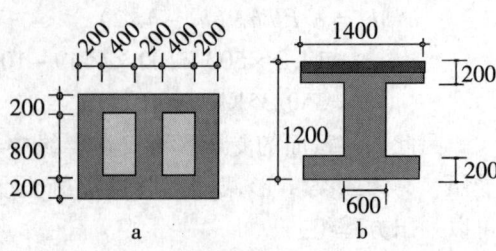

图 6-32

判断混凝土的受压区域，根据方程：

$$M_b = a_1 f_c b_f h_f (h_0 - h_f/2)$$
$$= 14.3 \times 1400 \times 200 \times (1165 - 200/2)$$
$$= 4264.26 \text{KNm} > M_u$$

因此，该截面的受压区仅在翼缘中，为第一类 T 形截面。假设混凝土受压区高度为 x，可以列出方程组：

$$\begin{cases} \sum x = 0 & a_1 f_c b_f x = f_y A_s \\ \sum M = 0 & M = a_1 f_c b_f x (h_0 - x/2) \end{cases}$$
$$3000 \times 10^6 = 14.3 \times 1400 \times x (1165 - x/2)$$

得 $x = 136$mm

则 $A_s = a_1 f_c b_f x / f_y = 14.3 \times 1400 \times 136 / 300 = 9075 \text{mm}^2$

钢筋选用：20Φ25，$A_s = 9820 \text{mm}^2$。

4. 钢筋混凝土梁式结构的正截面设计总结

对于钢筋混凝土梁式结构的设计，应该遵循以下设计过程与步骤：

首先应该判断截面的形式，一般来说，作为梁式结构的受弯构件多采用矩形或类似矩形的截面，如"工"形、"T"形、箱形等。判断截面形式的标准，在于通过弯矩图来判断截面受压区是否存在翼缘，与受拉区是否存在翼缘无关。如果受压区无翼缘，为矩形截面；有翼缘，则为"T"形截面。

如果判断结果是矩形截面，则要继续判断是否需要进行双筋设计。单筋与双筋矩形截面的分界是 $x = x_b = \xi_b h_0$，此时截面可以承担的临界弯矩为 $M_b = a_1 f_c b x_b (h_0 - x_b/2)$，如果外弯矩大于该临界弯矩，则采用双筋截面设计；反之为单筋截面。

如果判断为 T 形截面，要先根据设计原则确定翼缘的宽度，在确定 T 形截面的种类。两类 T 形截面的临界弯矩是：$M_b = a_1 f_c b_f h_f (h_0 - h_f/2)$，如果外弯矩大于该临界弯矩，则采用第二类 T 形截面进行设计；反之为第一类 T 形截面双筋截面。

但是，对于第二类 T 形截面，如果弯矩很大，有可能出现必须在翼缘中配置一定数量的钢筋才能承担弯矩的情况，即双筋 T 形截面，但在常规建筑工程（民用建筑）中较少见。单筋与双筋第二类 T 形截面的分界弯矩为：

$M_b' = a_1 f_c b \xi_b h_0 (h_0 - \xi_b h_0/2) + a_1 f_c (b_f - b) h_f (h_0 - h_f/2)$，如果外弯矩大于该临界弯矩，则采用双筋 T 形截面设计；反之为单筋 T 形截面。

设计的思路过程可以具体反映在图 6-33 中。

6.3 钢筋混凝土梁的耐久性与刚度问题——裂缝与变形

结构或构件除了要核算其承载能力极限状态外，正常使用极限状态也不容忽视，需要进行验算。由于受拉强度较低的影响，混凝土材料的抗裂性能很差，虽然配置钢筋后可以在一定程度上改善其工作性能，但依然会开裂。因此对钢筋混凝土受弯构件来讲，裂缝问题也是十分重要的。

对于钢筋混凝土构件，其裂缝控制等级分为三级：等级一，混凝土中不能出现拉应力，混凝土不开裂；等级二，混凝土中可以出现拉应力，但拉应力小于混凝土抗拉强度，混凝土不开裂；等级三，混凝土中可以出现拉应力，也可以大于混凝土抗拉强度，但混凝土中的裂缝宽度要在控制范围之内。

对于等级一，要采用预应力结构才能实现；对于等级二，要根据不同情况选择相应的结构；对于等级三，是常规的建筑结构。另外，从结构力学的基本原则可以知道，由于受弯作用是产生变形的主要原因，因此，在掌握了对受弯构件正截面的分析计算后，需要进一步了解受弯构件的变形问题——挠度。

相比承载能力极限状态的严重性，结构构件不满足正常使用极限状态对生命财产的危害性要小。因此，其相应的目标可靠度指标值也可以小些，对于变形及裂缝宽度进行验算（非计算、设计），并在验算时采用荷载标准值、荷载准永久值和材料强度的标准值。

由于混凝土的徐变现象、钢筋应力松弛想像的影响，构件的变形及裂缝宽度都随时间而增大，因而在验算变形及裂缝宽度时，应按荷载效应的标准组合并考虑长期作用的影响。

6.3.1 钢筋混凝土梁裂缝的基本规律

普通钢筋混凝土是代裂缝工作的，受拉区的出现裂缝是正常的，裂缝宽度在限定的范围内，并非属于混凝土构件破坏。钢筋混凝土构件受力裂缝的宽度与裂缝间距存在着特定的规律。

1. 裂缝的发生过程

钢筋混凝土构件裂缝的出现，在微观上带有相对的突发性，一经出现即有一定的宽度，裂缝处的钢筋应力发生突变。

第六章 最常见的跨度结构——钢筋混凝土梁板结构体系分析

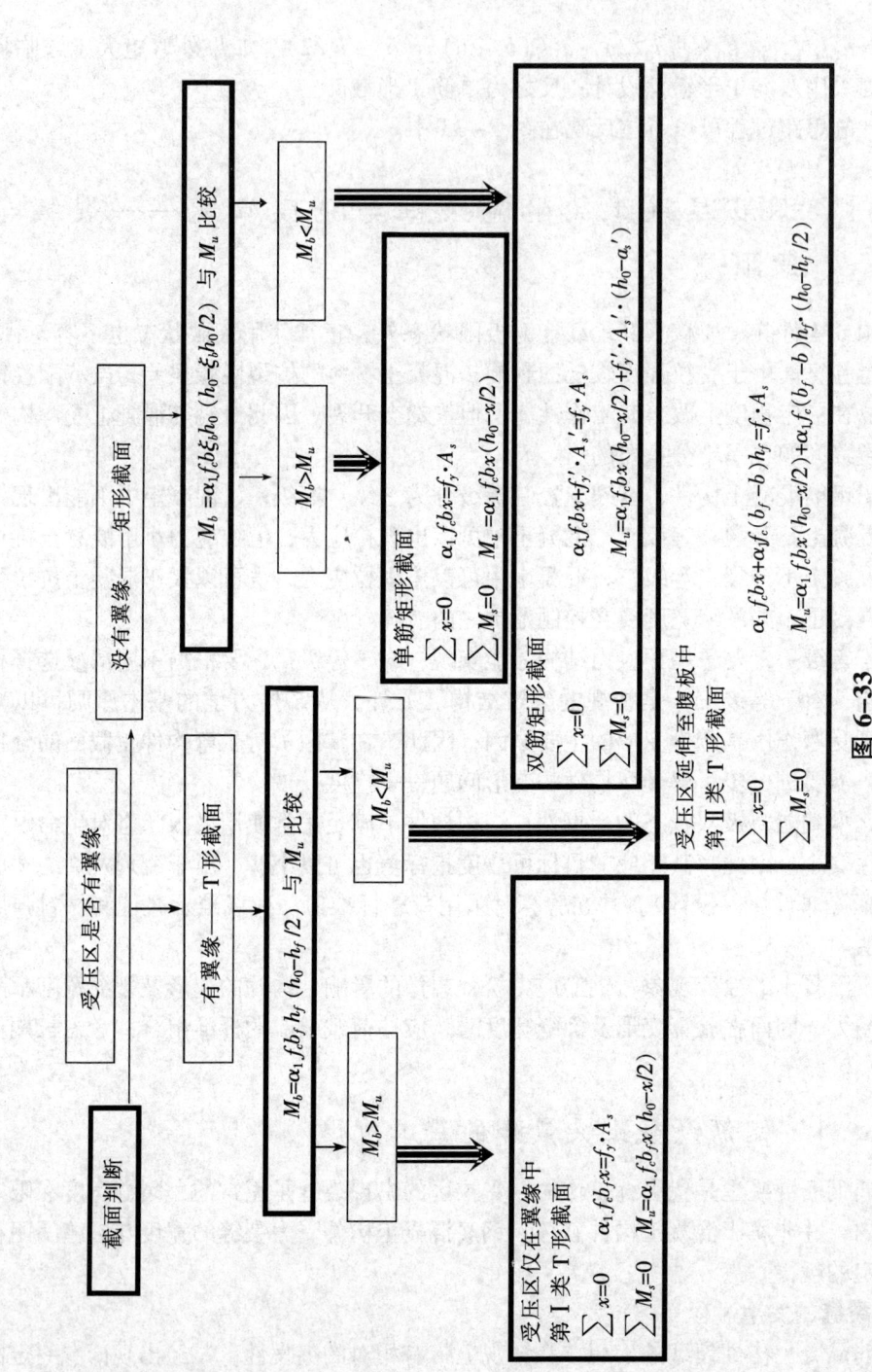

图 6-33

6.3 钢筋混凝土梁的耐久性与刚度问题——裂缝与变形

这是由于钢筋混凝土中的锚固作用，钢筋与混凝土在受力开始时，存在着相同的应变量，当该应变逐步达到混凝土的极限应变时，混凝土受拉区域发生断裂，材料断裂后出现回缩，原有混凝土所承担的应力转由钢筋承担，使钢筋应力突然增加，进而应变加大。混凝土的回缩效应与钢筋应变的突然增加，会促使混凝土的裂缝在出现时就有一定的宽度。

钢筋混凝土的受拉区域的应力变化过程可以如图6-34所示。Ⅰ阶段是相对稳定的受力阶段，混凝土与钢筋中的应力均呈现出较为均匀分布的状态，由于弹性模量的差异，使钢筋中的应力较大。Ⅱ阶段是裂缝开始出现阶段，随着应力的增加，当区域内的某一薄弱环节的混凝土不能承担该

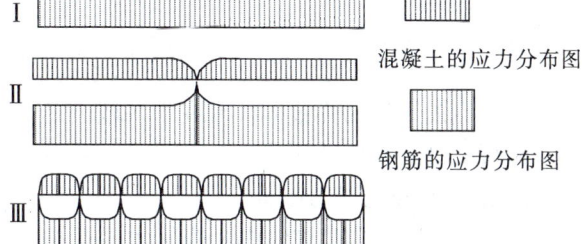

图 6-34

应力时，该点出现裂缝，混凝土与钢筋在该区域内出现应力重分布，根据钢筋与混凝土之间的锚固效应，使裂缝初期的钢筋应力达到最大值，并随着锚固入混凝土中的距离的增加，钢筋应力逐渐降低至正常。裂缝两侧混凝土中应力也出现逐步增加的变化趋势，并逐步稳定。Ⅲ阶段是形成多条分布裂缝阶段，当第一条裂缝出现后，随着拉力的继续增加，裂缝处钢筋的应力逐步增大，会继续促使混凝土内的应力也随之增大，当混凝土内的应力再一次达到其抗拉极限时，新的裂缝机会出现。

裂缝的出现，会使混凝土在裂缝两侧一定区域内的应力减小，因而当拉力达到一定数值后，会出现一系列的裂缝，对于相同的混凝土与相同的钢筋来讲，混凝土与钢筋之间的传力模式基本相同，即裂缝一侧混凝土中的应力变化函数基本相同，因此各个混凝土裂缝之间的混凝土应力分布规律也基本相同，也就是混凝土受拉区域的裂缝间距大致相等。

因此可以得出以下规律：①钢筋屈服强度是构件设计的基本指标，屈服强度越高，钢筋屈服时应变越大，裂缝越大；②裂缝间距和钢筋与混凝土之间的锚固传力效应有密切关系，传力越均匀稳定，裂缝宽度越小，但裂缝间距也会随之减小，裂缝越加细而密集。

2. 减小与避免的裂缝方法

掌握了裂缝的出现与分布规律，可以在一定程度上减小与避免裂缝的发生，以提高混凝土的耐久性。

（1）配置一定数量的钢筋，可以约束混凝土的裂缝并承担相应的应力。实验证明，配置钢筋可以有效地推迟裂缝的出现。

(2) 尽量使用较低强度等级的钢筋,其屈服强度较低,屈服时变形也较小,最大裂缝宽度也较小;在正常情况下,钢筋混凝土主要受力钢筋都采用 HRB335,可以满足要求。

(3) 在总配筋截面积不变的情况下尽可能使用小直径的钢筋,使钢筋与混凝土的接触面积增加,有效地分散应力的作用,促使混凝土裂缝分布均匀,裂缝宽度减小;梁的钢筋尽量采用 25mm 以下的,以 16mm、18mm、20mm 为主,可以更好地限制裂缝的扩散。

(4) 钢筋表面的粗糙程度可以有效地减小裂缝的发生以及裂缝的宽度,尽可能采用带肋钢筋,以加强锚固。现在很多城市推广使用冷轧带肋钢筋作为板的配筋,对于限制板的裂缝很有效。

3. 最大裂缝宽度的计算

在矩形、T 形受弯构件中,按荷载效应的标准组合并考虑长期作用影响的最大裂缝宽度 $\omega_{\max}$(mm) 可按下列方法计算:

$$\omega_{\max} = a_{cr} \psi \sigma_{sk} / E_s (1.9c + 0.08 d_{eq}/\rho_{te})$$

式中:a_{cr} 为构件受力特征系数,受弯钢筋混凝土构件 $a_{cr} = 2.1$。

ψ 为裂缝间纵向受拉钢筋应变不均匀系数:$\psi = 1.1 - 0.65 f_{tk}/\rho_{te}\sigma_{sk}$,当 $\psi < 0.2$ 时,取 $\psi = 0.2$;当 $\psi > 1$ 时,取 $\psi = 1$;对直接承受重复荷载的构件,取 $\psi = 1$。

σ_{sk} 为按荷载效应的标准组合计算的钢筋混凝土构件纵向受拉钢筋的应力,对于受弯构件,$\sigma_{sk} = M_k/0.87 h_0 A_s$;$M_k$,截面弯矩组合标准值。

E_s 为钢筋弹性模量。

c 为最外层纵向受拉钢筋外边缘至受拉区底边的距离(mm):当 $c < 20$ 时,取 $c = 20$;当 $c > 65$ 时,取 $c = 65$。

ρ_{te} 为按有效受拉混凝土截面面积计算的纵向受拉钢筋配筋率,$\rho_{te} = A_s + A_p/A_{te}$;在最大裂缝宽度计算中,当 $\rho_{te} < 0.01$ 时,取 $\rho_{te} = 0.01$。

A_{te} 为有效受拉混凝土截面面积对受弯构件,取 $A_{te} = 0.5bh + (b_f - b) h_f$,此处,$b_f$、$h_f$ 为受拉翼缘的宽度、高度。

A_s 为受拉区纵向非预应力钢筋截面面积。

A_p 为受拉区纵向预应力钢筋截面面积。

d_{eq} 为受拉区纵向钢筋的等效直径(mm),$d_{eq} = \sum n_i d_i^2 / \sum n_i v_i d_i$。

d_i 为受拉区第 i 种纵向钢筋的公称直径(mm)。

n_i 为受拉区第 i 种纵向钢筋的根数。

v_i 为受拉区第 i 种纵向钢筋的相对黏结特性系数,非预应力光面钢筋 $v_i = 0.7$,带肋钢筋 $v_i = 1.0$。

另外,对承受吊车荷载但不需做疲劳验算的受弯构件,可将计算求得的最大裂缝宽度乘以系数0.85；对$e_0/h_0 \leq 0.55$的偏心受压构件，可不验算裂缝宽度（e_0详见第七章）。

6.3.2 钢筋混凝土梁挠曲变形的基本规律与计算

钢筋混凝土梁在弯矩的作用下也会产生挠曲变形。

在等截面构件中，可假定各同弯矩区段内的刚度相等，并取用该区段内最大弯矩处的刚度。当计算跨度内的支座截面刚度不大于跨中截面刚度的2倍或不小于跨中截面刚度的1/2时，该跨也可按等刚度构件进行计算，其构件刚度可取跨中最大弯矩截面的刚度。

构件的刚度与材料力学中均质材料的刚度远远不同，这是因为作为复合材料的钢筋混凝土与材料力学的计算假定不完全吻合，钢筋的存在使得钢筋混凝土界面强度分布不均匀，而受压区混凝土在压力作用下，应力也不呈线性分布。这种弹塑性材料与理想的弹性材料有区别。

同时，由于裂缝的存在，也使得钢筋混凝土梁的挠曲变形与力学模型存在着较大的差异，裂缝处的截面刚度会明显降低，因此，钢筋混凝土量的变形是裂缝截面控制的。

钢筋混凝土梁的短时间变形与长期变形也会有一定的差异，究其原因，主要是由于混凝土的徐变所造成的。因此在研究钢筋混凝土受弯构件的挠曲变形时，将从短期与长期不同的角度探讨其刚度问题。

在力学计算中减小受弯构件的挠度措施，在钢筋混凝土结构中也是有效的，增加梁的截面有效高度，可以有效地降低变形值。此外，由于裂缝是截面刚度减小的重要原因，因此对于裂缝的减小措施，也可以有效地减小变形。

矩形、T形截面受弯构件的挠度应按荷载效应标准组合并考虑荷载长期作用影响的刚度（B）可按下列方法计算：

$$B = M_k/M_q(\theta - 1) + M_k B_s$$

式中：M_k为按荷载效应的标准组合计算的弯矩，取计算区段内的最大弯矩值。

M_q为按荷载效应的准永久组合计算的弯矩，取计算区段内的最大弯矩值。

θ为考虑荷载长期作用对挠度增大的影响系数，对于钢筋混凝土受弯构件受压区配筋率$\rho' = 0$时，取$\theta = 2.0$；当$\rho' = \rho$时，取$\theta = 1.6$；当ρ'为中间数值时，θ按线性内插法取用。此处，$\rho' = A_s'/(bh_0)$，$\rho = A_s/(bh_0)$。对翼缘位于受拉区的倒T形截面，θ应增加20%计算。

B_s为荷载效应的标准组合作用下受弯构件的短期刚度，对于钢筋混凝土受弯构件，其短期刚度$B_s = E_s A_s h_0^2/1.15\psi + 0.2 + 6\alpha_E\rho/1 + 3.5\gamma_f'$。

ψ为裂缝间纵向受拉钢筋应变不均匀系数，取值与裂缝计算相同。

α_E 为钢筋弹性模量与混凝土弹性模量的比值：$\alpha_E = E_s/E_c$。

ρ 为纵向受拉钢筋配筋率：对钢筋混凝土受弯构件，取 $\rho = A_s/(bh_0)$。

I_0 为换算截面惯性矩。

γ_f 为受拉翼缘截面面积与腹板有效截面面积的比值。

b_f、h_f 为受拉区翼缘的宽度、高度。

γ 为混凝土构件的截面抵抗矩塑性影响系数，$\gamma = (0.7 + 120/h)\gamma_m$，矩形截面 $\gamma_m = 1.55$，翼缘位于受压区的 T 形截面，$\gamma_m = 1.50$。

6.4 钢筋混凝土梁的斜截面设计

钢筋混凝土受弯构件在主要承受弯矩的区段内，会产生垂直轴线的裂缝，如果正截面受弯承载力不够，将沿垂直裂缝发生正截面受弯破坏。此外，钢筋混凝土受弯构件还有可能在剪力和弯矩共同作用的支座附近区段内，会沿着斜向裂缝发生斜截面受剪破坏或斜截面受弯破坏。因此，在保证受弯构件正截面受弯承载力的同时，还要保证斜截面承载力，即斜截面受剪承载力和斜截面受弯承载力。

斜截面受剪承载力是由计算来满足的，而斜截面受弯承载力则是通过对纵向钢筋和箍筋的构造要求来满足的。

通常，板的跨高比（计算跨度与截面高度之比）较大，相对起较为重要的受弯承载力，具有足够的斜截面承载力，故受弯构件斜截面承载力主要是对梁而言的。为了防止梁沿斜裂缝破坏，应使梁具有一个合理的截面尺寸，并配置必要的箍筋。箍筋、纵筋和架立钢筋绑扎或焊在一起，形成钢筋骨架，使各种钢筋得以在施工时维持正确的位置。当梁承受的剪力较大时，可再补充设置斜钢筋。斜钢筋一般由梁内的纵筋弯起而形成，称为弯起钢筋。有时采用单独添置的斜钢筋。箍筋、弯起钢筋或斜筋统称为腹筋。

6.4.1 斜截面与斜截面破坏

1. 斜截面与应力分布状态

所谓斜截面是指与杆件轴线成一定夹角的截面，由梁的主应力迹线图形（见图 6 - 35）中可以看出，梁跨中区域的主拉应力迹线为平行于梁轴线方向，因此在主拉应力作用下，产生正截面裂缝；在梁的两则靠近支座区域，主拉应力迹线呈现往斜上方的走向，于是产生斜下方的、弯

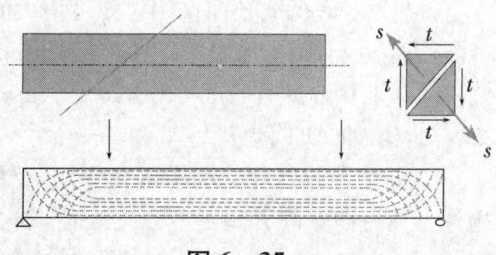

图 6 - 35

曲的斜裂缝。

分析靠近支座处的受力微元，更可以明确地得到微观应力的分布状态，表明裂缝产生的基本原因。

2. 无腹筋梁的破坏形式

与材料力学的理想梁式结构相比，钢筋混凝土结构也在一定程度上符合应力分布的规律。以不配置任何腹筋的梁作为实验构件，截面的破坏状态如图6-36。

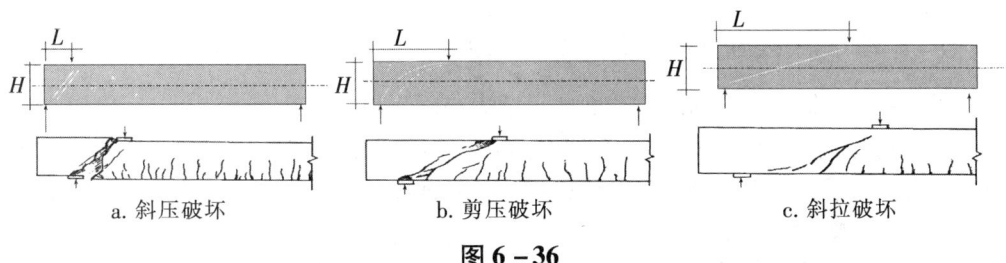

图 6-36

（1）斜压破坏。外力作用距离支座较近，约 $L/H<1$，破坏为斜向密集裂缝，由施加荷载点直接指向支座。这种破坏多数发生在剪力大而弯矩小的区段，以及梁腹板很薄的T形截面或工字形截面梁内。破坏时，混凝土被腹剪斜裂缝分割成若干个斜向短柱而压坏，破坏是突然发生的。测量结果表明，该构件承载力较高，破坏主要取决于混凝土受压强度，破坏属于脆性破坏（见图6-36a）。

（2）剪压破坏。外力作用距离支座稍远，约 $1 \leqslant L/H \leqslant 3$。在剪弯区段的受拉区边缘先出现一些垂直裂缝，它们沿竖向延伸一小段长度后，就斜向延伸形成一些斜裂缝，而后又产生一条贯穿的破坏为斜向裂缝，较宽的主要斜裂缝，称为临界斜裂缝，临界斜裂缝出现后迅速延伸，使斜截面剪压区的高度缩小，最后导致剪压区的混凝土破坏，使斜截面丧失承载力。相对斜压破坏来讲，裂缝较宽，裂缝数量少，但同样由受拉区直向受压荷载作用区域，并在受力点出现受压破坏的迹象。承载力较斜压破坏有降低，破坏取决于剪切与受压的共同作用，也属于脆性破坏（见图6-36b）。

（3）斜拉破坏。外力作用距离支座较远，$L/H>3$，其特点是当垂直裂缝一出现，就迅速向受压区斜向伸展，斜截面承载力随之丧失。破坏荷载与出现斜裂缝时的荷载很接近，破坏过程急骤，破坏前梁变形也小。该破坏取决于混凝土受拉强度，承载力很低，具有很明显的脆性，属于脆性破坏（见图6-36c）。

无腹筋梁这三种破坏均属于脆性破坏，而且可以观察到，破坏的性质与荷载的位置，即荷载到支座的距离有关。对于其他荷载形式，观测表明，破坏特征与弯矩，即剪力的相关关系有关。

3. 剪跨比

通过实验可以看出，集中力到支座的距离与梁高的关系是影响构件破坏状态的关键因素。如果将集中力到支座的距离称为剪跨，则剪跨与截面有效高度的比值，称为剪跨比，以 λ 表示。

4. 配置腹筋梁的斜截面受剪破坏形态

配置箍筋可以有效改善截面的破坏状态，这时除了剪跨比对斜截面破坏形态有重要影响以外，腹筋尤其是箍筋的配置数量对破坏形态也有很大的影响。

6.4.2 斜截面承载力的影响因素

通过实验分析，可以确定斜截面的承载力与以下因素密切相关：

（1）剪跨比。试验表明，剪跨比较小的构件斜截面承载力较高，随着剪跨比的增加，构件的承载力逐步降低，剪跨比越大，斜截面的承载力越低，但当剪跨比大于3时，承载力趋于稳定，不再降低。

（2）混凝土强度。混凝土强度是影响斜截面承载力的重要因素，混凝土强度越高，承载力也就越高，对于各种破坏形态均如此。

（3）纵向钢筋的配筋状况。纵向钢筋会对于裂缝的开展、变形起到犹如销栓的作用，限制了裂缝的开展。同时纵向钢筋还可以在侧向上，将这种销栓力传给箍筋。

（4）腹筋。箍筋与弯筋是最为有效的抵抗斜截面破坏的因素，可以有效约束变形与裂缝的产生与发展，承担裂缝处的应力。

6.4.3 斜截面承载力的设计计算

因钢筋混凝土在复合受力状态下，破坏较为复杂，直接采用混凝土强度理论还较难反映其受剪承载力。因此采用依靠试验研究，分析梁受剪的一些主要影响因素，从而建立起半理论半经验的实用计算公式。

对于梁的三种斜截面受剪破坏形态，在工程设计时都应设法避免，但采用的方式有所不同。对于斜压破坏，通常用限制截面尺寸的条件来防止；对于斜拉破坏，则用满足最小配箍率条件及构造要求来防止；对于剪压破坏，因其承载力变化幅度较大，必须通过计算，使构件满足一定的斜截面受剪承载力，从而防止剪压破坏。

1. 斜截面承载力设计计算的基本假设

我国混凝土结构设计规范中所规定的计算公式，就是根据剪压破坏形态而建立的。所采用的是理论与试验相结合的方法，其中主要考虑力的平衡条件，同时引入一些试验参数。其基本假设如下：

第一，梁发生剪压破坏时，斜截面承载力由混凝土剪压区所承受的荷载、与斜裂缝相交的箍筋所承受的荷载、与斜裂缝相交的弯起钢筋所承受的荷载三部分组成。

对于有腹筋梁，由于箍筋的存在，抑制了斜裂缝的开展，使梁剪压区面积增大，导致了混凝土承载力值的提高，其提高程度则又与箍筋的强度和配箍率有关。

第二，梁剪压破坏时，与斜裂缝相交的箍筋和弯起钢筋的拉应力都达到其屈服强度，但要考虑拉应力可能不均匀，特别是靠近剪压区的箍筋有可能达不到屈服强度。

第三，斜裂缝处的骨料咬合力和纵筋的销栓力，由于箍筋的存在，虽然使骨料咬合力和销栓力都有一定程度的提高，但它们的抗剪作用已大都被箍筋所代替，为了计算简便，此项内容被忽略。

第四，截面尺寸的影响主要对无腹筋的受弯构件，故仅在不配箍筋和弯起钢筋的厚板计算时才予以考虑。

第五，剪跨比是影响斜截面承载力的重要因素之一，但为了计算公式应用简便，仅在计算受集中荷载为主的梁时才考虑了剪跨比的影响。

2. 斜截面承载力设计计算的公式

（1）在均布荷载为主（也包括作用有多种荷载，但其中集中荷载对支座边缘截面或节点边缘所产生的剪力值应小于总剪力值75%）的T形和I形截面的简支梁中，当仅配箍筋时，斜截面受剪承载力的计算公式为：

$$V \leqslant V_{cs} = 0.7 f_t b h_0 + 1.25 f_{yv} A_{sv} h_0 / s$$

式中：V 是构件斜截面上的最大剪力设计值；

V_{cs} 是构件斜截面上混凝土和箍筋的受剪承载力设计值；

A_{sv} 是配置在同一截面内箍筋各肢的全部截面面积：$A_{sv} = n A_{sv1}$，此处 n 为在同一截面内箍筋的肢数，A_{sv1} 为单肢箍筋的截面面积；

s 是沿构件长度方向的箍筋间距；

f_{yv} 是箍筋抗拉强度设计值；

f_t 是混凝土轴心抗拉强度设计值；

b 是T形和I形截面腹板厚度或矩形截面宽度。

（2）对集中荷载为主（包括作用有多种荷载，且其中集中荷载对支座截面或节点边缘所产生的剪力值占总剪力值的75%以上的情况）作用下的矩形、T形和I形截面的独立简支梁，当仅配箍筋时，斜截面受剪承载力的计算公式为：

$$V_{cs} \leqslant 1.75 f_t b h_0 / (\lambda + 1) + f_{yv} A_{sv} h_0 / s$$

式中：λ 可取 $\lambda = a/h_0$，a 为集中荷载作用点至支座之间距离；当 $\lambda < 1.5$ 时，取 $\lambda = 1.5$，当 $\lambda > 3$ 时，取 $\lambda = 3$。

两设计公式都适用于矩形、T形和I形截面，对于T形和I形截面不考虑翼缘对于斜截面的作用，仅考虑腹板的影响。

（3）设有弯起钢筋时，梁的受剪承载力计算公式中增加弯筋抵抗剪力的部分为：

$$V_{sb} = 0.8 f_y A_{sb} \sin a$$

式中：V_{sb}是弯筋所承担的剪力；f_y是弯筋的强度设计值；A_{sb}是弯筋的截面面积；a是弯筋与梁纵轴线的夹角，多为45°或60°。

虽然弯筋可以能较好地起到提高斜截面承载力的作用，但因其传力较为集中，有可能引起弯起处混凝土的劈裂裂缝。所以，在工程设计中，往往首先选用竖直箍筋，然后再考虑采用弯起钢筋。选用的弯筋位置不宜在梁侧边缘，且直径不宜过粗。

3. 计算公式的适用条件

（1）防止超筋。为保证箍筋能够屈服，不出现由于箍筋配筋超量导致的混凝土受压区先于钢筋屈服而压碎的破坏，设计构件段落所承担的剪力必须在限制值范围内。

对于常规构件（$h_w/b \leq 4$），$V \leq 0.25\beta_c f_c bh_0$。式中：$\beta_c$是混凝土强度影响系数，当混凝土强度等级不超过C50时，取$\beta_c = 1.0$；当混凝土强度等级为C80时，取$\beta_c = 0.8$；其间按线性内插法确定。f_c是混凝土轴心抗压强度设计值。b是矩形截面的宽度，T形截面或I形截面的腹板宽度。h_0是截面的有效高度。h_w是截面的腹板高度，对矩形截面，取有效高度；对T形截面，取有效高度减去翼缘高度；对I形截面，取腹板净高。

对于薄腹梁（$6 \leq h_w/b$），$V \leq 0.20\beta_c f_c bh_0$。

对于h_w/b在4与6之间时，采用内插法确定。

（2）防止少筋。为保证设计不出现少筋现象，对于所承担的剪力较低的构件，应配置构造箍筋。对于梁，最小配筋率规定为：$\rho_{svmin} = 0.24 f_t/f_{yv}$。

对于不采取特殊抗剪措施的厚板，抗剪能力为$V \leq 0.7\beta_h f_t bh_0$，式中：$\beta_h$是截面高度影响系数，$\beta_h = (800/h_0)^{1/4}$，当$h_0 < 800mm$时，取$h_0 = 800mm$；当$h_0 > 2000mm$时，取$h_0 = 2000mm$。$f_t$是混凝土轴心抗拉强度设计值。

【例12】某矩形梁段，$b \times h = 300 \times 500$，均布荷载作用产生的最大剪力值为200KN，混凝土强度等级C30，箍筋采用HPB235级，请配置箍筋。

解：验算剪力与截面的关系：

截面最大承载力：$V_{max} = 0.25\beta_c f_c bh_0$

混凝土强度等级不超过C50时，取$\beta_c = 1.0$；对于C30混凝土，$f_c = 14.3N/mm^2$；$f_t = 1.43N/mm^2$；

$$h_0 = 500 - 35 = 465mm, \beta_h = 1$$

$$V_{max} = 0.25\beta_c f_c bh_0 = 0.25 \times 1.0 \times 14.3 \times 300 \times 465 = 498.7KN > V$$

可以进行配筋计算，则

$$V = 0.7 f_t bh_0 + 1.25 f_{yv} h_0 A_{sv}/s$$

$$200 \times 10^3 = 0.7 \times 1.43 \times 300 \times 465 + 1.25 \times 210 A_{sv} \times 465/s$$

设采用箍筋：$2\Phi 6, A_{sv} = 57mm^2$，

解得：s = 115.3mm，取 100mm。

即配筋为 $\Phi 6@100$。

需要注意的是，在计算中出现一个方程求解两个未知数的情况，多数情况下所采用的方法为确定钢筋的直径与等级，通过计算来求解箍筋间距。箍筋间距一般为 10mm 的整数倍。

【例 13】某矩形梁段，$b \times h = 300 \times 500$，均布荷载作用产生的最大剪力值为 50KN，集中荷载产生的剪力为 250KN，$\lambda = 2.2$，混凝土强度等级 C30，箍筋采用 HPB235 级，请配置箍筋。

解：总剪力：$V = 50 + 250 = 300$KN

验算剪力与截面的关系：

截面最大承载力：$V_{max} = 0.25\beta_c f_c b h_0$

混凝土强度等级不超过 C50 时，取 $\beta_c = 1.0$；对于 C30 混凝土，$f_c = 14.3$N/mm^2；$f_t = 1.43$N/mm^2；

$$h_0 = 500 - 35 = 465\text{mm}$$

$$V_{max} = 0.25\beta_c f_c b h_0 = 0.25 \times 1.0 \times 14.3 \times 300 \times 465 = 498.7\text{KN} > V$$

可以进行配筋计算。

$$V_{集中}/V_{总} = 250/300 > 75\%$$

则 $$V_{cs} = 1.75 f_t b h_0/(\lambda+1) + f_{yv} A_{sv} h_0/s$$

$$300 \times 10^3 = 1.75 \times 1.43 \times 300 \times 465/(2.2+1) + 210 \times A_{sv} \times 465/s$$

设采用箍筋：$3\Phi 10$，$A_{sv} = 236$mm^2

解得 s = 120.75mm

取 120mm，即配筋为 $3\Phi 10@120$。

【例 14】某矩形梁段，$b \times h = 300 \times 500$，剪力图如图 6-37，混凝土强度等级 C30，箍筋采用 HPB235 级，请配置箍筋。

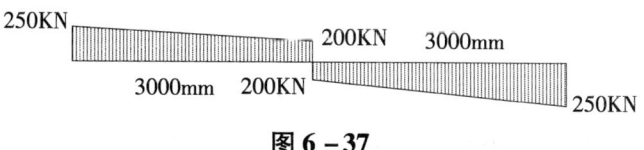

图 6-37

解：验算剪力与截面的关系：

截面最大承载力：$V_{max} = 0.25\beta_c f_c b h_0$

混凝土强度等级不超过 C50 时，取 $\beta_c = 1.0$；对于 C30 混凝土，$f_c = 14.3$N/mm^2；$f_t = 1.43$N/mm^2；

$h_0 = 500 - 35 = 465mm$；

$V_{max} = 0.25\beta_c f_c b h_0 = 0.25 \times 1.0 \times 14.3 \times 300 \times 465 = 498.7KN > V$

可以进行配筋计算。

$V_{集中}/V_{总} = 200/250 > 75\%$

则　　$V_{cs} = 1.75 f_t b h_0/(\lambda + 1) + f_{yv} A_{sv} h_0/s$

$\lambda = 3000/465 > 3.0$，取 $\lambda = 3.0$

$250 \times 10^3 = 1.75 \times 1.43 \times 300 \times 465/(3+1) + 210 \times A_{sv} \times 465/s$

设采用箍筋：$2\Phi 10$，$A_{sv} = 157mm^2$

解得 $s = 94.2mm$，取 $90mm$，即配筋为 $2\Phi 10@90$。

4. 基本设计过程与注意事项

对于斜截面设计，应按以下过程进行，并应注意相关事项：

首先要判断截面剪力的大小是否超出截面的承载能力，与正截面不同的是，正截面可以采用配双筋的方式来弥补单筋承载力的不足；但斜截面必须增大截面，不能采用配筋来弥补。

其次要确定剪力图的特征，从剪力图中确定剪力的形成状况——以集中力为主还是以均布力为主，对于以集中力为主的截面，计算剪跨比，并需要注意可以采用的剪跨比的范围。

选择公式进行计算，要注意计算公式中仅有一个方程，但未知数有两个，必须采用假设一个来求另一个的方法。在假设过程中，一般假设采用钢筋的截面，再计算箍筋间距。

另外，由于弯筋在受力上并不理想，因此一般以箍筋为主。但有时由于纵筋的配置协调，已经存在弯筋，则应考虑弯筋对于截面抗剪的影响。

6.4.4　斜截面受弯问题

斜截面问题除了主要的斜截面受剪问题外，还有斜截面受弯问题。但与斜截面受剪问题不同的是，斜截面受弯问题一般不需要特殊的设计计算，而是通过构造解决。

1. 斜截面受弯问题的提出

首先来看简支梁在集中荷载作用下的部分弯矩图（见图6-38）：从图中可以看出，梁的弯矩是变化的，不同截面所承担的弯矩会有所不同，因此在进行正截面计算配筋时，可能出现配筋差异。正截面裂缝对于这种差异不会产生任何影响，但对于斜截面裂缝则完全不同。

由于弯剪联合作用促使斜裂缝由受拉区直向受压区从弯矩图中可以看出，载斜裂缝的初始点处的弯矩值较低，而其终点处的弯矩值较高，但裂缝的作用促使裂缝初始点的正截面钢筋要承担裂缝终点的正截面弯矩。

如果设计者在进行正截面设计时，根据不同的弯矩量值选用不同的钢筋截面面积，必然会导致相应的问题，裂缝初始点的钢筋难以承担裂缝终止点的弯矩作用，出现斜截面受弯破坏。

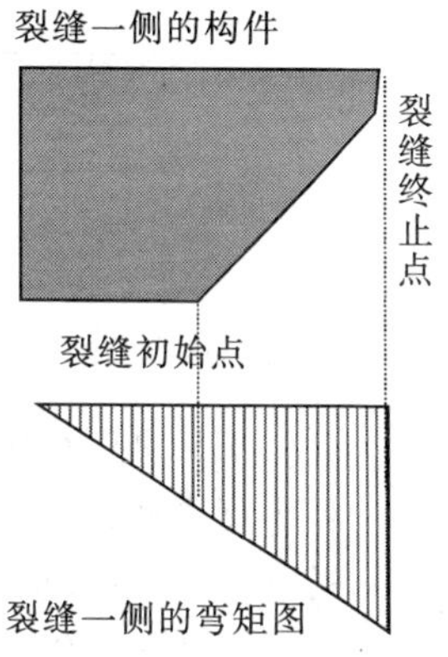

2. 斜截面受弯问题的解决办法

为了防止这种破坏的发生，不仅必须保证能够充分利用钢筋的正截面的配筋面积，还要保证与该充分利用截面一定的距离的另一个正截面的配筋面积。只有如此，才能有效保证斜截面受弯的安全，即钢筋应该在得到充分利用的正截面，向弯矩减小的方向同样配置，直到可以保证不发生斜截面破坏为止。

图 6-38

3. 以抵抗弯矩图确定钢筋弯起

所谓抵抗弯矩是指截面抵抗外弯矩的能力，即由于配筋所形成的截面可以承担的最大弯矩值。

对于单筋矩形截面梁，可以由其配筋计算公式，推导出其抵抗弯矩的函数表达式：

$$\sum x = 0 \quad \alpha_1 f_c b x = f_y A_s$$
$$\Rightarrow x = f_y A_s / \alpha_1 f_c b$$
$$\sum M = 0 \quad M = \alpha_1 f_c b x (h_0 - x/2)$$
$$\Rightarrow M = f_y A_s (h_0 - f_y A_s / 2\alpha_1 f_c b)$$

即：$M(x) = f_y A_s(x)(h_0 - f_y A_s(x)/2\alpha_1 f_c b)$

对于不同的配筋，截面抵抗弯矩也不同，因此受弯构件的各个正截面所能承担的设计弯矩（抵抗弯矩）的函数变化曲线，正截面弯矩设计值延轴线分布的图形，即抵抗弯矩图。

抵抗弯矩与截面配筋状况、截面尺度相关，对于非变截面、混凝土强度等级相同的梁，仅与配筋状况相关。

【例 15】对于矩形截面梁：C30 混凝土，截面尺度 300×500，①$A_s = 2\varPhi 25$；②$As = 2\varPhi 20$；③$A_s' = 2\varPhi 14$（架立钢筋），配筋纵剖面如图 6-39，做其抵抗弯矩图。

$$M = (f_y A_s - f_y' A_s')(h_0 - (f_y A_s - f_y' A_s')/2a_1 f_c b) + f_y' A_s'(h_0 - a_s')$$

$f_y = 300 \text{N/mm}^2$，$f_c = 14.3 \text{N/mm}^2$

对于跨中：

$A_s = 982 + 628 = 1610 \text{mm}^2$

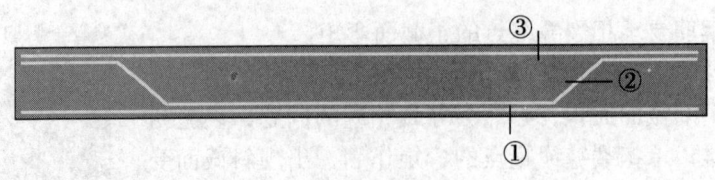

图 6-39

$$M_1 = 300 \times 1610 \times (465 - 300 \times 1610/2 \times 14.3 \times 300) = 197 \text{KNm}$$

对于支座处：

梁底：$A_s = 982 \text{mm}^2$

$$M_2 = 300 \times 928 \times (465 - 300 \times 928/2 \times 14.3 \times 300) = 120 \text{KNm}$$

梁顶：$A_s = 628 \text{mm}^2$

$$M_3 = 300 \times 628 \times (465 - 300 \times 628/2 \times 14.3 \times 300) = 83 \text{KNm}$$

做其抵抗弯矩图，如图 6-40：

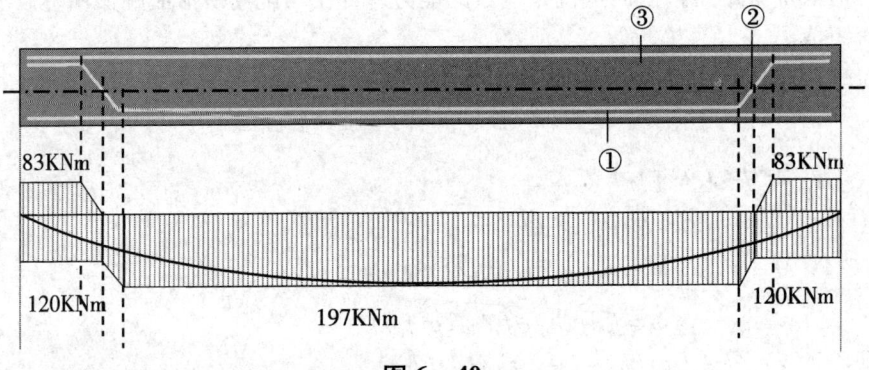

图 6-40

必须根据弯矩图来进行整根梁的钢筋分布设计，从而保证抵抗弯矩图能够包围弯矩图，才可以保证安全。

4. 以抵抗弯矩图确定钢筋的切断位置

我国规范规定，钢筋弯折点距离其充分利用点的最小距离为 $h_0/2$，如【例15】中①号钢筋，其充分利用点是在跨中，而其实际弯折点则在支座附近。

对于梁顶部钢筋，当接近梁跨中，负弯矩渐渐减小，不需要较多的负弯矩钢筋时，可以做切断处理，也同样依据抵抗弯矩图来进行（见图 6-41）。

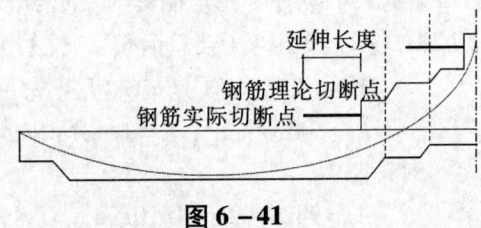

图 6-41

6.5 钢筋混凝土梁板结构的特殊问题——受扭作用

纵向受拉钢筋在跨间截断,钢筋面积骤然减少,截断处混凝土中将引起应力集中,可引起局部黏结破坏而提前出现斜裂缝,降低承载力,所以梁下部纵向受拉钢筋不宜在跨内截断。而支座处承受负弯矩的部分上部受拉钢筋(例如在伸臂梁、连续梁、框架梁中)可以分批截断,这时要求钢筋的实际截断点离按计算不需要截面、充分利用截面有一定的长度,这一长度也是一种使钢筋强度充分发挥所需要的锚固要求。

当剪力 $V \leqslant 0.7f_t bh_0$ 时,应延伸至按正截面受弯承载力计算不需要该钢筋的截面以外不小于 $20d$ 处截断,且从该钢筋强度充分利用截面伸出的长度不应小于 $1.2l_a$;当 $V > 0.7f_t bh_0$ 时,应延伸至按正截面受弯承载力计算不需要该钢筋的截面以外不小于 h_0 且不小于 $20d$ 处截断,且从该钢筋强度充分利用截面伸出的长度不应小于 $1.2l_a + h_0$。若按上述规定确定的截断点仍位于负弯矩受拉区内,则应延伸至按正截面受弯承载力计算不需要该钢筋的截面以外不小于 $1.3h_0$,且不小于 $20d$ 处截断,且从该钢筋强度充分利用截面伸出的延伸长度不应小于 $1.2l_a + 1.7h_0$。

在钢筋混凝土悬臂梁中,应有不少于两根上部钢筋伸至悬臂梁外端,并向下弯折不小于 $12d$,其余钢筋不应在梁的上部截断,而应按规定的弯起点位置向下弯折并在梁的下边锚固。

6.5 钢筋混凝土梁板结构的特殊问题——受扭作用

实际工程结构中,处于纯扭矩作用的构件是比较少的,绝大多数都是处于弯矩、剪力、扭矩共同作用下的复合受扭情况。例如雨篷梁、次梁边跨的主梁、弯梁与折梁等,都属弯、剪、扭复合受扭构件(见图 6-42)。

与弯、剪作用相比,扭转作用十分复杂。抵抗扭转作用的最佳构件截面是圆形,如传动轴。但工程中除了特殊的柱以外,基本没有圆形构件。从力学原理中可知,矩形截面构件的扭转作用是十分复杂的,对于钢筋混凝土这种复合材料来讲更是如此。

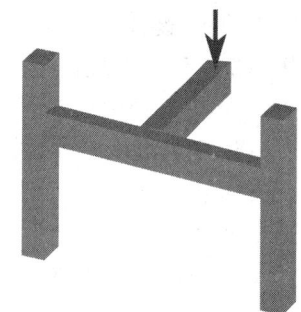

图 6-42

6.5.1 钢筋混凝土梁受扭作用的破坏过程及其特殊性

1. 素混凝土梁纯扭作用的破坏

如果梁中不配置任何抵抗扭矩作用的钢筋,混凝土梁在纯扭作用下,会产生以下破坏状态。

首先,素混凝土梁纯扭作用破坏后的开裂面是复杂的空间曲面,不能以平面图形进行描述。图 6-43 中正截面破坏的截面本身就是一个平面，斜截面破坏的截面虽不是平面，但可以用平面方式来进行表述。但扭转破坏的截面是难以用平面方式进行表述的，是一个较为复杂的空间曲面，这基本上说明了扭转作用本身的复杂性。

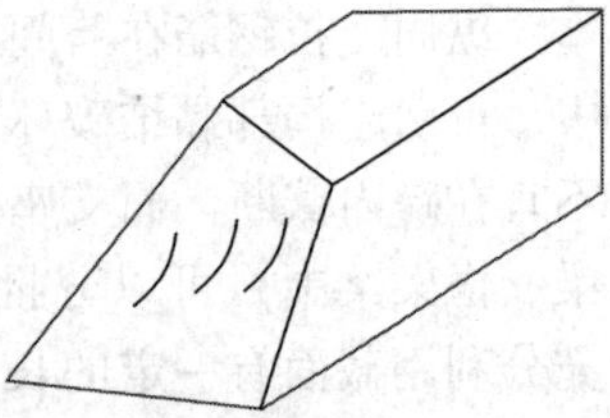

其次，该梁的破坏具有非确定性，在扭矩的作用下，在各个方向发生破坏的几率是均等的。图 6-44 中受剪构件与受弯构件破坏，在一定程度上的是可以预见的，因为其受力与变形均比较明确。而扭转作用对于杆件所有周边来说，都是均匀的作用，难以预料什么地方会发生破坏，因此说其破坏结果具有不可预见性。

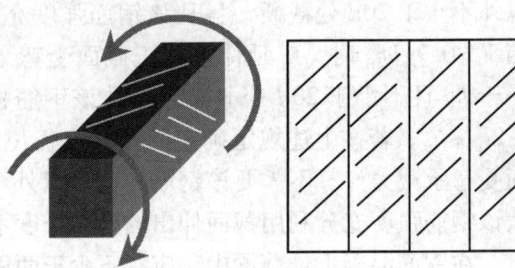

图 6-43

图 6-44

2. 防止混凝土梁受扭破坏的措施

首先，从素混凝土梁破坏的裂缝来看，主要是些裂缝，沿着各个侧面周边所产生的，螺旋状分布的斜裂缝。对于斜裂缝，箍筋是十分有效的，但由于斜裂缝在各个侧面均有发生，因此与抵抗剪切破坏的箍筋不同，抗扭箍筋必须是全封闭的。

其次，纵筋的销栓作用也不能忽视。由于扭转作用也会产生剪应力，因此纵筋的销栓作用也会体现出来，但这种作用要比受剪构件中所体现得更加明显。纵筋的销栓作用也不仅仅体现在梁的侧面，在梁的顶面与底面也都有相同的体现。因此，对于扭矩作用较强的构件，所配置的抗扭纵筋应在梁的周边均匀布置。

3. 钢筋混凝土梁纯扭作用的破坏

如果梁中配置适当抵抗扭矩作用的钢筋，构件在扭矩的作用下，一般按以下过程逐步破坏。

（1）裂缝出现前。钢筋混凝土纯扭构件的受力性能，大体上符合弹性扭转理论。在扭矩较小时，其扭矩—扭转角曲线为直线，扭转刚度与按弹性理论的计算值十分接近，纵筋和箍筋的应力都很小。

（2）裂缝出现早期。由于混凝土承担拉力作用较弱，因此在拉应力作用下混凝土逐渐出现裂缝，这种裂缝在构件的每一个侧面上均会出现，不能判断在哪个侧面会发生破坏。

（3）裂缝出现后期。随着混凝土退出工作，钢筋应力明显增大，特别是扭转角开始显著增大。此时，带有裂缝的混凝土和钢筋共同组成一个新的受力体系——受拉区与压受区，混凝土受压、受扭纵筋和箍筋均受拉，以抵抗扭矩，并获得新的平衡。

但这种新的平衡的出现是随机的，并不能确定在哪个侧面形成受拉区，哪个侧面形成受压区。

（4）破坏期。当受拉区域的钢筋逐渐屈服后，裂缝地开展会使混凝土受压区减小，混凝土压应力增大而逐步被压碎。

受扭构件的破坏形态与受扭纵筋和受扭箍筋配筋率的大小有关，大致可分为适筋破坏、部分超筋破坏、超筋破坏和少筋破坏四类。

（1）对于正常配筋条件下的钢筋混凝土构件，在扭矩作用下，纵筋和箍筋先到达屈服强度，然后混凝土被压碎而破坏。这种破坏与受弯构件适筋梁类似，属延性破坏。此类受扭构件称为适筋受扭构件。

（2）若纵筋和箍筋不匹配，两者配筋比率相差较大，例如纵筋的配筋率比箍筋的配筋率小得多，则破坏时仅纵筋屈服，而箍筋不屈服；反之，则箍筋屈服，纵筋不屈服，此类构件称为部分超筋受扭构件。部分超筋构件在破坏时仍具有一定的延性，但要小许多。

（3）如果纵筋与箍筋配置量均较多，会形成完全超筋构件，属于脆性破坏。但与受弯构件相比，受扭构件的超筋问题不能通过改善配筋来解决，如果扭矩过大，必须增大截面。

（4）若纵筋和箍筋配置均过少，一旦裂缝出现，构件会立即发生破坏。此时，纵筋和箍筋不仅达到屈服强度而且可能进入强化阶段，其破坏特性类似于受弯构件中的少筋梁，称为少筋受扭构件。这种破坏以及上述超筋受扭构件的破坏，均属脆性破坏，应在设计中予以避免。

6.5.2 钢筋混凝土适筋梁纯扭作用计算原理

迄今为止，钢筋混凝土受扭构件扭曲截面受扭承载力的计算，主要有以变角度空间桁架模型和以斜弯曲理论（扭曲破坏面极限平衡理论）为基础的两种计算方法，《混凝土设计规范》采用的是前者，《公路桥梁规范》采用的是后者。

1. 变角空间桁架模型

变角度空间桁架模型是 P. Lampert 和 B. Thturlimann 在 1968 年提出来的，它是 1929 年 E. Rausch 提出的 45°空间桁架模型的改进和发展。

试验分析和理论研究表明，在裂缝充分发展且钢筋应力接近屈服强度时，截面核心混凝土退出工作，从而实心截面的钢筋混凝土受扭构件可以假想为一箱形截面构件。裂缝之间的混凝土受压区、纵向钢筋、箍筋，形成了一个抵抗扭矩的空间桁架，由于混凝土的斜裂缝的角度存在着不确定性，该空间桁架的斜向腹杆与轴线的夹角 a 也就存在着变化性的，故此称之为变角空间桁架（见图 6-45）。

变角度空间桁架模型的基本假定有：

(1) 混凝土只承受压力,具有螺旋形裂缝的混凝土外壳组成桁架的斜压杆,其倾角为 a。

(2) 纵筋和箍筋只承受拉力,分别为桁架的弦杆和腹杆。

(3) 忽略核心混凝土的受扭作用及钢筋的销栓作用。

在此理论基础之上,矩形截面纯扭构件的受扭承载力应符合下列规定:

$$T \leq 0.35 f_t W_t + 1.2 \sqrt{\zeta} f_{yv} A_{st_1} A_{cor}/S$$

式中:ζ 为受扭的纵向钢筋与箍筋的配筋强度比值;$\zeta = f_y A_{stl} s / f_{yv} A_{st1} u_{cor}$,对钢筋混凝土纯扭构件,其 ζ 值应符合 $0.6 \leq \zeta \leq 1.7$ 的要求,当 $\zeta > 1.7$ 时,取 $\zeta = 1.7$。

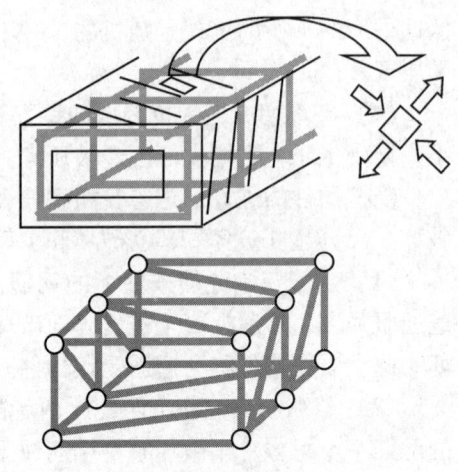

图 6-45

A_{stl} 为受扭计算中取对称布置的全部纵向非预应力钢筋截面面积;

A_{st1} 为受扭计算中沿截面周边配置的箍筋单肢截面面积;

f_{yv} 为受扭箍筋的抗拉强度设计值;

f_y 为受扭纵向钢筋的抗拉强度设计值,按本规范表 4.2.3-1 采用;

A_{cor} 为截面核心部分的面积:$A_{cor} = b_{cor} h_{cor}$,此处,$b_{cor}$、$h_{cor}$ 为箍筋内表面范围内截面核心部分的短边、长边尺寸;

u_{cor} 为截面核心部分的周长:$u_{cor} = 2(b_{cor} + h_{cor})$。

2. 斜弯曲破坏理论

斜弯曲破坏理论是以实验为基础的。对于纯扭的钢筋混凝土构件,在扭矩作用下,构件总是在已经形成螺旋形裂缝的某一最薄弱的空间曲面发生破坏。如图 6-46 所示:AB、BC、CD 为三段连续的斜向破坏裂缝,其与构件纵轴线方向的夹角为 a。AD 段为倾斜的斜压区。

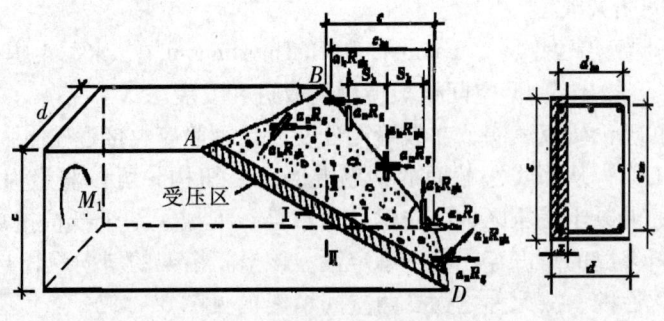

图 6-46

斜弯曲计算理论的基本假定为：

（1）假定通过扭曲裂面的纵向钢筋、箍筋在构件破坏时均已达到其屈服强度。

（2）受压区高度近似地取为2倍的保护层厚度，即受压区重心正位于箍筋处。假定受压区的合力近似地作用于受压区的形心。

（3）混凝土的抗扭能力忽略不计，扭矩全部由抗扭纵筋和箍筋承担。

（4）假定抗扭纵筋沿构件核心周边对称、均匀布置，抗扭箍筋沿构件轴线方向等距离布置，且都锚固可靠。

斜弯曲破坏理论乃是截取实际的破坏面作为隔离体，从而直接导出与纵筋、箍筋用量有关的抵抗扭矩计算公式（详见《公路钢筋混凝土及预应力混凝土桥涵设计规范》JTJ023-85）。

6.5.3 多种联合作用的复杂性概述

处于弯矩、剪力和扭矩共同作用下的钢筋混凝土构件，其受力状态是十分复杂的，构件的破坏特征及其承载力，与荷载条件及构件的内在因素有关。对于荷载条件，通常以扭弯比 $\psi(=T/M)$ 和扭剪比 $\chi(=T/Vb)$ 表示。构件的内在因素是指构件的截面尺寸，配筋及材料强度。

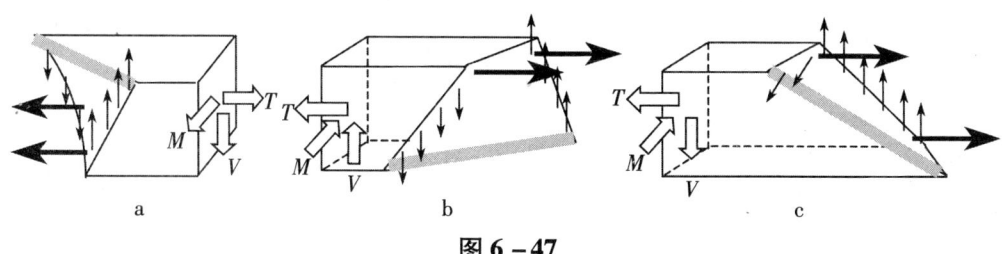

图 6-47

试验表明，在配筋适当的条件下，若弯矩作用显著即扭弯比较小时，裂缝首先在弯曲受拉底面出现，然后发展到两侧面。三个面上的螺旋形裂缝形成一个扭曲破坏面，而第四面即弯曲受压顶面无裂缝。构件破坏时与螺旋形裂缝相交的纵筋及箍筋均受拉并到达屈服强度，构件顶部受压，形成弯型破坏（见图6-47a）。

若扭矩作用显著即扭弯比 ψ 及扭剪比 χ 均较大，而构件顶部纵筋少于底部纵筋时，可能形成受压区在构件底部的扭型破坏。这种现象出现的原因是，虽然由于弯矩作用使顶部纵筋受压，但由于弯矩较小，从而其压应力也较小。又由于顶部纵筋少于底部纵筋，故扭矩产生的拉应力就有可能抵消弯矩产生的压应力并使顶部纵筋先期到达屈服强度，最后促使构件底部受压而破坏（见图6-47b）。

若剪力和扭矩起控制作用，则裂缝首先在侧面出现（在这个侧面上，剪力和扭矩产生的主应力方向是相同的），然后向顶面和底面扩展，这三个面上的螺旋形裂缝构成扭曲破坏面，破坏时与螺旋形裂缝相交的纵筋和箍筋受拉并到达屈服强度，而受压区则靠近另一侧面（在这个侧面上，剪力和扭矩产生的主应力方向是相反的），形成剪扭型破坏（见图6-47c）。

没有扭矩作用的受弯构件斜截面会发生剪压破坏。对于弯剪扭共同作用下的构件，除了前述三种破坏形态外，试验表明，若剪力作用十分显著而扭矩较小即扭剪比χ较小时，还会发生与剪压破坏十分相近的剪切破坏形态。

6.6 其他钢筋混凝土水平结构

钢筋混凝土水平结构，除了梁、梁式结构的单向板，以及肋梁楼盖等典型楼盖体系之外，无梁楼盖、双向板、密肋楼盖、井字楼盖与楼梯等结构也经常在建筑中被采用。

6.6.1 无梁楼盖

无梁楼盖是由瑞士设计师于1910年发明的，无梁楼盖不设梁，是一种双向受力的板柱结构。由于没有梁，钢筋混凝土板直接支撑在柱上，故与相同柱网尺寸的肋梁楼盖相比，其板厚要大些，但无梁楼盖的建筑构造高度比肋梁楼盖小，这使得建筑楼层的有效空间加大，同时，平滑的板底可以大大改善采光、通风和卫生条件，故无梁楼盖常用于多层的工业与民用建筑中，如商场、书库、冷藏库、仓库等，水池顶盖和某些整板式基础也采用这种结构形式（见图6-48）。

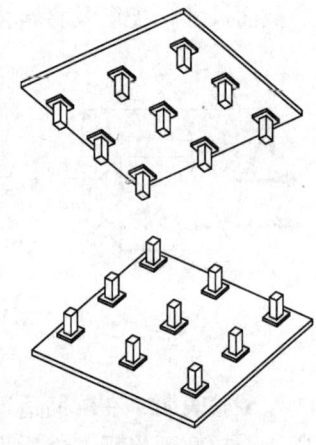

图6-48

无梁楼盖根据施工方法的不同可分为现浇式和装配整体式两种。无梁楼盖也经常采用升板施工技术，在现场逐层将在地面预制的屋盖和楼盖分阶段提升至设计标高后，通过柱帽与柱整体连接在一起。由于它将大量的空中作业改在地面上完成，故可大大提高进度。无梁楼盖因没有梁，抗侧刚度比较差，所以当层数较多或有抗震要求时，宜设置剪力墙，构成板柱—抗震墙结构。

1. 无梁楼盖的结构组成与传力

无梁楼盖结构体系包括楼板、柱帽两大部分，其中多数无梁楼盖的楼板中还会有由钢筋加强板带形成的暗梁，保证受力的整体性。

无梁楼盖的传力路径比较简单，荷载一般按以下路径传递：楼板→柱帽→柱→基础→地基。

由于柱顶处平板直接将荷载传递给柱，因此会在柱顶形成集中受力区域，产生柱头对于楼板的冲切破坏。为了防止冲切破坏的发生，往往在柱顶设置柱帽，以增大柱头与楼板的接触面积，有利于荷载的合理分布。当然，当荷载不太大时，也可不用柱帽。常用的矩形柱帽有无帽顶板的、有折线顶板的和有矩形顶板的三种形式。通常柱和柱帽的形式为矩形，有时因建筑要求也可做成圆形。

2. 无梁楼盖的受力特点

无梁楼板是四点支撑的双向板，均布荷载作用下，柱与柱的连接区域板带可以看成了跨中板带的弹性支座（见图6-49）。柱上板带支承在柱上，其跨中具有挠度f_1，跨中板带弹性支承在柱上板带，其跨中相对挠度f_2，无梁楼板跨中的总挠度为f_1+f_2。此挠度较相同柱网尺寸的肋梁楼盖的挠度为大，因而无梁楼板的板厚应大些，以防止挠度过大。

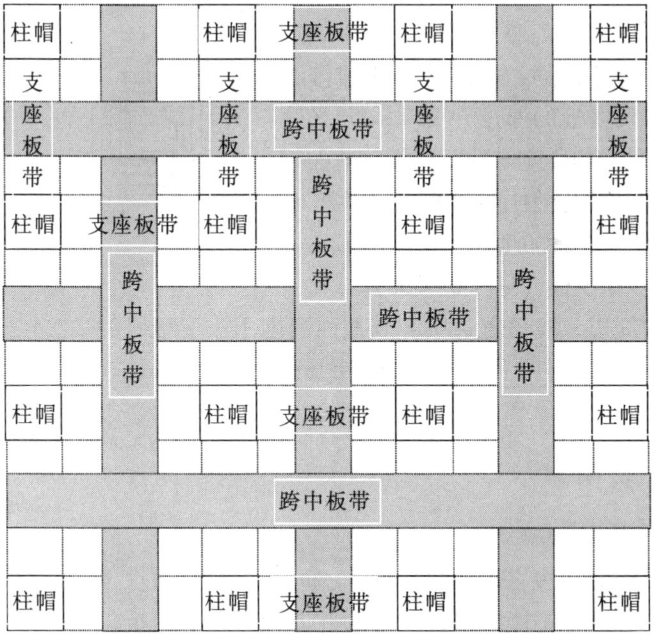

图6-49

冲切破坏是无梁楼盖柱顶最为常见的一种破坏形态，是由于混凝土受拉产生的斜向脆性破坏，因此避免冲切破坏是无梁楼盖的关键问题。

受冲切承载力与混凝土轴向抗拉强度、局部荷载的周边长度（柱或柱帽周长）、板纵横两个方向的配筋率（仅对不太高的配筋率而言）和板厚有关。具有弯起钢筋和箍筋的平板,可以大大提高受冲切承载力。

3. 无梁楼盖的构造要求

无梁楼板通常是等厚的,对板厚的要求,除满足承载力要求外,还需满足刚度的要求,一般在设计中用板厚与长跨的比值来控制其挠度。此控制值为:有帽顶板时,板厚与长跨的比值≤1/35;无帽顶板时,板厚与长跨的比值≤1/32;无柱帽时,柱上板带可适当加厚,加厚部分的宽度可取相应跨度的0.3倍。

板的配筋通常采用绑扎钢筋的双向配筋方式。为减少钢筋类型,又便于施工,一般采用一端弯起、另一端直线段的弯起式配筋。钢筋弯起和切断点的位置,必须满足图示的构造要求。对于支座上承受负弯矩的钢筋,为使其在施工阶段具有一定的刚性,其直径不宜小于12mm。

柱帽的配筋根据板的受冲切承载力确定。计算所需的箍筋应配置在冲切破坏锥体范围内,应按相同的箍筋直径和间距向外延伸至不小于$0.5h_0$范围内。箍筋宜为封闭式,并应箍住架立钢筋,箍筋直径不应小于6mm,其间距不应大于$h_0/3$(见图6-50a)。

计算所需的弯起钢筋,可由一排或两排组成,其弯起角可根据板的厚度在30°~45°之间选取,弯起钢筋的倾斜段应与冲切破坏斜截面相交,其交点应在离集中反力作用面积周边以外$h/2$~$h/3$的范围内。弯起钢筋直径不应小于12mm,且每一方向不应少于3根(见图6-50b)。

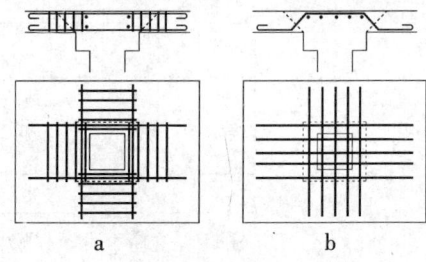

图6-50

无梁楼盖的周边,应设置边梁,其截面高度不小于板厚的2.5倍。边梁除与半个柱上板带一起承受弯矩外,还须承受未计及的扭矩,所以应另设置必要的抗扭构造钢筋。

6.6.2 双向板

1. 双向板及其优势

当四边支撑板的两边之比在2~1/2之间时,其受力性能与单向板有较大差异,双侧四边支座的影响均不能忽略,称之为双向板。与单向板相比,双向板具有独特的优势。

(1)力学特性好,双向弯扭承担荷载并传力:①双向承荷传力,各向分担的荷载得以减少,弯矩与变形都较小。由于双向承荷传力,其荷载、反力与结构本身已不在同一平面,成非平面结构而进入空间结构范畴。②碟形变形使双向板不仅靠弯曲承荷传力,还靠扭转承荷传力,且后者的传力作用相当大。

(2)可能取消次梁,由于双向板跨度增大,就可以减少甚至取消次梁,随之带来施工简便,节约次梁模板等工料费用。

2. 双向板的设计思路

在可能条件下,应优先选用双向板而少用单向板,且在方案设计阶段就要充分发挥双向板功能的最大效率。对于双向板的设计,应在以下几方面逐步思考深化。

第一,荷载类型。建筑功能需要一个可供活动使用的水平楼屋面,且承担典型的均布面荷载。单向板与双向板均为面结构,适合承受面荷载,而不宜抵抗较大集中荷载。对较大集中荷载宜采用梁结构,将集中荷载置于梁上。

第二,跨长比例宜在1.5以下,可以充分发挥双向板的双向功能。如果超过1.5,已无利可言,因为板平面越近正方形越好。另外,还要考虑钢筋混凝土双向板的经济跨距适用范围为3m~6m,超过时应增设梁。

第三,弯矩的极小化。最好采用周边梁支撑的双向板,尽量采用多跨连续或固定支座。

3. 双向板的破坏过程

四边简支双向板的均布荷载试验表明,板的竖向变形呈碟形,板的四角有明显的翘起趋势,因此板传给四边支座的压力沿边长是不均匀的,中部大、两端小(见图6-51)。

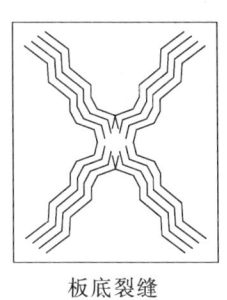
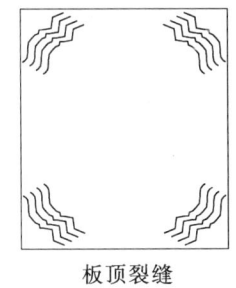
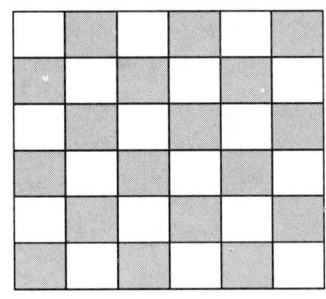

板底裂缝　　　　板顶裂缝

图6-51　　　　　　　　　　　　图6-52

4. 双向板的不利荷载分布

双向板的不利荷载分布与单向板相类似,也是相隔跨布置荷载。不过由于双向板是空间结构,因此荷载布置稍有不同。

双向板最不利荷载布置称为棋盘式布置方式,如图6-52所示。

当欲求某一板跨的最大正弯矩时,在该板(白色区域)内布置活荷载,在其周边板(同为白色区域内)布置活荷载;如果欲求某一板跨的最大负弯矩时,在该板(白色区域)内不布置活荷载,而在其周边板(阴影区域内)布置活荷载。

6.6.3 密肋楼盖

实心平板抗弯能力低,故仅适用于小跨度结构,其根本原因在于板厚太薄,若要加大板厚,势必板自重猛增,极为不利。为使材料能充分发挥作用,材料应远离中和轴布置,已达到提高截面惯性距的目的。于是在加大板厚的同时,将抗压好的混凝土集中到板顶面,将受拉区不必要的混凝土省掉,仅留下一个个小肋,把

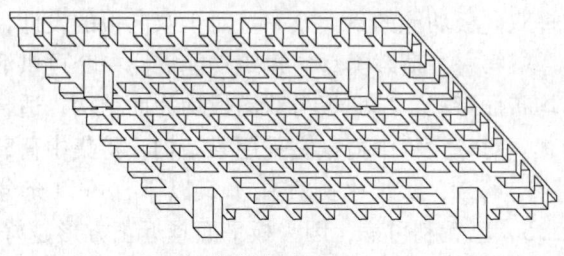

图 6-53

抗拉钢筋分别配置在各肋底部,这样就形成了面板与小肋成为一体的肋形板。现浇者小肋间距不大,故也称为密肋板或密肋楼盖(见图6-53)。

对于密肋楼盖,可将其视作一系列平行的T形梁进行计算。其实,肋与梁仅尺寸大小不同而已,却无受弯性能状态之别,截面小(宽4cm~12cm、高12cm~30cm)、间距密(一般不大于70cm)者称肋,否则称梁。

现浇单向密肋板,其面板可视为支承于各肋上的单向连续板,而肋即小梁。国外目前广泛采用压型钢板作永久性模板,有的可以兼作受拉配筋,在其上现浇混凝土构成楼板。预制者为吊装方便,将板沿肋分割成窄条,成为单向肋形板。无论现浇或预制者,其肋间可有或无轻质填充物(如各类空心砖、塑料空盒、保温隔音材料等)。肋间有填充物者不仅用作保温屋面板,也可用于对隔音要求较高的建筑(如医院病房、学校教室、住宅宿舍等),肋间无填充物者都正放,板肋露于室内。若肋下加设吊顶天棚,则不仅在空腔可通设备管线,使室内整齐美观,无凸出小肋之暗影,而且光线充足,空气畅通,也起一定保温隔音效果。

6.6.4 井字楼盖

井字梁又称网格梁,顾名思义,它是由梁构成的平面交叉网格体系,通常由2~4组、每组各自平行、各组互相交叉、节点(即各梁交叉点)刚性连接、截面尺寸完全相同(个别者梁宽不等)的梁构成。一般情况下,因井字梁端的边梁抗扭刚度太小,不足以固定井字梁端,故均视梁端为铰支座。既要求井字梁各节点刚接,故一般多采用钢筋混凝土,形成板梁整浇的井字梁楼屋盖,个别也有用焊接钢井字梁,上盖钢筋混凝土平板的。井字梁比较美观,多外露不吊顶,多用于要求美观的大厅(见图6-54)。

在均布面荷载下,井字梁的承荷传力特征如下:

首先,多向承荷传力的空间作用——因井字梁各梁互相刚接,使各梁能相互分担

荷载，形成受荷虽集中，传力却分散，效率更高的结构。

其次，弯扭承荷传力的双重作用——因各梁刚接，受荷后总体呈碟形变形，不仅靠梁的弯剪作用，而且靠梁的扭转作用，承受并传递荷载，把力传到各梁支座上去。

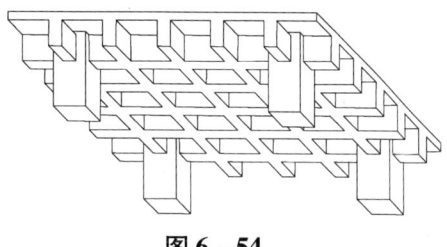

图 6-54

6.6.5 现浇楼梯

楼梯是多层及高层房屋中的重要组成部分。楼梯的平面布置、踏步尺寸、栏杆形式等由建筑设计确定。板式楼梯和梁式楼梯是最常见的楼梯形式，在宾馆等一些公共建筑也采用一些特种楼梯，如螺旋板式楼梯和悬挑板式楼梯。

1. 板式楼梯

板式楼梯由梯段板、平台板和平台梁组成。传力路径为：荷载→平台板→平台梁与侧墙（见图6-55）。

板式楼梯的梯段板是斜放的齿形板，支撑在平台梁上和楼层梁上，底层下段一般支撑在地梁上。板式楼梯的优点是下表面平整，施工支模较方便，外观比较轻巧。缺点是斜板较厚，约为梯段板水平长度的 $l/25 \sim l/30$，混凝土用量和钢材用量较多，一般适用于梯段板水平长度不超过3m时的楼梯，即板式楼梯承载力相对较小，不适宜做较大跨度与梯段高度的楼梯，多在住宅中使用。

图 6-55

板式楼梯的设计内容包括梯段板、平台板和平台梁。

梯段板按斜放的简支梁计算，它的正截面是与梯段板垂直的，楼梯的活荷载是按水平投影面计算的，计算跨度取平台梁间的斜长净距。

截面承载力计算时，斜板的截面高度应垂直于斜面量取，并取齿形的最薄处。

为避免斜板在支座处产生过大的裂缝，应在板面配置一定数量钢筋，一般取 $\phi 8@200$，长度为 $l_n/4$。斜板内分布钢筋可采用 $\phi 8$ 或 $\phi 6$，每级踏步不少于1根，放置在受力钢筋的内侧。

平台板一般设计成单向板，可取1m宽板带进行计算，平台板一端与平台梁整体连接，另一端可能支承在砖墙上，也可能与过梁整浇。而平台梁的设计与一般梁基本相同。

2. 梁式楼梯

梁式楼梯由梯段板、斜梁和平台板、平台梁组成，如图6-56。

传力路径为：荷载→梯段板→斜梁→平台梁→侧墙。

由于楼梯荷载主要由斜梁传递，因此梁式楼梯承载力相对较大，适宜做较大跨度与梯段高度的楼梯，多在公用建筑中使用。

梯段板两端支撑在斜梁上，按两端简支的单向板计算，一般取一个踏步作为计算单元。应注意的是梯段板为梯形截面，板厚一般不小于 30mm～40mm。

斜梁的内力计算与板式楼梯的斜板相同。梯段板可能位于斜梁截面高度的上部，也可能位于下部。计算时截面高度可取为矩形截面。

平台梁主要承受斜边梁传来的集中荷载（由上、下跑楼梯斜梁传来）和平台板传来的均布荷载，平台梁一般按简支梁计算。

图 6-56

6.7 单向板肋梁楼盖设计案例

（本案例中涉及部分较为复杂的设计原理与相关知识，可以参考相关《钢筋混凝土结构》教材与设计手册）

某多层工业建筑的楼盖平面如图 6-57 所示，楼梯设置在旁边的附属房屋内。楼盖拟采用现浇钢筋混凝土单向板肋梁楼盖。A-B-C-D 轴线间距 6600mm，1-2-3-4-5-6 轴线间距 4500mm，柱尺度 400×400，墙厚 240mm，搭梁处设有壁柱。试进行楼盖设计，其中板、次梁按考虑塑性内力重分布设计，主梁按弹性理论设计。

1. 设计资料

（1）楼面做法：20mm 水泥砂浆面层，钢筋混凝土现浇板，20mm 石灰砂浆抹底。

（2）楼面荷载：均布活荷载标准值 7KN/m²。

（3）材料：混凝土强度等级 C20；梁内受力纵筋为 HRB335，其他为 HRB235 钢筋。

2. 楼盖的结构平面布置

确定主梁的跨度为 6.6m，次梁的跨度为 4.5m，主梁每跨内布置两根次梁，板的跨度为

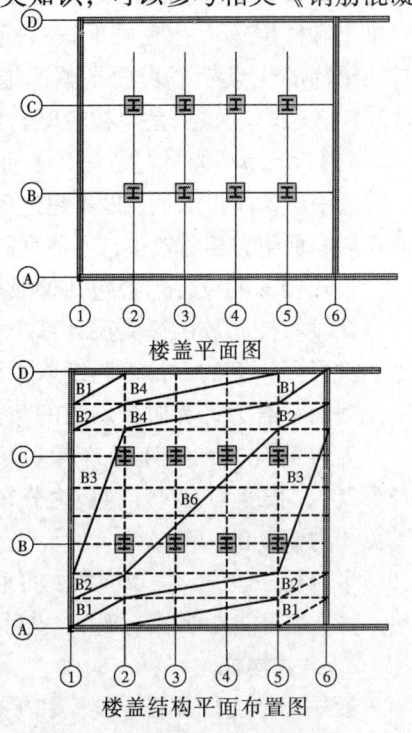

楼盖平面图

楼盖结构平面布置图

图 6-57

2.2m。楼盖结构平面布置图见图6-57。

按高跨比条件,要求板厚 $h \geqslant 2200/40 = 55\text{mm}$,对工业建筑的楼盖板,要求 $h \geqslant 80\text{mm}$,取板厚 $h = 80\text{mm}$。

次梁截面高度应满足 $h = l/18 \sim l/12 = 4500/18 \sim 4500/12 = (250 \sim 375)\text{mm}$。

考虑到楼面活荷载比较大,取 $h = 400\text{mm}$。截面宽度取为 $b = 200\text{mm}$。

主梁的截面高度应满足 $h = l/15 \sim l/10 = 6600/15 \sim 6600/10 = (440 \sim 660)\text{mm}$,取 $h = 600\text{mm}$。截面宽度取为 $b = 250\text{mm}$。

3. 板的设计

(1)荷载。

板的恒荷载标准值:

20mm 水泥砂浆面层　　$0.02 \times 20 = 0.4\text{KN/m}^2$
80mm 钢筋混凝土板　　$0.08 \times 25 = 2.0\text{KN/m}^2$
20mm 板底石灰砂浆　　$0.02 \times 17 = 0.34\text{KN/m}^2$

小计　　　　　　　　　　　　2.74KN/m^2

板的活荷载标准值:　　　　7KN/m^2

恒荷载分项系数取 1.2;因为是工业建筑楼盖且楼面活荷载标准值大于 4KN/m^2,所以活荷载分项系数取 1.3。于是板的

恒荷载设计值　$g = 2.74 \times 1.2 = 3.29\text{KN/m}^2$
活荷载设计值　$q = 7 \times 1.3 = 9.1\text{KN/m}^2$
荷载总设计值　$g + q = 12.39\text{KN/m}^2$,近似取为 $g + q = 12.4\text{KN/m}^2$

(2)计算简图。次梁截面为 200mm × 400mm,现浇板在墙上的支承长度不小于 100mm,取板在墙上的支承长度为 120mm。按内力重分布设计,板的计算跨度:

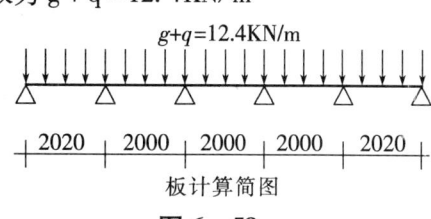

图 6-58

边跨:

$l_{01} = l_n + h/2$
　　$= 2200 - 100 - 120 + 80/2$
　　$= 2020\text{mm} < 1.025 l_n = 2030\text{mm}$,取 $l_{01} = 2020\text{mm}$

中间跨:$l_{02} = l_n = 2200 - 200 = 2000\text{mm}$

因跨度相差小于10%,可按等跨连续板计算。取1m宽板带作为计算单元。

(3)弯矩设计值。

表 6-3　连续梁考虑塑性内力重分布弯矩计算系数 a_m

支撑情况		端支座 A	边跨跨中 I	离端第二支座 B	离端第二跨跨中 Ⅱ	中间支座 C	中间跨中 Ⅲ
梁板搁置在墙上		0	1/11	两跨连续： -1/10； 三跨以上连续： -1/11	1/16	-1/14	1/16
板	与梁整浇连接	-1/16	1/14				
梁		-1/24					
梁与柱整浇连接		-1/16	1/14				

注：1. 表中系数适用于荷载比 $q/g > 0.3$ 的等跨连续梁与连续单向板；
2. 跨度不等时，但相邻跨度之差小于 10%，也可以按此表计算，计算支座弯矩取较长跨度，计算跨中取本跨。

由表可查得，板的弯矩系数 a_m 分别为：边跨跨中，1/11；离端第二支座，-1/11；中间跨跨中，1/16；中间支座，-1/14。故

$$M_1 = -M_B = (g+q)l_{01}^2/11 = 12.4 \times 2.02^2/11 = 4.6 \text{KNm}$$

$$M_c = -(g+q)l_{02}^2/14 = -12.4 \times 2^2/14 = -3.54 \text{KNm}$$

$$M_2 = (g+q)l_{02}^2/16 = 12.4 \times 2^2/16 = 3.1 \text{KNm}$$

(4) 正截面受弯承载力计算。板厚 80mm，$h_0 = 80 - 20$mm。C20 混凝土，$\alpha_1 = 1$，$f_c = 9.6$KN/mm^2；HPB235 钢筋，$f_y = 210$KN/mm^2。板配筋计算的过程如表 6-4。

表 6-4

截面		1	B	2	C
弯矩设计值 kNm		4.6	-4.6	3.1	-3.54
$a_s = M/\alpha_1 f_c b h_0^2$		0.133	0.133	0.0897	0.1024
ξ		0.143	0.143	0.0947	0.1082
轴线①~② ④~⑤	$A_s = \xi_a f_c b h_0/f_y$	392.2	392.2	259.7	296.8
	实际	$\phi 8@130$, $A_s = 387$	$\phi 8@130$, $A_s = 387$	$\phi 8@130$, $A_s = 387$	$\phi 8@130$, $A_s = 387$
轴线②~④	$A_s = \xi_a f_c b h_0/f_y$	392.2	392.2	259.7×0.8 $= 207.8$	296.8×0.8 $= 237.4$
	实际	$\phi 8/10@160$, $A_s = 403$	$\phi 8/10@160$, $A_s = 403$	$\phi 6/8@160$, $A_s = 246$	$\phi 6/8@160$, $A_s = 246$

对轴线②~④间的板带，其跨内截面 2、3 和支座截面的弯矩设计值可折减 20%。为了方便，近似对钢筋面积折减 20%。

4. 次梁设计

按考虑内力重分布设计。根据本车间楼盖的实际使用情况，楼盖的次梁和主梁的活荷载不考虑梁从属面积的荷载折减。

（1）荷载设计值。

恒荷载设计值

板传来恒荷载：　$3.29 \times 2.2 = 7.24 \text{KN/m}$

次梁自重：　　　$0.2 \times (0.4 - 0.08) \times 25 \times 1.2 = 1.92 \text{KN/m}$

次梁粉刷：　　　$0.02 \times (0.4 - 0.08) \times 2 \times 17 \times 1.2 = 0.26 \text{KN/m}$

小计　　　　　　$g = 9.42 \text{KN/m}$

活荷载设计值：

　　$q = 9.1 \times 2.2 = 20.02 \text{KN/m}$

荷载总设计值：

　　$g + q = 9.42 + 20.02 = 29.44 \text{KN/m}$，近似取 $g + q = 29.5 \text{KN/m}$

（2）计算简图：次梁在砖墙上的支承长度为240mm，主梁截面为250mm×600mm。

计算跨度：

边跨：$l_{01} = l_n + a/2 = 4500 - 120 - 250/2 + 240/2 = 4380 \text{mm} > 1.025 l_n = 1.025 \times 4255 = 4361 \text{mm}$，取 $l_{01} = 4360 \text{mm}$

中间跨：$l_{02} = l_n = 4500 - 250 = 4250 \text{mm}$

因跨度相差小于10%，可按等跨连续梁计算。次梁的计算简图见图6-59。

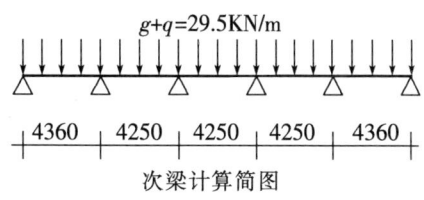

图6-59

表6-5　　　连续梁考虑塑性内力重分布剪力计算系数 a_v

支撑情况	A支座内侧 A_{in}	离端第二支座 外侧 B_{ex}	离端第二支座 内侧 B_{in}	中间支座 外侧 C_{ex}	中间支座 内侧 C_{in}
梁板搁置在墙上	0.45	0.60	0.55	0.55	0.55
梁与柱整浇连接	0.55	0.55	0.55	0.55	0.55

（3）内力计算。由 α_m、α_v 系数表，可分别查得弯矩系数 α_m 和剪力系数 α_v。

弯矩设计值：

　　$M_1 = -M_B = (g+g) l_{01}^2 / 11 = 29.5 \times 4.36^2 / 11 = 51 \text{KNm}$

　　$M_2 = (g+q) l_{02}^2 / 16 = 29.5 \times 4.25^2 / 16 = 33.3 \text{KNm}$

$$M_c = -(g+q)l_{02}^2/14 = -29.5 \times 4.25^2/14 = -38.1 \text{KNm}$$

剪力设计值：
$$V_A = 0.45(g+q)l_{n1} = 0.45 \times 29.5 \times 4.26 = 56.55 \text{KN}$$
$$V_{Bl} = 0.60(g+q)l_{n1} = 0.60 \times 29.5 \times 4.26 = 75.40 \text{KN}$$
$$V_{Br} = 0.55(g+q)l_{n2} = 0.55 \times 29.5 \times 4.25 = 68.96 \text{KN}$$
$$V_c = 0.55(g+q)l_{n2} = 0.55 \times 29.5 \times 4.25 = 68.96 \text{KN}$$

（4）承载力计算。

1）正截面受弯承载力：正截面受弯承载力计算时，跨内按 T 形截面计算：

翼缘宽度取 $b_f = l/3 = 4500/3 = 1500 \text{mm}$；

又 $b'_f = b + sn = 200 + 2000 = 2200 > 1500 \text{mm}$，故取 $b'_f = 1500 \text{mm}$。除支座 B 截面纵向钢筋按两排布置外，其余截面布置一排。

C20 混凝土，$\alpha_1 = 1$，$f_c = 9.6 \text{KN/mm}^2$，$f_t = 1.1 \text{KN/mm}^2$；纵向钢筋采用 HRB400，$f_y = 360 \text{KN/mm}^2$，箍筋采用 HRB235，$f_y = 210 \text{KN/mm}^2$。正截面承载力计算过程列于表 6-6 中。经判别跨内截面均属于第一类 T 形截面。

表 6-6

截面	1	B	2	C
弯矩设计值 KNm	51	-51	33.3	-38.1
$a_s = M/a_1 f_c b h_0^2$	0.0266	0.23	0.0174	0.149
ξ	0.0266	0.265 < 0.35	0.0174	0.1625 < 0.35
$A_s = \xi a_1 f_c b h_0 / f_y$	388.3	480.5	254	316.3
选配钢筋	2φ12 + 1φ14(弯) $A_s = 380$	1φ14 + 3φ12(弯1) $A_s = 493$	3φ12(弯1) $A_s = 339$	3φ12(弯1) $A_s = 339$

2）斜截面受剪承载力计算包括：截面尺寸的复核、腹筋计算和最小配箍率验算。验算截面尺寸：

$h_w = h_0 - h_f = 365 - 80 = 285 (\text{mm})$，因 $h_w/b = 285/200 = 1.425 < 4$，截面尺寸按下式验算：

$0.25\beta f_c b h_0 = 0.25 \times 1 \times 9.6 \times 200 \times 340 = 163.2 \times 10^3 \text{N} > V_{max} = 75.4 \text{KN}$，故截面尺寸满足要求。

计算所需腹筋：

采用 φ6 双肢箍筋，计算支座 B 左侧截面。由 $V_{cs} = 0.7 f_t b h_0 + 1.25 f_{yv} A_{sv} h_0/s$，可得到箍筋间距：

$$s = 1.25 f_{yv} A_{sv} h_0 / (V_{Bl} - 0.7 f_t b h_0) = 219 \text{mm}$$

调幅后受剪承载力应加强，梁局部范围内将计算的箍筋面积增加 20%。现调整箍筋间距，$s = 0.8 \times 219 = 175 \text{mm}$，最后取箍筋间距 $s = 150 \text{mm}$。为方便施工，沿梁长不变。

验算配箍率下限值：

弯矩调幅时要求的配箍率下限为：$0.3 f_t / f_{yv} = 1.57 \times 10^{-3}$，实际配箍率 $\rho_v = A_{sv}/bs = 56.6/200 \times 150 = 1.89 \times 10^{-3} > 1.57 \times 10^{-3}$，满足要求。

5. 主梁设计

主梁按弹性理论设计。

（1）荷载设计值。为简化计算，将主梁自重等效为集中荷载。

次梁传来恒荷载：$9.42 \times 4.5 = 42.2 \text{KN}$

主梁自重（含粉刷）$[(0.6 - 0.08) \times 0.25 \times 2.2 \times 25 + 2 \times (0.6 - 0.08) \times 0.02 \times 2.2 \times 17] \times 1.2 = 9.51 \text{KN}$

恒荷载　　　　　$G = 42.2 + 9.51 = 51.71 \text{KN}$，取 $G = 52 \text{KN}$
活荷载　　　　　$Q = 20.02 \times 4.5 = 90.09 \text{KN}$，取 $Q = 90.1 \text{KN}$

（2）计算简图。主梁端部支承在带壁柱墙上，支承长度为 370mm；中间支承在 400mm×400mm 的混凝土柱上。主梁按连续梁计算。其计算跨度：

边跨：$l_{n1} = 6600 - 200 - 120 = 6280 \text{mm}$，因 $0.025 l_{n1} = 157 \text{mm} < a/2 = 185 \text{mm}$，取 $l_{01} = 1.025 l_{n1} + b/2 = 1.025 \times 6280 + 400/2 = 6637 \text{mm}$，近似取 $l_{01} = 6640 \text{mm}$。

中跨：$l_{02} = 6600 \text{mm}$

主梁的计算简图如图 6-60。因跨度相差不超过 10%，故可视为等跨连续梁。相关系数见表 6-7。

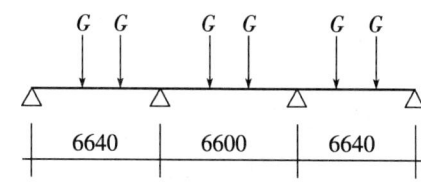

图 6-60

表 6-7

项次	受力模式	跨内最大弯矩		支座弯矩		剪 力			
		M_1	M_2	M_B	M_C	V_A	V_{Bl} V_{Br}	V_{Cl} V_{Cr}	V_D
1	$GG\ GG\ GG$ A B C D	0.224	0.067	-0.267	0.267	0.733	-1.267 1.000	-1.000 1.267	-0.733
2	$QQ\ \ \ QQ$ A B C D	0.289	—	0.133	-0.133	0.866	-1.134 0	0 1.134	-0.866

续表

项次	受力模式	跨内最大弯矩 M_1	M_2	支座弯矩 M_B	M_C	剪 力 V_A	V_{Bl} V_{Br}	V_{Cl} V_{Cr}	V_D
3	Q Q 作用于 BC 跨	—	0.200	-0.133	0.133	-0.133	-0.133 1.000	-1.000 0.133	0.133
4	Q Q Q Q 作用于 AB、CD 跨	0.229	0.170	-0.311	-0.089	0.689	-1.311 1.222	-0.778 0.089	0.089
5	Q Q 作用于 AB 跨	0.274	—	0.178	0.044	0.822	-1.178 0.222	0.222 -0.044	-0.044

(3) 内力设计值及包络图。

1) 弯矩设计值。弯矩：$M = k_1 Gl + k_2 Ql$，式中系数由上中相应栏内查得。不同荷载组合下各截面的弯矩计算结果见表6-8。

表6-8

项次	荷载图	k/M_1	k/M_B	k/M_2	k/M_C
1	G G G G G G 满跨	0.244 84.25	-0.2674 -91.91	0.067 22.99	-0.2674 -91.91
2	Q Q Q Q 作用于 AB、CD 跨	0.289 172.9	-0.133 -79.33	-0.133 -79.33	-0.133 -79.33
3	Q Q 作用于 BC 跨	-0.045 -26.92	-0.133 -79.33	0.200 118.93	-0.133 -79.33
4	Q Q Q Q 作用于 AB、CD 跨	0.229 137.0	-0.311 -185.5	0.170 101.09	-0.089 -53.09
	M_{min}	①+③ 57.33	①+④ -277.41	①+② -56.10	①+④ -145.00
	M_{mix}	①+② 257.15		①+③ 141.92	

2）剪力设计值。剪力：$V = k_3 G + k_4 Q$，式中系数 k_3、k_4 由连续梁计算表相应栏内查得。不同荷载组合下各截面的剪力计算结果见表6-9。

表6-9

项次	荷载图	k/V_A	k/M_{Bl}	k/M_{Br}
1	G G G G G G ↓↓ ↓↓ ↓↓ △ △ △ △ A B C D	0.733 38.12	-1.267 -65.88	1.00 52.00
2	Q Q　　　Q Q ↓↓　　　↓↓ △ △ △ △ A B C D	0.866 78.03	-1.134 -102.17	0 0
4	Q Q　Q Q ↓↓　↓↓ △ △ △ △ A B C D	0.689 62.08	-1.311 -118.12	1.222 110.10
±V_{max}		①+② 116.15	①+④ -184	①+④ 162.1

3）弯矩、剪力包络图。荷载组合①+②时，出现第一跨跨内最大弯矩和第二跨跨内最小弯矩。此时：

$M_A = 0$，$M_B = -91.91 - 79.33 = -171.24$KNm，以这两个支座弯矩值的连线为基线，叠加边跨在集中荷载 $G + Q = 52 + 90.1 = 142.1$KN 作用下的简支梁弯矩图，则第一个集中荷载下的弯矩值为 $(G+Q)l_{01}/3 - M_B/3 = 257.43$KNm $\approx M_{1max}$；第二个集中荷载下的弯矩值为 $(G+Q)l_{01}/3 - 2M_B/3 = 200.35$KNm。

中间跨跨中弯矩最小时，两个支座弯矩值均为 -171.24KNm，以此支座弯矩连线为基线叠加集中荷载 $G = 52$KN 作用下的简支梁弯矩图，则集中荷载处的弯矩值为 $Gl_{02}/3 - M_B = -52.84$KNm。

荷载组合①+④时，支座最大负弯矩 $M_B = -277.41$KNm，其他两个支座的弯矩为：

$M_A = 0$、$M_C = -145$KNm

在这三个支座弯矩间连直线，以此连线为基线，于第一跨、第二跨分别叠加集中荷载为 $G + Q$ 时的简支梁弯矩图，则集中荷载处的弯矩值顺次为 222.03KNm、129.56KNm、79.38KNm、123.54KNm。

同理，当 $-M_B$ 最大时，集中荷载下的弯矩倒位排列。

荷载组合①+③时，出现边跨跨内弯矩最小与中间跨跨中弯矩最大。此时，M_B

$= M_C = -171.24 \text{KNm}$，第一跨在集中荷载 G 作用下的弯矩值分别为 58.01KNm；第二跨在集中荷载 $G + Q$ 作用下的弯矩值为 141.39KNm $\approx M_{2max}$。

所计算的跨内最大弯矩与计算表有少量差异，是因为计算跨度并非严格等跨所致。主梁的弯矩包络图如图 6-61：

同样也可画出剪力包络图。

荷载组合①+②时，$V_{Amax} = 116.15\text{KN}$，至第一集中荷载处剪力降为 $116.15 - 142.1 = -25.95\text{KN}$，至第二集中荷载处剪力降为 $-25.95 - 142.1 = -168.05\text{KN}$；荷载组合①+④时，$V_B$ 最大，其 $V_{Bl} = -184\text{KN}$，则第一跨集中荷载处剪力顺次为（从右至左）-41.9KN、100.2KN。其余剪力值可照此计算。主梁的剪力包络图见图 6-61。

(4) 承载力计算。C20 混凝土，$\alpha_l = 1$，$f_c = 9.6\text{KN/mm}^2$，$f_t = 1.1\text{KN/mm}^2$；纵向钢筋采用 HRB400，$f_y = 360\text{KN/mm}^2$，箍筋采用 HRB235，$f_y = 210\text{KN/mm}^2$。

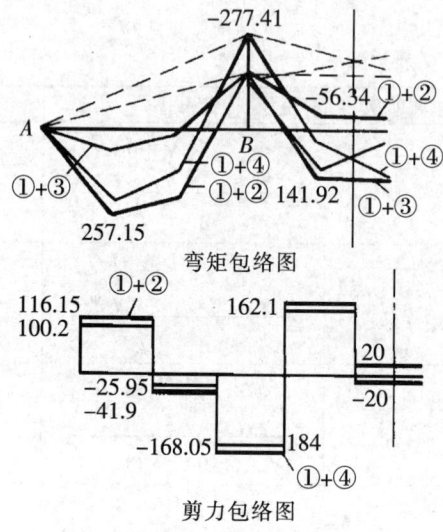

图 6-61

1) 正截面受弯承载力。跨内按 T 形截面计算，因 $b_f'/h = 80/565 = 0.14 < 0.1$，翼缘计算宽度按 $l/3 = 6.6/3 = 2.2\text{m}$ 和 $b + s_n = 4.5\text{m}$ 中较小值确定，取 $b_f' = 2.2\text{m}$。

B 支座边的弯矩设计值 $M_B = M_{Bmax} - V_0 b/2 = -277.41 + 142.1 \times 0.4/2 = -248.99\text{KNm}$。纵向受力钢筋除 B 支座截面为二排外，其余均为一排。跨内截面经判别都属于第一类 T 形截面。正截面受弯承载力的计算过程列于表 6-10。

表 6-10

截面	1	B	2	
弯矩设计值 KNm	257.15	-248.99	141.92	-56.34
$a_s = M/a_1 f_c b h_0^2$	0.0381	0.3693	0.0211	0.0735
γ_s	0.981	0.756	0.99	0.962
$A_s = M/\gamma_s f_y h_0$	1288.8	1726.2	704.8	287.9
选配钢筋	5φ18（弯3）$A_s = 1272.3$	3φ20+3φ18（弯）$A_s = 1705.9$	3φ18（弯1）$A_s = 763.4$	2φ18 $A_s = 508.9$

主梁纵向钢筋的弯起和切断按弯矩包络图确定。

2) 斜截面受剪承载力。

验算截面尺寸：

$h_w = h_0 - h'_f = 530 - 80 = 450$mm，因 $h_w/b = 450/250 = 1.8 < 4$，截面尺寸按下式验算：

$0.25\beta_c f_c bh_0 = 0.25 \times 1 \times 9.6 \times 250 \times 530 = 318 \times 10^3 N > V_{max} = 184$KN，知截面尺寸满足要求。

计算所需腹筋：

采用 $\varphi 8@200$mm 双肢箍筋，

$V_{cs} = 0.7 f_t bh_0 + 1.25 f_{yv} A_{sv} h_0 / s$
$= 0.7 \times 1.1 \times 250 \times 530 + 1.25 \times 210 \times 100.6/200 \times 530$
$= 172005$N $= 172$KN

$V_A = 116.15$KN $< V_{cs}$、$V_{Br} = 162.1$KN $< V_{cs}$、$V_{Bl} = 184$KN $> V_{cs}$，知支座 B 截面左边尚需配置弯起钢筋，弯起钢筋所需面积（弯起角取 $\alpha = 45°$）

$A_{sb} = (V_{Bl} - V_{cs})/0.8 f_y sin\alpha = (184000 - 172005)/(0.8 \times 360 \times 0.707)$
$= 58.9$mm^2

主梁剪力图呈矩形，在 B 截面左边的 2.2m 范围内需布置三排弯起筋才能覆盖此最大剪力区段，现先后弯起第一跨跨中的 $3\phi 18$，$A_{sb} = 254.5$mm$^2 > 58.9$mm^2。

验算最小配箍率：

$\rho_{sv} = A_{sv}/b_s = 100.6/250 \times 200 = 0.002 > 0.24 f_t / f_{yv} = 0.00126$，满足要求。

次梁两侧附加横向钢筋的计算：

次梁传来的集中力 $F_l = 42.4 + 90.1 = 132.5$KN，$h_1 = 600 - 400 = 200$mm，附加箍筋布置范围 $s = 2h_{hl} + 3b = 2 \times 200 + 3 \times 200 = 1000$mm。取附加箍筋 $\varphi 8@200$mm 双肢，则在长度 s 内可布置附加箍筋的排数，$m = 1000/200 + 1 = 6$ 排，次梁两侧各布置 3 排。另加吊筋 $1\phi 18$，$A_{sb} = 254.5$mm^2，根据：

$2f_y A_{sb} sin\alpha + m \cdot n f_{yv} A_{sv1} = 2 \times 300 \times 254.5 \times 0.707 + 6 \times 2 \times 210 \times 50.3 = 234.7$KN $> F_l$，满足要求。

主梁边支座下需设置梁垫，计算从略。

6. 绘制施工图

板配筋、次梁配筋和主梁配筋图分别见下图。

第六章 最常见的跨度结构——钢筋混凝土梁板结构体系分析

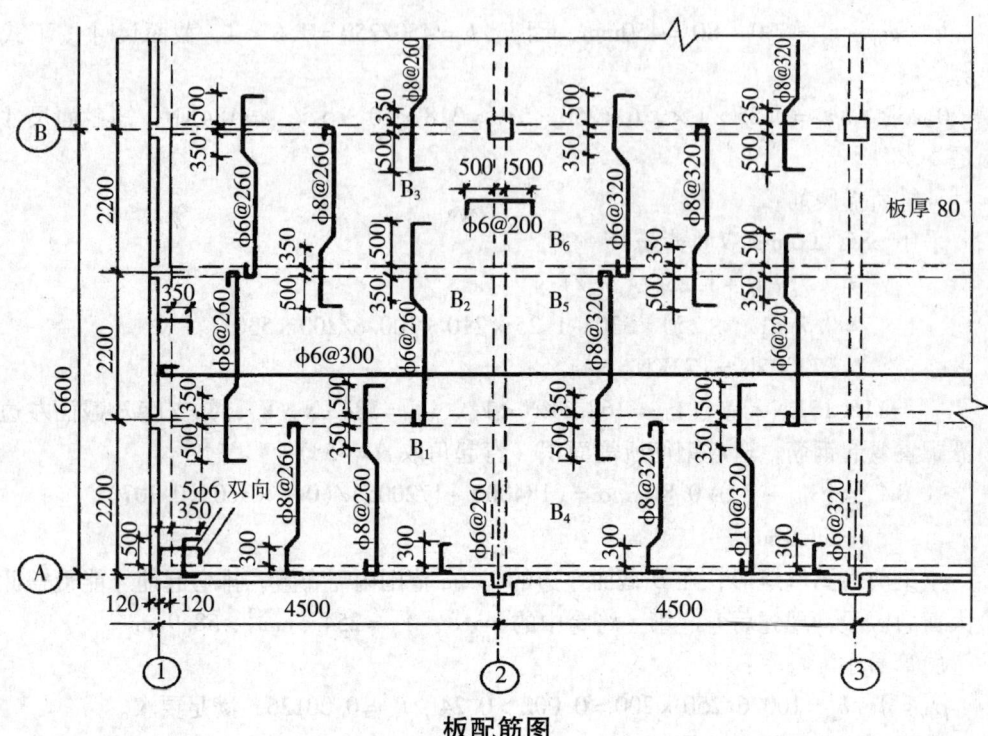

板配筋图

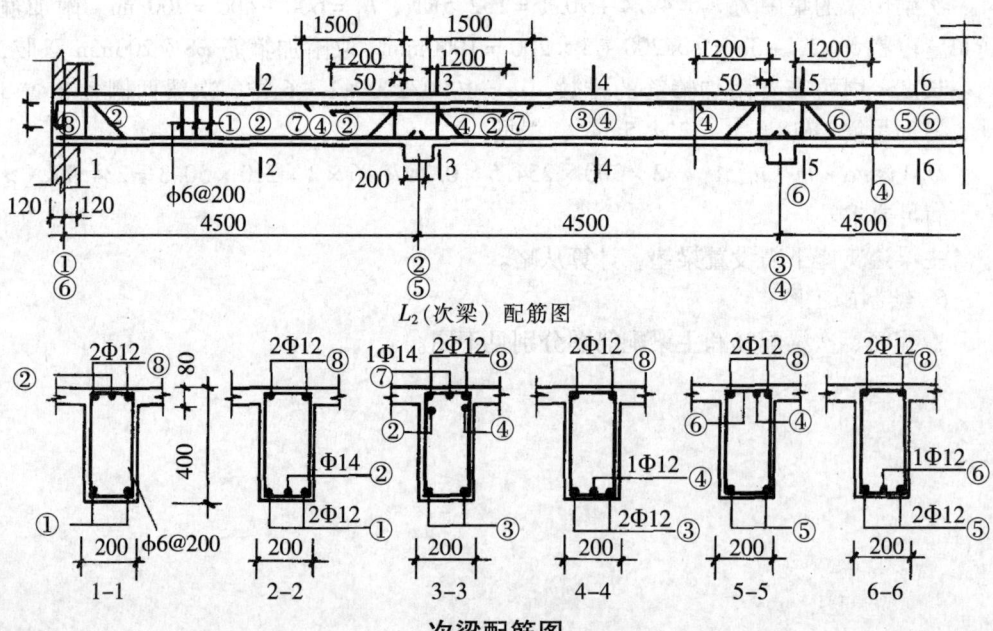

L_2（次梁）配筋图

次梁配筋图

本章小结

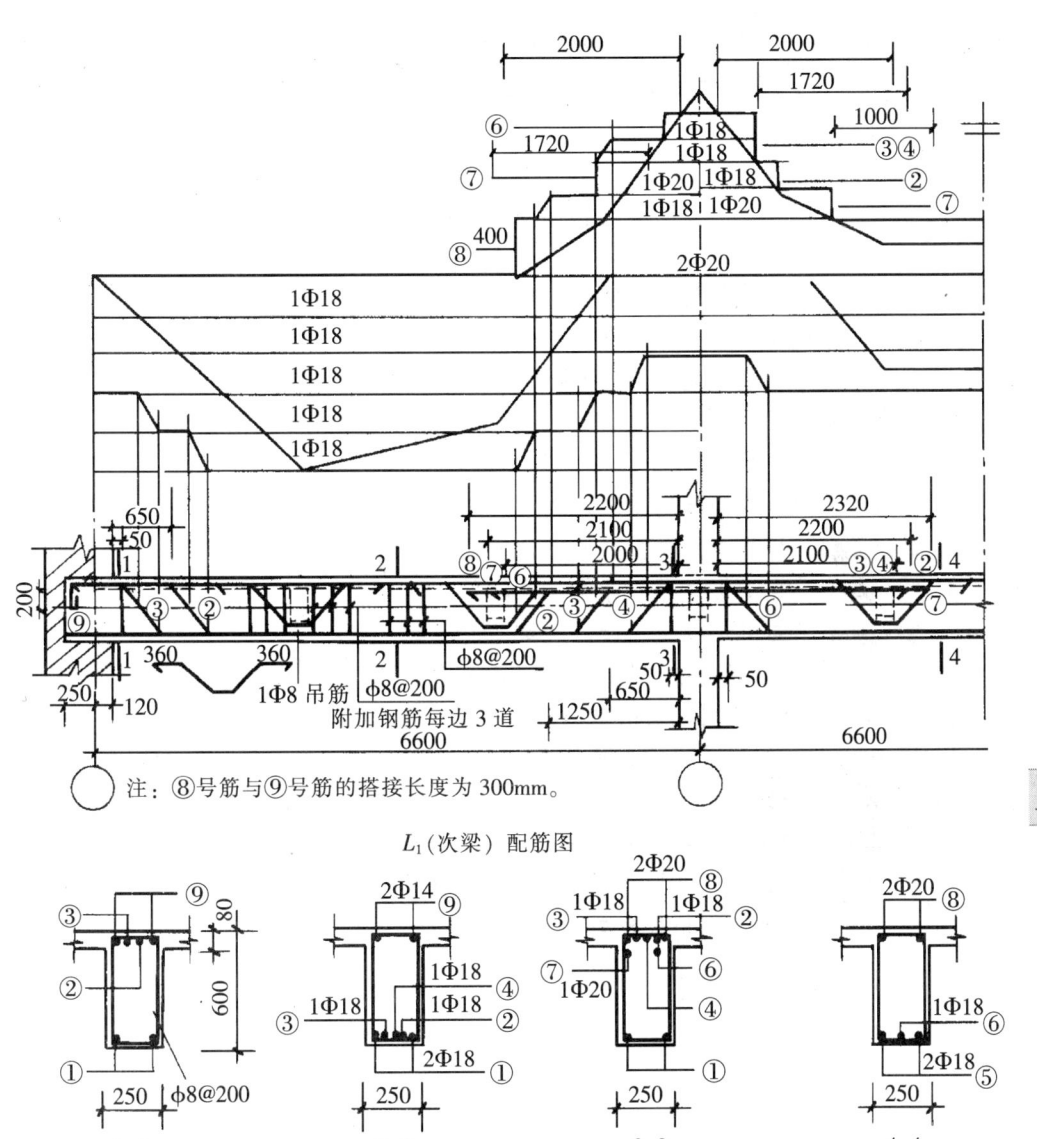

注：⑧号筋与⑨号筋的搭接长度为300mm。

L_1（次梁）配筋图

主梁配筋图

本章小结

  梁是混凝土结构设计的基本内容，尤其是正截面的设计计算。在本章的基本概念中，适筋梁的破坏过程、设计原理与适用条件是最为重要的，不仅仅涉及到梁的问题，更涉及延性破坏的理论的具体设计方法。斜截面设计要掌握两个不同的设计公式的应用与区别,并注意剪跨比的计算。斜截面弯曲破坏的基本理论与实际应用比较复杂,应能够与抵抗弯矩图共同确定梁中钢筋的配置。除了这些设计计算的内容外,其他概念也十分重要。

思 考 题

1. 说明肋梁楼盖及其简化过程。
2. 什么是塑性铰与塑性内力重分布?
3. 说明适筋梁正截面受弯的三个阶段。
4. 什么是超筋梁?
5. 什么是少筋梁?
6. 写出各种矩形适筋梁截面设计的方程与适用范围。
7. 正截面设计计算的基本假定是什么?
8. 什么是第一类T形截面,计算公式什么?
9. 什么是第二类T形截面设计,计算公式什么?
10. 什么是钢筋混凝土结构裂缝与变形的规律?
11. 无腹筋混凝土梁斜截面的破坏状态表现是什么?
12. 影响斜截面的承载力因素是什么?
13. 什么是剪跨比?
14. 写出斜截面受剪承载力的计算公式与适用范围。
15. 什么是斜截面受弯问题与抵抗弯矩图,有什么用途?
16. 什么是变角度空间桁架模型?
17. 什么是无梁楼盖的冲切破坏?
18. 什么是双向板与其最不利荷载布置?
19. 什么是板式楼梯,什么是梁式楼梯?

第七章 钢筋混凝土垂直结构体系分析

学习导读

梁板结构形成了跨度，但是荷载是需要传到地面上的。因此必须寻求人工的支撑体系。在通常的跨度结构中，除了拱结构，其他结构基本都需要垂直结构体系，如框架中的柱、排架中的柱。因此对于垂直结构的分析与计算也是结构设计中的重要内容。

由于侧向荷载的作用，垂直结构体系不仅仅要承担重力荷载，更要承担水平荷载。因而垂直结构体系不仅仅受压或拉，还要受弯。弯矩与轴向力的共同作用形成了垂直结构体系受力的基本特征——偏心受力，即在弯矩与轴向压力的共同作用下所形成的压弯作用。这种组合效果产生破坏的荷载、内力是通过多种组合方式才可以确定的，远比单一荷载的内力直接求出极值复杂。

与跨度结构体系一样，本章主要对于钢筋混凝土结构加以分析，钢结构垂直受压构件将在第九章中加以介绍。同时由于小偏心受压作用的应力与破坏分析较为复杂，本书不做讨论。

关键概念

轴心受压构件　螺旋箍筋　偏心矩　大小偏心破坏　大偏心破坏的设计计算　受压构件的综合分析　轴压比　偏心受拉构件

7.1 受压构件综述

7.1.1 受压构件的简单分类

受压构件按其受力情况可分为轴心受压构件（见图7-1a）和偏心受压构件。偏心受压构件又有平面的偏心形式——单向偏心构件（见图7-1b）和空间偏心形式——双向偏心受

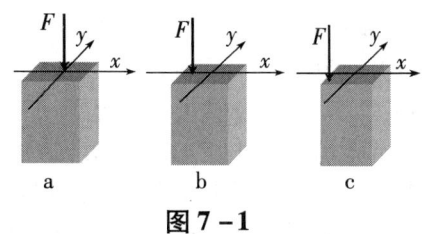

图7-1

压构件（见图7-1c）两类。

当轴向压力的作用点位于构件正截面重心时，为轴心受压构件。当轴向压力的作用点只对构件正截面的一个主轴有偏心距时，为单向偏心受压构件。当轴向压力的作用点对构件正截面的两个主轴都有偏心距时，为双向偏心受压构件。

7.1.2 受压构件的基本构造要求

1. 截面形式及尺度

为便于制作模板，轴心受压构件截面一般采用方形或矩形，有时也采用圆形或多边形。偏心受压构件一般采用矩形截面，但为了节约混凝土和减轻柱的自重，特别是在装配式柱中，较大尺寸的柱常常采用I形截面。

方形柱的截面尺寸不宜小于250mm×250mm。对于矩形截面的轴心受压构件，为了避免长细比过大，可能导致失稳破坏，致使承载力降低过多，常取$l_0/b \leq 30$和$l_0/h \leq 25$。此处l_0为柱的计算长度，b为矩形截面短边边长，h为长边边长。

此外，为了施工支模方便，柱截面尺寸宜使用整数，边长800mm及以下的，宜取50mm的倍数，800mm以上的，可取100mm的倍数。对于I形截面柱，翼缘厚度不宜小于120mm，因为翼缘太薄，会使构件过早出现裂缝。另外，I形截面柱靠近柱底处的翼缘混凝土容易在使用过程中碰坏，影响柱的承载力和使用年限，因此底部一般做成矩形截面。I形截面柱腹板厚度不宜小于100mm，抗震区使用I形截面柱时，其腹板宜再加厚些。

2. 混凝土

混凝土强度等级对受压构件的承载能力影响较大。为了减小构件的截面尺寸，节省钢材，宜采用较高强度等级的混凝土。多层建筑一般采用C35以下混凝土，9~20层建筑物底层宜采用C40~C50混凝土，对于20层以上的高层建筑的底层柱，可采用高强度等级的混凝土，如C50、C60等。

3. 纵向钢筋

受压构件的纵向钢筋一般采用HRB400级、HRB335级和RRB400级。不宜采用高强度钢筋，这是由于高强度钢筋的屈服应变量大，在与混凝土共同受压时，混凝土的破坏压应变不能使之屈服，不能充分发挥其高强度的作用。

轴心受压构件、偏心受压构件全部纵筋的配筋率不应小于0.6%，同时，一侧钢筋的配筋率不应小于0.2%。轴心受压构件的纵向受力钢筋应沿截面的四周均匀放置，所有凸角均必须由钢筋配置，且钢筋直径不宜小于12mm，通常钢筋直径在16mm~32mm范围内选用。为了减少钢筋在施工时可能产生的纵向弯曲，宜采用较粗的钢筋。从经济、施工以及受力性能等方面来考虑，全部纵筋配筋率不宜超过5%。

偏心受压构件的纵向受力钢筋应放置在偏心方向截面的两边。当截面高度$h \geq$

600mm 时，在侧面应增加设置直径为 10mm～16mm 的纵向构造钢筋，并相应地设置附加箍筋或拉筋，保证其位置与稳定性。

柱内纵筋的混凝土保护层厚度对一级环境取 30mm。纵筋净距不应小于 50mm。在水平位置上浇注的预制柱，其纵筋最小净距可减小，但不应小于 30mm 和 1.5d（d 为钢筋的最大直径）。纵向受力钢筋彼此间的中距不应大于 300mm。纵筋的连接接头宜设置在受力较小处。钢筋的接头可采用机械连接接头，也可采用焊接接头和搭接接头。对于直径大于 28mm 的受拉钢筋和直径大于 32mm 的受压钢筋，不宜采用绑扎的搭接接头。

4. 箍筋

受压构件的箍筋一般采用 HPB235 级、HRB335 级钢筋，也可采用 HRB400 级钢筋。为了使箍筋能够箍住纵筋，防止纵筋压曲。柱中箍筋应做成封闭式，其间距在绑扎骨架中不应大于 15d（d 为纵筋最小直径），在焊接骨架中则不应大于 20d，且不应大于 400mm，也不大于构件横截面的短边尺寸。

为了保证地震是在混凝土保护层脱落后，箍筋不会散开而失去对于纵筋以及核心混凝土的约束，对于抗震地区箍筋的端头要做成 135°的弯钩，且弯折后的平直段不宜小于 10d（箍筋的直径）。非抗震地区不做此要求，箍筋弯折仅 90°即可。

箍筋直径不应小于 d/4，且不应小于 6mm。当纵筋配筋率超过 3% 时，箍筋直径不应小于 8mm，其间距不应大于 10d′，且不应大于 200mm。当构件截面各边纵筋多于 3 根时，应设置附加箍筋，当截面短边不大于 400mm，且纵筋不多于 4 根时，可不设置附加箍筋（见图 7-2）。

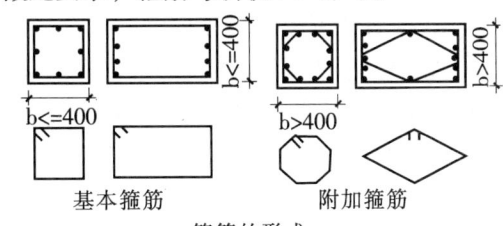

箍筋的形式

图 7-2

在纵筋搭接长度范围内，箍筋的直径不宜小于搭接钢筋直径的 0.25 倍；箍筋间距应加密，当搭接钢筋为受拉时，其箍筋间距不应大于 5d′，且不应大于 100mm；当搭接钢筋为受压时，其箍筋间距不应大于 10d′，且不应大于 200mm。当搭接受压钢筋直径大于 25mm 时，应在搭接接头两个端面外 100mm 范围内各设置 2 根箍筋。

对于截面形状复杂的构件，不可采用具有内折角的箍筋，避免产生向外的拉力，致使折角处的混凝土破损（见图 7-3）。

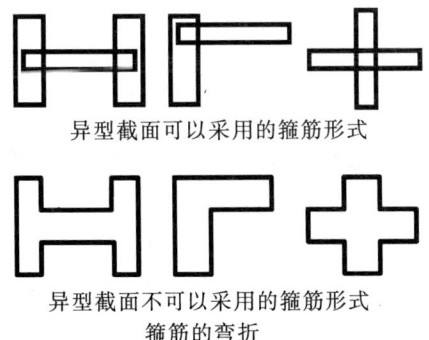

异型截面可以采用的箍筋形式

异型截面不可以采用的箍筋形式

箍筋的弯折

图 7-3

第七章 钢筋混凝土垂直结构体系分析

7.2 轴心受压构件

在实际工程结构中,由于混凝土材料的非匀质性,纵向钢筋的不对称布置,荷载作用位置的不准确及施工时不可避免的尺寸误差等原因,使得真正的轴心受压构件几乎不存在。但在设计以承受恒荷载为主的多层房屋的内柱及桁架的受压腹杆等构件时,可近似地按轴心受压构件计算。

一般把钢筋混凝土柱按照箍筋的作用及配置方式的不同分为两种:配有纵向钢筋和普通箍筋的柱,简称普通箍筋柱;配有纵筋和螺旋式(或焊接环式)箍筋的柱,简称螺旋箍筋柱。

7.2.1 普通箍筋柱轴心受压构件的计算分析

最常见的轴心受压柱是配有普通箍筋的柱。纵筋的作用是提高柱的承载力,减小构件的截面尺寸,防止因偶然偏心产生的破坏,改善破坏时构件的延性和减小混凝土的徐变变形。箍筋能与纵筋形成骨架,约束核心的混凝土,并防止纵筋受力后向外失稳。

1. 受力分析和破坏形态

配有纵筋和普通箍筋的短柱(不发生受压失稳破坏),在轴心荷载作用下,整个截面的应变基本上是均匀分布的。当荷载较小时,混凝土和钢筋都处于弹性阶段,柱子压缩变形的增加与荷载的增加成正比,纵筋和混凝土的压应力的增加也与荷载的增加成正比。

当荷载较大时,由于混凝土塑性变形的发展,压缩变形增加的速度快于荷载增长速度;纵筋配筋率越小,这个现象越为明显。同时,在相同荷载增量下,由于钢材的弹性模量大于混凝土的弹性模量,因此钢筋的压应力比混凝土的压应力增加得快。

由于纵向压力的作用,促使柱的轴向缩短而侧向发生膨胀,而在柱的表面形成环向拉力。随着荷载的增加,环向拉力逐步增大,致使混凝土表面开始出现微细的平行于纵轴的裂缝。当接近并达到破坏荷载时,柱四周出现明显的纵向裂缝,箍筋间的纵筋也会发生压屈,向外凸出,混凝土被压碎,柱子即告破坏(见图7-4)。

上述是短柱的受力分析和破坏形态,可以总结为:①以纵向裂缝为主要裂缝表现,混凝土、钢筋均处于受压状态;②混凝土、箍筋成为纵向钢筋的有效的侧向支撑,减小了细长的纵

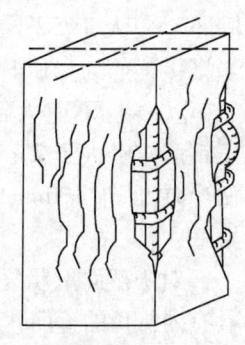

图7-4

向钢筋的计算长度，增大其稳定性；③箍筋还可以有效抑制混凝土纵向裂缝的出现与开展，约束核心混凝土的变形，延迟其破坏；④在长期荷载作用下，混凝土的徐变会导致钢筋承担的压力的增加，应力也随之增大。

对于长细比较大的柱子，试验表明，由各种偶然因素造成的初始偏心距的影响是不可忽略的。加载后，初始偏心距导致产生附加弯矩和相应的侧向挠度，而侧向挠度又增大了荷载的偏心距；随着荷载的增加，附加弯矩和侧向挠度将不断增大。这样相互影响的结果，使长柱在轴力和弯矩的共同作用下发生破坏。长柱的破坏荷载低于其他条件相同的短柱破坏荷载，长细比越大，承载能力降低越多。

2. 承载力计算公式

《混凝土设计规范》采用稳定系数 φ，来表示长柱承载力的降低程度，并根据以上分析，确定配有纵向钢筋和普通箍筋的轴心受压短柱破坏时，其正截面受压承载力公式为：

$$N \leq 0.9\varphi(f_c A + f'_y A'_s)$$

式中：N 为轴向压力设计值；φ 为钢筋混凝土构件的稳定系数，见表7-1；f_c 为混凝土轴心抗压强度设计值；A 为构件截面面积；A'_s 为全部纵向钢筋的截面面积。

表7-1　　　　　　　　钢筋混凝土轴心受压构件的稳定系数表

l_0/b	≤8	10	12	14	16	18	20	22	24	26	28
l_0/d	≤7	8.5	10.5	12	14	15.5	17	19	21	22.5	24
l_0/i	≤28	35	42	48	55	62	69	76	83	90	97
φ	1.00	0.98	0.95	0.92	0.87	0.81	0.75	0.70	0.65	0.60	0.56
l_0/b	30	32	34	36	38	40	42	44	46	48	50
l_0/d	26	28	29.5	31	33	34.5	36.5	38	40	41.5	43
l_0/i	104	111	118	125	132	139	146	153	160	167	174
φ	0.52	0.48	0.44	0.40	0.36	0.32	0.29	0.26	0.23	0.21	0.19

注：表中 l_0 为构件的计算长度；b 为矩形截面的短边尺寸；d 为圆形截面的直径；i 为截面的最小回转半径。

当纵向钢筋配筋率大于3%时，A 值应改用 $(A - A'_s)$ 代替。

构件计算长度与构件两端支承情况有关：当两端铰支时，取 $l_0 = l$（l 是构件实际长度）；当两端固定时，取 $l_0 = 0.5l$；当一端固定，一端铰支时，取 $l_0 = 0.7l$；当一端固定，一端自由时，取 $l_0 = 2l$。

由于混凝土的极限压应变可能产生的最大钢筋应力为 400N/mm^2，因此对于屈服强度或条件屈服强度大于 400N/mm^2 的钢筋，在计算其应力指标时，只能取 400N/mm^2。

7.2.2 螺旋箍筋轴心受压构件的计算分析

螺旋箍筋是圆柱或近似圆柱的多边形柱（六边形或八边形）所配置的特定的箍筋形式，该箍筋配置在纵筋的外侧，呈螺旋状连续不断的缠绕，因此可以提供连续不断的对于其核心混凝土的侧向约束作用使核心混凝土处于多维受力状态，从而达到提高轴心受压构件的承载力、改善其延性的效果，因此螺旋箍筋也被称为间接钢筋，间接地提高了构件的承载力（见图7-5）。

根据我国规范规定，钢筋混凝土轴心受压构件，当配置的螺旋式或焊接环式间接钢筋时，其正截面受压承载力的计算如下：

$$N \leq 0.9(f_c A_{cor} + f'_y A'_s + 2\alpha f_y A'_{ss0})$$
$$A_{ss0} = \pi d_{cor} A_{ss1}/s$$

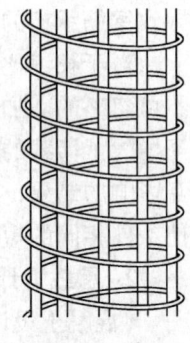

图7-5

式中：f_y 为间接钢筋的抗拉强度设计值；A_{cor} 为构件的核心截面面积：间接钢筋内表面范围内的混凝土面积；A_{ss0} 为螺旋式或焊接环式间接钢筋的换算截面面积；d_{cor} 为构件的核心截面直径：间接钢筋内表面之间的距离；A_{ss1} 为螺旋式或焊接环式单根间接钢筋的截面面积；s 为间接钢筋沿构件轴线方向的间距；α 为间接钢筋对混凝土的约束的折减系数，当混凝土强度等级不超过 C50 时，取 1.0；当混凝土强度等级为 C80 时，取 0.85，其间接线性内插法确定。

但对于配置螺旋箍筋的轴心受压构件，需要注意：

（1）按此公式算得的构件受压承载力设计值，不应大于按配置普通箍筋的同截面轴心受压构件的承载力设计值的 1.5 倍。

（2）当遇到如下任意一种情况时，不应计入间接钢筋的影响，而应按配置普通箍筋的同截面轴心受压构件进行计算：①当 $l_0/d > 12$ 时；②当按螺旋箍筋公式算得的受压承载力小于按普通箍筋算得的受压承载力时；③当间接钢筋的换算截面面积 A_{ss0} 小于纵向钢筋的全部截面面积的 25% 时。

对于螺旋箍筋，其螺距在配置时不应大于 80mm 及 $d_{cor}/5$，螺距过大时，侧向约束作用不明显，也不应小于 40mm。

【例1】某圆柱轴心受压，$N = 3500KN$，直径 500mm，混凝土 C30，请进行截面配筋设计：①仅配有纵筋（HRB335 级钢筋）；②配有螺旋箍筋 $\Phi 8@50$（HPB235 级钢筋）后承载力提高多少（注：$\varphi = 1.0$）。

解：仅配有纵筋时：$N = 0.9\varphi(f_c A + f'A'_s)$

$f_c = 14.3 \text{N/mm}^2$，$f'_y = 300 \text{N/mm}^2$ $A = 3.14 \times 500^2/4 = 196250 \text{mm}^2$

则 $3500000 = 0.9 \times 1.0(14.3 \times 196250 + 300 \times A'_s)$

$A'_s = 3608 \text{mm}^2$，配筋率 $\rho = 3608/196250 = 1.84\%$，满足要求（$\rho_{max} = 5\%$；

$\rho_{min} = 0.4\%$）

选择：$8\Phi 25$，$A'_s = 3927 mm^2$

配有纵筋与螺旋箍筋时：$\Phi 8@50$，$A_{ss1} = 50.31 mm^2$

$$N = 0.9(f_c A_{cor} + f'_y A'_s + 2\alpha f_y A'_{ss0})$$

$A_{ss0} = \pi d_{cor} A_{ss1}/s = 3.14 \times (500-30-16)50.31/50 = 1435.78 mm^2 > 3608 \times 25\%$

$N = 0.9 \times [14.3 \times 3.14 \times (500-30-16)^2/4 + 3608 \times 300 + 2 \times 1435.78 \times 210]$

$N = 3999.18 KN$

承载力提高（3999.18 - 3500）/3500 = 14.26%。

7.3 偏心受压构件

在实际工程中，完全轴心受压构件几乎是不存在的，基本上是简化计算的结果。结构中多数的柱都是偏心受压构件。形成偏心受压构件的主要原因，除了有一些压力本身就是偏心的外，还在于受压杆件在承担轴线压力的同时，还要承担弯矩的作用，形成压弯作用，导致偏心。

7.3.1 偏心距

1. 偏心距

偏心距是对于计算截面偏心状况的度量值，截面在轴向力与弯矩的共同作用下，形成截面基本偏心距：$e_0 = M/N$，其中 M 为截面承担的弯矩，N 为截面承担的轴心压力。

但是由于钢筋混凝土自身的先天缺陷：现浇构件的尺度不能绝对保证、钢筋混凝土材料强度分布不均匀、标识轴向外荷载不一定作用在轴线上，因此会形成基本偏心距以外的附加偏心距 e_a。虽然当 e_0 较小时，e_a 的相对影响较大；当 e_0 较大时，e_a 的相对影响较小，但考虑这种因素难以完全消除，我国规范规定，附加偏心距应取 20mm 和偏心方向截面最大尺寸的 1/30 两者中的较大值。

2. 偏心距增大系数

对于受压杆件，当杆件较为细长时，长细比会导致受压杆件的稳定问题、杆件的曲率因素会导致杆件产生二阶弯矩的作用，偏心会产生弯矩，弯矩会进一步增加侧向变形，侧向变形会进一步促使偏心并进而使弯矩增加。

综合考虑各种因素对偏心距的影响，以偏心距增大系数 η 调整偏心距；

即　偏心距 $e = \eta(e_0 + e_a)$

当偏心受压构件的长细比 $l_0/i \leq 17.5$ 时，可取 $\eta = 1.0$。其他情况下，对矩形、T 形、I 形等常见的截面形式，其偏心距增大系数 η 可按下列方法计算：

第七章 钢筋混凝土垂直结构体系分析

$$\eta = 1 + 1/1400 e_i/h_0 (l_0/h)^2 \zeta_1 \zeta_2$$
$$\zeta_1 = 0.5 f_c A/N$$
$$\zeta_2 = 1.15 - 0.01 l_0/h$$

式中：h 为截面高度；h_0 为截面有效高度；ζ_1 为偏心受压构件的截面曲率修正系数，当 $\zeta_1 > 1.0$ 时，取 $\zeta_1 = 1.0$；A 为构件的截面面积；对 T 形、I 形截面，均取 $A = bh + 2(b_f' - b)h_f'$；ζ_2 为构件长细比对截面曲率的影响系数，当 $l_0/h < 15$ 时，取 $\zeta_2 = 1.0$；l_0 为构件的计算长度，轴心受压和偏心受压柱的计算长度 l_0 可按有关规定确定。

7.3.2 偏心受压构件的破坏状态

偏心受压构件的破坏状态与偏心距的大小有关，也与截面的配筋状况有关。

从力学原理可以知道，偏心受压构件的截面正应力分布是不对称的。当偏心距较小时，可能会形成全截面受压，并会在一侧出现较大的压应力状态，此时的破坏表现为混凝土被压碎的破坏形式。

当偏心超出截面核心的范围，但仍然比较小（$e < 0.3 h_0$）时，虽然截面一侧会出现拉力，但相对另一侧的压力来讲，拉力仍然比较小，尽管有一定的偏心使截面出现拉力，但较小的拉力不会导致受拉钢筋屈服，而受压区的混凝土承担的压力较大，破坏仍然是以受压区的混凝土被压碎为特征。

随着偏心的逐渐增加，受拉区的拉力会逐渐增大，此时会出现两种情况：其一，如果受拉区配置的钢筋适当，使得截面出现受拉区的钢筋可以屈服同时受压区的混凝土压碎而破坏的特征；其二，如果受拉区配有较多的钢筋，使得截面出现受拉区的钢筋不能屈服但受压区的混凝土却被压碎的截面破坏特征。

从这一系列状态可以总结出偏心受压构件的破坏特征：截面内没有受拉区，或受拉钢筋不出现受拉屈服，仅存在混凝土受压为破坏特征的构件，称为小偏心破坏构件。小偏心受压构件不仅是偏心距较小的构件，当偏心距较大时也会由于配筋不当，即受拉区配置的钢筋较多，导致该类破坏。因此说，小偏心构件的偏心并不一定小，是破坏特征决定的。在破坏时，截面 $\xi = x/h_0 > \xi_b$，破坏体现出一定的脆性。

然而，如果受拉区的钢筋受拉屈服，同时受压区的混凝土被压碎，以此为破坏特征的偏压构件，称为大偏心破坏构件——大偏心构件的偏心距较大，且配筋适当，以钢筋屈服为破坏特征。破坏时截面 $\xi = x/h_0 \leq \xi_b$，破坏是延性的。

因此可以说：大小偏心的破坏判断标准，不仅在于偏心距的大小，还与配筋状况有关。

本书仅仅介绍大偏心受压构件。但是在实际工程中，不是所有的偏心受压构件都可以设计成为大偏心受压构件，有许多构件，由于偏心较小，属于绝对的小偏心构件，必须按照小偏心设计。由于小偏心构件的破坏以混凝土受压破坏为基本特征，不出现受拉区或受拉区钢筋不屈服,而受压区钢筋可以达到屈服。此时,钢筋中的应力十分复杂,感兴趣的读者可以直接参考有关规范与书籍。

7.3.3 大偏心受压构件的计算与分析

1. 普通大偏心受压构件的计算问题

对于大偏心受压构件,其截面同时承担轴向压力与弯矩的作用(见图7-6),因此,其截面平衡方程为:

$$\sum x = 0 \quad N = \alpha_1 f_c bx + f_y' A_s' - f_y A_s$$

$$\sum M = 0 \quad Ne = \alpha_1 f_c bx(h_0 - x/2) + f_y' A_s'(h_0 - a_s')$$

其中, $e = \eta e_i + h/2 - a_s$

$e_i = e_0 + e_a$

式中:e 为轴向压力作用点至纵向普通受拉钢筋的合力点的距离;

$a_s(a_s')$ 为纵向普通受拉钢筋合力点至截面近边缘的距离;

e_0 为轴向压力对截面重心的偏心距:$e_0 = M/N$;

e_a 为附加偏心距 $e_a = [20, h/30]$。

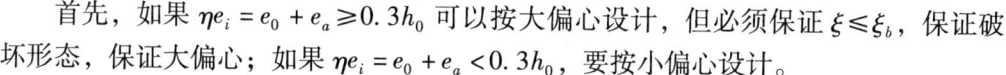

图 7-6

对于该基本计算公式的使用条件是:

首先,如果 $\eta e_i = e_0 + e_a \geq 0.3 h_0$ 可以按大偏心设计,但必须保证 $\xi \leq \xi_b$,保证破坏形态,保证大偏心;如果 $\eta e_i = e_0 + e_a < 0.3 h_0$,要按小偏心设计。

其次,计算所得的 x 必须满足:$x \geq 2a_s'$,保证受压钢筋的受力状态,且对于受压钢筋,当 $f_y' \leq 400 \text{N/mm}^2$ 时,f_y' 的量值可以直接带入方程中,当 $f_y' > 400 \text{N/mm}^2$ 时,取 $f_y' = 400 \text{N/mm}^2$。

对于该方程组,可以设 $\xi = \xi_b$ 求解 A_s'、A_s。

【例2】矩形截面柱,截面 300×500,采用 C30 混凝土,HRB335 钢筋,$N = 1000 \text{KN}$,$M = 500 \text{KNm}$(高度方向),请配置相应的钢筋($\eta = 1.0$)。

解:$e_0 = M/N = 800/1000 = 500 \text{mm} > 0.3 h_0$,可以按大偏心计算。

$e_a = \lceil 20, h/30 \rceil - 20 \eta e_i - 1.0(e_0 + e_a) = 520 \text{mm}$

$e = \eta e_i + h/2 - a_s = 520 + 250 - 60 = 710 \text{mm}$

$\sum x = 0 \quad N = \alpha_1 f_c bx + f_y' A_s' - f_y A_s$

$\sum M = 0 \quad Ne = \alpha_1 f_c bx(h_0 - x/2) + f_y' A_s'(h_0 - a_s')$

$1000000 = 14.3 \times 300 \times x + 300 A_s' - 300 A_s$

$1000000 \times 710 = 14.3 \times 300 \times x(440 - x/2) + 300 A_s'(440 - 60)$

设 $\xi = \xi_b = 0.55$,保证破坏形态,保证大偏心

$$x = 440 \times 0.55 = 242mm$$

且保证了 $x \geq 2a'_s$

得：$A'_s = 3322mm^2$

取 $7\Phi25$，$A'_s = 3436mm^2$，满足要求。

$A_s = [(14.3 \times 300 \times x + 300A'_s) - 1000000]/300 = 3450mm^2$

取 $8\Phi25$，$A_s = 3927mm^2$，满足要求。

【例3】 矩形截面柱，截面 400×600，采用 C30 混凝土，HRB335 钢筋，受拉区配置钢筋 A_s：$8\Phi25$，$A_s = 3927mm^2$；受压区配置钢筋 A'_s：$6\Phi25$，$A'_s = 2945mm^2$，求其按大偏心计算所承担的极限压力与相应的最大偏心与弯矩（高度方向）（注：$\eta = 1.2$）。

解：设该截面的极限荷载为大偏心受压

$\sum x = 0 \quad N = \alpha_1 f_c bx + f'_y A'_s - f_y A_s$

$\sum M = 0 \quad Ne = \alpha_1 f_c bx(h_0 - x/2) + f'_y A'_s(h_0 - a'_s)$

$N = 14.3 \times 400 \times x + 300 \times 2945 - 300 \times 3927 Ne$

$\quad = 14.3 \times 400 \times x(565 - x/2) + 300 \times 2945(565 - 60)$

设 $\xi = \xi_b = 0.55$，保证破坏形态，保证大偏心，且保证了 $x \geq 2a'_s$

$x = 565 \times 0.55 = 311mm$

得：$N = 1484KN$

$Ne = 1173KNm$

$e = 791mm \quad e = \eta e_i + h/2 - a_s$

$\eta e_i = 791 + 35 - 300 = 526 > 0.3h_0$，按大偏心计算是正确的

$e_a = [20, h/30] = 20$

$e_0 = 526/1.2 - 20 = 418mm$

$M = 1484 \times 0.418 = 620KNm$

2. 对称配筋大偏心受压构件的计算

有些构件可能承受正负双向的弯矩作用，且发生概率、弯矩大小均相同。如计算框架柱承受的地震作用产生的弯矩，因为地震在结构的任何方向上均有可能发生。因此在结构计算中，必须考虑这种正负双向弯矩的作用。

基本计算公式：

$\sum x = 0 \quad N = \alpha_1 f_c bx + f'_y A'_s - f_y A_s$

$\sum M = 0 \quad Ne = \alpha_1 f_c bx(h_0 - x/2) + f'_y A'_s(h_0 - a'_s)$

由于是对称配筋，因此有：$f'_y A'_s = f_y A_s$

7.3 偏心受压构件

即：$\sum x = 0 \quad N = \alpha_1 f_c bx$

$\sum M = 0 \quad Ne = \alpha_1 f_c bx(h_0 - x/2) + f_y' A_s'(h_0 - a_s')$

$e = \eta e_i + h/2 - a_s$

$e_i = e_0 + e_a$

对于该基本计算公式，其使用条件为：

（1）$\eta e_i = e_0 + e_a > 0.3h_0$，可以按大偏心设计。

（2）$\xi \leq \xi_b$ 为保证破坏形态，保证大偏心；但计算结果出现 $\xi > \xi_b$ 时，就需要重新按小偏心进行计算；或可以增大截面，保证大偏心，但必须同时满足 $\eta e_i = e_0 + e_a > 0.3h_0$。

（3）$x \geq 2a_s'$ 为保证受压钢筋的受力状态，但计算结果出现 $x < 2a_s'$ 时，取 $x = 2a_s'$，钢筋按构造配置。

（4）$f_y' \leq 400 \text{N/mm}^2$。

【例4】 矩形截面柱，截面 300×500，采用 C30 混凝土，HRB335 钢筋，$N = 1000 \text{KN}$，双向弯矩作用 $M = 500 \text{KNm}$（高度方向），请配置钢筋（$\eta = 1.0$）。

解：$e_0 = M/N = 800/1000 = 500 \text{mm}$

$e_a = [20, h/30] = 20$

$\eta e_i = 1.0(e_0 + e_a) = 520 \text{mm} > 0.3h_0$，可以按大偏心计算

$e = \eta e_i + h/2 - a_s = 520 + 250 - 60 = 710 \text{mm}$

$\sum x = 0 \quad N = \alpha_1 f_c bx$

$1000000 = 14.3 \times 300 \times x$

得：$x = 233 \text{mm} < \xi_b h_0 = 440 \times 0.55 = 242 \text{mm}$，且 $x \geq 2a_s'$

$\sum M = 0 \quad Ne = \alpha_1 f_c bx(h_0 - x/2) + f_y' A_s'(h_0 - a_s')$

$1000000 \times 710 = 14.3 \times 300 \times 233(440 - 233/2) + 300 A_s'(440 - 60)$

得：$A_s = A_s' = 3391 \text{mm}^2$

选用 $7\varPhi25$，$A_s = A_s' = 3436 \text{mm}^2$

【例5】 矩形截面柱 400×600，采用 C30 混凝土，HRB335 钢筋，配置钢筋 $A_s = 8\varPhi25$，$A_s = A_s' = 3927 \text{mm}^2$，求其大偏心荷载的极限压力与相应的最大偏心距与双向弯矩（高度方向），（$\eta = 1.2$）。

解：设该截面的极限荷载为大偏心受压

$\sum x = 0 \quad N = \alpha_1 f_c bx + f_y' A_s' - f_y A_s$

$A_s = A_s' \quad N = \alpha_1 f_c bx$

$N = 14.3 \times 400 \times x$

设 $\xi = \xi_b = 0.55$，保证破坏形态，保证大偏心，且保证了 $x \geqslant 2a'_s$，
$x = 565 \times 0.55 = 311 \text{mm}$

得：$N = 1778.92 \text{KN}$

$\sum M = 0 \quad Ne = \alpha_1 f_c bx(h_0 - x/2) + f'_y A'_s (h_0 - a'_s)$

$Ne = 14.3 \times 400 \times x(565 - x/2) + 300 \times 2945(565 - 60)$

$Ne = 1173 \text{KNm}$

$e = 659 \text{mm}$

$e = \eta e_i + h/2 - a_s$

$\eta e_i = 659 + 35 - 300 = 394 > 0.3 h_0$，可以按大偏心计算；

$e_a = [20, h/30] = 20$

$e_0 = 394/1.2 - 20 = 308.3 \text{mm}$

$M = 1778.29 \times 0.308 = 547 \text{KNm}$

3. "工"形截面大偏心受压构件对称配筋设计

对于受弯构件，翼缘对于受弯效果提高显著，因此常被采用，多被设计成为"T"形截面的形式。由于柱在受压的同时也要承担弯矩作用，当弯矩较大时，也可以采用增大翼缘的方式来有效地抵抗弯矩。与梁不同的是，柱多数要同时承担双向弯矩的作用，因此多被设计成"工"形截面。

"工"形截面设计，应注意以下几方面：

（1）该截面在受弯时，由于混凝土受拉强度极低，受拉区翼缘混凝土不承担拉力，除了放置钢筋外，不起任何作用，因此该截面受力为"T"形截面。

（2）要注意"T"形截面的受压区域的状况，中和轴的位置。

一般该类截面经常采用对称配筋形式，因此可以按以下基本过程与公式进行计算：

第一，由方程：$\sum x = 0 \quad N = \alpha_1 f_c b A_c$，确定混凝土受压区的面积 A_c。根据 A_c 的量值，确定中和轴位置，设 $x_c = A_c/b_f$：

$x_c > h_f$，中和轴在腹板中，且实际计算混凝土受压区高度 $x = [A_c - (b_f - b)h_f]/b$；
或 $x = [N - \alpha_1 f_c (b_f - b) h_f]/\alpha_1 f_c b$。

$x_c \leqslant h_f$，中和轴在翼缘中，且 $x = x_c$。

第二，如果中和轴在翼缘中，由方程：

$\sum M = 0 \quad Ne = \alpha_1 f_c b_f x(h_0 - x/2) + f'_y A'_s (h_0 - a'_s)$

求得 $A'_s = A_s$，即钢筋的配筋面积。

第三，如果中和轴在腹板中，由方程：

$\sum M = 0 \quad Ne = \alpha_1 f_c bx(h_0 - x/2) + \alpha_1 f_c (b_f - b) h_f \times (h_0 - h_f/2) + f'_y A'_s (h_0 - a'_s)$

求 $A'_s = A_s$，即钢筋的配筋面积。

两个方程中，$e = \eta e_i + h/2 - a_s$，$e_i = e_0 + e_a$。

对于该计算公式与计算过程，其使用应遵循四个条件：①$\eta e_i = e_0 + e_a > 0.3h_0$ 时，可以按大偏心设计；②$\xi \leq \xi_b$ 时，保证破坏形态，保证大偏心；③$x \geq 2a'_s$ 时，保证受压钢筋的受力状态；④$f'_y \leq 400\text{N/mm}^2$ 时，保证受压钢筋的屈服应力指标。

【例6】"工"型截面柱如图7-7所示，采用C30混凝土，HRB335钢筋，$N = 1000\text{KN}$，双向弯矩作用 $M = 1000\text{KNm}$（高度方向），请配置钢筋（$\eta = 1.0$）。

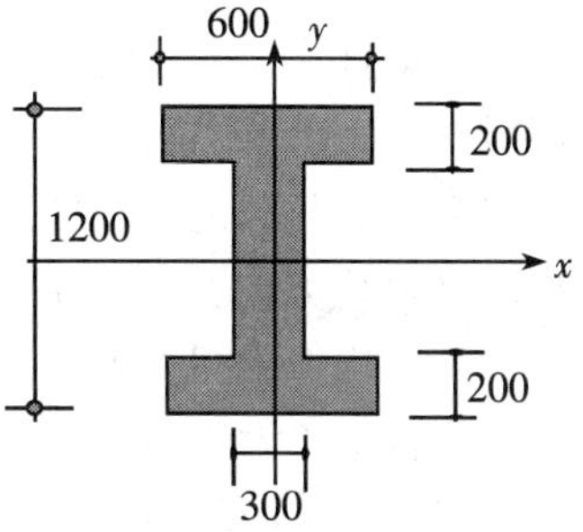

解：$e_0 = M/N = 100/1000 = 1000\text{mm}$

$e_a = [20, h/30] = 40$

$\eta e_i = 1.0(e_0 + e_a) = 1040\text{mm} > 0.3h_0$，可以按大偏心计算

$e = \eta e_i + h/2 - a_s = 1040 + 600 - 35 = 1605\text{mm}$

$A'_s = A_s$

$\sum x = 0 \quad N = \alpha_1 f_c b_f x$

$x = N/\alpha_1 f_c b_f = 1000000/14.3 \times 600 = 116 \geqslant 2a'_s$ 且说明中和轴在翼缘中。

$\sum M = 0 \quad Ne = \alpha_1 f_c b_f x(h_0 - x/2) + f'_y A'_s(h_0 - a'_s)$

$A'_s = \dfrac{1000000 \times 1605 - 14.3 \times 600 \times 116(1200 - 35 - 116/2)}{300 \times (1200 - 35 - 35)}$

得：$A_s = A'_s = 1484\text{mm}^2$

选用 $4\Phi25$，$A_s = A'_s = 1964\text{mm}^2$

【例7】"工"型截面柱如图7-8所示，采用C30混凝土，HRB335钢筋，$N = 2000\text{KN}$，双向弯矩作用 $M = 2000\text{KNm}$（高度方向），请配置钢筋（$\eta = 1.0$）。

解：$e_0 = M/N = 100/1000 = 1000\text{mm}$

$e_a = [20, h/30] = 40$

$\eta e_i = 1.0(e_0 + e_a) = 1040\text{mm} > 0.3h_0$，可以按大偏心计算

$e = \eta e_i + h/2 - a_s = 1040 + 600 - 35 = 1605\text{mm}$

$A'_s = A_s$，并设中和轴在翼缘中：

$N = \alpha_1 f_c b_f x$

$x = N/\alpha_1 f_c b_f = 2000000/14.3 \times 600 = 233\text{mm} \geqslant h_f$

说明中和轴在腹板中，需要重新确定 x 的数值：

$\sum x = 0 \quad N = \alpha_1 f_c (b_f - b) h_f + \alpha_1 f_c b x$

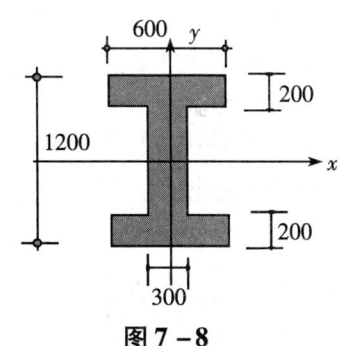

图7-7

图7-8

$$x = [2000000 - 14.3 \times 200(600 - 300)]/14.3 \times 300 = 266 \leq \xi_b h_0$$

$$\sum M = 0$$

$$Ne = \alpha_1 f_c (b_f - b) h_f (h_0 - h_f/2) + f'_y A'_s (h_0 - a'_s) + \alpha_1 f_c bx (h_0 - x/2)$$

得：$A_s = A'_s = 3299mm^2$

选用 $7\Phi25$，$A_s = A'_s = 3436mm^2$

【例8】 "工"型截面柱如图 7-9 所示，采用 C30 混凝土，HRB335 钢筋，A_s：$10\Phi25$，$A_s = A'_s = 4909mm^2$，求其大偏心荷载的极限压力与相应的最大偏心距与双向弯矩（高度方向）（$\eta = 1.2$）。

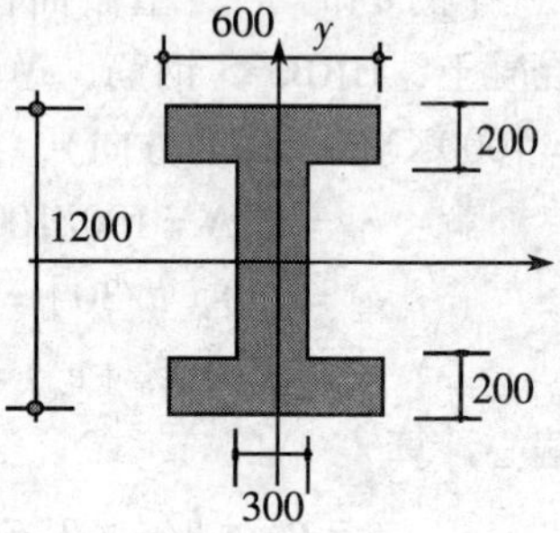

解：构件承担大偏心荷载的极限压力时，中和轴必然在腹板中；设 $\xi = \xi_b = 0.55$，所以有：

$$x = 1165 \times 0.55 = 640.75mm$$

$$\sum x = 0 \quad N = \alpha_1 f_c (b_f - b) h_f + \alpha_1 f_c bx$$

$$N = 14.3 \times (600 - 300) \times 200 + 14.3 \times 300 \times 640.75$$

$$N = 3606.8KN$$

图 7-9

$$\sum M = 0$$

$$Ne = \alpha_1 f_c (b_f - b) h_f (h_0 - h_f/2) + f'_y A'_s (h_0 - a'_s) + \alpha_1 f_c bx (h_0 - x/2)$$

$$e = 1351mm$$

$$\eta e_i = e - h/2 + a_s$$
$$= 1351 - 600 + 35 = 786 > 0.3h，可以按大偏心计算$$

$$e_a = [20, h/30] = 40$$

$$e_0 = 786/1.2 - 40 = 615mm$$

$$M = N \times e_0 = 3606 \times 0.615 = 2217.69KNm$$

4. "工"形截面大偏心受压构件普通配筋设计

在某些情况下，"工"形截面柱，也被设计成为非对称配筋结构，如单层工业厂房的边柱。在这种情况下，其设计过程稍显复杂，但也应注意的是，截面仍然要等效为"T"形截面。

其设计计算过程如下：

在判断该截面属于大偏心受压构件的前提下（$\eta e_i > 0.3h_0$），设该截面的中和轴在腹板中，且 $x = \xi_b$，以便最大限度地发挥混凝土的受压能力。

先由 $\sum M = 0$

$$Ne = \alpha_1 f_c bx (h_0 - x/2) + \alpha_1 f_c (b_f - b) h_f \times (h_0 - h_f/2) + f'_y A'_s (h_0 - a'_s)$$

求得 A'_s，即受压区钢筋的配筋面积。再利用公式：

$$\sum x = 0 \quad N + f_y A_s = \alpha_1 f_c bx + \alpha_1 f_c (b_f - b) h_f + f'_y A'_s$$

继续求 A_s，但在计算中可能遇到这种情况：$A'_s < 0$，此时设 $A'_s = 0$，再带入公式：

$$\sum M = 0 \quad Ne = \alpha_1 f_c bx(h_0 - x/2) + \alpha_1 f_c (b_f - b) h_f \times (h_0 - h_f/2)$$，求得 x。

如果 $x \geq h_f$，说明中和轴依然在腹板中，原假设正确，继续利用公式：

$$\sum x = 0 \quad N + f_y A_s = \alpha_1 f_c bx + \alpha_1 f_c (b_f - b) h_f$$，求得 A_s。

如果 $x < h_f$，说明中和轴不在腹板中，而在翼缘中，原假设错误，利用公式：

$$\sum M = 0 \quad Ne = \alpha_1 f_c b_f x(h_0 - x/2)$$，求得 x。

再利用公式：

$$\sum x = 0 \quad N + f_y A_s = \alpha_1 f_c b_f x$$，求得 A_s。

对于该计算过程，以下条件也应遵循：① $\eta e_i = e_0 + e_a > 0.3 h_0$ 时，可以按大偏心设计；② $\xi \leq \xi_b$ 时，保证破坏形态，保证大偏心；③ $x \geq 2a'_s$ 时，保证受压钢筋的受力状态；④ $f'_y \leq 400 \text{N/mm}^2$ 时，保证受压钢筋的屈服应力指标。

7.4 受压构件的综合分析

由于弯矩的存在，受压构件随着弯矩与轴向压力的不同关系呈现出不同的破坏状态。也就是说，从纯弯构件到轴心受压构件，这种变化是逐渐过渡的，因此有必要对于构件所承担的 $M—N$ 的关系进行讨论。

7.4.1 轴心受压构件到纯弯构件的过程分析

1. $M—N$ 曲线的推导

从轴心受压构件到纯弯构件，截面 $M—N$ 的相关关系在不断的变化，截面的破坏形式也有所不同。

在不考虑附加偏心距、偏心距增大系数等特殊问题的理想状态下，对于确定截面与材料的构件，截面弯矩为 M，截面轴心压力为 N，为简化计算与推倒过程，继续假设：$h = h_0$，$a_s = a'_s = 0$；$\alpha_1 = 1$，$f_c b = F_c$；$f'_y A'_s - f_y A_s = F_{y1}$；$f'_y A'_s h = M_y$。

在此基础上，对于大偏心受压构件，可以将方程组：

$$\begin{cases} \sum x = 0 \quad N = \alpha_1 f_c bx + f'_y A'_s - f_y A_s \\ \sum M = 0 \quad Ne = \alpha_1 f_c bx(h_0 - x/2) + f'_y A'_s (h_0 - a'_s) \end{cases}$$

进行化简：

$$N = F_c x + F_{y1}$$
$$x = (N - F_{y1})/F_c, 并将其带入方程：\sum M = 0$$
$$M + Nh/2 = F_c x(h - x/2) + M_y$$
$$M + Nh/2 = F_c(N - F_{y1})/F_c \ [h - (N - F_{y1})/2F_c] + M_y$$

化简得：$M = k_1 N^2 + k_2 N + k_3$

式中：$k_1 = -1/2F_c$；$k_2 = 3h/2 + F_{y1}/F_c$；$k_3 = M_y - F_{y1}^2 - F_{y1}h$。

该公式说明了对于确定的截面与材料，截面所能承担的正压力与弯矩的变化相关关系。虽然该表达式仅仅是由大偏心破坏模式导出，但也可以拓展到小偏心与轴心受压破坏的模式。进而可以绘制出 M—N 关系曲线如图 7-10 所示。

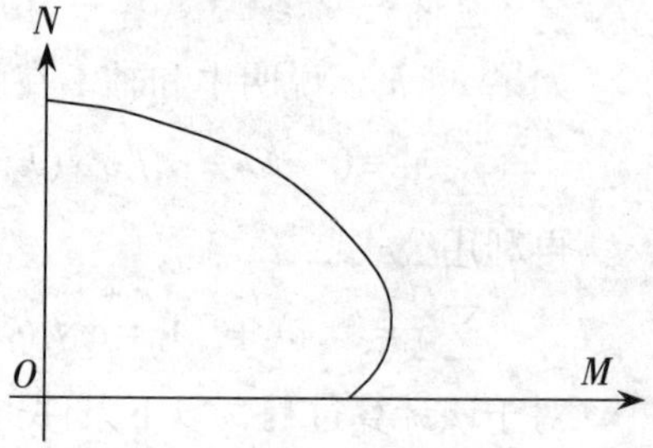

2. M—N 曲线的工程应用

同样，可以对于确定截面，不同配筋的钢筋混凝土压弯构件，按照配筋的不同，绘制出一系列 M—N 图形曲线，如图 7-11。曲线内侧的点即为截面所能够承担的弯矩与压力的组合值；而曲线外侧的点所代表的轴向压力与弯矩的组合状况，是截面所不能承担的。

从图 7-11 中可以得出以下结论：

第一，偏心受压构件设计的最不利内力组合是由多种内力共同作用形成的，在截面的设计计算中，要多方考虑可能出现的破坏状态。包括：截面最大正向弯矩与截面最大轴向压力的组合（$+M_{max}$，N_{max}）；截面最大负向弯矩与截面最大轴向压力的组合（$-M_{max}$，N_{max}）；截面最大正向弯矩与截面最小轴向压力的组合（$+M_{max}$，N_{min}）；截面最大负向弯矩与截面最小轴向压力的组合（$-M_{max}$，N_{min}）。

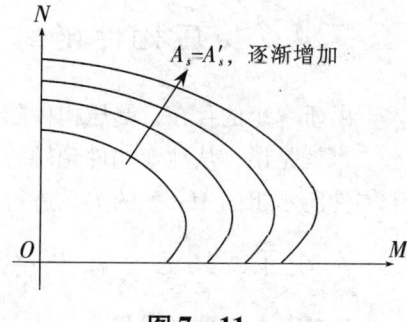

图 7-10

图 7-11

第二，对于压弯构件设计，必须明确一个重要的概念——轴压比，即柱组合的轴压力设计值和柱的全截面面积与混凝土轴心抗压强度设计值乘积之比值 $\lambda' = N/Af$。

该比值在设计中具有重要意义，是根据实际组合内力确定截面尺度的重要依据——根据截面限制轴压比（由设计规范根据不同的构件给出）与截面设计轴向力的大小，确定截面尺度。这种做法的意义在于：

(1) 在地震力作用下，柱的破坏主要是侧向弯矩的作用，根据压弯构件的 M-N 关系图（见图 7-12）可知，在设计中选择适当的限制轴压比，可以使截面承担相应的弯矩值，从而保证构件承担弯矩的能力。

（2）对于承受地震作用的框架柱，其弯矩作用是双向的，采用对称配筋：$N=\alpha_1 f_c bx=\lambda'Af_c$，因此，$x=\lambda'A/\alpha_1 b$，即限制轴压比的实际意义就是限制混凝土受压区的高度，从受弯变形的平截面假定可知。混凝土受压区高度与受拉钢筋应变量成正比，即限制截面内钢筋应变的最小值，使钢筋保证相应的应变量，保证截面延性，保证承载力条件下的变形能力。

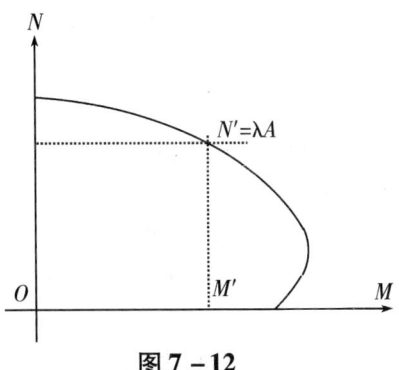

图 7-12

对于常规结构的轴压比，是一个小于 1 的值，且随着抗震等级的提高与构件所处的位置重要程度的提高，轴压比越来越低。对于不做抗震要求的次要构件，轴压比最大值也不宜超过 1.05。

7.4.2 偏心受压构件的斜截面分析

除了正截面，偏心受压构件的斜截面也可能造成破坏。

1. 偏心受压构件的斜截面理论与实验分析

偏心受压构件，一般情况下剪力值相对较小，可不进行斜截面受剪承载力的计算，但对于有较大水平力作用下的框架柱，有横向力作用下的桁架上弦压杆，剪力影响相对较大，必须予以考虑。

从材料力学的理论分析表明，正压力的作用对于截面的抗剪能力有较大的提高作用，试验分析也同样表明，轴压力的存在，能推迟垂直裂缝的出现，并使裂缝宽度减小，产生压区高度增大，斜裂缝倾角变小而水平投影长度基本不变，纵筋拉力降低的现象。

这虽然可以使得构件斜截面受剪承载力要高一些，但有一定限度，当轴向压力增加使轴压比在 0.3~0.5 之间时，再增加轴向压力，将转变为带有斜裂缝的小偏心受压的破坏情况，斜截面受剪承载力达到最大值。

2. 偏心受压构件斜截面受剪承载力的计算公式

通过试验资料分析和可靠度计算，对承受轴压力和横向力作用的矩形"T"形和"工"形截面偏心受压构件，其斜截面受剪承载力应按下列公式计算：

$$V_u = 1.75 f_t bh_0/(\lambda+1.0) + 1.0 f_{yv} A_{sv} h_0/s + 0.07N$$

式中：λ 为偏心受压构件计算截面的剪跨比；对各类结构的框架柱，取 $\lambda=M/Vh_0$；当框架结构中柱的反弯点在层高范围内时，可取 $\lambda=H_n/2h_0$（H_n 为柱的净高）；当 $\lambda<1$ 时，取 $\lambda=1$；当 $\lambda>3$ 时，取 $\lambda=3$；对其他偏心受压构件，当承受均布荷载时，取 $\lambda=1.5$；当承受集中荷载时（包括作用有多种荷载，且集中荷载对支座截面或节点边缘所产生的剪力值占总剪力的75%以上的情况），取 $\lambda = a/h_0$；当 $\lambda < 1.5$ 时，取 $\lambda = 1.5$；当 $\lambda > 3$ 时，取 $\lambda = 3$；此处，a 为集中荷载至支座或节点边缘的距离；N 为与剪力设计值 V 相应的轴向压力设计值；当 $N > 0.3 f_c A$ 时，取 $N = 0.3 f_c A$，A 为构件的截面面积。

若符合下列公式的要求时，则可不进行斜截面受剪承载力计算，而仅需根据构造要求配置箍筋。

$$V_u < 1.75 f_t b h_0/(\lambda + 1.0) + 0.07N$$

同时，偏心受压构件的受剪截面尺寸尚应符合《混凝土设计规范》有关规定。

7.5 钢筋混凝土受拉构件

7.5.1 受拉构件分类

钢筋混凝土受拉结构或构件也比较多见，如屋架的下弦与受拉腹杆。

钢筋混凝土结构中的受拉构件主要有轴心受拉、偏心受拉两类。轴心受拉构件是指拉力与轴线相重合的构件，由于混凝土抗拉强度极低，轴心受拉构件实际上就是钢筋受拉，其临界状态计算公式为 $N = f_y A_s$。在偏心受拉构件中，由于偏心的大小不同，破坏状态也不同，但大小偏心受拉构件与大小偏心受压构件的区分方法是不同的：

（1）当轴向拉力作用在钢筋 A_s 合力点和 A'_s 合力点之间时属于小偏心受拉构件，破坏以钢筋受拉屈服破坏为基本特征，混凝土也同时被拉并全截面开裂。

（2）当轴向拉力作用在钢筋 A_s 合力点和 A'_s 合力点之外时属于大偏心受拉构件，钢筋配置适当时，破坏时受拉钢筋受拉屈服，受压区混凝土会被压碎，与适筋梁破坏类似。

小偏心受拉构件在截面上不产生压力，全截面受拉，但拉力在不同区域有所不同；大偏心受拉构件则会在截面的一侧产生压力（见图7-13）。

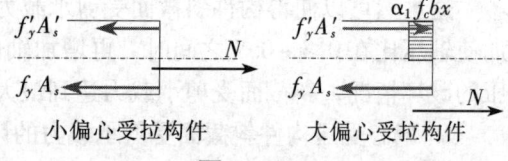

图7-13

7.5.2 偏心受拉构件的计算

（1）对于矩形截面大偏心受拉构件，可以根据其破坏形态，确定其计算公式：

$$\begin{cases} \sum x = 0 & N = f_y A_s - f'_y A'_s - \alpha_1 f_c b x \\ \sum M = 0 & Ne = \alpha_1 f_c b x (h_0 - x/2) + f'_y A'_s (h_0 - a'_s) \end{cases}$$

其中：e 为轴向力作用点至纵向普通受拉钢筋的合力点的距离；与偏心受压构件不同的是，偏心受拉构件不存在附加偏心距与偏心距增大系数。

该基本计算公式的使用条件为：①$\xi \leq \xi_b$ 时，保证破坏形态，保证大偏心；②$x \geq 2a'_s$ 时，保证受压钢筋的受力状态；③$f'_y \leq 400\text{N}/\text{mm}^2$。

在计算时可按以下步骤进行：①设 $\xi = \xi_b$ 计算出 x；②根据 x 计算 A'_s，若该值小于 0，A'_s 按构造要求配筋，并取 $A'_s = 0$，重新计算 x；③根据 A'_s 或 x 再求解 A_s。

（2）对于矩形截面小偏心受拉构件，可以根据其破坏形态，确定其计算公式：

$$\sum x = 0 \quad N = f_y A_s + f'_y A'_s$$

$$\sum M = 0 \quad Ne = f_y A'_s (h_0 - a'_s)$$

其中，e 为轴向力作用点至纵向普通受拉钢筋的合力点的距离。

【例9】矩形截面柱，截面为 300×500，采用 C30 混凝土，HRB335 钢筋，拉力 $N = 200\text{KN}$，沿高度方向弯矩作用 $M = 200\text{KNm}$，请配置钢筋。

解：偏心矩 $e = M/N = 200/200 = 1\text{m}$，属于大偏心受拉构件。

$$\sum x = 0 \quad N = f_y A_s - f'_y A'_s - \alpha_1 f_c bx$$

$$\sum M = 0 \quad Ne = \alpha_1 f_c bx(h_0 - x/2) + f' A'_s (h_0 - a'_s)$$

得：$200000 = 300 A_s - 300 A'_s - 14.3 \times b \times x$ ①

$2 \times 10^8 = 14.3 \times 300 \times x(465 - x/2) + 300 A'_s \times 430$ ②

设 $\xi = \xi_b = 0.55$

$x = 465 \times 0.55 = 255.75$，代入②

$A'_s < 0$，设 $A'_s = 0$，代入②，再次解得 $x = 114$，代入①，解得 $A_s = 2296.9\text{mm}^2$，选择钢筋配筋即可。

本 章 小 结

受压构件的复杂性在于除了轴心受力构件之外，偏心受压构件是最普遍的受力形式。在轴心受压构件中，由于螺旋箍筋的作用，大大提高了构件的受压性能；在偏心受压构件中，轴心压力、弯矩的有效组合是产生不同破坏特征的关键，而构件自身的因素则会使得偏心距发生变化，这在设计中要加以注意。另外，由于侧向荷载的往复作用的特性，工程实践中经常采用对称配筋，在学习中要多注意。

受拉构件计算理论比较简单，工程实践中使用得也不多，但也应该了解。

第七章 钢筋混凝土垂直结构体系分析

思 考 题

1. 受压构件中,箍筋的作用是什么?可以向斜截面设计那样,用弯起钢筋替代吗?
2. 哪些构件可以按照轴心受压设计?
3. 螺旋箍筋的作用是什么?可以无限提高轴心受压构件的承载力吗?
4. 为什么存在初始偏心矩?如何确定该数值?
5. 偏心矩增大系数与哪些因素有关?
6. 大小偏心破坏的区分方式是什么?
7. 对于受弯构件来讲,为什么轴向压力可以在一定范围内提高其抗弯能力?
8. 轴压比的工程意义在哪里?为什么满足轴压比的构件就可以保证延性要求?

第八章　预应力混凝土结构原理与应用

> **学习导读**
>
> 预应力结构是现代建筑结构的一种，大多用于形成跨度的结构，可以更好地利用材料的性能，获得更大的跨度。
>
> 在第七章 M—N 曲线中可以知道，当受有轴向压力时，受弯构件的抗弯能力有所提高，这一原理是施加预应力的基本出发点。
>
> 预应力结构，是在结构承担外荷载之前预加应力的结构形式，实际工程中有预应力混凝土结构和预应力钢结构。本书中只介绍预应力混凝土结构。
>
> **关键概念**
>
> 预应力　先张法　后张法　预应力损失

8.1 预应力混凝土结构概述

8.1.1 预应力混凝土的概念

预应力在我们熟知的事物中（如木桶、自行车车轮等）以及在土木工程中已经得到应用。预应力对于混凝土结构构件具有更重要的意义。

为了避免钢筋混凝土结构裂缝的过早出现，充分利用高强度钢筋和高强度混凝土，在混凝土结构构件受荷载作用之前预先施加压应力，而使混凝土承重结构在外荷载作用下的受拉区先处于受压状态的办法，这样，在混凝土产生拉应力来抵消压应力，从而使结构构件的拉应力不大，甚至处于受压状态。从而有效地防止裂缝的发生或减小裂缝的宽度，提高混凝土受压区域，有效利用混凝土。

8.1.2 预应力混凝土的原理

从正截面受弯构件的裂缝与变形问题可以看出，在正常使用阶段的情况下，正截面的裂缝与变形和钢筋屈服时的应变有直接关系：如果屈服应变越大，则相应的裂缝越宽、挠度也随之增大。如果想要减小裂缝宽度或减小挠度，只有降低钢筋的屈服应力水平,才可以使其屈服应变量减小,这在普通钢筋混凝土结构中是几乎唯一的选择。这也就是普通钢筋混凝土不宜采用高强钢筋的重要原因。

但是如果在结构受力之前先将钢筋施以应力作用,使之发生拉伸应变,并对于混凝土产生压缩变形。当结构受力后,混凝土由压缩状态转为零受力状态,进而再开始受拉;而钢筋则会继续受拉,当钢筋屈服时,混凝土的应变,与未施加预应力时相比,则会大大降低,裂缝与变形也会减小。

如图 8-1 所示的钢筋应变过程,对于普通钢筋混凝土构件,钢筋在达到屈服强度时会产生较大的变形,因此会导致构件裂缝增大;当施加预应力时,会使钢筋在结构未承担荷载时就发生部分变形,并使其在施加荷载后进而达到屈服的后续变形控制在一定范围内,就可以控制裂缝的开展。当预应力钢筋采用高强钢筋时,由于强度较高,屈服时发生的应变也会较大,为了避免裂缝开展过大,可以施加更大的预应力。

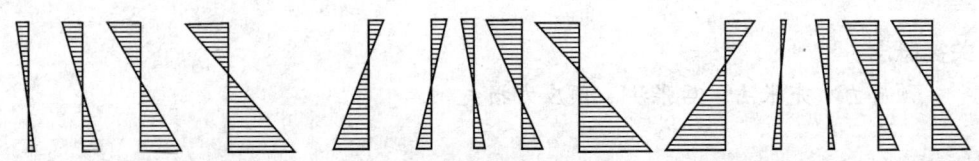

使用普通钢筋的普通钢筋混凝土构件的截面应变变化状况　　使用普通钢筋的预应力钢筋混凝土构件的截面应变变化状况　　使用高强钢筋的预应力钢筋混凝土构件的截面应变变化状况

图 8-1

8.1.3 预应力梁正截面的受弯承载力

如果梁中预应力钢筋,则根据力学平衡可以得到,混凝土结构的截面承载力为:

$$\sum x = 0 \quad \alpha_1 f_c bx = f_y As$$

$$\sum M = 0 \quad M = \alpha_1 f_c bx(h_0 - x/2)$$

可以看出,预应力构件与一般钢筋混凝土正截面计算公式并无区别。正是由于钢筋屈服后塑流的存在,当预应力结构与非预应力结构配筋率相同时,预应力结构与非预应力结构承载力相同,混凝土受压区高度相同,破坏时的变形也相同。

但是由于使用了预应力,促使钢筋的拉伸应变提前于混凝土发生,因此当钢筋发生屈服时,混凝土应变较小,正常使用阶段的裂缝较小。

如果钢筋强度较低,由公式可以得到混凝土受压区高度较小,截面承载力较低。增加配筋量,促使混凝土受压区高度增加,可以有效提高承载力。但是由于混凝土受拉区除了预应力钢筋外还配有非预应力钢筋,因此必须保证 $\xi \leq \xi_b$,才可以保证非预应力钢筋屈服。也就是说，当预应力钢筋与非预应力钢筋为同等强度等级时，为了保证非预应力钢筋屈服，总配筋率必须不大于最大配筋率。因此，预应力结构的承载力并未获得有效的提高。

当采用高强钢筋作为预应力钢筋时，同样由于必须保证 $\xi \leq \xi_b$，才可以保证非预应力钢筋屈服，虽然通过施加预应力可以促使高强钢筋提前发生更大的应变，使其在较低强度等级的非预应力钢筋发生屈服时也屈服，但由于混凝土受压区高度不能增加，$M = \alpha_1 f_c bx(h_0 - x/2)$，即截面承载力也不会增加。但由于采用了高强钢筋，可以大量的节省钢材。

只有当采用高强混凝土时，尽管要求 $\xi \leq \xi_b$，但是由于混凝土的强度增加，截面承载力也会随之提高。因此，预应力结构应优先选用高强钢筋与高强混凝土，既可以节省钢材，又可以提高截面承载力。

8.1.4 预应力混凝土的优势

尽管与普通钢筋混凝土结构相比，预应力混凝土结构所用材料单价较高，相应的设计、施工等比较复杂；但是预应力混凝土结构具有很多的优势，不容忽视：

（1）改善结构的使用性能，通过对结构受拉区施加预压应力，可使结构在使用荷载下不开裂或减小裂缝宽度，并由于预应力的反拱而降低结构的变形，从而改善结构的使用性能，提高结构的耐久性。

（2）减小构件截面高度和减轻自重，对于大跨度、大柱网和承受重荷载的结构，能有效地提高结构的跨高比限值，可以制成比普通钢筋混凝土跨度大，而自重较小的细长承重结构。

（3）充分利用高强度钢材，在普通钢筋混凝土结构中，由于裂缝宽度和挠度的限制，高强度钢材的强度不可能被充分利用。而在预应力混凝土结构中，对高强度钢材预先施加较高的应力，使得高强度钢材在结构破坏前能够达到屈服强度。

（4）具有良好的裂缝闭合性能，当结构部分或全部卸载时，预应力混凝土结构的裂缝具有良好的闭合性能，从而提高截面刚度，减小结构变形，进一步改善结构的耐久性。

（5）提高抗剪承载力，由于预压应力延缓了斜裂缝的产生，增加了剪压区面积，从而提高了混凝土构件的抗剪承载力，而且，预应力混凝土梁的腹板宽度也可以做得薄些，减轻自重。

（6）提高抗疲劳强度预压应力，可以有效降低钢筋中的应力循环幅度，增加疲劳寿命。这对于以承受动力荷载为主的桥梁结构是很有利的。

（7）具有良好的经济性，对适合采用预应力混凝土的结构来说，预应力混凝土结构可比普通钢筋混凝土结构节省 20%～40% 的混凝土、30%～60% 的主筋钢材，而与钢结构相比，则可节省一半以上的造价。

8.1.5 预应力混凝土的历史及发展

预应力混凝土的构思出现于 19 世纪末，1886 年就有人获得用张拉钢筋对混凝土施加预压力防止混凝土开裂的专利。但由于当时建筑材料的强度都很低，混凝土的徐变性能尚未被人们充分认识，通过张拉钢筋对混凝土构件施加预压力后不久，由于混凝土的收缩、徐变，使已建立的混凝土预压应力几乎消失殆尽。

1928 年法国工程师佛莱辛奈（E、Freyssinet）首次将高强钢丝应用于预应力混凝土梁，成功地建造了一座水压机架，这就是现代预应力混凝土的雏形。在 20 世纪 30 年代，由于高强钢材能够大量的生产，预应力混凝土才真正为人们所用。1939 年 Freyssinet 设计出锥形锚具，用于锚固后张预应力混凝土构件端部的钢丝。1940 年比利时 Magnel 教授开发了新型后张锚具，使后张预应力混凝土得到进一步发展。从 50 年代以来，先张法预应力混凝土构件和后张法预应力混凝土结构在工程中得到广泛应用，先张法预应力混凝土构件主要用于中小跨度桥梁、预制桥面板、厂房等。后张预应力混凝土结构则主要用于箱型桥梁、大型厂房结构、现浇框架结构等。

预应力混凝土技术在我国的发展始于 1954 年。20 世纪 60 年代，无黏结预应力混凝土开始大规模应用于工业和民用建筑中。70 年代，预应力混凝土的应用领域日渐扩大，其应用领域已拓展至高层建筑、地下建筑、海洋工程、压力容器、安全壳、电视塔、地下锚杆、基础工程等。预应力混凝土结构已成为当前世界上最有发展前途的建筑结构之一。

在预应力混凝土工程实践发展的同时，预应力混凝土的设计理论也得到了发展。在预应力混凝土的发展初期，设计要求在全部使用荷载作用下，混凝土应当永远处于受压状态而不允许出现拉应力，即要求为"全预应力混凝土"。但后来的大量工程实践和科学研究表明，要求预应力混凝土中一律不出现拉应力实属过严，在一些情况下，预应力混凝土中不仅可以出现拉应力，而且可以出现宽度不超过一定限值的裂缝，即所谓的"部分预应力混凝土"。因此，1970 年国际预应力混凝土协会和欧洲混凝土委员会（FIP—CEB）建议将混凝土结构按裂缝控制等级的不同分为四级：Ⅰ级全预应力混凝土，在最不利荷载组合下也不允许出现拉应力；Ⅱ级限值预应力混凝土，在最不利荷载组合下，混凝土中允许出现低于抗拉强度的拉应力，但在长期荷载作用下不得出现拉应力；Ⅲ级限宽预应力混凝土，允许开裂，但应控制裂缝宽度；Ⅳ级普通钢筋混凝土。其中第Ⅰ级和第Ⅲ级可合称为部分预应力混凝土。目前，部分预应力混凝土的设计思想已在世界范围内得到了广泛的承认和应用。

8.2 施加预应力的方法

对混凝土结构构件施加预应力的方法有两大类：一类是用张拉钢筋的方法；另一类是不用张拉钢筋的方法。采用张拉钢筋的方法对混凝土构件施加预应力是建筑结构构件最常用的方法，根据张拉钢筋顺序的不同，又分为先张法和后张法。不用张拉钢筋的方法，通常直接利用千斤顶或扁顶对混凝土结构构件施加预应力，如机械法等。若在山谷中建造水坝，可利用石山坡为不动点，用千斤顶采用机械法对混凝土大坝施加预应力。

8.2.1 先张法

在浇筑混凝土之前张拉预应力钢筋的方法称为先张法，见图8-2。制作先张法预应力构件一般需要台座、拉伸机、传力架和夹具等设备。

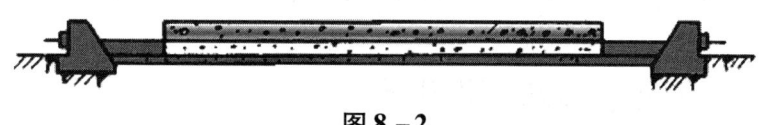

图8-2

先张法的主要施工工序：在台座上张拉预应力钢筋至预定长度后，将预应力钢筋固定在台座的传力架上；然后在张拉好的预应力钢筋周围浇筑混凝土；待混凝土达到一定的强度后（约为混凝土设计强度的70%左右）切断预应力钢筋。由于预应力钢筋的弹性回缩，使得与预应力钢筋黏结在一起的混凝土受到预压作用。因此，先张法是靠预应力钢筋与混凝土之间的黏结力来传递预应力的。

先张法通常适用在长线台座（50~200m）上成批生产直线预应力钢筋的构件，如屋面板、空心楼板、檩条等。先张法的优点为生产效率高、施工工艺简单、锚夹具可多次重复使用等。

8.2.2 后张法

在结硬后的混凝土构件预留孔道中张拉预应力钢筋的方法称为后张法，如图8-3。

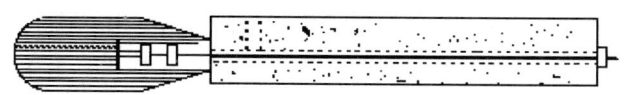

图8-3

后张法的主要施工工序：先浇筑好混凝土构件，并在构件中预留孔道（直线或曲线形）；待混凝土达到预期强度后（一般不低于混凝土设计强度的70%），将预应力钢筋穿入孔道；利用构件本身作为受力台座进行张拉（一端锚固一端张拉或两端同时张拉），在张拉预应力钢筋的同时，使混凝土受到预压；张拉完成后，在张拉端用锚具将预应力钢筋锚住；最后在孔道内灌浆使预应力钢筋和混凝土形成一个整体，也可不灌浆，完全通过锚具施加预压力，形成无黏结预应力结构。

后张法不需要专门台座，便于在现场制作大型构件，适用于直线及曲线预应力钢筋的构件。但这种方法具有施工工艺较复杂、锚具消耗量大、成本较高等缺点。

先张法工艺比较简单，不需要永久性的工作锚具，但需要台座（或钢模）设施；后张法工艺较复杂，需要对构件安装永久性的工作锚具，但不需要台座。先张法适用于在预制构件厂批量制造的、可以用运输车装运的中小型构件；后张法更适用于在现场成型的大型构件、在现场分阶段张拉的大型构件以至于整个结构。

8.3 预应力混凝土的材料和锚具

8.3.1 预应力混凝土的材料

1. 混凝土

预应力混凝土结构构件所用的混凝土，需满足下列要求：

（1）强度高。与钢筋混凝土不同，预应力混凝土必须采用强度高的混凝土。因为强度高的混凝土对采用先张法的构件可提高钢筋与混凝土之间的黏结力，对采用后张法的构件，可提高锚固端的局部承压承载力。

（2）收缩、徐变小。以减少因收缩、徐变引起的预应力损失。

（3）快硬、早强。尽早施加预应力，加快台座、锚具、夹具的周转率，以利加速施工进度。

因此，《混凝土设计规范》规定，预应力混凝土构件的混凝土强度等级不应低于C30。对采用钢绞线、钢丝、热处理钢筋作预应力钢筋的构件，特别是大跨度结构，混凝土强度等级不宜低于C40。

2. 钢材

在预应力混凝土构件中，使混凝土建立预压应力是通过张拉钢筋来实现的。钢筋在预应力混凝土构件中，从制造阶段开始，直到破坏，始终处于高应力状态。因此，预应力混凝土必然对它使用的钢筋提出较高的质量要求。它们归纳起来有四个方面：

（1）强度高。混凝土预压应力的大小，取决于预应力钢筋张拉应力的大小。为了使预应力混凝土构件在混凝土发生弹性回缩、收缩、徐变后仍然能够使混凝土建立较高的预压应力，即考虑到构件在制作过程中会出现各种应力损失，需要采用较高的张拉应力，这就要求预应力钢筋要有较高的抗拉强度。

（2）与混凝土间有足够的黏结强度。这一点对先张法预应力混凝土构件尤为重要，因为在传递长度内钢筋与混凝土间的黏结强度是先张法构件建立预压应力的保证。对于采用先张法的构件，当采用高强度钢丝时，其表面应经过"刻痕"或"压波"等措施进行处理，来增加与混凝土间具有足够的黏结强度。

（3）良好的加工性能。如良好的可焊性、钢筋经过冷镦或热镦后并不影响原来的物理力学性能等。

（4）具有一定的塑性。为了避免预应力混凝土构件发生脆性破坏，要求预应力钢筋在拉断前，具有一定的伸长率。当构件处于低温或受冲击荷载作用时，更应注意对钢筋塑性和抗冲击韧性的要求。一般要求极限伸长率>4%。

用于预应力混凝土构件中的预应力钢材主要有钢绞线、钢丝、热处理钢筋三大类。

8.3.2 夹具和锚具

预应力锚具是实现预应力的施加和预应力束的锚固的工具，是预应力混凝土施工工艺的核心部分。按锚固的预应力束类型的不同，锚具可分为：锚固粗钢筋的螺丝端杆锚具（见图8-4a）、锚固钢丝束的锚具、锚固钢绞线或钢筋束的锚具（见图8-4b）。按锚具使用的位置不同，锚具可分为固定端锚具和张拉端锚具两种。不同的锚具需配套采用不同形式的张拉千斤顶及液压设备，并有特定的张拉工序和细节要求。

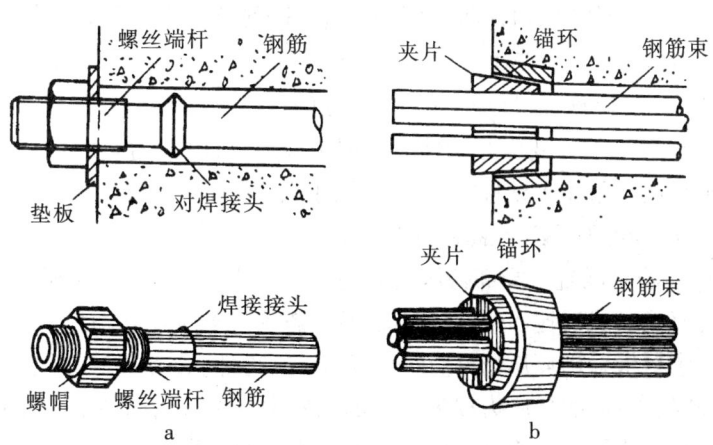

图 8-4

8.4 预应力损失与张拉控制应力

8.4.1 预应力损失

通过钢筋张拉建立起来的预应力不是全部有效的，实际的有效预应力将受种种因素影响而有所降低。在预应力混凝土构件施工及使用过程中，预应力钢筋的张拉应力值是在不断降低的，称为预应力损失。设计时要正确计算预应力损失值，施工时要尽量减少预应力损失，这是预应力结构的成败关键。

引起预应力损失的因素很多，一般认为预应力混凝土构件的预应力损失由六项构成。

(1) 预应力直线钢筋由于锚具变形和钢筋内缩引起的预应力损失 σ_{l1}，锚具变形越大，预应力损失亦越大。在施工中应选择锚具变形小或使预应力钢筋内缩小的锚具、夹具，并尽量少用垫板。

(2) 预应力钢筋与孔道壁之间的摩擦引起预应力损失 σ_{l2}，这种摩擦阻力距离预应力张拉端越远，影响越大，使构件各截面上的实际预应力有所减少。对于较长的构件可在两端进行张拉，可以减小这种损失。

(3) 混凝土加热养护时受张拉的预应力钢筋与承受拉力设备之间的温差引起的预应力损失 σ_{l3}。如果采用两次升温养护，先在常温下养护，待混凝土强度达到一定强度等级，再逐渐升温至规定的养护温度，这时可认为钢筋与混凝土已结成整体，能够一起胀缩而不引起应力损失。

(4) 钢筋应力松弛引起的预应力损失 σ_{l4}。钢筋的应力会随时间的增长而逐渐降低。进行超张拉，先控制张拉应力达 $1.05\sigma_{con} \sim 1.1\sigma_{con}$，持荷 $2 \sim 5min$，然后卸荷再施加张拉应力至 σ_{con}，这样可以减少松弛引起的预应力损失。

(5) 混凝土收缩、徐变引起的预应力损失 σ_{l5}。可以采用高标号水泥，减少水泥用量，降低水灰比，采用干硬性混凝土，采用级配较好的骨料，加强振捣，提高混凝土的密实性；加强养护，减少混凝土的收缩。

(6) 环形配筋对混凝土局部挤压引起的预应力损失 σ_{l6}。该项预应力损失的大小与环形构件的直径 d 成反比，直径越小，损失越大。当 $d \geq 3m$ 时，可忽略该项预应力损失，因此应尽量采用环形构件直径大于 $3m$ 的构件。

以上六种因素造成的预应力损失，有的只发生在先张法构件中，有的只发生于后张法构件中，有的两种构件均有，而且是分批产生的。为便于分析和计算，需要进行组合，见表 8-1。

表 8-1

预应力损失值的组合	先张法构件	后张法构件
混凝土预压前的损失（第一批）σ_{lI}	$\sigma_{l1}+\sigma_{l2}+\sigma_{l3}+\sigma_{l4}$	$\sigma_{l1}+\sigma_{l2}$
混凝土预压前的损失（第二批）σ_{lII}	σ_{l5}	$\sigma_{l4}+\sigma_{l5}+\sigma_{l6}$

8.4.2 张拉控制应力

张拉控制应力（σ_{con}）是指预应力钢筋在进行张拉时所控制达到的最大应力值，其取值直接影响预应力混凝土的使用效果。如果σ_{con}值取值过低，则预应力钢筋经过各种损失后，对混凝土产生的预压应力过小，不能有效地提高预应力混凝土构件的抗裂度和刚度；σ_{con}值定得越高，混凝土获得的预压应力也越大，预应力的效果就越高，可以达到节约材料的效益。但是σ_{con}值过高可能引起构件的延性较差、个别钢筋的应力超过屈服强度、在施工阶段会使构件开裂、混凝土局压破坏等。

根据长期积累的设计和施工经验，《混凝土设计规范》允许的张拉控制应力值如表 8-2 所示。

表 8-2

钢筋种类	张拉方法	
	先张法	后张法
预应力钢丝、钢绞线	$0.75f_{ptk}$	$0.75f_{ptk}$
热处理钢筋	$0.70f_{ptk}$	$0.65f_{ptk}$

注：①表中f_{ptk}为预应力钢筋的强度标准值；②预应力钢丝、钢绞线、热处理钢筋的张拉控制应力值不应小于$0.4f_{ptk}$。

8.5 预应力混凝土构件的一般构造

8.5.1 截面形式与尺寸

预应力混凝土受弯构件在建筑结构中的应用较为普遍，且类型也较多。其截面形式有矩形、T形、I形和倒L形等（见图 8-5）。由于预应力提高了构件的抗裂性能和刚度，截面的宽度和高度可以相对于非预应力构件小一些，其截面高度一般可取$\frac{1}{20} \sim \frac{1}{14}$，大致为非预应力钢筋混凝土梁的70%~80%。在确定预应力构件截面尺寸时，还要考虑到施工时的可能和方便，全面考虑锚具的布置、张拉设备的尺寸和端部局部受压承载力等方面的要求。

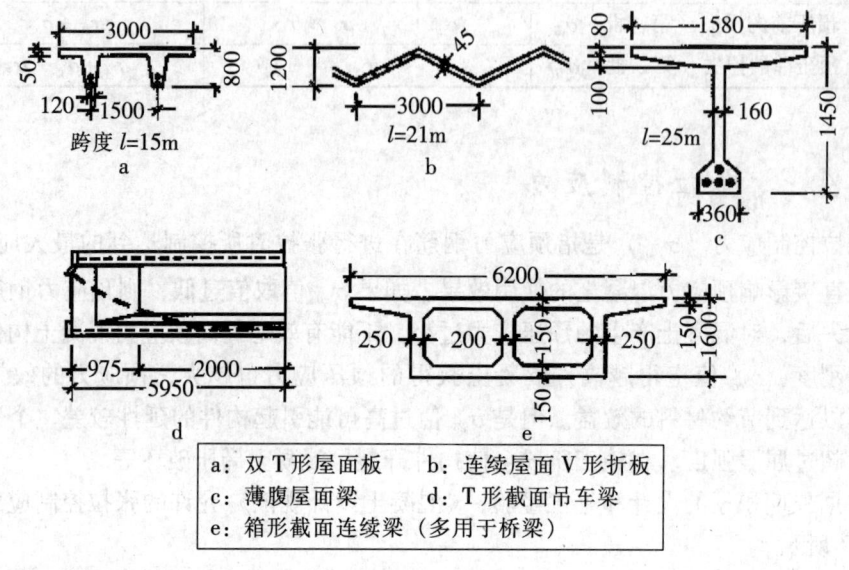

a：双T形屋面板　　b：连续屋面V形折板
c：薄腹屋面梁　　　d：T形截面吊车梁
e：箱形截面连续梁（多用于桥梁）

图 8-5

8.5.2 钢筋设置

1. 预应力钢筋

当受弯构件的跨度与荷载不大时，预应力钢筋一般采用直线布置，可采用先张法或后张法张拉，是最常用的配筋方式。当跨度和荷载较大时，如吊车梁及屋面梁，为防止施工预应力时构件端部截面中间产生纵向水平裂缝和减少支座附近主拉应力，宜在靠近支座处将预应力筋或部分预应力筋弯起，形成曲线式预应力筋的布置方式。此布置方式一般采用后张法张拉。有倾斜受拉边的梁，预应力钢筋可采用折线布置，一般可用先张法施工。

在预应力构件中，除配置预应力钢筋外，为了防止施工阶段因混凝土收缩、温差、施加预应力过程中引起预拉区裂缝，以及防止构件在制作、堆放、运输、吊装等过程中出现裂缝或减小裂缝的宽度，可在构件截面（预拉区）设置足够的非预应力钢筋。

在后张法预应力混凝土构件的预拉区和预压区，应设置纵向非预应力构造钢筋；在预应力钢筋弯折处，应加密箍筋或沿弯折处内侧布置非预应力钢筋网片，加强在钢筋弯折区段的混凝土。

对预应力钢筋在构件端部全部弯起的受弯构件或直线配筋的先张法构件，当构件端部与下部支撑结构焊接时,应考虑混凝土的收缩、徐变及温度变化所产生的不利影响,宜在构件端部可能产生裂缝的部位,应设置足够的非预应力纵向构造钢筋。

2. 先张法构件的构造要求

先张法预应力钢筋之间的净间距应根据浇筑混凝土、施加预应力及钢筋锚固要求确定。预应力钢筋之间的净距不应小于其公称直径或有效直径的1.5倍,且应符合下列规定。

对热处理钢筋和钢丝不应小于15mm;对三股钢绞线不应小于20mm;对七股钢绞线不应小于25mm。

当先张法预应力钢丝按单根配筋困难时,可采用相同直径钢丝并筋的配筋方式,并筋的等效直径,对双并筋应取单筋直径的1.4倍,对三并筋应取单筋直径的1.7倍。

钢筋的保护层厚度、锚固长度、预应力传递长度及正常使用极限状态验算均应按等效直径考虑。等效直径为与钢丝束截面面积相同的等效圆截面直径。

3. 后张法构件的构造要求

预制预应力构件孔道之间的水平净间距不宜小于50mm,孔道至构件边缘的净距不宜小于25mm,且不宜小于孔道直径的一半;在框架梁中曲线预留孔道在竖直方向的净向距不应小于孔道外径,水平方向的净间距不应小于1.5倍孔道外径。从孔壁算起的混凝土保护层厚度:梁底不宜小于50mm,梁侧不宜小于40mm;预留孔道的内径应比预应力钢筋束或钢绞线外径及需穿过孔道的锚具外径大10~15mm;在构件两端及跨中应设置灌浆孔或排气孔,其孔距不宜大于12m。

凡制作时需要起拱的构件,预留孔道宜随构件同时起拱。

后张法预应力钢筋的锚固应选用可靠的锚具,其制作方法和质量要求应符合国家现行有关标准的规定。

4. 端部混凝土的局部加强

构件端部尺寸,应考虑锚具的布置、张拉设备的尺寸和局部受压的要求,必要时应适当加大。在预应力钢筋锚具下及张拉设备的支撑处,应设置预埋钢垫板及构造横向钢筋网片或螺旋式钢筋等局部加强措施(见图8-6)。对外露金属锚具应采取可靠的防锈措施。

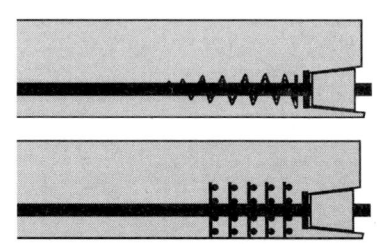

图8-6

后张法预应力混凝土构件的曲线预应力钢丝束、钢绞线束的曲率半径不宜小于4m。对折线配筋的构件,在预应力钢筋弯折处的曲率半径可适当减小。

在局部受压间接配筋配置区以外,在构件端部长度 L 不小于 $3e$(截面重心线上部或下部预应力钢筋的合力点至邻近边缘的距离），但不大于 1.2h（构件端部截面高度），高度为 2e 的附加配筋区范围内，应均匀配置附加箍筋或网片，其体积配筋率不小于 0.5%。

本章小结

预应力结构的重点在于理解预应力钢筋在构件破坏过程中的应变过程，以及对比分析混凝土的应变过程。只有这样才能理解预应力构件对于裂缝的控制、对于混凝土利用率的提高，以及高强钢筋与高强混凝土的应用价值。

预应力的施加采用常规的不同方法，先张法与后张法，不同的方法应用于不同的领域产生不同的效果。

在预应力施加于使用过程中，由于各种原因会产生不同的损失，在张拉过程中为了避免损失采用的方式、控制应力也会不同。正是由于预应力的特殊性，构件的构造也与普通混凝土结构有差异。

思 考 题

1. 预应力结构减小裂缝的原理是什么？
2. 如何施加预应力？各有哪些特点？
3. 预应力可以通过几种方式传递至结构上？
4. 什么是预应力损失，各种损失是怎么发生的？如何避免？
5. 什么是张拉控制应力？有什么意义？
6. 为什么预应力对于结构承载力的提高没有效果？

第九章　钢结构的基本构件与结构体系

学习导读

　　钢结构是指结构材料为钢材的结构体系。钢结构可以分为框架结构、框架支撑结构、桁架结构、排架结构、拱或悬索结构等多种形式。混凝土结构以现浇的整体式的结构构成为多，但钢结构均是预制的，因此除了钢结构构件自身的受力破坏问题之外，钢结构连接也是十分重要的。

　　混凝土构件截面尺度较大，基本不会发生失稳破坏，但钢结构构件则不然，纤细的截面使得构件往往在达到强度破坏之前就发生失稳破坏。因此说，稳定问题是钢结构设计中最为重要的问题。钢结构构件的失稳有很多种，在工程实践中的处理方式也有较大的差异，在学习中要注意区分。

　　钢结构计算较为复杂，所需力学知识较多，因此具体计算在本书中不过多介绍，请参照相关钢结构教材或手册。

关键概念

　　钢结构的构件与结构形式　钢结构的构件连接方式　钢结构的稳定问题

　　钢结构是由生铁结构逐步发展起来的，中国是最早用铁制造承重结构的国家，中国古代在金属结构方面已有卓越的成就。20世纪50年代后，钢结构的设计、制造、安装水平有了很大提高，建成了大量钢结构工程，有些在规模上和技术上已达到世界先进水平。

9.1　钢结构的结构体系

9.1.1　钢结构的适用范围

　　对于钢结构，在建筑中广泛使用的方面：①大跨度与承担动荷载的结构，这些结构跨度较大，震动荷载大，采用钢结构可以有效地降低结构的重量，同时还可以发挥钢结构对于动荷载的适应性。②高层与超高层建筑，由于层数较高，自重作用大，采用钢结构可以有效降低自重，提高建筑物平面的利用率。同时，由于高层建筑的地震反应比较大，采用钢结构还可以有效抵御地震荷载。③塔桅、输电线路塔架等高耸结构，这些结构是传统的钢结构。④容器、管道等壳体结构，由于密封性要求较高，采用钢结构是必然的要求。⑤装配式活动的房屋、移动式结构、轻型结构、简易结构。

9.1.2 钢结构的结构体系

1. 钢结构构件的形式

钢结构的构件有两种形式，普通截面与格构截面。

普通截面就是采用空腹矩形、"I"形、"十"形、圆形、"T"形等规则形状，以实腹钢板组合而成或由型钢直接形成。普通截面加工简单施工迅速，是大多数中小跨度、高度钢结构的首选截面形式。在很多高层建筑中，由于单一构件尺度并不大，因此多采用普通截面形式。对于普通截面钢结构梁的设计，也经常采用蜂窝式做法，在不影响抗剪能力的基础上，既可以保证各种管线的穿越，又可以减轻自重（见图9-1）。

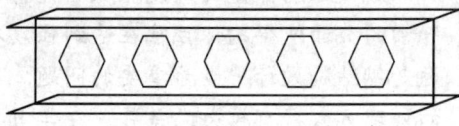

图9-1 蜂窝梁

钢结构中，中大型构件多采用格构式，即采用短小的钢构件以一定规则构成的桁架来形成可以承担宏观受压、受弯等作用的构件。大型结构中，格构式构件是主要的形式。这种格构式构件可以形成柱、梁、支架、拱等多种形式，可以有效地节省材料的用量，提高材料的使用效率。悉尼港湾大桥就是典型的格构式拱桥。

2. 钢结构体系的形式

与混凝土结构相比，钢结构的结构体系更加多样。从常规来看，钢结构有以下几种形式：

（1）钢框架结构。这是多层钢结构建筑的基本形式。由于钢材的特殊性能，钢框架结构的跨度更大，有效净空更高，可以获得更好的室内空间效果。

（2）框架支撑结构。这在高层建筑中有广泛的采用。由于框架结构侧向刚度较小，随着建筑物的增高，侧移较大，一般采用巨型钢桁架作为抗侧移构件，形成有效的侧向支撑。

（3）密柱筒与筒簇结构。钢结构不能形成真正意义的墙，但依靠密排柱列于有效的柱间连接，也可以达到筒的效果，位于美国芝加哥的希尔斯大厦就是该结构形式的经典建筑（见图9-2）。

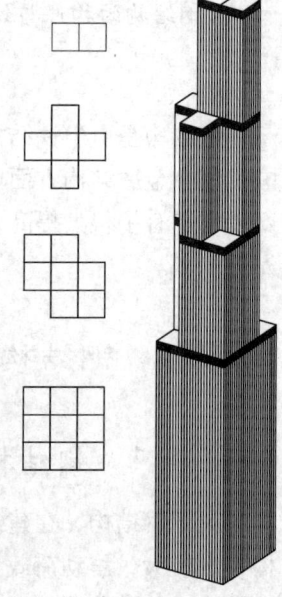

图9-2

(4) 桁架结构。桁架几乎就是钢结构最为理想的结构形式，空间的桁架体系也被称为网架，可以做成平面、曲面、双曲面等多种形式是体育馆的基本结构之一。桁架最大的问题是受压杆件的失稳，多变的荷载也可以使大多数的杆件成为某一种状态的受压构件。解决受压杆件的失稳，是桁架设计的重点（见图 9-3）。

图 9-3

(5) 排架结构。在大型工业厂房中多有采用，尤其是动荷载较大的重级工业厂房。

(6) 悬索与悬挂结构。只有钢结构才会形成悬索与悬挂结构。悬挂体系是指采用吊杆将高楼各层楼盖分段悬挂在主构架上，所构成的结构体系。主构架承担全部侧向和竖向荷载，并将它直接传至基础。在该结构中，钢拉杆由于不受杆件稳定要求的影响，强度能够充分发挥。悬挂体系采用钢结构，主构架虽然承受压弯，但是由于截面尺寸较大，压曲稳定影响甚小，强度能够充分发挥，吊杆是次构件，虽然截面尺寸小，由于仅承受拉力，强度也能得到充分发挥。悬挂体系中，除主构架落地外，其余部分均从上面吊挂，为实现底层的全开敞空间，提供了可能性，同时对于地震区高楼结构，采用悬挂体系，还可以减小地震作用，有利于提高结构的抗震可靠度。香港汇丰银行就是这一结构形式的典型代表（见图 9-4）。

图 9-4

(7) 钢—混凝土结构体系，钢结构与混凝土结构各具有相对的优势，因此，近几年逐渐兴起钢—混凝土组合结构的形式。钢与混凝土的组合结构除了前文中提到的劲性混凝土、钢管混凝土之外，一般是钢结构与钢筋混凝土结构的联合结构体系。依靠混凝土结构的特殊性结构——墙的作用，形成钢框架—混凝土剪力墙（筒）结构，如上海的金茂大厦就是这种结构。

9.2 钢结构的构件连接方式

大体来看钢结构的连接方法，有以下五种：

(1) 焊接。这是使用最普遍的方法，该方法对几何形体适应性强，构造简单，省材省工，易于自动化，工效高；但是焊接属于热加工过程，对材质要求高，对于工人的技术水平要求也高，焊接程序严格，质量检验工作量大。

（2）铆接。该方法传力可靠，韧性和塑性好，质量易于检查，抗动力荷载好；但是由于铆接时必须进行钢板的搭接，相对来讲费钢、费工。

（3）普通螺栓连接。这种方式装卸便利，设备简单，工人易于操作；但是对于该方法，螺栓精度低时不宜受剪，螺栓精度高时加工和安装难度较大。

（4）高强螺栓连接。此法加工方便，对结构削弱少，可拆换，能承受动力荷载，耐疲劳，塑性、韧性好的摩擦面处理，安装工艺略为复杂，造价略高。

（5）射钉、自攻螺栓连接。较为灵活，安装方便，构件无须预先处理，适用于轻钢、薄板结构，不能受较大集中力。

9.2.1 焊接连接

焊接是钢结构较为常见的连接方式，也是比较方便的连接方式。根据焊接的形式，焊缝可以分为对接（平接）焊缝、角焊缝和顶接焊缝三大类（见图9-5）。

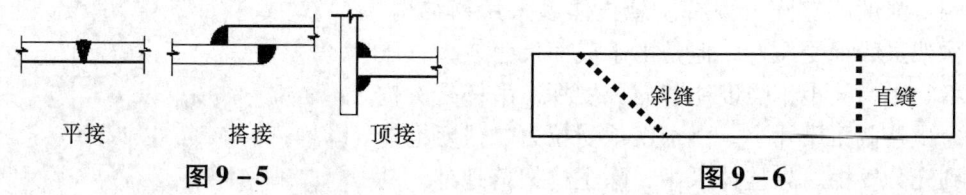

图9-5　　　　　　　　图9-6

1. 对接焊缝

对接焊缝按受力与焊缝方向分直缝，即作用力方向与焊缝方向正交；斜缝，即作用力方向与焊缝方向斜交两类（见图9-6）。从直观来看，直缝受拉、斜缝受拉与剪力的同时作用。

对接焊缝的优点是用料经济、传力均匀、无明显的应力集中，利于承受动力荷载；但也有缺点，需剖口，焊件长度要精确。

在厚度/宽度板对接时，在板的一面或两面切成坡度不大于1:4的斜面，避免应力集中（见图9-7）。对接焊缝的应力分布与焊件原来的应力分布基本相同。计算时，焊缝中最大应力（或折算应力）不能超过焊缝的强度设计值。

2. 角焊缝

角焊缝按受力与焊缝方向分端缝，即作用力方向与焊缝长度方向垂直，其受力后应力状态较复杂，应力集中严重，焊缝根部形成高峰应力，易于开裂，端

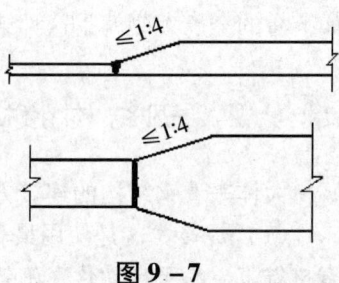

图9-7

缝破坏强度要高一些，但塑性差；侧缝，即作用力方向与焊缝长度方向平行，其应力分布简单些，但分布并不均匀，剪应力两端大，中间小，侧缝强度低，但塑性较好（见图9-8）。

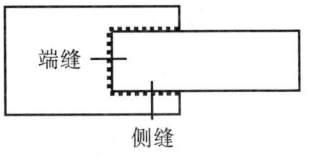

图9-8

h_f为焊缝的焊脚高度，而h_e为焊缝的喉部截面高度，是焊缝的计算尺度（见图9-9）。

$$h_e = h_f cos\alpha/2 \quad (a > 90)$$
$$h_e = 0.7 h_f \quad (a \leq 90)$$

其中：a为两焊脚边的夹角，h_f为焊脚尺寸。

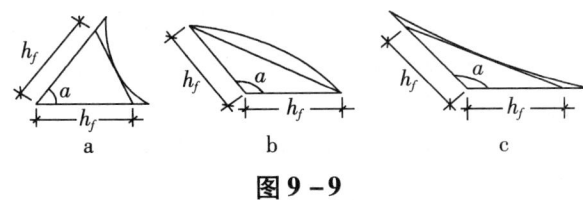

图9-9

3. 焊接应力与焊接变形

钢结构构件或节点在焊接过程中，局部区域受到很强的高温作用，在此不均匀的加热和冷却过程中产生的变形称为焊接变形，表现在构件局部的鼓起、歪曲、弯曲或扭曲等。

而在焊接后冷却时，焊缝与焊缝附近的钢材不能自由收缩，由此约束而产生的应力称为焊接应力。具体分为：纵向应力，即沿着焊缝长度方向的应力；横向应力，即垂直于焊缝长度方向且平行于构件表面的应力；厚度方向应力，即垂直于焊缝长度方向且垂直于构件表面的应力。

焊接应力对于焊接构件与结构的影响较大，会使结构提前发生屈服；对常温下承受静力荷载结构的强度虽然没有影响，但刚度会显著降低；而由于焊接应力使焊缝处于三向应力状态，在钢结构实际受力过程中，阻碍了塑性变形，裂纹易发生和发展；对于承受动荷载的构件，焊接应力会降低疲劳强度；对于受压杆件，焊接变形使杆件曲率增加，降低了压杆的稳定性。

焊接变形预应力问题对于焊接工艺影响很大，应尽可能避免。减少焊接应力和焊接变形应从四个方面着手：①采用适当的焊接程序，如分段焊、分层焊；②尽可能采用对称焊缝，使其变形相反而抵消；③施焊前使结构有一个和焊接变形相反的预变形；④对于小构件焊前预热、焊后回火，然后慢慢冷却，以消除焊接应力。合理的焊缝设计包括：①避免焊缝集中、三向交叉焊缝；②焊缝尺寸不宜太大；③焊缝尽可能对称布置，连接过度平滑，避免应力集中现象；④避免仰焊等。

9.2.2 铆接与螺栓连接

铆接与普通螺栓连接在受力效果上是相同的，只是施工方法的差异。而螺栓连接又可以根据受力效果分为普通螺栓与高强螺栓两大类。

1. 普通螺栓

普通螺栓是以承担剪力与拉力为传力方式的螺栓，可以分为精制（A、B，A级用于 M24 以下，B级用于 M24 以上）和粗制（C）两类。精制螺栓高，加工精度要求与成本较高，栓径与孔径之差为 0.5~0.8mm，I类孔，使用在构件精度很高的结构，机械结构以及连接点仅用一个螺栓或有模具套钻的多个螺栓连接的可调节杆件（柔性杆）上。粗制螺栓相对较低，栓径与孔径之差为 1~1.5mm，用于抗拉连接、静力荷载下抗剪连接、加防松措施后受风振作用抗剪、可拆卸连接以及安装螺栓、与抗剪支托配合抗拉剪联合作用等。

从螺栓的受力分析可以看到，对于承担剪力的普通螺栓与铆钉（以下统称螺栓）连接的构件，其受力的薄弱环节，需要注意：螺栓受剪并受侧向挤压作用，因此必须配置足够数量的螺栓以承担剪力；钢板孔挤压，一般钢材与螺栓材料相同，如果螺栓可以承担挤压应力，钢材亦可；钢材在螺栓削弱截面的拉力，这要十分注意，避免由于螺栓的削弱作用导致钢材被拉断；钢材在螺栓孔到端部的剪切作用，会产生钢材的破孔，也要注意。另外，使用连接板的，连接板也要注意以上作用。当螺栓穿过的钢板过多时，在侧向力的作用下，螺栓也会弯曲破坏（见图 9-10）。承担拉力的螺栓主要是被拉断。螺栓可以根据需要，采取不同的排列方式，并列式（如图 9-11a）、错列式（如图 9-11b）、单排或双排等多种形式。

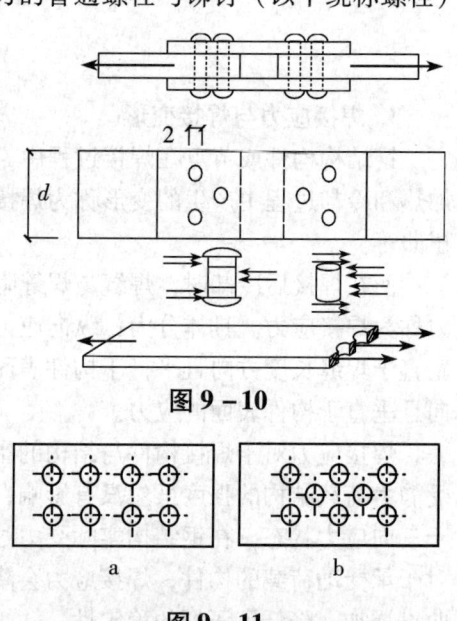

图 9-10

图 9-11

2. 高强螺栓

高强螺栓是在安装时将螺帽拧紧，使螺杆产生预拉力而压紧构件接触面，靠接触面的摩擦来阻止连接板相互滑移，以达到传递外力的目的。

高强螺栓按传力机理分摩擦型高强螺栓和承压型高强螺栓。这两种螺栓构造、安装基本相同。但是摩擦型高强螺栓靠摩擦力传递荷载，所以螺杆与螺孔之差可达

1.5~2.0mm。承压型高强螺栓传力特性是保证在正常使用情况下，剪力不超过摩擦力，与摩擦型高强螺栓相同。当荷载再增大时，连接板间将发生相对滑移，连接依靠螺杆抗剪和孔壁承压来传力，与普通螺栓相同，所以螺杆与螺孔之差略小些，为 1.0~1.5mm。

摩擦型高强螺栓的连接较承压型高强螺栓的变形小，承载力低，耐疲劳、抗动力荷载性能好。而承压型高强螺栓连接承载力高，但抗剪变形大，所以一般仅用于承受静力荷载和间接承受动力荷载结构中的连接。

9.3 钢结构构件的计算与构造

9.3.1 轴心受力构件

轴心受力构件包括轴心受压杆和轴心受拉杆。当偏心力作用非常小（一般认为偏心力作用产生的应力仅占总体应力的3%以下），就可以将其作为轴心受力构件。轴心受力构件广泛应用于各种钢结构之中，如网架与桁架的杆件、钢塔的主体结构构件、双跨轻钢厂房的铰接中柱、带支撑体系的钢平台柱等。

1. 轴心受力构件的特点和截面形式

轴心受力的构件可采用图 9-12 中的各种形式。a 类为单个型钢实腹型截面，一般用于受力较小的杆件。根据回转半径的不同，用作拉杆与压杆。b 类为多型钢实腹型截面，改善了单型钢截面的稳定各项异性特征，受力较好，连接也较方便。c 类为格构式截面，其回转半径大且各向均匀，用于较长、受力较大的轴心受力构件，特别是压杆。

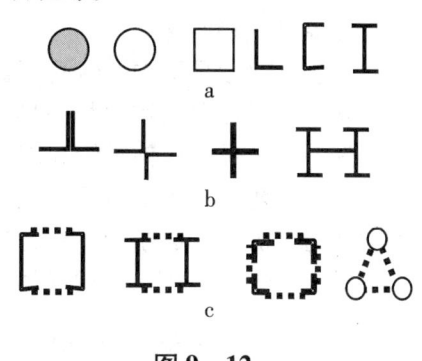

图 9-12

2. 轴心受拉构件

轴心受拉构件的强度计算公式为：$\sigma = N/A \leqslant f$，式中：N 为轴心拉力；A_n 为拉杆的净截面面积；f 为钢材抗拉强度设计值。

该公式适用于截面上应力均匀分布的拉杆。当拉杆的截面有局部削弱时，截面上的应力分布就不均匀，在孔边或削弱处边缘就会出现应力集中。但选用的钢材如果满足规定的塑性，以及截面开孔和削弱应有圆滑和缓的过渡时，当应力集中部分进入塑性后，内部的应力重分布会使最终拉应力分布趋于均匀。

轴心受拉构件也有刚度问题，为了避免拉杆在使用条件下出现刚度不足、横向振动以造成过大的附加应力，拉杆设计时应保证具有一定的刚度。普通拉杆的刚度按下

式用长细比 λ 来控制。对于施加预拉力的拉杆，其容许长细比可放宽到 1000。

3. 轴心受压构件

轴心受压构件的破坏形式有强度破坏、整体失稳破坏和局部失稳破坏三种形式。

轴心受压构件的截面若无削弱，基本不会发生强度破坏。轴心受压构件的强度计算方法同轴心拉杆。

整体失稳破坏是轴心受压构件的主要破坏形式，稳定极限承载力受到以下多方面因素的影响：构件不同方向的长细比、构件截面的形状和尺寸、构件材料的力学性能、构件残余应力的分布和大小、构件的初弯曲和初扭曲、构件荷载作用点的初偏心、构件支座并非理想状态的弹性约束力、构件失稳的方向等。

实腹式轴心受压构件的整体失稳又可以分为：弯曲失稳、扭转失稳和弯扭失稳三类，见图 9 – 13。轴心受压构件，不论实腹式还是格构式，均可按下式计算其整体稳定性：$N/\varphi A \leq f$。式中：A 为压杆的毛截面面积；φ 为轴心受压构件稳定系数，根据压杆的长细比和截面分类查相应的表格确定。

4. 局部失稳问题

实腹式轴心受压构件的受压翼缘和腹板与受弯构件的受压翼缘和腹板一样，都有局部稳定问题。轴心受压构件翼缘和腹板的局部稳定可以作为理想受压平板按屈曲问题来研究，也可以作为有初始挠度的受压平板按稳定极限承载力问题来研究。在设计中防止局部失稳的具体方法是限制翼缘和腹板的宽厚比，也可以采用加劲肋的形式。

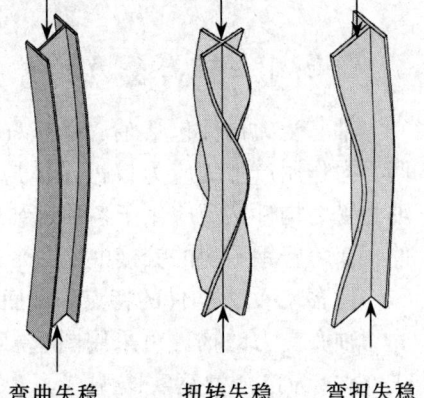

弯曲失稳　　扭转失稳　　弯扭失稳

图 9 – 13

9.3.2 柱脚的设计

柱脚的作用是把柱下端固定并将其内力传给基础。由于混凝土的强度远比钢材低，所以，必须把柱的底部放大，以增加其与基础顶部的接触面积。柱脚按其与基础的连接方式不同，又分为铰接和刚接两种。前者主要承受轴心压力，后者主要用于承受压力和弯矩。

常用的铰接柱脚的几种形式见图 9 – 14，主要用于轴心受压柱。当柱轴力较小时，可采用图 a 的形式，柱通过焊缝将压力传给底板，底板将此压力扩散至混凝土基础。底板是柱脚不可缺少的部分，在轴心受压柱柱脚中，底板接近正方形。当柱轴力较大时，需要在底板上采取加劲措施，以防在基础反力作用下底板抗弯刚度不够。另外，还应使柱端与底板间有足够长的传力焊缝，这时常用的柱脚形式如图 b、c、d 所示。柱端通过竖焊缝将力传给靴梁，靴梁通过底部焊缝将压力传给底板。靴梁成为放大的柱端，不仅增加了传力焊缝的长度，也将底板分成较小的区格，减小了底板在反力作用下的最大弯矩值。采用靴梁后，如底板区格仍较大因而弯矩值较大时，可采用隔板与肋板，这些加劲板又起到了提高靴梁稳定性的作用。图 c 是单采用靴梁的形式，b 和 d 是分别采用了隔板与肋板的形式。靴梁、隔板、肋板等都应有一定的刚度。此外，在设计柱脚焊缝时，要注意施工的可能性，如柱端、靴梁、隔板等围成的封闭框内，有些地方不能布置受力焊缝。

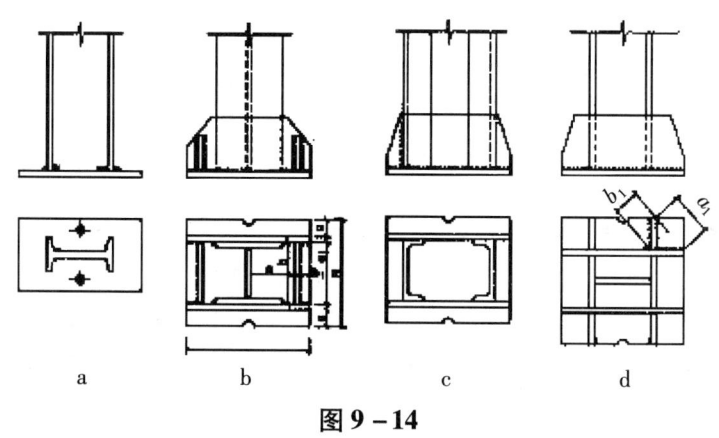

图 9-14

9.3.3 受弯构件的设计

1. 钢结构受弯构件的分类

钢结构受弯构件也比较常见，按弯曲变形状况分：单向弯曲构件，即构件在一个主轴平面内受弯；双向弯曲构件，即构件在两个主轴平面内受弯；按支撑条件分：简支梁、连续梁、悬臂梁。但实际在工程中，大多按截面构成方式分，有以下五类（见图 9-15）：

（1）实腹式截面梁（见图 9-15a）。型钢梁是通常采用的工字钢（I 形钢）或宽翼缘工字钢（H 形钢），槽钢和冷弯薄壁形钢等。工字钢和 H 形钢的材料在截面上的分布较符合受弯构件的特点，用钢较省。槽钢截面单轴对称，剪力中心在腹板外侧，绕截面受弯时易发生扭转。

（2）冷弯薄壁型钢（见图 9-15c）。多用在承受较小荷载的场合下，例如房屋建筑中的屋面檩条和墙梁。

（3）焊接组合截面梁（见图 9-15b）。由若干钢板或钢板与型钢连接而成。它截面布置灵活，可根据工程的各种需要布置成工字形和箱形截面，多用于荷载较大、跨度较大的场合。

(4) 空腹式截面梁（见图9-15d）。可以减轻构件自重，也方便了建筑物中管道的穿行。

(5) 组合梁（见图9-15e）。用钢筋砼和轧制型钢或焊接型钢构成。其中作为建筑物楼面、桥梁桥面的砼板，也作为梁的组合部分参与抵抗弯矩。

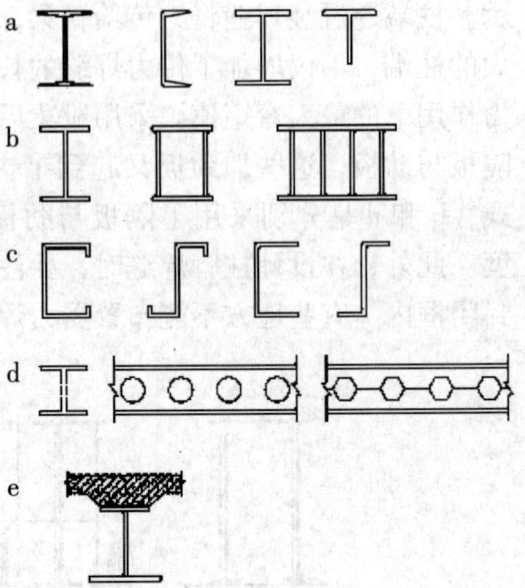

2. 梁格布置

梁格是由许多梁排列而成的平面体系，例如楼盖和工作平台等。梁格上的荷载一般先由铺板传给次梁，再由次梁传给主梁，然后传到柱或墙，最后传给基础和地基。

根据梁的排列方式，梁格可分成三种典型的形式：①简式梁格（见图9-16a）是只有主梁，适用于梁跨度较小的情况；②普通式梁格（见图9-16b）有次梁和主梁，次梁支撑于主梁上；③复式梁格（见图9-16c）是除主梁和纵向次梁外，还有支撑于纵向次梁上的横向次梁。

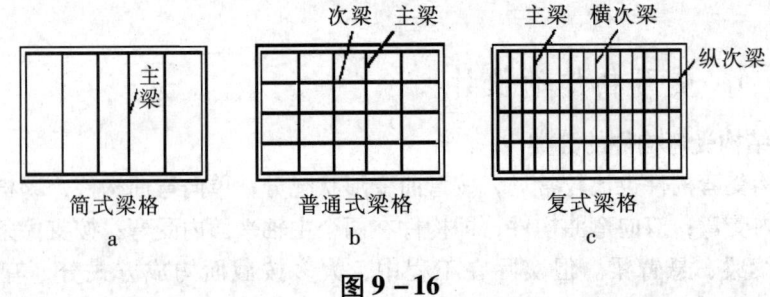

图9-15

图9-16

钢结构楼板的铺板可采用钢筋混凝土板、钢板或由压型钢板与混凝土组成的组合板。铺板宜与梁牢固连接使两者共同工作，可分担梁的受力而节约钢材，并增强梁的整体稳定性。

布置梁格时，在满足使用要求的前提下，应考虑材料的供应情况、制造和安装的条件等因素，对几种可能的布置方案进行技术经济比较，选定最合理而又经济的方案。

3. 梁的设计

钢结构梁的设计内容大致包括：强度计算、整体稳定、局部稳定和刚度计算。

一般说来，梁的设计步骤通常是先根据强度和刚度要求，同时考虑经济和稳定性等各个方面，初步选择截面尺寸，然后对所选的截面进行强度、刚度、整体稳定和局部稳定的验算。如果验算结果不能满足要求，就需要重新选择截面或采取一些有效的措施予以解决。

梁的强度计算除了包括常规梁的正应力、剪应力的计算外，还有局压应力与折算应力的计算。局压应力是指梁上荷载在局部产生的应力作用效果，而折算应力是指梁在多种内力共同作用下，所产生的复杂应力效果。

梁从平面弯曲状态转变为弯扭状态的现象称为整体失稳，也称弯曲失稳。能保持整体稳定的最大荷载称临界荷载，最大弯矩称临界弯矩。整体失稳是由于梁受压区失稳导致的。

受弯构件截面主要由平板组成，在设计时，从强度方面考虑，腹板宜高一些，薄一些；翼缘宜宽一些，薄一些；翼缘的宽厚比应尽量大。但如设计不当，则在荷载作用下受压应力和剪应力作用的腹板区及受压翼缘有可能偏离其正常位置而形成波形屈曲，即局部失稳。局部失稳的本质是不同约束条件的平板在不同应力分布下的屈曲。防止局部失稳，最直接的方法是增加腹板的厚度 t_w，但此法不很经济；可以设置加劲肋（见图9-17）作为腹板的支承，将腹板分成尺寸较小的区段，以提高其临界应力，该方法较为有效。

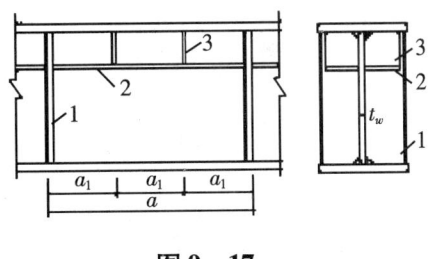

图 9-17

加劲肋按其作用可分为两种：一种是为了把腹板分隔成几个区格，以提高腹板的局部稳定性，称为间隔加劲肋；另一类除了上述的作用外，还有传递固定集中荷载或支座反力的作用，称为支承加劲肋。加劲肋宜在腹板两侧成对配置，也允许单侧配置（但相对较少使用），但支承加劲肋和重级工作制吊车梁的加劲肋不应单侧配置，加劲肋可以采用钢板或型钢制作。加劲肋应有足够的刚度，使其成为腹板的不动支承。

4. 腹板间隔加劲肋常用布置方式有以下几种：

（1）仅用横向加劲肋（有助于防止剪力作用下的失稳）。

（2）同时使用横向加劲肋和纵向加劲肋（有助于防止不均匀压力和单边压力作用下的失稳）。

（3）同时使用横向加劲肋和在受压区的纵向加劲肋及短加劲肋（有助于防止不均匀压力和单边压力作用下的失稳）。

支撑加劲肋作用在支座处，可以将梁的荷载传递至支座上。这种传递以剪力的方式进行传递，具体体现在两种模式：一种，依靠梁直接传递荷载，加劲肋只是保证两腹板的稳定。另一种，依靠加劲肋传递荷载，加劲肋起着双重作用。

梁的刚度是经过验算来保证的。

9.3.4 拉弯与压弯构件

构件受到沿杆轴方向的拉力（或压力）和绕截面形心主轴的弯矩作用，称为拉弯（或压弯）构件。如果只有绕截面一个形心主轴的弯矩，称为单向拉弯（或压弯）构件；绕两个形心主轴均有弯矩，称为双向拉弯（或压弯）构件。弯矩由偏心轴力引起的压弯构件也称作偏压构件。

1. 截面形式

如图9-18，按截面组成方式分为型钢（a、b）、钢板焊接组合截面型钢（c、g）、组合截面钢（d、e、f、h、i）；按截面几何特征分为开口截面，闭口截面（g、h、i、j）；按截面对称性分为单轴对称截面（d、e、f、n、p），双轴对称截面（其余各图）；按截面分布连续性分为实腹式截面（a~g）、格构式截面（k~p）。

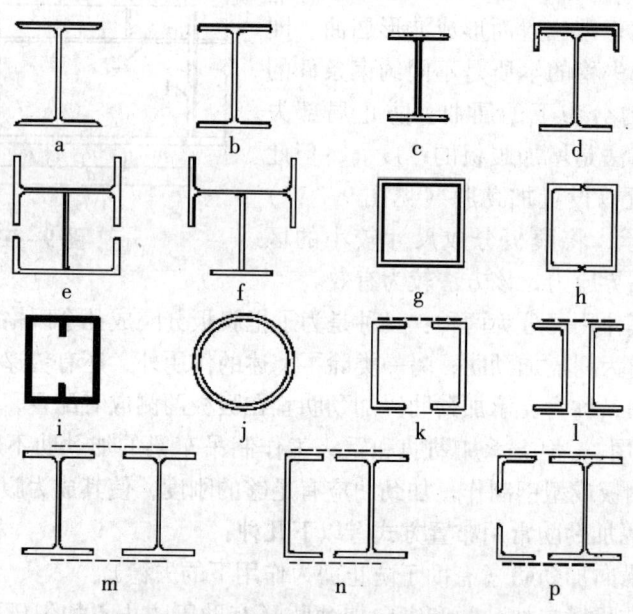

图9-18 拉弯与压弯构件的截面

2. 破坏形式

拉弯与压弯构件可以出现的破坏模式：

（1）强度破坏。强度破坏指截面的一部分或全部应力都达到甚至超过钢材屈服点的状况。

（2）整体失稳破坏。包括单向压弯构件弯矩作用平面内失稳，即在弯矩作用平面内只产生弯曲变形，不存在分支现象，属于极值失稳；单向压弯构件弯矩作用平面外失稳，即在弯矩作用平面外发生侧移和扭转，又称弯扭失稳。如构成各截面的几何与物理中心是理想直线，弯矩也只作用在一个平面内，这种失稳具有分支失稳的特点；双向压弯构件的失稳，即同时产生双向弯曲变形并伴随有扭转变形；局部失稳破坏，发生在压弯构件的腹板和受压翼缘，其产生原因与受弯构件局部失稳相同。

本 章 小 结

理解钢结构受力问题的重点在于两方面，连接与失稳。

连接包括焊接与螺栓连接，两种连接各有优势。焊接比较方便，但由于焊接应力的存在会产生焊接变形，同时焊接质量也是导致结构破坏的主要原因之一。螺栓连接有普通螺栓与高强螺栓两类，施工方便，传力性能稳定，但对于螺栓孔的加工精度要求比较高。

钢结构的各种构造，几乎是围绕着如何来防止失稳展开的。正确的理解稳定问题是理解钢结构的关键。保证该料的截面惯性矩、保证杆件的长细比、设计必要的侧向支撑与加劲肋可以有效地防治失稳破坏。

钢结构的计算需要较为深厚的力学知识，尤其是材料力学与结构力学的基础知识，本书不做过多的引申讨论。

思 考 题

1. 钢结构适用于哪些建筑体系？
2. 钢结构构件有哪些连接方式？各有什么优缺点？
3. 什么是焊接应力？如何减少焊接应力？
4. 高强螺栓的传力特点是什么？
5. 钢结构轴心受力构件的失稳破坏有哪几种？
6. 钢结构梁的加劲肋应如何布置？各起到什么作用？

第十章　结构的地基与基础

学习导读

　　对建筑工程，地基条件的好坏对基础影响很大，不同的地基以及不同的上部结构，所采用的基础形式会有较大的差异。地基的承载力，地基的压缩性，根据地基选择适当的基础形式、埋置深度以及基础底面，是地基基础设计的几个关键问题。

　　为了全面地了解地基的特性，对于土的了解也是必不可少的，包括土的构成、内部应力状况以及稳定性等。

　　土力学是一门独立的学科，本书所涉及的仅仅是一些基本的概念，更深入的学习与研究，需要阅读专门的土力学或工程地质方面的书籍。

关键概念

　　地基　土的构成　自重应力　附加应力　土的压缩性　土的强度与破坏　土坡稳定　基础选型与设计

　　自古以来，有很多建筑物因为地基与基础的问题，导致了严重的后果。意大利的比萨斜塔是举世闻名的由于地基沉陷导致建筑物倾斜的典型实例。但并不是所有的倾斜与沉陷都会成为风景，大多数的建筑都要为此付出惨重的代价（图10-1）。上海工业展览馆于1954年5月开工建设使用，到1957年，累计平均沉降量为140cm，不仅使散水倒坡，而且建筑物内外连接的水、暖、电管道断裂，都付出了相当大的代价。

图 10-1

10.1 地基的基本概念

10.1.1 地基

基础位于建筑的最下部，是建筑物的重要组成部分。基础承受建筑物的全部荷载，并将它们传给地基。地基不是建筑物的组成部分，它只是基础下面承受建筑物荷载的土层或岩层。

根据地基的形成，地基分为天然地基和人工地基两大类。天然地基是指具有足够承载能力、可以直接在上面建筑基础的天然土层。岩石、碎石、砂、石、黏性土等，一般均可作为天然地基。当天然土层的承载力较小，如为淤泥、冲填土、杂填土等，此时不能在土层上直接建造基础，必须对土层进行人工加固后，方可在其上建造基础，这种经人工加固的地基称做人工地基。

10.1.2 天然地基的构成

天然地基是指天然形成的土与岩石。土的物质成分包括构成土骨架的矿物颗粒及充填在孔隙中的水和气体。一般来说，土就是由颗粒（固相）、水（液相）和气（气相）所组成的三项体系。这三项之间不同的比例关系也就形成了不同的土的性质。当孔隙全部被水充满时，形成饱和土；当孔隙中只有空气时，即为干土。

1. 土的固体颗粒

土的固体颗粒（土粒）构成土的骨架，砂土和黏土是两种不同的土类，主要是由于它们的颗粒组成显著不同所致。工程上常以土中各个粒径组别的相对含量即各粒组占土粒总重的百分数表示土中颗粒的组成情况，这种相对含量称为颗粒级配。

2. 土中的水和气体

土中水可以处于液态、固态和气态。土中气态水，对土的性质影响并不大。土中水冻结成冰，形成冻土，其强度增大。但冻土融化后，强度急剧降低，并会形成融陷。

土中液态水可分为结合水和自由水。结合水（又称吸附水）是指受电分子吸引力吸附于土粒表面的土中水。自由水是存在于土粒表面电场范围以外的水，性质与普通水一样。自由水在土颗粒间隙中可以形成毛细水，其弯液面和土粒接触处的表面张力反作用于土粒，使土粒之间由于这种毛细压力而挤紧，土因而具有微弱的黏聚力，称为毛细黏聚力。

土中气体存在于土孔隙中未被水占据的空间，土的力学性质影响不大，但会使土的压缩性增大。

10.1.3 土颗粒的结构

土的颗粒结构是指土粒或土粒集合体的大小、形状、相互排列与联结等综合特征，一般分为单粒结构、蜂窝结构和絮状结构三种类型（见图10-2）。

 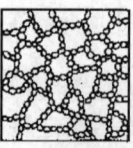 

土的单粒结构　土的蜂窝结构　土的絮状结构

图10-2　土的结构的三种基本类型

（1）单粒结构。单粒结构是由土粒在水或空气中下沉而形成的，全部由砂粒或更粗土粒组成的土，常具有单粒结构。颗粒间的分子引力相对很小，所以颗粒之间几乎没有联结。呈紧密状态单粒结构的土，强度较高，压缩性较小，是较为良好的天然地基。疏松单粒结构的土，土粒间的空隙较大，其骨架是不稳定的，当受到振动及其他外力作用时，土粒易于发生相对移动，引起很大的变形，未经处理一般不宜作为建筑物地基。

（2）蜂窝结构。蜂窝结构主要是较细的土粒（如粉粒）组成的结构形式。

（3）絮状结构。絮状结构是由黏粒集合体组成的结构形式。具有蜂窝结构和絮状结构的土，其土粒之间有着大量孔隙，结构不稳定，当其天然结构被破坏后，土的压缩性增大而强度降低。

10.1.4 地基土（岩）的分类

在工程中，地基的土（岩），可以按其构成分为岩石、碎石土、砂土、粉土、黏性土和人工填土。

（1）岩石类。是整体或具有裂缝的岩层。地基承载力高，按岩石的种类和风化程度确定承载力。如花岗岩、石灰岩等硬质岩石，属微风化程度，其地耐力可达4000kPa以上。

（2）碎石土。粒径大于2mm的颗粒含量超过了50%的土。根据粒径大小和占全重百分率分为漂石、块石、卵石、碎石、圆砾及角砾六种。碎石土抗冲刷力强，含水率增加时不影响其物理性能。允许承载力因密实程度的不同而变化。

（3）砂土。是粒径大于2mm的颗粒含量不超过全重50%，粒径大于0.075mm的颗粒超过全重50%的土。砂土又分为砾砂、粗砂、中砂、细砂、粉砂五种。

（4）黏性土。主要由粒径小于0.05mm的颗粒所组成，且其中粒径小于0.005mm的颗粒超过全重的3%~6%的土，称为黏性土。粒径小于0.005mm的颗粒在化学性质上具有内聚力，与水相互作用时表现出黏性，故称为黏粒。黏性土的含水量对其工程性质有重要影响。对于同一种黏性土，当其含量小于某一限度时，黏结力很强，呈坚硬的固态或半固态，强度很大。随着含水量增加，黏结力减弱，呈可塑状态。如果含水量增大到饱和则不再具有塑性,而开始呈流动状,力学强度急剧下降,甚至完全丧失。

(5) 粉土。粉土是性质介于黏性土和砂土之间的一种土。粉土的允许承载力与其孔隙比及含水量有关。孔隙比小和天然含水量小的粉土承载力高,反之承载力低。

(6) 人工填土。是经人工搬动后,又重新推填而形成的土。土层分布不规律、不均匀,压缩性高、浸水后湿陷,其承载力较低。人工填土分素填土、杂填土、冲填土三种。素填土是由碎石土、砂土、黏性土等组成的填土;杂填土含有垃圾杂物;冲填土是由水力冲填泥沙形成的沉积土。

此外,某些土类由于不同的地理环境、气候条件、地质成因、物质成因等原因,又具有与一般土类不同的特殊性质。如西北、山西、河南西部的湿陷性黄土,东北的季节性冻土、东南沿海的软黏土,广西、湖南、安徽等地的膨胀土等。

湿陷性黄土是指土体在一定压力下受水浸湿时产生湿陷变形量达到一定数值的土。该土在干燥时具有较高的承载力,但遇水后会迅速丧失承载力。

红黏土是指碳酸盐岩系出露的岩石,经红土化作用形成并覆盖于基岩上的棕红、褐黄等颜色的高塑性黏土,上硬下软,具明显的收缩性。我国的红黏土分布较广,以贵州、云南、广西等省区最为典型。

膨胀土一般是指黏粒成分主要由亲水性黏土矿物(以蒙脱石和伊力石为主)所组成的黏性土,在环境和湿度变化时,可产生强烈的胀缩变形,具有吸水膨胀、失水收缩的特性。已有的建筑经验证明,当土中水分聚集时,土体膨胀,可能对与其接触的建筑物产生强烈的膨胀上抬压力而导致建筑物的破坏;土中水分减少时,土体收缩并可使土体产生程度不同的裂隙,导致其自身强度的降低或消失。

多年冻土是指温度等于或低于零摄氏度、含有固态水且这种状态在自然界连续保持三年或三年以上的土。当自然条件改变时,会产生冻胀、融陷、热融滑塌等特殊不良地质现象及发生物理力学性质的改变。

但是在施工中,一般多以土(岩)的开挖难易程度,来具体分类,见表10-1。

表10-1

类别	土的名称	开挖方法
第一类(松软土)	砂,粉土,冲积砂土层,种植土,泥炭(淤泥)	用锹、锄头挖掘
第二类(普通土)	粉质黏土,潮湿的黄土,夹有碎石、卵石的砂,种植土,填土和粉土	用锹、锄头挖掘,少许用镐翻松
第三类(坚土)	软及中等密实黏土,重粉质黏土,粗砾石,干黄土及含碎石、卵石的黄土、粉质黏土,压实的填筑土	主要用镐,少许用锹、锄头,部分用撬棍

续表

类别	土的名称	开挖方法
第四类（砾砂坚土）	重黏土及含碎石、卵石的黏土，粗卵石，密实的黄土，天然级配砂石，软泥灰岩及蛋白石	先用镐、撬棍，然后用锹挖掘，部分用楔子及大锤
第五类（软石）	硬石炭纪黏土，中等密实的页岩、泥灰岩、白垩土，胶结不紧的砾岩，软的石灰岩	用镐或撬棍、大锤，部分用爆破方法
第六类（次坚石）	泥岩，砂岩，砾岩，坚实的页岩、泥灰岩，密实的石灰岩，风化花岗岩、片麻岩	用爆破方法，部分用风镐
第七类（坚石）	大理岩，辉绿岩，玢岩，粗、中粒花岗岩，坚实的白云岩、砾岩、砂岩、片麻岩、石灰岩，风化痕迹的安山岩、玄武岩	用爆破方法
第八类（特坚石）	安山岩，玄武岩，花岗片麻岩，坚实的细粒花岗岩、闪长岩、石英岩、辉长岩、辉绿岩，玢岩	用爆破方法

10.2 土中应力的分布

土的力学性质是地基基础设计的重要依据。土的力学性质，包括土中应力的大小和分布规律，土的压缩性等相对简单的理论，以及土的抗剪强度、土的极限平衡等复杂理论。本书仅针对简单理论做介绍。

土中应力按其产生的原因可分为自重应力和附加应力。由土的自重在地基内所产生的应力称做自重应力；由建筑物荷载或其他外荷载（如堆放在地面的材料、车辆等）在地基内产生的超出土中自重应力的部分应力称为附加应力。附加应力是引起土层中力学性质变化的主要因素。

10.2.1 土中自重应力

计算地基中自重应力时，可假设天然土体表面是水平的，在水平方向及地面以下都是无限大的，所以地基为半空间体。任一竖直平面均为对称面，无剪应力存在。根据剪应力互等定理，匀质土任意水平面上的剪应力都为零。

设地面以下土质均匀，天然重度为 γ，若求地面以下深度为 z 处的自重应力，可取横截面积为 $1m^3$ 的土柱计算。土柱所受的自重力为 $G = \gamma z$，即 z 处土的自重应力为 $\sigma = \gamma z$。可见，匀质土的竖向自重应力随深度线性增加，呈三角形分布；而沿水平面的自重应力则呈均匀分布（见图 10-3）。地下水位以下的透水土层中的自重应力，应减去土层所受到的浮力，不透水层中的自重应力应按其上覆盖土层的水与土总重计算。

对于具有分层结构的土中，深度 z 点处上部的不同土层厚度分别为 z_1、$z_2\cdots z_n$，相应的重度分别为 γ_1、$\gamma_2\cdots \gamma_n$，因此该点处的自重应力 $\sigma = \sum \gamma_i z_i$。

10.2.2 基底压力

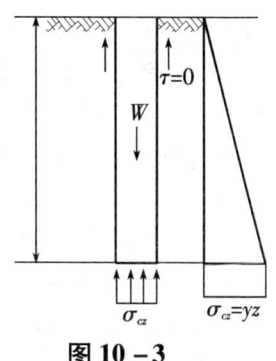

图 10-3

基底压力又称接触应力，它是建筑物的荷载通过基础传给地基的压力，也是地基作用于基础底面的反力，该反力用以进行基础结构的设计计算。

基底压力并非均匀地分布于基础底面。影响基底压力分布的因素有很多，除与基础的刚度、平面形状、尺寸和基础埋深有关，还与作用于基础的荷载大小及分布、土的性质等多种因素有关。

如果基础本身刚度远大于土的刚度，基底压力为马鞍形分布；如将该基础置于砂土表面上，基底压力呈抛物线形分布；如果将作用于该基础上的荷载加大，当地基接近破坏荷载时，应力图形又变为钟形（见图 10-4）。柔性基础（如路基）的刚度很小，其基底压力与上部荷载分布情况相同。如均匀受压时，基底压力均匀分布。一般建筑物基础的刚度介于上述刚性与柔性之间，基底压力的分布仍是不均匀的。目前还没有精确计算方法，一般采用简化计算方法。

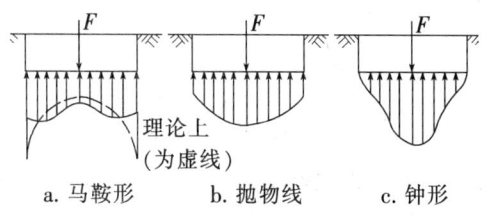

a. 马鞍形　　b. 抛物线　　c. 钟形

图 10-4

矩形基础在中心荷载作用下，基底压力假设为均匀分布，其平均压力值按下式计算（见图 10-5）：

$$P = (F + G)/A$$

其中：P 为基底的平均压应力；F 为结构传递给基础的力；G 为基础与其上部土层的自重；A 为基底面积。

偏心荷载分为单向偏心和双向偏心，常见的为单向偏心，即偏心荷载作用于矩形基底的一个主轴上，设计时通常将基底长边方向取与偏心方向一致，此时基底边缘的

最大压力 P_{max} 和最小压力 P_{min} 按下式计算：
$$P_{min}^{max} = (F+G)/A \pm M/W$$
其中：M 为作用于基础底面的力矩；W 为基础底面的抵抗矩；偏心距 $e=M/(F+G)$，因此可将上式化简为：
$$P_{min}^{max} = (F+G)(1 \pm 6e/l)/lb$$
其中：l 为矩形基础的长度；b 为矩形基础的宽度。

可以看出，当 $e<l/6$ 时，基底压力呈梯形分布；当 $e=l/6$ 时，基底压力呈三角形分布，可利用偏心荷载下的基底压力分布公式计算基底压力。当 $e>l/6$ 时，采用此公式计算将使地基与基础之间出现拉力，由于基底与地基间不能承受拉力，此时基底与地基局部脱开，而使基底压力重新分布，公式也不再适用。

根据静力平衡条件，偏心力应与三角形反力分布图的形心重合，并与其合力相等，由此可得基础边缘的最大压力为：
$$P_{max} = 2(F+G)/3ab$$
式中：a 为单向偏心荷载作用点至基底最大压力边缘的距离，$a=l/2-e$。

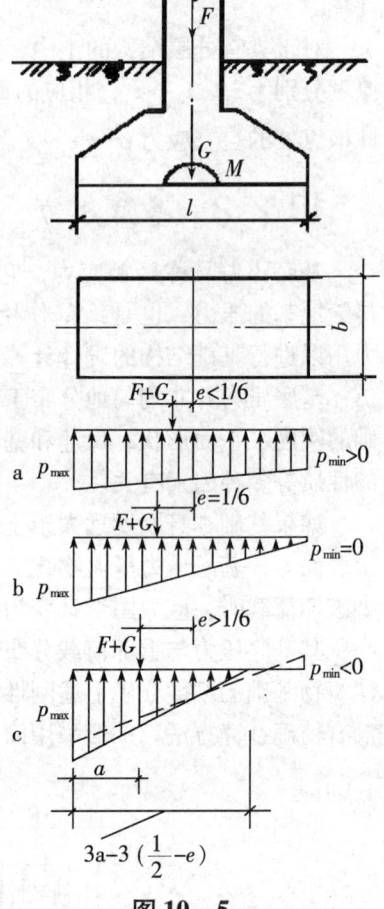

图 10-5

10.2.3 土中的附加应力

由建筑物荷载或其他原因在地基中产生的超出原地基内部土自重应力的应力称为地基附加应力。附加应力是引起地基内部产生受力变化的根本原因，是导致地基丧失承载力与产生沉陷的关键因素。

对地基做如下假设：地基土均匀连续、各向同性，地基是线性变形的半空间体。在此基础上，基底平均附加压力可以按下式计算：
$$P_0 = P - s_c = P - \gamma d$$
式中：P 为基底地基反向应力；s_c 为基底处自重应力；γ 为基底标高以上天然土层按分层厚度的加权重度；d 为基础埋置深度，简称基础埋深。

由公式可见，基础埋置深度与基地附加应力有着密切的关系，即基础埋置深度越深，基地的附加应力越小。因此加大基础埋深，可以有效降低基底所承受的附加应力的大小，保证地基的受力效果。

10.3 土的压缩性与地基沉降

10.3.1 土的压缩性

地基土在压力作用下体积缩小的特性称为土的压缩性。在一般压力作用下，土体的压缩变形主要是由于三个方面的原因：土颗粒发生相对移动，土中水及气体在外力的作用下从孔隙中排出，土颗粒和土中水被压缩。

土颗粒和水被压缩与土体的总压缩量之比很小，基本可以忽略不计。土中水及气体从孔隙中排出是土体受压产生变形的重要原因，土的压缩变形的快慢与土中水向周边的渗透速度有关。

地基土在外力作用下（附加应力）所产生的压缩也可以通过经验公式来进行计算。现有计算理论有弹性理论法、分层总和计算法、应力面积法等。

1. 弹性理论法

弹性理论法计算地基沉降，基本假定为地基是均质的、各向同性的、线弹性的半无限体；此外还假定基础整个底面和地基一直保持接触。该方法主要可以近似用来研究荷载作用面埋置深度较浅的情况。

2. 分层总和计算法

在分层总和法计算（见图 10 - 6）过程中应该明确：

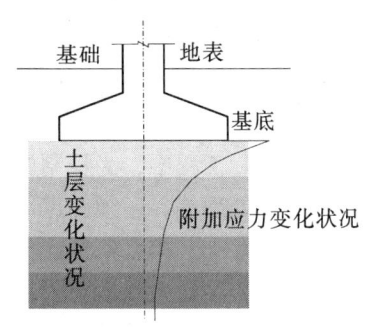

图 10 - 6

首先，不同的深度范围内，土层中的附加应力不同，随着深度的增加，土层中的附加应力是递减的。因此，在计算土层的压缩过程中，当土层中的附加应力所占自重应力的比例较小时（普通土 20% 以下，高压缩性土 10% 以下），就可以将其忽略。能够忽略附加应力的深度，就是计算土层压缩的深度范围，以下土层无需进行计算。

其次，由于土层分布的厚度、走向不均匀，因此在计算中要进行调整与忽略。所谓调整要注意对于不同的土层要分别计算其压缩量，对于较厚的土层要分层计算其压缩量；而所谓忽略就是对于岩层与土层走向的差异，在小范围内进行适当忽略。正因为如此，在地基设计中要注意，尽可能地避免地基的差异性过大。

3. 应力面积法

应力面积法是国家标准 GBJ7 - 89《建筑地基基础设计规范》中推荐使用的一种计算地基最终沉降量的方法。应力面积法一般按地基土的天然分层面划分计算土层，

第十章 结构的地基与基础

引入土层平均附加应力的概念，通过平均附加应力系数，将基底中心以下地基中 $z_{i-1} \sim z_i$ 深度范围的附加应力按等面积原则化为相同深度范围内矩形分布时的分布应力大小，再按矩形分布应力情况计算土层的压缩量，各土层压缩量的总和即为地基的计算沉降量。

地基的压缩计算较为复杂，对于地基具体的压缩计算，可以参考有关土力学的相关书籍。

10.3.2 控制地基的沉降量的意义

通常所谓的地基沉降量，是指地基的最终沉降量，即地基在建筑物荷载作用下达到压缩稳定时地基表面的沉降量。计算地基最终沉降量的目的，在于确定建筑物的最大沉降量、沉降差和倾斜，将其控制在容许范围以内，以保证建筑物的安全和正常使用。

地面均匀沉陷不会导致结构的大面积损坏，对于上部结构与建筑功能影响不大。但对于底层建筑，其影响是显而易见的，这不仅仅是地面下陷导致的功能受损，同时还伴有排水困难等严重问题。

而不均匀沉陷，将会导致更加严重的问题。结构由于不均匀沉陷会产生内应力的作用，而导致开裂甚至破坏、整体建筑会产生倾斜甚至倒塌，而对于垂直度要求极高的高层建筑，会由于微小的倾斜而报废，倾斜会导致电梯无法使用。

因此，对于建筑物来讲，地基沉降必须要控制在一定范围内，才可以保证建筑物的正常使用。

10.3.3 地基变形与时间的关系

在实际工程中，为控制施工速度，确定有关施工措施，预留变形尺寸，进行事故的预防及处理等，还须知道地基变形随时间的变化情况。地基变形随时间的变化情况与荷载的大小、排水条件、土的渗透性等因素有关。

粗粒的碎石土和砂土固结稳定所经历的时间是很短的，可以认为在外荷载施加完毕时，其固结变形已基本完成了；对于黏性土和粉土，完全固结所需的时间就比较长，例如厚饱和软黏土层，其固结变形需要几年甚至几十年时间才能完成。

因此，实践中一般只考虑黏性土和粉土的沉降与时间的关系。

10.4 地基承载力

10.4.1 地基土的强度

工程实践和试验分析都证实了土是由于受剪而产生破坏，剪切破坏是土体强度破坏的重要特点，因此，土的强度问题实质上就是土的抗剪强度问题。

土的抗剪强度是指土体对于外荷载所产生的剪应力的极限抵抗能力。在工程实践中与土的抗剪强度有关的工程问题主要有三类：

第一类是以土作为建造材料的土工构筑物的稳定性问题，如土坝、路堤等填方边坡以及天然土坡等的稳定性问题。

第二类是土作为工程构筑物环境的安全性问题，即土压力问题，如挡土墙、地下结构等的周围土体，它的强度破坏将造成对墙体过大的侧向土压力，以至于可能导致这些工程构筑物发生滑动、倾覆等破坏事故。

第三类是土作为建筑物地基的承载力问题，如果基础下的地基土体产生整体滑动或因局部剪切破坏而导致过大的地基变形，将会造成上部结构的破坏或影响其正常使用功能。

地基承载力是指地基承受荷载的能力。试验研究表明，在荷载作用下，建筑物地基的破坏通常是由于承载力不足而引起的剪切破坏。

10.4.2 地基破坏的过程

如图10-7所示，地基的破坏过程分为压密、剪切、破坏三个阶段。

1. 压密阶段

该阶段也被称为线弹性变形阶段，在这一阶段，应力p变形s曲线接近于直线，土中各点的剪应力均小于土的抗剪强度，土体处于弹性平衡状态。在这一阶段，基础的沉降主要是由于土的压密变形引起的。

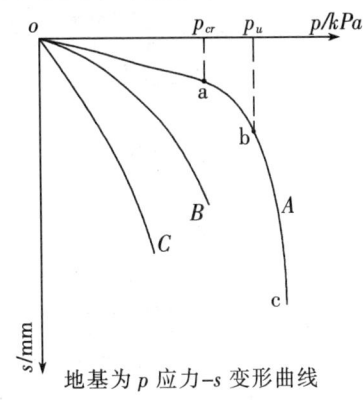

地基为p应力-s变形曲线

图10-7

2. 剪切阶段

阶段也被称为弹塑性变形阶段，在这一阶段$p-s$曲线已不再保持线性关系，沉降的增长率随荷载的增大而增加。在这个阶段，地基土中局部范围内（首先在基础边缘处）的剪应力达到土的抗剪强度，土体发生剪切破坏，这些区域也称塑性区。随着荷载的继续增加，土中塑性区的范围也逐步扩大，直到土中形成连续的滑动面。因此，剪切阶段也是地基中塑性区的发生与发展阶段。剪切阶段相当于$p-s$曲线上的ab段，而b点对应的荷载称为极限荷载。

3. 破坏阶段

当荷载超过极限荷载后，荷载板急剧下沉，即使不增加荷载，沉降也不能稳定，这表明地基进入了破坏阶段。在这一阶段，由于土中塑性区范围的不断扩展，最后在土中形成连续滑动面，土从基础四周挤出隆起，基础急剧下沉或向一侧倾斜，地基发生整体剪切破坏。破坏阶段相当于图 10-7 中 $p-s$ 曲线上的 bc 段。

10.4.3 地基破坏的形式

试验研究表明：地基剪切破坏的形式除了上述整体剪切破坏（见图 10-8a）以外，还有局部剪切破坏（见图 10-8b）和冲剪破坏形式（见图 10-8c）。

（1）局部剪切破坏的特征是，随着荷载的增加，基础下塑性区仅仅发展到地基某一范围内，土中滑动面并不延伸到地面，基础两侧地面微微隆起，没有出现明显的裂缝。其 $p-s$ 曲线如图 10-7 中的曲线 B 所示，在 $p-s$ 曲线上也有一个转折点，但不像整体剪切破坏那么明显，在转折点之后，$p-s$ 曲线仍呈线性关系。

（2）冲剪破坏又称刺入剪切破坏，其特征是随着荷载的增加，基础下土层发生压缩变形，基础随之下沉，当荷载继续增加，基础周围附近土体发生竖向剪切破坏，使基础刺入土中，而基础两边的土体并没有移动。刺入破坏的 $p-s$ 曲线如图中的曲线 C，在 $p-s$ 曲线上没有明显的转折点，也没有明显的比例界限及极限荷载。

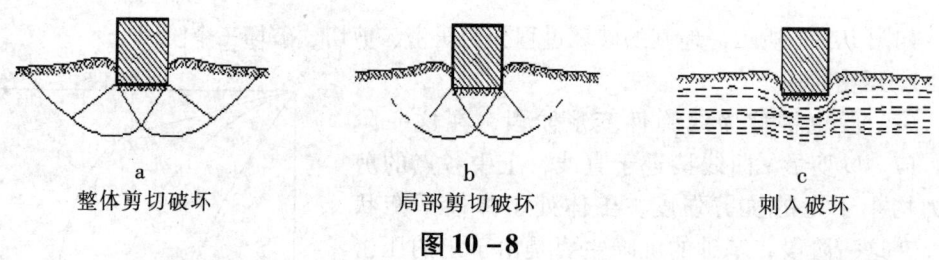

a 整体剪切破坏　　b 局部剪切破坏　　c 刺入破坏

图 10-8

（3）地基的破坏形式主要与土的压缩性、基础埋深、加荷速率等因素有关，一般地说，对于密实砂土和坚硬黏土将出现整体剪切破坏，而对于压缩性比较大的松砂和软黏土，将可能出现局部剪切或刺入剪切破坏；当基础埋深较浅、荷载快速施加时，将趋向于发生整体剪切破坏；若基础埋深较大，无论是砂性土或黏性土地基，最常见的破坏形态是局部剪切破坏。

10.4.4 地基承载力的定义

由于剪切破坏在工程计算中不是很方便，因此可以通过实验求得经验公式，将地基承载力转化为地基土单位面积上所能承受的荷载，以正压力的形式表达出来。这一过程可以根据载荷试验的 $p-s$ 曲线来确定，也可以根据设计规范确定。

10.5 土坡的稳定问题

10.5.1 土坡的稳定破坏

在实际工程中，会形成各种土坡。土坡可以分为两大类：可见土坡与不可见土坡。明露在地表的地势高差为可见土坡；而地表以下的，相邻基础地面的高差就形成了不可见土坡。

土坡会产生滑动失稳，进而坍塌，滑动土体与不滑动土体的界面称为滑裂面（见图10-9）。滑动失稳的原因一般有以下两类情况：

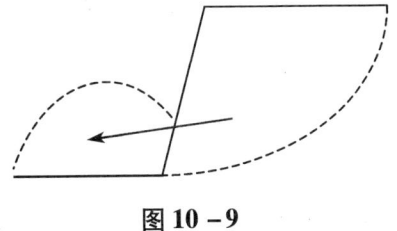

图10-9

首先，外界力的作用破坏了土体内原来的应力平衡状态。如基坑的开挖，由于地基内自身重力发生变化，改变了土体原来的应力平衡状态；又如路堤的填筑、土坡顶面上作用外荷载、土体内水的渗流、地震力的作用等也都会破坏土体内原有的应力平衡状态，导致土坡坍塌。

其次，土的抗剪强度由于受到外界各种因素的影响而降低，促使土坡失稳破坏。如外界气候等自然条件的变化，使土时干时湿、收缩膨胀、冻结、融化等，从而使土变松，强度降低；土坡内因雨水的浸入使土湿化，强度降低；土坡附近因打桩、爆破或地震力的作用将引起土的液化或触变，使土的强度降低。

10.5.2 土坡的设置

对于没有挡土结构的土坡，也不一定会产生失稳破坏，土在不采用挡土设施的情况下的直立高度，称为边坡土的自由高度，土质不同、地面荷载大小与性质不同、含水状况与地下水位的差异，会形成不同的土坡自由高度。当土表面高差超过限值时，就需要放坡或设置土壁支撑。

边坡可做成直线形（见图10-10a）、折线形（见图10-10b）或踏步形（见图10-10c）。

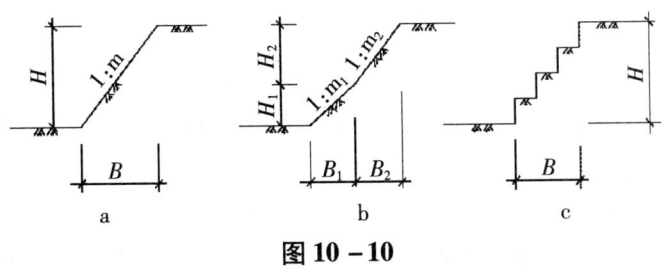

图10-10

土方边坡坡度以其高度 H 与其底宽度 B 之比表示土方边坡坡度式中，$m = B/H$，称为坡度系数。

对于不同的土在不同的状况下，自由高度与边坡是不同的，可以按经验数值确定，见表 10 – 2。

表 10 – 2

土的类别	放坡起点（m）	放坡坡度系数		
		人工挖土	机械挖土	
			坑内作业	坑上作业
一、二类土	1.20	1:0.50	1:0.33	1:0.75
三类土	1.50	1:0.33	1:0.25	1:0.67
四类土	2.00	1:0.25	1:0.10	1:0.33

10.5.3 土压力的种类

土坡失稳导致的破坏，是土的侧向压力所造成的土坡失稳。因此，要防止必须明确土的侧向压力的特点与量值，制作挡土结构，才能有效防止这种破坏的发生。作用在挡土结构上的土压力，按挡土结构的位移方向、大小及土体所处的三种极限平衡状态，可分为静止土压力、主动土压力和被动土压力（见图 10 – 11）。

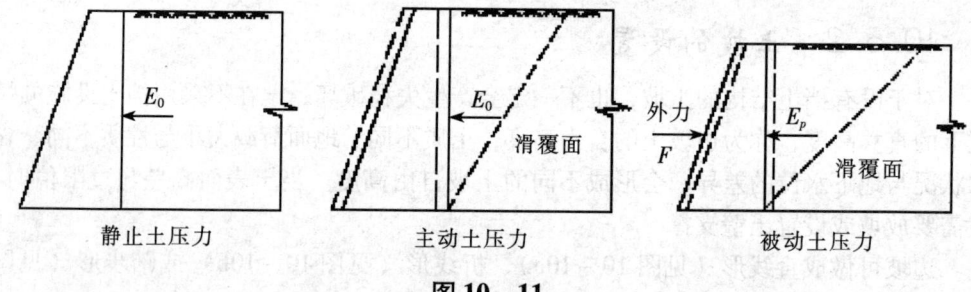

图 10 – 11

1. 静止土压力

如果挡土结构在土压力的作用下，其本身不发生变形和任何位移（移动或转动），土体处于弹性平衡状态，则这时作用在挡土结构上的土压力称为静止土压力。

2. 主动土压力

挡土结构在土压力作用下向离开土体的方向位移，随着这种位移的增大，作用在挡土结构上的土压力将从静止土压力逐渐减小。当土体达到主动极限平衡状态时，作用在挡土结构上的土压力称为主动土压力。

3. 被动土压力

挡土结构在荷载作用下向土体方向位移，使土体达到被动极限平衡状态时的土压力称为被动土压力。

在实际工程中，大部分情况下的土压力值均介于上述三种极限状态下的土压力值之间。土压力的大小及分布与作用在挡土结构上的土体性质、挡土结构本身的材料及挡土结构的位移有关，其中挡土结构的位移情况是影响土压力性质的关键因素。图 10-11 表示了土压力 E 与挡土结构位移 δ 之间的关系，由此可见产生被动土压力所需要的位移量大大超过产生主动土压力所需要的位移量。

10.5.4 土压力的计算

1. 静止土压力计算

静止土压力可根据半无限弹性体的应力状态进行计算。在土体表面下任意深度 z 处取一微小单元体，其上作用着竖向自重应力和侧压力，如图 10-12 所示，这个侧压力的反作用力就是静止土压力。根据半无限弹性体在无侧移的条件下侧压力与竖向应力之间的关系，该处的静止土压力强度 p_0 可按下式计算：

$$p_0 = K_0 \gamma_g$$

式中：K_0 为静止土压力系数，其值可用室内或原位试验确定；γ_g 为土体重度。

因此可知，静止土压力沿挡土结构竖向为三角形分布，如图 10-12 所示。如果取单位挡土结构长度，则作用在挡土结构上的静止土压力 E_0 为：

$$E_0 = \gamma_g h^2 K_0 / 2$$

其他土压力理论较为复杂，分为有两类，一类称为朗肯土压力理论，是朗肯（W. J. M. Rankine）

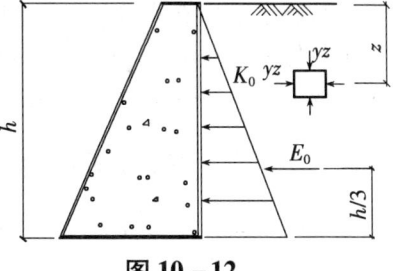

图 10-12

于 1857 年提出的；另一类称为库仑土压力理论，是库仑（C. A. Coulomb）于 1773 年建立的。

2. 朗肯土压力理论

朗肯土压力理论的基本假定是挡土墙背垂直、光滑，其后土体表面水平并无限延伸，土体内的任意水平面和墙的背面均为主应力平面（在这两个平面上的剪应力为零），作用在该平面上的反向应力即为主应力。根据墙后主体处于极限平衡状态的应用极限平衡条件，推导出了土压力计算公式。

3. 库仑土压力理论

库仑土压力理论的基本假定是挡土墙后土体为均匀的各向同性的无黏性土（$c =$

0）；挡土墙后产生主动或被动土压力时墙后土体形成滑动土楔，其滑裂面为通过墙根的平面；滑动土楔可视为刚体。

两种土压力理论的使用范围不同，朗肯理论适用于挡土墙背面垂直、光滑，墙后填土表面水平的情况，此时墙后的土可以是黏性土或砂土，土层可以是均质的或是分层的；而库仑理论则适用于土层为均质砂土，墙背面与土表面均可能出现倾斜角的情况。在不同的情况下，使用的理论不同，现在已经有学者研究使用将两者统一的经验公式。具体土压力的计算，请参考专门的《土力学》书籍。

根据计算所得的土压力，就可以设计挡土结构，防止土坡失稳破坏。

10.6 基础的设计原理

10.6.1 地基、基础与荷载的关系

建筑物的全部荷载是通过基础传给地基的。地基承受荷载的能力有一定的限度，地基每平方米所能承受的最大压力，称为地基允许承载力（也称为地耐力）。当基础传递给地基的荷载超过地基允许承载力时，地基将出现较大的沉降变形，甚至失去稳定而破坏。

当地基承载力不变时，建筑总荷载越大，在同样的基础埋深与地基承载力条件下，基础底面积要求越大；在基础底面不变的情况下，只能寻求更深的埋置深度，以减小附加应力的作用。因此，基础设计可以总结为：在上部结构、地基土层之间寻求埋置深度与基底面积之间的平衡。

10.6.2 基础的埋置深度

基础埋置深度是指室外设计地面至基础底面的距离。基础埋置深度的大小，直接影响着建筑物的工程造价、施工工期和施工技术措施，因此在满足强度、变形以及稳定性要求的前提下，基础应尽量浅埋。为防止自然因素或人为因素造成基础损伤，影响建筑的安全，基础顶面应低于室外设计地面 100mm。

根据基础埋置深度的不同，基础一般可分为浅基础和深基础：基础埋置深度为 500~5000mm 时，称为浅基础；超过 5000mm 时称为深基础。

决定基础埋置深度的因素很多，如工程地质状况、水文地质状况、土层的冻结深度以及相邻建筑物的基础埋深等。

（1）工程地质情况。基础必须建造在坚实可靠的地基土层上，不得设置在耕植土、淤泥等软弱土层上。

（2）水文地质情况。地下水位的高低、随季节的升降直接影响着地基承载力。

建筑物的基础应尽可能埋置在地下水位以上。如必须埋置在地下水位以下时，应将基础底面埋置在最低地下水位 200mm 以下，避免基础底面处于地下水位变化的范围之内。

（3）地基土的冻结深度。地面以下的冻结土层与非冻结土层的分界线称为冰冻线或称冻结深度。为了防止冻胀融陷产生的不均匀性，一般将基础底面埋置在冰冻线以下约 200mm。对于我国北方存在的永久冻土严寒地区，建筑物的地基宜坐落在永久冻土深度线以下。

相邻建筑物的基础埋置深度，在原有建筑物附近建造房屋时，要考虑新建建筑物荷载对原有建筑物基础的影响。一般新建建筑物基础的埋置深度，应小于原有建筑物的基础埋置深度，以保证原有建筑的安全。当新建建筑物基础的埋置深度必须大于原有建筑物基础时，两基础间应保持一定净距，一般为相邻基础底面高差的 1 ~ 2 倍（见图 10 – 13）。

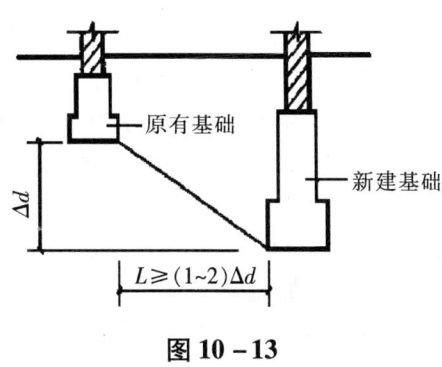

图 10 – 13

此外，对于新建建筑物的基础埋置深度，还应注意新建建筑物有无地下室、设备基础、地下设施，以及与周边市政设施的连接状况等进行综合考虑。

10.6.3 基础的稳定性

基础的稳定性是指建筑物的基础，当承受水平荷载很大时，基础是否会发生滑动；当建筑物较高或很轻，而水平荷载又较大时，建筑物会连同基础发生倾覆的问题。

为防止基础随土坡失稳，《建筑地基基础设计规范》规定，位于稳定土坡坡顶上的建筑，当垂直于坡顶边缘线的基础底面边长小于或等于 3m 时，其基础底面外边缘线至坡顶的水平距离应符合下式要求，但不得小于 2.5m。对于条形基础，如图 10 – 14：

$a \geq 3.5b - d/tg\beta$

矩形基础：

$a \geq 2.5b - d/tg\beta$

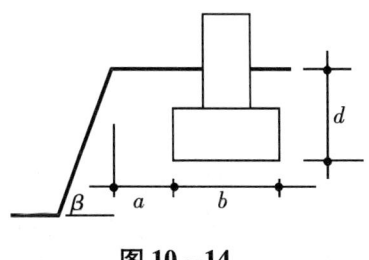

图 10 – 14

式中：a 为基础底面外边缘线至坡顶的水平距离；b 为垂直于坡顶边缘线的基础底面边长；d 为基础埋置深度；β 为边坡坡角。

10.6.4 基础的类型与构造

不同的建筑物、不同的上部结构、不同的荷载组合、不同的地质状况，需要不同的基础设计，以满足特殊的需要。对于上部结构来讲，在同一地区可能会有两栋完全相同的建筑，同一套图纸，但建筑物的下部结构会截然不同，从不会有基础相同的建筑。

1. 刚性基础与柔性基础

按基础所用材料及受力特点分类可以分为刚性基础与柔性基础。以承担压力为主的脆性材料所构筑的基础称为刚性基础，而以可以承担拉力的相对延性材料所构筑的基础为柔性基础。刚性基础仅能承担压力，而柔性基础在承担压力的同时还可以受弯。

对于刚性基础，为了满足地基承载力的要求，基础底面宽度（或面积）多远远大于上部墙或柱的宽度。上部结构荷载在基础上是沿着一定角度向下扩散的，这个角称为力的扩散角，也被称为基础的刚性角。当采用抗压强度高，抗拉、抗剪强度远低于其抗压强度的材料（如砖、石、混凝土等）做基础时，为保证基础不出现弯曲或冲切破坏，基础就必须具有足够的高度，保证基础底面宽度在力的扩散角范围内。凡受刚性角限制的基础称为刚性基础（见图10-15）。

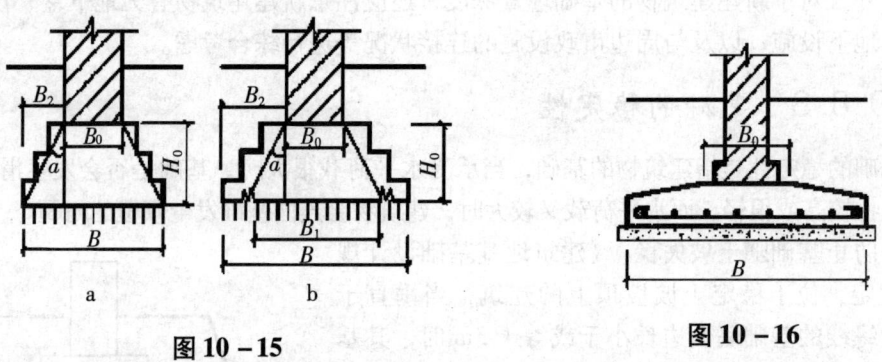

图 10-15　　　　　　　　　　　图 10-16

建筑物的荷载较大，地基承载力较小时，基础底面必须加宽。如果仍采用砖、石、混凝土做基础，为满足刚性角的要求，基础必须有相应的高度，这样势必加大基础的埋置深度，既不经济，施工又麻烦。如果在混凝土基础的底部配置钢筋，利用钢筋来承受拉应力，基础可承受较大的弯矩。不受刚性角限制的基础，称为柔性基础（见图10-16）。柔性基础可以承担弯矩的作用，可以将基础高度降低，在满足承载力的条件下，减少埋置深度，降低工程成本。

2. 常规基础的形式

基础构造形式取决于建筑物的上部结构类型、荷载大小及地基土质情况。

(1) 条形基础。当建筑物为墙承重结构时,基础沿墙体连续设置成长条形,称为条形基础或带形基础。这种基础整体性好,可防止或减缓基础的不均匀沉降。条形基础多为砖、石、混凝土基础,也可采用钢筋混凝土条形基础。采用砖、石、混凝土等脆性材料的条形基础,其横截面应符合刚性角的基本要求。

当地基条件较差或上部荷载较大时,为提高建筑物的整体刚度,避免不均匀沉降,常将两个方向用条形基础接起来,形成十字交叉的井字形基础,又称柱下交梁基础(见图10-17)。

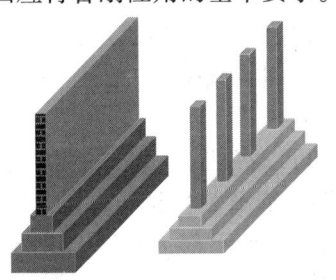

(2) 独立基础。当建筑物为柱承重结构,且柱距较大时,基础常采用单独基础,称独立基础、杯形基础或柱下独立式基础。

独立基础受力各自独立,因此对其设计也是各自独立的,

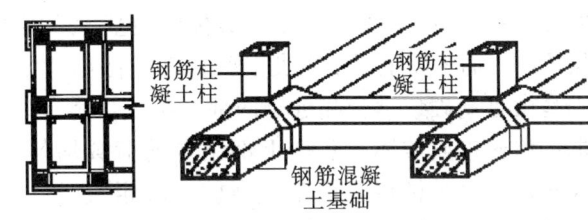

图10-17 条形基础与交叉梁基础

独立基础易产生不均匀沉降,且每个基础的底面积埋置深度均可能不同。由于独自受力,对于岩层变化剧烈的地基,基础之间容易形成高差过大而导致滑坡,施工中应特别加以注意。

(3) 满堂基础。当上部荷载较大,地基承载力又差,采用前述基础类型难以满足建筑物的整体刚度和地基变形要求时,可将墙或柱下基础做成一块整板,称为满堂基础。

满堂基础按其结构形式不同主要有筏式基础和箱形基础两种(见图10-18)。①筏形基础按结构形式分为板式结构和梁板式结构两类。前者板的厚度较大,构造简单;后者板的厚度较小,经济且受力合理,但板顶不平,在地面铺设前应将梁间空格填实或在梁间铺设预制钢筋混凝土板。片筏基础就像在水中漂流的木筏,将井格式基础下用钢筋混凝土板连成一片,大大地增加了建筑物基础与地基的接触面积,适合于软弱地基。②箱形基础是由顶板、

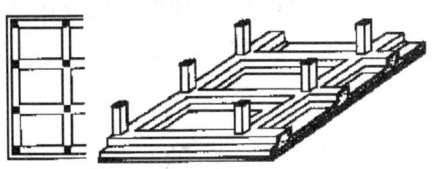

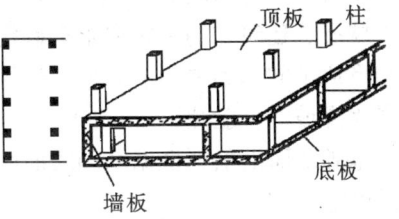

图10-18 筏板基础与箱形梁基础

底板和纵横墙隔板组成,整体现浇而成的盒状基础。箱形基础刚度大、整体性好,且内部中空部分可形成地下室,多用于高层建筑以及需设地下室的建筑中。

(4)桩基础。当建筑物荷载较大、地基的软弱土层厚度在 5000mm 以上,对沉降限制要求较严的建筑物或对围护结构等几乎不允许出现裂缝的建筑物,往往采用桩基础。桩基础可以节省基础材料,减少土方工程量,改善劳动条件,缩短工期。

桩按传力方式不同,可以将桩分为端承桩和摩擦桩两类:①端承桩通过桩端将上部荷载传给较深的坚硬土层,适用于表层软弱土层不太厚,而下部为坚硬土层的地基情况(见图 10-19a)。②摩擦桩通过桩表面与周围土壤的摩擦力和桩尖的阻力将上部荷载传给地基,适用于软弱土层较厚,而坚硬土层距地表很深的地基情况。大多数桩基础是由桩基础、承台和桩群两部分组成。承台设于桩顶,把各单桩连成整体,并把上部结构的荷载均匀地传递给各根桩,再由桩传至地基。当桩比较粗大时,尤其桩的直径已经大于柱的对角线时,可以不设承台,直接将柱坐落于桩上,也被称为墩台式基础(见图 10-19b)。

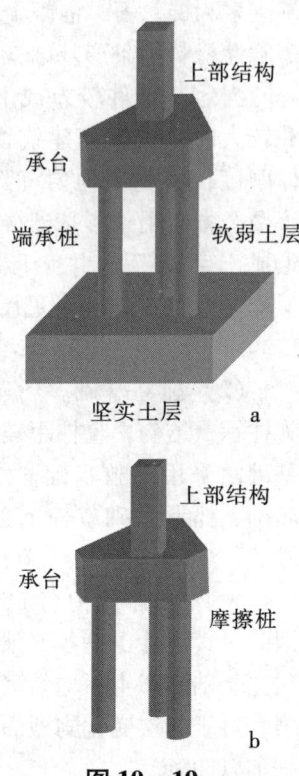

图 10-19

10.7 独立基础的设计计算

独立基础的设计是各种其他基础设计的基础。独立基础是多层框架结构与排架结构常用的基础形式,相对于其他基础类型,设计较为简单。根据上部结构的需要,独立基础可以设计成杯口基础,适于预制柱结构;台阶式整体基础,适于现浇柱结构。

10.7.1 基础的埋置深度与基础底面面积

基础的埋置深度的选择与其他基础相同,主要依据地基土层的分布情况、当地的气候状况、建筑物的特定要求来确定。每一个独立基础可以采用不同的埋置深度,因此会形成不同基础之间的高差。这种高差在施工处理中相对复杂,要充分考虑基础之间产生滑坡的可能性。

基础底面面积则根据基础底面荷载、地基强度、基础埋深、沉降控制要求等指标共同确定。

10.7.2 基础高度

基础高度应满足两个要求：构造要求与混凝土受冲切承载力的要求。构造要求是规范的基本要求。而所谓冲切，与刚性基础的刚性角类似，是指柱与基础交接处，由于柱的轴向力向混凝土内扩散所形成的对于混凝土的冲切破坏。

试验结果表明，当基础高度（或变阶处高度）不够时，柱传给基础的荷载将使基础发生冲切破坏，即沿柱边大致成45°方向的截面被拉开而形成图中角锥体破坏（见图10-20）。为了防止冲切破坏，必须使冲切面外的地基反力所产生的冲切力小于或等于冲切面处混凝土的受冲切承载力。

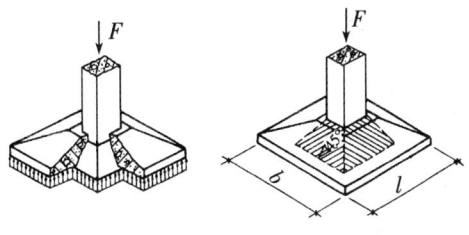

图 10-20

对矩形截面柱的矩形基础，在柱与基础交接处以及基础变阶处的受冲切承载力可按下列临界公式计算：

$$F_l = 0.7 f_t b_m h_0$$
$$F_l = p_s A$$
$$b_m = (b_t + b_b)/2$$

式中：b_t 为冲切破坏锥体最不利一侧斜截面的上边长；当计算柱与基础交接处的受冲切承载力时，取柱宽；当计算基础变阶处的受冲切承载力时，取上阶宽。b_b 为冲切破坏锥体最不利一侧斜截面的下边长；当计算柱与基础交接处时，取柱宽加两倍基础的有效高度；当计算变阶处时，取上阶宽加两倍该处的基础有效高度。b_m 为冲切破坏锥体斜截面的上边长 b_t，下边长 b_b 的平均值。h_0 为基础冲切破坏锥体的有效高度。f_t 为混凝土抗拉强度设计值。A 为考虑冲切荷载时取用的多边形面积，即冲切体外侧的基底面积。p_s 为在荷载设计值作用下基础底面单位面积上的土反力（可扣除基础自身重力及其上面土的重力），当为偏心荷载时可取最大的单位面积上的反力。

设计时，一般是根据构造要求先假定基础高度，然后按公式验算。如不满足，则应将高度增大重新验算，直至满足。当基础底面落在45°线（即冲切破坏锥体）以内时，可不进行受冲切验算。

10.7.3 独立基础设计原理

在计算基础底板受力钢筋时，以地基净反力 P_n 来计算。这是由于地基土反力的合力与基础及其上方土的自重力相抵消，因此这时地基土的反力中不应计入基础及其上方土的重力。

基础底板在地基净反力作用下，在两个方向都将产生向上的弯曲，因此需在底板两个方向都配置受力钢筋。配筋计算的控制截面一般取柱与基础交接处或变阶处（对阶形基础），计算弯矩时，把基础视作固定在柱周边变阶处（对阶形基础）的四面挑出的悬臂板进行设计。

10.7.4 独立基础的构造

轴心受压基础的底面一般采用正方形。偏心受压基础的底面应采用矩形，长边与弯矩作用方向平行，长、短边长的比值在1.5~2.0之间，不应超过3.0。锥形基础的边缘高度不宜小于300mm，阶形基础的每阶高度宜为300~500mm。

混凝土强度等级不应低于C15，常用C15或C20。基础下通常要做素混凝土（一般为C10）垫层，厚度一般采用100mm，垫层面积比基础底面积大，通常每端伸出基础边100mm。

底板受力钢筋一般采用HRB335或HPB235级钢筋，其最小直径不宜小于8mm，间距不宜大于200mm。当有垫层时，受力钢筋的保护层厚度不宜小于35mm，无垫层时不宜小于70mm。

基础底板的边长大于3m时，沿此方向的钢筋长度可减短10%，但应交错布置。

对于现浇柱基础，如与柱不同时浇灌，其插筋的根数与直径应与柱内纵向受力钢筋相同。插筋的锚固及与柱的纵向受力钢筋的搭接长度应符合设计规范的规定。

对于预制的杯口基础，预制柱插入基础杯口应有足够的深度 h_1，使柱可靠地嵌固在基础上，插入深度应满足有关要求。同时 h_1 还应满足柱纵向受力钢筋锚固长度的要求和柱吊装时稳定性的要求，即应使 $h_1 \geq 0.05$ 倍柱长（指吊装时的柱长）。除了插入的深度，对于预制基础的杯底厚度 a_1 和杯壁厚度 t 也有相关要求，详见有关规范。

本章小结

地基是建筑物下面的土层与岩层，基础是连接建筑物与地基的过渡结构。基础设计就是根据建筑物的荷载于地基的基本状况，寻求平衡。

基础设计包括强度设计、变形设计两方面，是根据岩（土）层的分布状况选择基础的埋置深度、基础底面的过程。有关原理，如土体的强度、压缩性、稳定等，均可以参照有关书籍来进一步的学习。但这其中附加应力的理论最为重要，是地基中的附加应力导致了土体/岩层的变化，是学习地基基础理论的出发点。

独立基础的设计具有典型意义，掌握其过程，可以为学习其他基础的设计奠定基础。

思 考 题

1. 什么是地基？什么是基础？
2. 不同的土颗粒构成对于地基的承载力有什么影响？
3. 土中的自重应力是如何分布的？
4. 什么是附加应力？计算附加应力的意义在哪里？
5. 什么是土体的强度？在外力的作用下，土的破坏有哪几种？
6. 土体的压缩变形有什么特点？
7. 土坡为什么会失稳？如何防止土坡失稳？
8. 简述朗肯和库仑土压力理论。
9. 基础埋置深度与哪些因素有关？
10. 什么是刚性基础？什么是刚性角？
11. 什么是独立基础的冲切问题？如何防止冲切破坏？
12. 简述独立基础的设计过程。

附录一：特定词语的解释

永久荷载（permanent load）
在结构使用期间，其值不随时间变化，或其变化与平均值相比可以忽略不计，或其变化是单调的并能趋于限值的荷载。

可变荷载（variable load）
在结构使用期间，其值随时间变化，且其变化与平均值相比是可以忽略不计的荷载。

偶然荷载（accidental load）
在结构使用期间不一定出现，一旦出现，其值很大且持续时间很短的荷载。

荷载代表值（representatives values of a load）
设计中用以验算极限状态所采用的荷载量值，例如标准值。

设计基准期（design reference period）
为确定可变荷载代表值而选用的时间参数。

标准值（characteristic value/nominal value）
荷载的基本代表值，为设计基准期内最大荷载统计分布的特征值。

组合值（combination value）
对可变荷载，使组合后的荷载效应在设计基准期内的超越概率，能与该荷载单独出现时的相应概率趋于一致的荷载值；或使组合后的结构具有统一规定的可靠指标的荷载值。

准永久值（quasi-permanent value）
对可变荷载，在设计基准期内，其超越的总时间约为设计基准期一半的荷载值。

荷载设计值（design value of a load）
荷载代表值与荷载分项系数的乘积。

荷载效应（load effect）
由荷载引起结构或结构构件的反应，例如内力、变形和裂缝等。

荷载组合（load combination）
按极限状态设计时，为保证结构的可靠性而对同时出现的各种荷载设计值的规定。

基本组合（fundamental combination）
承载能力极限状态计算时，永久作用和可变作用的组合。

偶然组合（accidental combination）

承载能力极限状态计算时，永久作用、可变作用和一个偶然作用的组合。

标准组合（characteristic/nominal combination）

正常使用极限状态计算时，采用标准值或组合值为荷载代表值的组合。

频遇组合（frequent combinations）

正常使用极限状态计算时，对可变荷载采用频遇值或永久值为荷载代表值的组合。

准永久组合（quasi-permanent combinations）

正常使用极限状态计算时，对可变荷载采用准永久值为荷载代表值的组合。

等效均布荷载（equivalent uniform live load）

结构设计时，楼面上下连续分布的实际荷载，一般采用均布荷载代替；等效均布荷载系指其在结构上所得的荷载效应能与实际的荷载效应保持一致的均布荷载。

从属面积（tributary area）

从属面积是在计算梁柱构件时采用，它是指所计算构件负荷的楼面面积，它应由楼板的零线划分，在实际应用中可作适当简化。

动力系数（dynamic coefficient）

承受动力荷载的结构或构件，当按静力设计时采用的系数，其值为结构或构件的最大动力效应与相应静力效应的比值。

基本雪压（reference snow pressure）

雪荷载的基准压力，一般按当地空旷平坦地面上积雪自重的观测数据，经概率统计得出50年一遇的最大值确定。

基本风压（reference wind pressure）

风荷载的基准压力，一般按当地空旷平坦地面上10m高度处10min平均的风速观测数据，经概率统计得出50年一遇最大值确定的风速，再考虑相应的空气密度确定的风压。

地面粗糙度（terrain roughness）

风在到达结构以前吹越过2km范围内的地面时，描述该地面上不规则障碍物分布状况的等级。

混凝土结构（concrete structure）

以混凝土为主制成的结构，包括素混凝土结构、钢筋混凝土结构和预应力混凝土结构等。

素混凝土结构（plain concrete structure）

由无筋或不配置受力钢筋的混凝土制成的结构。

钢筋混凝土结构（reinforced concrete structure）

由配置受力的普通钢筋、钢筋网或钢筋骨架的混凝土制成的结构。

预应力混凝土结构（prestressed concrete structure）

附录一：特定词语的解释

由配置受力的预应力钢筋通过张拉或其他方法建立预加应力的混凝土制成的结构。

先张法预应力混凝土结构（pretensioned prestressed concrete structure）

在台座上张拉预应力钢筋后浇筑混凝土，并通过黏结力传递而建立预加应力的混凝土结构。

后张法预应力混凝土结构（post-tensioned prestressed concrete structure）

在混凝土达到规定强度后，通过张拉预应力钢筋并在结构上锚固而建立预加应力的混凝土结构。

现浇混凝土结构（cast-in-situ concrete structure）

在现场支模并整体浇筑而成的混凝土结构。

装配式混凝土结构（prefabricated concrete structure）

由预制混凝土构件或部件通过焊接、螺栓连接等方式装配而成的混凝土结构。

装配整体式混凝土结构（assembled monolithic concrete structure）

由预制混凝土构件或部件通过钢筋、连接件或施加预应力加以连接并现场浇筑混凝土而形成整体的结构。

框架结构（frame structure）

由梁和柱以钢接或铰接相连接而构成承重体系和结构。

剪力墙结构（shear-wall structure）

由剪力墙组成的承受竖向和水平作用的结构。

框架-剪力墙结构（frame-shear-wall structure）

由剪力墙和框架共同随竖向和水平作用的结构。

深受弯构件（deep flexural member）

跨高比小于5的受弯构件。

深梁（deep beam）

跨高比不大于2的单跨梁和跨高比不大于2.5的多跨连续梁。

普通钢筋（ordinary steel bar）

用于混凝土结构构件中的各种非预应力钢筋的总称。

预应力钢筋（prestress ingtendon）

用于混凝土结构构件中施加预应力的钢筋、钢丝和钢绞线的总称。

可靠度（degree of reliability）

结构在规定的时间内，在规定的条件下，完成预定功能的概率。

安全等级（safety class）

根据破坏后果的严重程度划分的结构或结构构件的等级。

设计使用年限（design working life）

设计规定的结构或结构构件不需进行大修即可按其预定目的使用的时期。

荷载效应（load effect）

由荷载引起的结构或结构构件的反应，例如内力、变形和裂缝等。

荷载效应组合（load effect combination）

按极限状态设计时，为保证结构的可靠性而对同时出现的各种荷载效应设计值规定的组合。

基本组合（fundamental combination）

承载能力极限状态计算时，永久荷载和可变荷载的组合。

标准组合（characteristic combination）

正常使用极限状态验算时，对可变荷载采用标准值、组合值为荷载代表值的组合。

准永久组合（quasi-permanent combination）

正常使用极限状态验算时，对可变荷载采用准永久值为荷载代表的组合。

抗震设防烈度（seismic fortification intensity）

按国家规定的权限标准作为一个地区抗震设防依据的地震烈度。

抗震设防标准（seismic fortification criterion）

衡量抗震设防要求的尺度，由抗震设防烈度和建筑使用功能的重要性确定。

地震作用（earthquake action）

由地震引起的结构动态作用，包括水平地震作用和竖向地震作用。

设计地震动参数（design parameters of ground motion）

抗震设计用的地震加速度（速度、位移）时程曲线、加速度反应谱和峰值加速度。

设计基本地震加速度（design basic acceleration of ground motion）

50年设计基准期超越概率10%的地震加速度的设计取值。

设计特征周期（design characteristic period of ground motion）

抗震设计用的地震影响系数曲线中，反映地震震级、震中距和场地类别等因素的下降段起始点对应的周期值。

场地（site）

工程群体所在地，具有相似的反应谱特征。其范围相当于厂区、居民小区和自然村或不小于$1.0km^2$的平面面积。

建筑抗震概念设计（seismic concept design of buildings）

根据地震灾害和工程经验等所形成的基本设计原则和设计思想，进行建筑和结构总体布置并确定细部构造的过程。

抗震措施（seismic fortification measures）

除地震作用计算和抗力计算以外的抗震设计内容，包括抗震构造措施。

抗震构造措施（details of seismic design）

根据抗震概念设计原则，一般不需计算而对结构的非结构各部分必须采取的各种

附录一：特定词语的解释

细部要求。

地基（sub grade foundation soils）
为支撑基础的土体或岩体。

基础（foundation）
将结构所承受的各种作用传递到地基上的结构组成部分。

地基承载力特征值（characteristic value of sub grade bearing capacity）
指由载荷试验测定的地基土压力变形曲线线性变形内规定的变形所对应的压力值，其最大值为比例界限值。

重力密度（重度）（gravity density unit weight）
单位体积岩土所承受的重力，为岩土的密度与重力加速度的乘积。

岩体结构面（rock discontinuity structural plane）
岩体内开裂的和易开裂的面。如层面、节理、断层等。又称不连续构造面。

标准冻深（standard frost penetration）
在地面平坦、裸露、城市外的空旷场地中不少于10年的实测最大冻深的平均值。

地基变形允许值（allowable subsoilde formation）
为保证建筑物正常使用而确定的变形控制值。

土岩组合地基（soil-rock composite sub grade）
在建筑地基（或被沉降缝分隔区段的建筑地基）的主要受力层范围内，有下卧基岩表面坡度较大的地基；或石密布并有出露的地基；或大块孤石或个别石出露的地基。

地基处理（ground treatment）
指为提高地基土的承载力，改善其变形性质或渗透性质而采取的人工方法。

复合地基（composite sub grade composite foundation）
部分土体被增强或被置换，而形成的由地基土和增强体共同承担荷载的人工地基。

扩展基础（spread foundation）
将上部结构传来的荷载，通过向侧边扩展成一定底面积，使作用在基底的压应力等于或小于地基土的允许承载力，而基础内部的应力应同时满足材料本身的强度要求，这种起到压力扩散作用的基础称为扩展基础。

无筋扩展基础（non-reinforced spread foundation）
由砖、毛石、混凝土或毛石混凝土、灰土和三合土等材料组成的，且不需配置钢筋的墙下条形基础或柱下独立基础。

桩基础（pile foundation）
由设置于岩土中的桩和连接于桩顶端的承台组成的基础。

支挡结构（retaining structure）
使岩土边坡保持稳定，控制位移而建造的结构物。

附录二：常用建筑材料的性能与相关计算规定

1. 混凝土强度设计值（N/mm²）

强度种类	混凝土强度等级														
	C15	C20	C25	C30	C35	C40	C45	C50	C55	C60	C65	C70	C75	C80
f_c	7.2	9.6	11.9	14.3	16.7	19.1	21.1	23.1	25.3	27.5	29.7	31.8	33.8	35.9
f_t	0.91	1.10	1.27	1.43	1.57	1.71	1.80	1.89	1.96	2.04	2.09	2.14	2.18	2.22

注：①计算现浇钢筋混凝土轴心受压及偏心受压构件时，如截面的长边或直径小于300mm，则表中混凝土的强度设计值应乘以系数0.8；当构件质量（如混凝土成型、截面和轴线尺寸等）确有保证时，可不受此限制；②离心混凝土的强度设计值应按专门标准取用。

2. 普通钢筋强度设计值（N/mm²）

	种类	符号	f_y	f'_y
热轧钢筋	HPB 235（Q235）	f	210	210
	HRB 335（20MnSi）	f	300	300
	HRB 400（20MnSiV、20MnSiNb、20MnTi）	φ	360	360
	RRB 400（K20MnSi）	f^R	360	360

注：在钢筋混凝土结构中，轴心受拉和小偏心受拉构件的钢筋抗拉强度设计值大于300N/mm²时，仍应按300N/mm²取用。

3. 钢筋的计算截面面积及理论重量

公称直径（mm）	不同根数钢筋的计算截面面积（mm²）									单根钢筋理论重量（kg/m）
	1	2	3	4	5	6	7	8	9	
6	28.3	57	85	113	142	170	198	226	255	0.222
6.5	33.2	66	100	133	166	199	232	265	299	0.260
8	50.3	101	151	201	252	302	352	402	453	0.395
8.2	52.8	106	158	211	264	317	370	423	475	0.432
10	78.5	157	236	314	393	471	550	628	707	0.617

续表

公称直径（mm）	不同根数钢筋的计算截面面积（mm²）									单根钢筋理论重量（kg/m）
	1	2	3	4	5	6	7	8	9	
12	113.1	226	339	452	565	678	791	904	1017	0.888
14	153.9	308	461	615	769	923	1077	1231	1385	1.21
16	201.1	402	603	804	1005	1206	1407	1608	1809	1.58
18	254.5	509	763	1017	1272	1527	1781	2036	2290	2.00
20	314.2	628	942	1256	1570	1884	2199	2513	2827	2.47
22	380.1	760	1140	1520	1900	2281	2661	3041	3421	2.98
25	490.9	982	1473	1964	2454	2945	3436	3927	4418	3.85
28	615.8	1232	1847	2463	3079	3695	4310	4926	5542	4.83
32	804.2	1609	2413	3217	4021	4826	5630	6434	7238	6.31
36	1017.9	2036	3054	4072	5089	6107	7125	8143	9161	7.99
40	1256.6	2513	3770	5027	6283	7540	8796	10053	11310	9.87
50	1964	3928	5892	7856	9820	11784	13748	15712	17676	15.42

注：表中直径 $d=8.2$mm 的计算截面面积及理论重量仅适用于有纵肋的热处理钢筋。

4. 纵向受力钢筋的混凝土保护层最小厚度（mm）

环境类别		板、墙、壳			梁			柱		
		≥C20	C25-C45	≥C50	≥C20	C25-C45	≥C50	≥C20	C25-C45	≥C50
一		20	15	15	30	25	25	30	30	30
二	a	—	20	20	—	30	30	—	30	30
	b	—	25	20	—	35	30	—	35	30
三		—	30	25	—	40	35	—	40	35

注：基础中纵向受力钢筋的混凝土保护层厚度不应小于 40mm；当无垫层时不应小于 70mm。

5. 钢筋混凝土结构构件中纵向受力钢筋的最小配筋百分率（%）

受力类型		最小配筋百分率
受压构件	全部纵向钢筋	0.6
	一侧纵向钢筋	0.2
受弯构件、偏心受拉、轴心受拉构件一侧的受拉钢筋		0.2 和 $45f_t/f_y$ 中的较大值

注：①受压构件全部纵向钢筋最小配筋百分率，当采用 HRB400 级、RRB400 级钢筋时，应按表中规定减小 0.1；当混凝土强度等级为 C60 及以上时，应按表中规定增大 0.1；②偏心受拉构件中的受压钢筋，应按受压构件一侧纵向钢筋考虑；③受压构件的全部纵向钢筋和一侧纵向钢筋的配筋率以及轴心受拉构件和小件、大偏心受拉构件一侧受拉钢筋的配筋率应按全截面面积扣除受压翼缘面积 $(b'_f-b)h'_f$ 后的截面面积计算；④当钢筋沿构件截面周边布置时，"一侧纵向钢筋"系指沿受力方向两个对边中的一边布置的纵向钢筋。

6. 钢筋的外形系数

钢筋类型	光面钢筋	带肋钢筋	刻痕钢丝	螺旋肋钢丝	三股钢绞线	七股钢绞线
α	0.16	0.14	0.19	0.13	0.16	0.17

注：光面钢筋指 HPB235 级钢筋，其末端应做 180°弯钩，弯后平直段长度不应小于 $3d$，但作受压钢筋时可不做弯钩；带肋钢筋系指 HRB335 级、HRB400 级钢筋及 RRB400 级余热处理钢筋。

7. 刚性屋盖单层房屋排架柱、露天吊车柱和栈桥柱的计算长度

柱的类别		排架方向	垂直排架方向	
			有柱间支撑	无柱间支撑
无吊车房屋柱	单跨	$1.5H$	$1.0H$	$1.2H$
	两跨及多跨	$1.25H$	$1.0H$	$1.2H$
有吊车房屋柱	上柱	$2.0H_u$	$1.25H_u$	$1.5H_u$
	下柱	$1.0H_l$	$0.8H_l$	$1.0H_l$
露天吊车柱和栈桥柱		$2.0H_l$	$1.0H_l$	—

注：①表中 H 为从基础顶面算起的柱全高；H_l 为从基础顶面至装配式吊车梁底面或现浇式吊车梁顶面柱子的下部高度；H_u 为从装配式吊车梁底面或现浇式吊车梁顶面算起柱子的上部高度；②表中有吊车房屋排架柱的计算长度，当计算中不考虑吊车荷载时，可按无吊车房屋柱的计算长度采用，但上柱的计算长度仍可按有吊车房屋采用；③表中有吊车房屋柱的上柱在排架方向的计算长度，仅适用于 $H_u/H_l \geq 0.3$ 的情况；当 $H_u/H_l < 0.3$ 时，计算长度宜采用 $2.5H_u$。

8. 框架结构各层柱的计算长度

楼盖类别	柱的类别	l_0
现浇楼盖	底层柱	$1.0H$
	其余各层柱	$1.25H$
装配式楼盖	底层柱	$1.25H$
	其余各层柱	$1.25H$

注：表中 H 对底层柱为从基础顶面到一层楼盖顶面的高度；对其余各层柱为上、下两层楼盖顶面之间的高度。当水平荷载产生的弯矩设计值占总弯矩设计值的 75% 以上时，框架柱的计算长度 l_0 可按下列两个公式计算，并取其中的较小值：

$$l_0 = [1 + 0.15(\psi_u + \psi_l)]H \qquad l_0 = (2 + 0.2\psi_{min})H$$

式中：ψ_u、ψ_l 为柱的上端、下端节点处交汇的各柱线刚度之和与交汇的各梁线刚度之和的比值。ψ_{min} 为比值 ψ_u、ψ_l 中的较小值。H 为柱的高度。

9. 预制柱插入基础杯口应有的深度

<500	500≤h<800	800≤h<1000	h>1000
1~1.2h	h	0.9h ≥800	0.8h ≥1000

注：① h 为柱截向长边尺寸；
②柱轴心受压或小偏心受压时 h_1 可适当减小，偏心距大于 2h 时，h_1 应适当加大。

10. 预制基础的杯底厚度 a_1 和杯壁厚度 t

柱截面边长尺寸 h (mm)	杯底厚度 a_1 (mm)	杯壁厚度 t (mm)
<500	≥150	150~200
500≤h<800	≥200	≥200
800≤h<1000	≥200	≥300
1000≤h<1500	≥250	≥350
1500≤h<2000	≥300	≥400

注：①双肢柱的杯底厚度值，可适当加大。②当有基础梁时，基础梁下的杯壁厚度，应满足其直堆宽度的要求。③柱子插入杯口部分的表间应凿毛，柱子与杯口之间的空隙，应用比基础混凝土强度等级高一级的细石混凝土充填密实，当达到材料强度设计值 70% 以上时，方能进行上部结构的吊装。

《建筑结构原理》
操作与习题手册

刘 禹 主编

经济科学出版社

目 录

第一章 建筑结构的基本知识 ………………………………………………………… 1
    一、练习题 …………………………………………………………………… 1
    二、参考答案 ………………………………………………………………… 2

第二章 荷载的基本概念 ……………………………………………………………… 3
    一、练习题 …………………………………………………………………… 3
    二、参考答案 ………………………………………………………………… 7

第三章 常用的结构材料 ……………………………………………………………… 9
    一、练习题 …………………………………………………………………… 9
    二、参考答案 ………………………………………………………………… 12

第四章 结构设计原理 ………………………………………………………………… 14
    一、练习题 …………………………………………………………………… 14
    二、参考答案 ………………………………………………………………… 17

第五章 常见的建筑结构体系与受力特点 …………………………………………… 18
    一、练习题 …………………………………………………………………… 18
    二、参考答案 ………………………………………………………………… 25

第六章 最常见的跨度结构——钢筋混凝土梁板结构体系分析 …………………… 26
    一、练习题 …………………………………………………………………… 26
    二、参考答案 ………………………………………………………………… 32

第七章 钢筋混凝土垂直结构体系分析 ……………………………………………… 34
    一、练习题 …………………………………………………………………… 34
    二、参考答案 ………………………………………………………………… 37

第八章 预应力混凝土结构原理与应用 ……………………………………………… 38
    一、练习题 …………………………………………………………………… 38
    二、参考答案 ………………………………………………………………… 41

第九章 钢结构的基本构件与结构体系 ……………………………………………… 43
    一、练习题 …………………………………………………………………… 43
    二、参考答案 ………………………………………………………………… 45

第十章 结构的地基与基础 …………………………………………………………… 46
    一、练习题 …………………………………………………………………… 46
    二、参考答案 ………………………………………………………………… 50

第一章　建筑结构的基本知识

一、练习题

（一）单项选择题

1. 结构对于建筑的作用在于（　　）。
   A. 结构可以体现建筑的艺术性　　　B. 结构可以使建筑的功能更加完善
   C. 结构可以承受建筑物所受的力与作用　D. 结构可以保证建筑物的稳定性
2. 在桁架计算中，结构的自重应该（　　）处理。
   A. 按照均布荷载　　　　　　　　　B. 按照集中荷载，作用于杆件重心位置
   C. 杆件比较细，自重忽略　　　　　D. 按照集中荷载，杆件两端的节点各承担一半
3. 随着建筑物的增高，（　　）作用逐渐成为影响建筑物的主要作用。
   A. 垂直　　　B. 侧向　　　C. 斜向　　　D. 复合
4. 最常见的跨度构件是（　　）。
   A. 拱　　　　B. 梁　　　　C. 桁架　　　D. 悬索
5. 由于偏心的作用，结构中的柱子除了受压之外还会（　　）。
   A. 受拉　　　B. 受剪　　　C. 受扭　　　D. 受弯
6. 从工程师的角度来看，在北欧中世纪流行的哥特式建筑，采用尖顶的一个原因是（　　）。
   A. 这样可以防止基础沉降　　　　　B. 这样可以减少雪荷载
   C. 这样可以减少风的作用　　　　　D. 这样可以防止地震破坏
7. 以下说法中，按照（　　）原则设计的建筑是安全的。
   A. 结构要有足够的强度，绝对不能破坏
   B. 结构可以破坏，但应该按照预定的方式破坏
   C. 结构破坏必须有明显的先兆
   D. 应该同时满足 B 与 C
8. 以下（　　）不属于结构工程师设计的范畴。
   A. 跨度构件的合理布置　　　　　　B. 抵抗侧向力的构件选用
   C. 地基的构成状况勘查　　　　　　D. 垂直传力构件受力分析
9. 对于大跨度结构（　　）最不适用。
   A. 梁　　　　B. 桁架　　　C. 拱　　　　D. 壳

（二）多项选择题

1. 建筑物对于结构的基本要求是（　　）。
   A. 结构应该保证建筑物的安全
   B. 结构应该保证可以满足建筑物的功能要求
   C. 结构可以保证建筑物发挥更大的功效

D. 结构可以在较长的时期内发挥其作用

E. 结构可以保证建筑物抵抗一切外部作用

2. 对于建筑物来说，结构由以下几个部分组成（　　）。

 A. 跨度构件　　B. 垂直构件　　C. 顶部　　D. 抗侧向力构件

 E. 基础

3. 在大跨度结构中，大多采用（　　）结构形式。

 A. 桁架　　B. 柱　　C. 梁　　D. 拱

 E. 悬索

4. 建筑物对结构的基本要求包括（　　）。

 A. 美观性功能　　B. 安全性功能　　C. 价值性功能　　D. 适用性功能

 E. 耐久性功能

二、参考答案

（一）单项选择题

1. C　　2. D　　3. B　　4. B　　5. D　　6. B

7. D　　8. C　　9. A

注：第6题，尖顶可以使雪滑落。第8题，地基勘查属于勘查人员。第9题，梁虽然是较为常见的跨度构件，但效率较低，大跨度结构不适用。

（二）多项选择题

1. AD　　2. ABDE　　3. ADE　　4. BDE

注：第1题，抵抗一切外部作用是不可能的。

第二章 荷载的基本概念

一、练习题

（一）单项选择题

1. 作用与荷载的区别在于（　　）。
   A. 作用不直接作用于结构上，荷载是直接的
   B. 作用是结构自身不协调导致的
   C. 作用仅仅是地震，而荷载有多种
   D. 作用是静态的，荷载是动态的
2. 如果结构属于静定结构，下列说法正确的是（　　）。
   A. 温度作用不会产生内力
   B. 温度降低时不会产生内力，升高时会产生
   C. 只要温度变化均匀，就不会产生内力
   D. 温度变化不会改变结构的几何形状
3. 恒荷载就是（　　）的荷载。
   A. 大小不变
   B. 方向不变
   C. 作用的位置不变
   D. ABC 同时满足
4. 在房间中静止的家具属于（　　）。
   A. 恒荷载　　　B. 活荷载　　　C. 准恒荷载　　　D. 准活荷载
5. 停在地下停车场中的车辆属于（　　）。
   A. 静荷载
   B. 动荷载
   C. 停下来的属于静荷载，开动的属于动荷载
   D. 小型车辆属于静荷载，大型车辆属于动荷载
6. 动荷载等效为静荷载的原理是（　　）。
   A. 动荷载的数值与静荷载相同
   B. 动荷载的加速度乘以结构的质量
   C. 动荷载对于结构产生的变形与等效静荷载相同
   D. 动荷载产生的力与结构自重相同
7. 对于集中荷载与分布荷载，说法正确的是（　　）。
   A. 不管在什么情况下，集中荷载就是作用在一个点上的力
   B. 集中荷载不能变成分布荷载
   C. 根据分布范围与结构尺度的关系，分布荷载可以按照集中荷载计算
   D. 分布荷载一定是连续函数，而集中荷载不是
8. 以活荷载的特征值来设计建筑物，结构是相对安全的。这句话的意思是（　　）。
   A. 活荷载的特征值较小，所以安全
   B. 活荷载的特征值较大，所以才安全
   C. 活荷载的特征值大小与安全无关，关键是选用的方法
   D. 按照活荷载的特征值进行设计，建筑物就不会破坏

9. 在确定荷载特征值时，考虑建筑物的功能是因为（　　）。
   A. 功能不同，承担的荷载不同　　　　B. 功能不同，结构的材料不同
   C. 功能不同，安全等级不同　　　　　D. 功能不同，荷载作用的范围不同
10. 百年一遇的洪水，是指（　　）。
    A. 每一百年才会有一次洪水　　　　B. 洪水荷载的测算周期以百年为基础
    C. 不到一百年，不会出现该洪水　　D. 这是最近一百年里最大的一次洪水
11. 北京的建筑物与上海的建筑物，功能相同，荷载取值却不一样，主要是因为（　　）。
    A. 北京是首都，所以需要更安全　　B. 上海的人口多，所以需要更安全
    C. 不同地区的结构体系有差异　　　D. 不同地区的荷载标准不同
12. 对于活荷载，其特征值是（　　）。
    A. 该种荷载可能出现的最大值　　　B. 该种荷载可能出现的加权平均值
    C. 该种荷载可能出现的平均值　　　D. 该种荷载可能出现的较大值
13. 以活荷载的特征值设计建筑物，（　　）。
    A. 在任何情况下都是安全的　　　　B. 只是相对安全的
    C. 安全程度与建筑物的功能有关　　D. 不安全，需要再乘以一个较大的安全系数
14. 对于活荷载的特征值，下列描述正确的是（　　）。
    A. 对于该类荷载，95%相对该值较小　　B. 对于该类荷载，95%与该值相等
    C. 对于该类荷载，95%相对该值较大　　D. 对于该类荷载，95%不能出现
15. 风荷载在建筑物的不同侧面（　　）。
    A. 相同，只与风速有关
    B. 不同，与建筑物的几何形体有关
    C. 相同，建筑物形状确定后，风荷载就确定了
    D. 不同，与建筑物的表面材质有关
16. 风荷载是随机荷载，（　　）。
    A. 符合正态分布规律，特征值的取值具有95%的保证率
    B. 不符合正态分布规律，特征值的取值具有100%的保证率
    C. 符合正态分布规律，特征值的取值具有100%的保证率
    D. 不符合正态分布规律，特征值的取值可以保证95%的保证率
17. 风荷载的作用下，（　　）。
    A. 结构仅仅会产生颤动，不会倒塌　　B. 结构会产生变形，但不会影响使用
    C. 对于结构的影响不会大于地震　　　D. 对于结构会有影响，具体需要计算
18. 轻屋面在风的作用下会浮起来的根本原因是（　　）。
    A. 风在屋面上会产生吸力　　　　　　B. 风在屋面上的压力小于室内的气压
    C. 风在屋面上会产生推力　　　　　　D. 风会导致结构松动，进而将屋面破坏
19. 根据一个地区的风玫瑰图，可以看出（　　）。
    A. 该地区仅有这几种风向　　　　　　B. 该地区风力的大小
    C. 该地区各种风向出现的概率　　　　D. 该地区各种风类的出现概率
20. 一个地区的基本风压，与（　　）有关。
    A. 建筑物的位置　　　　　　　　　　B. 地表的形态
    C. 风速的大小　　　　　　　　　　　D. 风的方向

21. 随着城市中心区高层建筑大量增加、高度加大、密度也随之加大,风荷载会（　　）。
    A. 减小,因为地面阻挡增多　　　　　B. 增加,因为过风面积狭小
    C. 不确定　　　　　　　　　　　　　D. 宏观上会减小,但在局部会加大
22. 我国规范表达特定区域建筑物的风荷载基本特征值,$\omega_k = \beta_z \mu_s \mu_z \omega_0$,$\mu_z$的意义是（　　）。
    A. 高度 Z 处的风振系数　　　　　　B. 建筑物对于风荷载的形体系数
    C. 建筑物所在地区的基本风压　　　D. 风荷载的高度变化系数
23. 对于一次地震,建筑物所受到的作用随着（　　）不同而不同。
    A. 建筑物自身的质量　　　　　　　B. 建筑物的高度
    C. 建筑物的材料密度　　　　　　　D. 建筑物的形状
24. 地震对于建筑物产生作用的原因是（　　）。
    A. 建筑物运动而地面静止　　　　　B. 建筑物静止而地面运动
    C. 建筑物与地面均静止,但有相互作用　D. 建筑物与地面存在运动差异
25. 对于一次地震,甲乙两地分别距震中 200km 和 300km,下列说法正确的是（　　）。
    A. 甲地测量的震级、烈度均大于乙地　B. 甲地测量的震级大于乙地,烈度等于乙地
    C. 甲地测量的震级等于乙地、烈度大于乙地　D. 甲地测量的震级、烈度均等于乙地
26. 建筑设计中所采用的基本烈度,是指（　　）。
    A. 某一地区历史上一定测算期内,曾经遭受的最大地震烈度
    B. 某一地区历史上一定测算期内,曾经遭受的平均地震烈度
    C. 某一地区今后一定测算期内,可能遭受的最大地震烈度
    D. 某一地区今后一定测算期内,可能遭受的平均地震烈度
27. 我国规范规定,对于地震作用,（　　）为建筑设计基本设防标准。
    A. 六级　　　　　　　　　　　　　B. 六度
    C. 六级与六度作用的较大值　　　　D. 六级与六度作用的平均值
28. 某城市上游水利枢纽工程中的水坝,在抗震设计中将被列为（　　）类建筑物或构筑物。
    A. 甲　　　　B. 乙　　　　C. 丙　　　　D. 丁
29. 某五星级酒店属于该城市重点旅游设施,在抗震设计中将被列为（　　）类建筑物。
    A. 甲　　　　B. 乙　　　　C. 丙　　　　D. 丁
30. 我国的抗震规范规定了建筑物的三个基本设防标准,其中"大震不倒"是指（　　）。
    A. 在第三水准烈度作用下,结构出现严重破坏,但不会迅速倒塌
    B. 在第三水准烈度作用下,结构出现严重破坏,但不会倒塌
    C. 在第三水准烈度作用下,结构不会出现严重破坏,不倒塌
    D. 在第三水准烈度作用下,结构不会出现严重破坏,不迅速倒塌
31. 建筑物的各种附加设施（　　）恒荷载。
    A. 一定属于　　　　　　　　　　　B. 不一定属于
    C. 一定不属于　　　　　　　　　　D. 不确定
32. 最为常见的分布荷载是（　　）。
    A. 均布荷载　　B. 集中荷载　　C. 动荷载　　D. 静荷载
33. 高层建筑所面临的风力作用（　　）普通建筑物。
    A. 相同于　　　B. 高于　　　　C. 低于　　　D. 无关
34. 矩形平面建筑物做切角处理后,风力作用会（　　）。

A. 不变　　　　　　B. 增强　　　　　　C. 降低　　　　　　D. 不确定
35. 建筑设计中所采用的地震烈度是（　　）。
　　A. 自然烈度　　　B. 基本烈度　　　C. 设防烈度　　　D. 标准烈度
36. 不同荷载量值出现频率符合（　　）规律。
　　A. 线性　　　　　B. 6 分布　　　　C. 正态分布　　　D. T 分布
37. 按我国抗震设计规范设计的建筑，当遭受低于本地区设防烈度的多遇地震影响时，建筑物（　　）。
　　A. 一般不受损坏或不需修理仍可继续使用
　　B. 可能损坏，经一般修理或不需修理仍可继续使用
　　C. 不致结构发生严重破坏，材料变形在控制范围内
　　D. 不致迅速倒塌及危及生命的破坏

（二）多项选择题

1. 静定结构在以下因素作用下，可以产生内力的是（　　）。
　　A. 不均匀的温度变化　　　　　　B. 对称的外力
　　C. 地面产生不变的加速度　　　　D. 地面产生匀速直线运动
　　E. 支座产生不均匀的沉降
2. 运动的车辆在停车时，对于结构产生动荷载的大小与（　　）因素有关。
　　A. 车辆停车时的速度　　　　　　B. 车辆停车时的加速度
　　C. 车辆的质量　　　　　　　　　D. 车辆的体积
　　E. 车轮与地面的接触面积
3. 以下作用在工程上可以简化为均布荷载的是（　　）。
　　A. 水箱侧壁的水压力　　　　　　B. 人群对于楼面的作用
　　C. 风对于建筑物某一层的作用　　D. 等截面拱结构的自重
　　E. 桁架结构的自重
4. 对于活荷载的特征值，下列说法正确的是（　　）。
　　A. 该特征值是最容易出现的量值
　　B. 该类荷载中，小于该特征值的荷载出现概率为 95%
　　C. 该类荷载中，大于该特征值的荷载出现概率为 95%
　　D. 该荷载并非是该类荷载的最大值
　　E. 该类荷载不可能出现大于该特征值的量值
5. 建筑物某一高度处迎风面单位面积上承受风荷载的大小，与以下因素有关的有（　　）。
　　A. 建筑物的高度　　　　　　　　B. 测量点的高度
　　C. 地面的粗糙程度　　　　　　　D. 测量点所在高度的建筑物平面形状
　　E. 建筑物的立面造型
6. 以下（　　）办法可以保证屋面在风荷载作用下保持自身状态。
　　A. 将屋面做的高耸，以减小风的作用　　B. 将屋面做的扁平，以减小风的作用
　　C. 加大屋面的自重，对抗风的作用　　　D. 设置下拉钢索，对抗风的作用
　　E. 屋面上设置挡风装置，减小风的作用
7. 对于基本风压，下面理解正确的是（　　）。

A. 该值为一个地区最常见的风力　　　B. 该值为一个地区风荷载设计的基本指标
C. 一个地区的风力一般不会大于该指标　D. 该指标是夏季主导风向
E. 该指标就是建筑物迎风面的风力大小

8. 风在（　　）建筑位置上会产生负压。
A. 迎风面　　　B. 背风面　　　C. 平屋面　　　D. 尖屋面
E. 坡屋面

9. 某建筑物在地震时,（　　）因素是其破坏的主要原因。
A. 震级　　　B. 烈度　　　C. 结构自身状况　　　D. 高度
E. 结构的自重

10. 在抗震设计时,以下属于乙类建筑物的有（　　）。
A. 居民楼　　　B. 医院　　　C. 通讯中心　　　D. 超高层办公楼
E. 中心煤气站储气罐

11. 关于在力学计算的说法正确的是（　　）。
A. 活荷载要转化为恒荷载来计算
B. 动荷载的转化要通过不同活荷载的状态分别计算来实现
C. 动荷载要转化为静荷载来计算
D. 非荷载作用要以与之产生同样结构位移与变形的静力来代替
E. 静荷载要转化为动荷载来计算

12. 风荷载的特点包括（　　）。
A. 风荷载是高层房屋的主要水平荷载之一
B. 风荷载是一种随机的动力荷载
C. 建筑物所承受的风荷载作用不随风力测试点的高度增加而变化
D. 风荷载的大小与建筑物的体型有关
E. 风荷载的大小与建筑物的体型无关

13. 下列关于地震烈度的叙述,正确的包括（　　）。
A. 地震烈度是衡量地震大小的度量
B. 地震烈度是某地区的地面及房屋等建筑物受地震破坏的程度
C. 一次地震的地震烈度是相同的
D. 对同一个地震,不同的地区,烈度大小是不一样的
E. 地震烈度与震级、震源深度、震中距、建筑物类型等因素有关

14. 下面哪种荷载属于静荷载（　　）。
A. 雪荷载　　　B. 车辆行驶　　　C. 地震　　　D. 自重
E. 设备运行

15. 根据荷载作用的方向特征与结构发挥效用的时间,荷载可分为（　　）。
A. 动荷载　　　B. 偶然荷载　　　C. 静荷载　　　D. 恒荷载
E. 活荷载

二、参考答案

（一）单项选择题

1. A　　2. A　　3. D　　4. B　　5. B　　6. C　　7. C

8. B		9. A		10. B		11. D		12. D		13. B		14. A	
15. B		16. D		17. D		18. B		19. C		20. C		21. D	
22. A		23. A		24. D		25. C		26. C		27. B		28. A	
29. C		30. A		31. B		32. A		33. B		34. C		35. B	
36. C		37. A											

注：第2题，静定结构对于作用会自动协调，不会产生内力。第6题，当变形相同时，内力也就相同。第16题，风荷载的出现不符合正态分布规律，小荷载出现概率较高。第23题，地震在结构上产生的力是惯性力，因此与质量有关。第25题，一次地震震级只有一个，但烈度不同，距离震中越远，烈度就越小。第28题，水利枢纽的水坝发生破坏时会产生次生灾害。

（二）多项选择题

1. BC   2. BC   3. BC   4. BC   5. AD   6. CD   7. BC
8. BC   9. BCE   10. BC   11. AC   12. ABD   13. BDE   14. AD
15. DE

注：第1题，外力可以产生内力，是否对称并不重要；地面产生加速度，结构由于惯性作用会与地面形成运动差异而产生内力。第2题，依据牛顿第二定律，质量与加速度是动荷载的主要原因。第3题，由于拱结构的轴线存在着倾斜角度的变化，因此单位水平投影的自重荷载是不同的；而桁架结构的自重是简化为集中力计算的。第9题，烈度的不同，地表运动加速度不同；自重不同，在地表加速度作用下产生的内力不同。

第三章 常用的结构材料

一、练习题

(一) 单项选择题

1. 实际工程材料的强度与该种材料的强度指标相比（　　）。
   A. 一般都会高于该指标　　　　　　　B. 一般都会低于该指标
   C. 一般都会等于该指标　　　　　　　D. 不同材料，这种关系可能会不同
2. 如果以 μ 表示材料的平均强度，σ 表示测算指标的方差，则材料的强度指标为（　　）。
   A. $\mu + 1.645\sigma$　　　B. $\mu - 1.645\sigma$　　　C. $\mu \times 1.645\sigma$　　　D. $\mu/1.645\sigma$
3. 对于结构的自重，下列观点正确的是（　　）。
   A. 自重只会增加结构的负担，越轻越好　　B. 自重越大的材料，强度就会越高
   C. 在有些情况下，自重会使结构更稳定　　D. 自重对于结构不会有很大的影响
4. 混凝土材料强度指标的离散性较大，体现在（　　）。
   A. 平均强度低　　B. 方差值大　　C. 标准强度低　　D. 最高强度低
5. 在实际工程施工中，一种混凝土区别于另一种的主要标志是（　　）。
   A. 设计强度不同　　　　　　　　　　B. 抗拉强度不同
   C. 立方抗压强度不同　　　　　　　　D. 成分不同
6. 对于一批次的混凝土强度试验，如果保证率指标降低的话，那么（　　）。
   A. 强度就会提高　　　　　　　　　　B. 强度也会降低
   C. 强度不变　　　　　　　　　　　　D. 强度可能提高也可能降低
7. C20 的含义是（　　）。
   A. 该混凝土的特征强度为 $20N/m^2$　　　B. 该混凝土的特征强度为 $20kN/mm^2$
   C. 该混凝土的特征强度为 $20N/mm^2$　　D. 该混凝土的特征强度为 $20kN/m^2$
8. 我国混凝土材料试验的标准试件是指（　　）。
   A. 100mm 边长的立方体，$20 \pm 3℃$，90% 相对湿度，标准大气压养护 28 天
   B. 150mm 边长的立方体，$25 \pm 3℃$，90% 相对湿度，标准大气压养护 28 天
   C. 150mm 边长的立方体，$20 \pm 3℃$，90% 相对湿度，标准大气压养护 28 天
   D. 150mm 边长的立方体，$20 \pm 3℃$，95% 相对湿度，标准大气压养护 28 天
9. 混凝土试件在标准状况下养护 28 天之后（　　）。
   A. 强度稳定为一个具体数值　　　　　B. 强度还会有较大的增加
   C. 强度会稍有增加　　　　　　　　　D. 强度会稍有降低
10. 根据混凝土的强度理论，对于某混凝土试件进行性试验，下列结论正确的是（　　）。
    A. 一个试件就可以测定混凝土的强度等级
    B. 多个试件的平均强度才是该混凝土的强度
    C. 所有试件的强度应该是相同的

D. 任何一个试件的指标都不能代表该类混凝土的强度
11. 当试件的高宽比大于（　　）时，试验机的边界影响会消失。
　　A. 2　　　　　　　B. 3　　　　　　　C. 4　　　　　　　D. 5
12. 由于试验机的边界影响，混凝土的立方抗压强度与设计强度相比（　　）。
　　A. 高于　　　　　B. 低于　　　　　C. 等于　　　　　D. 指标不确定
13. C40 的柱子可以座于 C30 的基础上，原因在于（　　）。
　　A. 基础的安全等级比较低
　　B. 混凝土的局压强度较高
　　C. 柱与基础的混凝土强度等级标准不一样
　　D. 基础可以把荷载直接传到地基上，所以强度可以降低
14. 不同强度等级的混凝土（　　）基本相同。
　　A. 弹性模量　　　　　　　　　　　B. 极限压应变
　　C. 极限压应力　　　　　　　　　　D. 塑性
15. 下列情况中（　　）方法对于控制混凝土的徐变无效。
　　A. 加入减水剂　　B. 加强振捣　　C. 增加水泥用量　　D. 改善骨料级配
16. 下列情况中（　　）方法对于控制混凝土的收缩无效。
　　A. 加入减水剂　　B. 加强振捣　　C. 增加水泥用量　　D. 改善骨料级配
17. （　　）元素可以导致钢材的冷脆。
　　A. 硫　　　　　　B. 磷　　　　　　C. 氧　　　　　　D. 碳
18. 钢材标号 Q235-B，说明该材料（　　）。
　　A. 适合用于承受动荷载焊接的普通钢结构
　　B. 一般用于只承受静荷载作用的钢结构
　　C. 适合用于承受动荷载焊接的重要钢结构
　　D. 适合用于低温环境使用的承受动荷载焊接的重要钢结构
19. 在工程设计中（　　）是设计指标。
　　A. 比例极限　　　B. 屈服极限　　　C. 强度极限　　　D. 变形极限
20. 不同强度等级的钢材，（　　）相等。
　　A. 极限强度　　　B. 弹性模量　　　C. 极限应变　　　D. 屈服台阶
21. 如果钢材没有明显的屈服强度，（　　）。
　　A. 以抗拉强度的 85% 为条件屈服强度　　B. 以抗拉强度的 95% 为条件屈服强度
　　C. 以抗拉强度的 80% 为条件屈服强度　　D. 以抗拉强度的 90% 为条件屈服强度
22. 伸长率说明了钢材的（　　）。
　　A. 应变能力　　　B. 塑性　　　　　C. 延性　　　　　D. 韧性
23. 材料在较低的往复应力作用下发生破坏的现象，称之为（　　）。
　　A. 低应力破坏　　B. 往复应力破坏　C. 疲劳破坏　　　D. 脆断破坏
24. 钢管混凝土结构中的钢管主要作用是（　　）。
　　A. 承担竖向压力　　　　　　　　　B. 承担径向压力
　　C. 承担环向拉力　　　　　　　　　D. 这几种作用都存在，都是主要的
25. 对于钢筋混凝土结构，以下说法正确的是（　　）。
　　A. 只是钢材可以有效改善混凝土的受力性能

B. 只是混凝土可以有效改善钢材的受力性能
C. 可以互相改善受力性能
D. 可以互相提高强度，但延性降低

26. 光圆钢筋的锚固主要依靠（　　）。
    A. 钢筋与混凝土的摩擦力　　　　B. 钢筋与混凝土的机械咬合力
    C. 水泥与钢材的化学胶着力　　　D. 钢材与石子的机械摩擦力

27. 在施工中，（　　）措施在增加锚固方面是无效的。
    A. 促使钢筋表面生锈　　　　　　B. 在钢筋端部设置弯钩
    C. 在钢筋端部焊接绑条　　　　　D. 钢筋端部加设特殊构造

28. 在劲性混凝土结构中，（　　）是保证钢材与混凝土联合工作的有效措施。
    A. 增加钢材表面积　　　　　　　B. 提高混凝土强度
    C. 配置钢筋　　　　　　　　　　D. 钢材表面增加抗剪销钉

29. 以下受力形式对于砌体结构中的砌块来讲，一般不存在的是（　　）。
    A. 拉　　　　　B. 压　　　　　C. 弯　　　　　D. 扭

30. 砌体结构的强度与砌块强度相比（　　）。
    A. 一般较高　　　　　　　　　　B. 一般较低
    C. 一般相等　　　　　　　　　　D. 不一定哪一个高

（二）多项选择题

1. 关于结构材料的成本，宜从（　　）等几个方面加以考虑？
    A. 材料的基本成本　　　　　　　B. 材料的加工成本
    C. 材料的使用成本　　　　　　　D. 材料的回收价值
    E. 材料的机会成本

2. 如果说某种材料是环保材料，那么应该满足的条件是（　　）。
    A. 在使用过程中无害　　　　　　B. 在加工过程中无害
    C. 原材料的取得不破坏自然界　　D. 材料可以回收利用
    E. 材料的成本低廉

3. 以下属于混凝土的优点的是（　　）。
    A. 耐火　　　　B. 价格低　　　C. 自重大　　　D. 可模性好
    E. 抗拉强度低

4. 下列情况中（　　）试验过程可以导致混凝土试件的强度指标有所提高。
    A. 快速增加荷载　　　　　　　　B. 压板与试件之间涂刷隔离润滑剂
    C. 采用尺度较小的试件　　　　　D. 采用圆形试件
    E. 采用标准状况养护28天以上的试件

5. 下列情况中（　　）结构可以采用钢管混凝土结构。
    A. 拱桥的主拱　　　　　　　　　B. 框架的大梁
    C. 地下结构的柱　　　　　　　　D. 框架结构的边柱
    E. 等跨框架结构的中柱

6. 以下对于混凝土徐变问题描述正确的是（　　）。
    A. 徐变会导致结构破坏　　　　　B. 徐变的主要原因是水泥胶体的流变

C. 徐变在承载的早期发展迅速　　　　　D. 徐变会一直发展下去
E. 较好的骨料级配会减少徐变

7. 下列元素对于钢材的力学性能会产生危害的是（　　）。
A. 硅　　　　B. 氧　　　　C. 磷　　　　D. 硫
E. 碳

8. 属于钢材的塑性指标的是（　　）。
A. 屈服强度　　B. 极限强度　　C. 伸长率　　D. 截面断缩率
E. 冷弯性能

9. 在钢筋混凝土中，混凝土对于钢材的作用是（　　）。
A. 通过锚固作用，保证钢材的受拉性能　　B. 通过侧向约束，保证钢材的受压性能
C. 通过黏结作用，保证钢材的延性　　　　D. 通过隔离空气，保证钢材的防腐
E. 通过受热膨胀，起到防火作用

10. 钢材对于混凝土的作用在于（　　）。
A. 可以提高其延性　　　　B. 可以提高其基本强度
C. 可以承担较大的受力　　D. 可以改善其受力性能
E. 可以改变其弹性模量

11. 混凝土保护层的作用在于（　　）。
A. 可以保证受压钢筋不失稳　　　　B. 使钢材在火灾中的温度上升缓慢
C. 可以保护钢材不被锈蚀　　　　　D. 可以保证钢材的延性更好地发挥
E. 可以使钢筋与混凝土有较好的黏结

12. 钢筋在混凝土中的锚固效果与（　　）因素有关。
A. 混凝土的强度等级　　　　　　　B. 钢材的直径
C. 钢筋在混凝土中的埋置长度　　　D. 钢筋的表面状态
E. 钢筋的强度等级

二、参考答案

(一) 单项选择题

1. A　　2. B　　3. C　　4. B　　5. C　　6. A
7. C　　8. C　　9. C　　10. D　　11. B　　12. A
13. B　　14. B　　15. C　　16. C　　17. C　　18. C
19. B　　20. B　　21. A　　22. B　　23. C　　24. C
25. C　　26. C　　27. A　　28. D　　29. D　　30. B

注：第4题，方差大表明数据的离散性大。第6题，保证率指标是为了保证大多数的材料强度满足要求，因此保证率低，强度指标就越高。第9题，在28天之后，混凝土的强度也会缓慢增长。第10题，混凝土强度指标是统计结果，任何单一试验都不能说明问题。第24题，钢管的作用就是约束混凝土的横向扩展，保证其处于多维受力状态，提高其强度。第27题，尽管钢筋表面稍有锈蚀对于光圆钢筋的锚固有一定的作用，但钢筋表面锈蚀会带来其他影响，因此在施工中不采用。

（二）多项选择题

1. ABCD   2. ABCD   3. ABD   4. ACE   5. ACDE   6. BCE
7. BCD   8. CDE   9. ABD   10. AD   11. BCE   12. ABCD

注：第4题，快速增加荷载可以使得荷载在试件破坏之前达到较高的数值。第5题，钢管混凝土主要是承压，但在一定程度上也可以承担弯矩作用。第11题，保护层也具有应力转递的作用。

第四章　结构设计原理

一、练习题

（一）单项选择题

1. 在建筑物的结构设计时，首先要明确的是（　　）。
   A. 建筑物的地理位置　　　　　　　B. 建筑物的选用材料
   C. 建筑物的基本功能　　　　　　　D. 建筑物的设计标准
2. 一个优秀的设计，应该做到（　　）。
   A. 材料的强度指标等于荷载的应力指标　　B. 材料的强度指标大于荷载的应力指标
   C. 材料的强度指标小于荷载的应力指标　　D. 在不同情况下，结论不同
3. 如果结构达到极限状态，那么就会（　　）。
   A. 坍塌　　　　　　　　　　　　　B. 开裂
   C. 不能完成设计功能　　　　　　　D. 不能继续承担荷载
4. 下列情况中（　　）不属于承载力极限状态。
   A. 结构整体失稳　　B. 结构断裂　　C. 结构开裂　　D. 结构倒塌
5. 如果判定某结构处于正常使用极限状态，下列说法正确的是（　　）。
   A. 可以不做处理　　　　　　　　　B. 不影响结构的安全性
   C. 不影响结构的使用　　　　　　　D. 不会继续发展成为影响结构安全的事故
6. 在进行承载力极限状态设计时，荷载与材料强度的指标分别是（　　）。
   A. 荷载设计值与材料标准值　　　　B. 荷载设计值与材料设计值
   C. 荷载标准值与材料标准值　　　　D. 荷载标准值与材料设计值
7. 对于可变荷载，荷载设计值与标准值的比值一般情况下为（　　）。
   A. 1.0　　　　B. 1.2　　　　C. 1.3　　　　D. 1.4
8. 一般来讲，我国常规建筑物的可靠度指标是（　　）。
   A. 100%　　　B. 97%　　　 C. 95%　　　 D. 90%
9. 如果某建筑物非常重要，在设计中的处理方式是（　　）。
   A. 荷载取值较大　　　　　　　　　B. 荷载分项系数较大
   C. 结构重要度系数提高　　　　　　D. 抗震等级提高
10. 一般住宅楼的结构重要度系数是（　　）。
    A. 0.9　　　　B. 1.0　　　　C. 1.1　　　　D. 1.2
11. 对于设计基准期的正确理解是（　　）。
    A. 建筑物在设计基准期内不会破坏
    B. 在设计基准期内，荷载不会超过设计指标
    C. 超过设计基准期之后，建筑物就会不安全
    D. 设计基准期只是荷载的测算周期

12. 以下不属于水池结构在水的作用下所产生的荷载效应的是（　　）。
    A. 弯矩　　　　　　B. 位移　　　　　　C. 剪力　　　　　　D. 渗漏
13. 简支梁在均布荷载作用下，跨中弯矩的荷载效应系数是（　　）。
    A. $1^2/4$　　　　　B. $1^2/8$　　　　　C. $1^2/2$　　　　　D. $1^2/6$
14. 结构抗力与（　　）因素无关。
    A. 所使用的材料　　B. 截面的形式　　　C. 结构的形式　　　D. 荷载的位置
15. 采用荷载最不利组合来设计结构，其原因是（　　）。
    A. 有利于荷载的指标的选取　　　　　　B. 多种荷载可能同时出现
    C. 可以简化设计　　　　　　　　　　　D. 荷载种类比较多
16. 荷载最不利组合就是（　　）。
    A. 将所有的荷载值进行直接叠加　　　　B. 将所有的荷载值进行加权平均
    C. 将所有的荷载值进行几何平均　　　　D. 将所有的荷载值进行有效叠加
17. 进行荷载最不利组合之后再设计的结构，（　　）。
    A. 非常安全，不会破坏
    B. 与按照最大的活荷载设计的结构安全等级相同
    C. 可靠度会有所提高
    D. 不能再承担单一的荷载
18. 在进行最不利荷载组合时，（　　）荷载的组合系数为1。
    A. 恒荷载　　　　　　　　　　　　　　B. 最大的活荷载
    C. 最小的活荷载　　　　　　　　　　　D. A 与 B
19. 如果欲求连续梁第3跨跨中正弯矩的最大值，应该在（　　）布置活荷载。
    A. 第2、4、6跨　　　　　　　　　　　B. 第1、3、5跨
    C. 第1、2、4、6跨　　　　　　　　　 D. 第1、2、3、4、5跨
20. 如果欲求连续梁第3支座最大负弯矩，应该在（　　）布置活荷载。
    A. 第2、6跨　　　　　　　　　　　　　B. 第2、3、5跨
    C. 第1、2、4、6跨　　　　　　　　　 D. 第1、2、3、4、5跨
21. 如果欲求连续梁第3支座左侧截面最大剪力，应该在（　　）布置活荷载。
    A. 第2、4、6跨　　　　　　　　　　　B. 第2、3、5跨
    C. 第1、2、4、6跨　　　　　　　　　 D. 第1、2、3、4、5跨
22. 对于包络图，下列说法正确的是（　　）。
    A. 是同一截面内力的实际指标的函数图　B. 是同一截面内力的叠加指标的函数图
    C. 是同一截面内力的最大指标的函数图　D. 是同一截面内力的平均指标的函数图
23. 在实际的连续梁结构的桥梁中，5跨以上的连续梁比较少见的原因是（　　）。
    A. 跨数太多计算复杂　　　　　　　　　B. 跨数太多受力不好
    C. 受力影响在5跨以上时可以忽略　　　 D. 在使用中会出现不利因素
24. 结构选型应该在建筑设计的（　　）阶段进行。
    A. 初步设计　　　　B. 技术设计　　　　C. 结构设计　　　　D. 施工图设计
25. 当结构计算表明建筑物存在受力问题时，结构工程师应该（　　）。
    A. 要求建筑师改变设计方案　　　　　　B. 要求设备工程师改变设备方案
    C. 让施工单位注意施工　　　　　　　　D. 在不改变建筑方案的原则下协调解决

26. 对于结构设计，下面说法正确的是（　　）。
    A. 结构设计是数学分析过程，精确度非常高
    B. 结构设计不一定准确，不能作为建筑设计的依据
    C. 结构设计仅是一般的例行设计，是建筑设计的补充
    D. 相比结构的具体计算，结构的概念设计与构造设计更为重要

（二）多项选择题

1. 进行结构设计时，需要计算（　　）。
   A. 最大应力与材料强度的关系　　　　B. 最大弯矩与材料强度的关系
   C. 最大剪力与材料强度得关系　　　　D. 最大变形与限制变形的关系
   E. 最大变形与最大应力的关系
2. 对于同一栋建筑物，结构设计的结论（　　）。
   A. 科学的结论是唯一的　　　　　　　B. 是可以出现多种方案的
   C. 不唯一，但均可以保证建筑的需要　D. 存在着最优的设计结论
   E. 只存在合理的设计，但没有最优
3. 以下属于结构承载力极限状态的是（　　）。
   A. 结构的连接失效而变成机构
   B. 因材料强度不足或塑性变形过大而失去承载力
   C. 局部发生破坏而影响结构的使用
   D. 发生影响使用的振颤
   E. 整个结构或部分失去平衡
4. 对于结构设计的基本要求是（　　）。
   A. 结构是安全的　　　　　　　　　　B. 结构可以满足建筑的需要
   C. 结构应该是经济的　　　　　　　　D. 结构应该体现美观原则
   E. 结构应该可以在较长的时期内有效
5. 按照建筑重要程度，下列建筑/构筑物属于一级建筑的是（　　）。
   A. 医院　　　　B. 学校　　　　C. 政府办公楼　　　　D. 五星级酒店
   E. 通讯中心
6. 设计基准期选择的时间范围越长（　　）。
   A. 特征荷载指标就越大　　　　　　　B. 设计标准相应就越低
   C. 特征荷载指标就越小　　　　　　　D. 设计标准相应就越高
   E. 各种指标不会发生变化
7. 对于结构重要度与设计基准期（　　）。
   A. 建筑物的投资与建设方，可以根据需要，自行设定其投资建设的设计基准期与建筑物的重要度
   B. 在没有资方特殊要求的前提下，设计施工应该执行相关国家标准
   C. 在没有资方特殊要求的前提下，设计施工应该执行最低标准
   D. 建筑物的投资与建设方，不允许根据需要，自行设定其投资建设的设计基准期与建筑物的重要度
   E. 建筑物的投资与建设方，可以根据需要，自行设定其投资建设的设计基准期与建筑物的

重要度，但不应低于国家有关标准
8. 按照工程设计的标准，可以将结构上的荷载作用分为（   ）三类。
   A. 永久荷载作用   B. 可变荷载作用   C. 持久荷载作用   D. 偶然荷载作用
   E. 临时荷载作用
9. 结构抗力与（   ）有关。
   A. 结构材料   B. 弹性模量   C. 截面形式   D. 结构形式
   E. 荷载形式

二、参考答案

（一）单项选择题

1. C	2. A	3. D	4. C	5. C	6. B
7. D	8. C	9. C	10. B	11. D	12. D
13. B	14. D	15. B	16. D	17. C	18. D
19. B	20. B	21. B	22. C	23. C	24. A
25. D	26. D				

注：第1题，功能是荷载测算的第一前提。第3题，D的说法更加精准。第11题，设计基准期是荷载的测算周期，但并不意味着在此期间内荷载不会出现，也与建筑物自身的寿命与状态无关。超过设计基准期，建筑物面临大荷载的可能性增加，但并不是说建筑物会不安全。第17题，荷载组合设计会使结构更安全，但不是绝对的。第25题，结构设计首先要满足其他专业的要求，而不能约束其他专业的设计。在不能满足时，协调是最基本的。第27题，尽管有详细的力学分析，但结构设计仍是一个比较模糊的过程，不可能将建筑物中的每一个点都计算出来，因此概念设计与构造设计更为重要。

（二）多项选择题

| 1. AD | 2. BCE | 3. ABCE | 4. ABE | 5. ACE | 6. AD |
| 7. BE | 8. ABD | 9. ACD | | | |

注：第2题，适合建筑要求的结构方案有很多，不是唯一的，也不存在最优结论。

第五章 常见的建筑结构体系与受力特点

一、练习题

（一）单项选择题

1. 小空间的低层建筑，采用（ ）结构比较合适。
   A. 钢筋混凝土　　　B. 钢　　　C. 砖混　　　D. 土坯
2. 不同的建筑物与功能要求（ ）。
   A. 必须采用不同的结构体系　　　B. 完全可以采用相同的结构体系
   C. 要根据要求选择相应的结构体系　　　D. 结构体系与建筑功能没有关系
3. 从成本分析的角度来看，结构体系的选择（ ）。
   A. 有最优答案　　　B. 存在最低成本
   C. 没有最优答案，但有合理的选择　　　D. 结构体系与成本控制并无关系
4. 下面几种传力过程，（ ）传力效率是最高的。
   A. 柱向基础传递水平荷载　　　B. 梁向基础传递垂直荷载
   C. 柱向基础传递垂直荷载　　　D. 梁向基础传递水平荷载
5. 拱结构向基础传递垂直荷载属于（ ）。
   A. 直接平衡　　　B. 间接平衡　　　C. 迂回平衡　　　D. 传递平衡
6. 结构设计中，使用梁来解决跨度问题，是因为（ ）。
   A. 梁传力最有效　　　B. 梁传力最简单
   C. 梁可以保证功能要求　　　D. 梁最安全
7. 从材料到力学效率来看，（ ）作用可以最好地发挥材料的力学性能。
   A. 弯矩　　　B. 剪力　　　C. 扭矩　　　D. 轴力
8. 材质相同、高跨相同的梁与桁架承担相同的荷载，但使用材料却比较多，原因是（ ）。
   A. 桁架的力学效率更高　　　B. 桁架更轻
   C. 梁更安全　　　D. 梁更美观
9. 如果某建筑物非常重要，在设计中的处理方式是（ ）。
   A. 荷载取值较大　　　B. 荷载分项系数较大
   C. 结构重要度系数提高　　　D. 抗震等级提高
10. 在结构设计中，多数构件是（ ）。
    A. 线形构件　　　B. 平面构件　　　C. 曲面构件　　　D. 立体构件
11. 楼板在做平面内刚度分析时，属于（ ）。
    A. 线形构件　　　B. 平面构件　　　C. 曲面构件　　　D. 立体构件
12. 下面（ ）过程属于建筑结构的概念设计。
    A. 力学分析　　　B. 位移分析　　　C. 强度分析　　　D. 构造设计
13. 结构设计时，（ ）破坏是最佳的破坏形式。

A. 塑性 　　　　　B. 弹性 　　　　　C. 延性 　　　　　D. 脆性
14. 延性结构在破坏时，可以（　　）。
    A. 在荷载移除后恢复原有结构 　　B. 保持承载力
    C. 提高承载力 　　　　　　　　　D. 保证不发生变形
15. 下列情况中（　　）结构最危险。
    A. 承载力低的脆性 　　　　　　　B. 承载力高的脆性
    C. 承载力低的延性 　　　　　　　D. 承载力高的延性
16. 随着建筑物的增高，（　　）作用将成为设计的首要问题。
    A. 垂直累加 　　　B. 侧向 　　　C. 扭转 　　　D. 振颤
17. T形平面的建筑物，在地震时会发生（　　）效应。
    A. 弯曲 　　　　　B. 扭转 　　　C. 剪切 　　　D. 陷落
18. 在建筑物的刚度设计中，（　　）是最重要的原则。
    A. 选择较大的刚度 　　　　　　　B. 低层刚度大，向上逐渐减小
    C. 刚度宜均匀 　　　　　　　　　D. 刚度应该尽量小
19. 如果结构上下层建刚度差别较大，采用（　　）方式可以解决。
    A. 设置刚度较大的转换层 　　　　B. 设置刚度较小的转换层
    C. 必须是低层的刚度较大 　　　　D. 必须是上层的刚度较大
20. 下列地质状况，对于建筑物最为不利的是（　　）。
    A. 软弱土层 　　　B. 非均质土层 　C. 液化土层 　D. 滑坡土层
21. 随着建筑的增高，钢结构逐渐成为结构的主流，这说明（　　）。
    A. 钢结构更加安全 　　　　　　　B. 钢结构只适用高层建筑
    C. 高层建筑不能采用混凝土结构 　D. 高层建筑使用钢结构更加适合
22. 对于相同地区、相同功能、相同高度的两栋建筑物分别采用钢筋混凝土与钢结构，下列说法正确的是（　　）。
    A. 使用钢结构的更安全 　　　　　B. 使用混凝土结构更加稳固
    C. 两种结构均符合要求，一样安全 D. 两种结构在安全方面没有可比性
23. 下列情况中（　　）指标不能衡量一个大跨度空间结构设计水平的高低。
    A. 材料强度充分发挥的程度 　　　B. 结构跨度与高度的比例
    C. 施工安装费用的高低 　　　　　D. 结构的艺术表现力
24. 古老的砖石拱结构往往做得十分高耸，其原因在于（　　）。
    A. 体现建筑的美感 　　　　　　　B. 宗教的要求
    C. 减小基础的水平推力 　　　　　D. 减小结构的不均匀沉陷
25. 下面不可以承重的墙体是（　　）。
    A. 纵墙 　　　　　B. 横墙 　　　C. 山墙 　　　D. 隔墙
26. 横墙承重的建筑物更加适合做（　　）。
    A. 教室 　　　　　B. 会堂 　　　C. 宾馆 　　　D. 办公楼
27. 现在底框架结构较少被采用的原因是（　　）。
    A. 这种结构造价高昂 　　　　　　B. 这种结构形式设计困难
    C. 这种结构受力性能不好 　　　　D. 这种结构不能满足使用要求
28. 下面需要进行结构转换处理的是（　　）。

A. 框架剪力墙结构　　　　　　　　　　B. 内框架结构
　　　C. 纵横墙承重砖混结构　　　　　　　　D. 底框架结构
29. 砖混结构的力学计算模型是（　　）。
　　　A. 刚架　　　　B. 排架　　　　C. 门架　　　　D. 框架
30. 若房屋横向变形较大，说明房屋的空间作用很弱，墙顶的最大水平位移接近于平面结构体系。计算墙体内力时可按平面排架计算，排架横梁（屋盖）的水平刚度值可取为无限大。这类房屋称为（　　）房屋。
　　　A. 刚性方案　　B. 弹性方案　　C. 刚弹性方案　　D. 延性方案
31. （　　）不属于圈梁的作用。
　　　A. 提高墙体的稳定性　　　　　　　　　B. 保证房屋的整体性
　　　C. 防止结构发生不均匀沉降　　　　　　D. 承担楼板的荷载
32. 砖混结构中，墙柱的高厚比反映结构的（　　）。
　　　A. 承载力　　　B. 刚度　　　　C. 稳定性　　　D. 延性
33. 对于过梁的说法，错误的是（　　）。
　　　A. 砖混结构门窗洞口宜设置过梁　　　　B. 过梁可以起到稳定结构的作用
　　　C. 圈梁可以兼作过梁　　　　　　　　　D. 过梁与圈梁的受力模式不同
34. 对于砖混结构的构造柱，下列说法错误的是（　　）。
　　　A. 构造柱是抗震构造的重要组成部分　　B. 构造柱不需要单独设计计算
　　　C. 构造柱与框架柱设计原则相同　　　　D. 构造柱应该与墙体有可靠的连接
35. 如果砖混结构两面 1/3 处出现正八字裂缝，其原因可能是（　　）。
　　　A. 结构中间部位地基沉降　　　　　　　B. 结构两侧部位地基沉降
　　　C. 屋面受热膨胀　　　　　　　　　　　D. 结构受震动过大
36. 框架结构中，主要构件的极限状态受力以（　　）为主。
　　　A. 受剪　　　　B. 受弯　　　　C. 受压　　　　D. 受扭
37. 框架结构中的楼板，没有（　　）功能。
　　　A. 承担垂直荷载　　　　　　　　　　　B. 协调柱端水平荷载
　　　C. 提高结构整体性　　　　　　　　　　D. 协调梁的受力
38. 框架柱较少承担（　　）内力。
　　　A. 轴力　　　　B. 弯矩　　　　C. 剪力　　　　D. 扭矩
39. （　　）构件出现破坏，框架结构安然无恙。
　　　A. 墙　　　　　B. 梁　　　　　C. 柱　　　　　D. 基础
40. 框架结构的基础梁的作用是（　　）。
　　　A. 传递柱中的弯矩　　　　　　　　　　B. 减小基础中的弯矩
　　　C. 传递中的轴力　　　　　　　　　　　D. 减小基础的轴向力
41. 框架结构的联系梁（　　）。
　　　A. 是必须有的一种构件　　　　　　　　B. 可以起到协调框架受力的作用
　　　C. 可以抵抗风荷载　　　　　　　　　　D. 是抗震设计的一种特殊构造
42. 对于传统的框架结构计算，计算平面的方向为（　　）。
　　　A. 横向　　　　　　　　　　　　　　　B. 纵向
　　　C. 纵向与横向均需要　　　　　　　　　D. 任意方向均可

43. 下面图形表达的是（　　）。
    A. 框架结构在垂直荷载作用的弯矩图
    B. 框架结构在水平荷载作用的弯矩图
    C. 框架结构在垂直荷载作用的剪力图
    D. 框架结构在水平荷载作用的剪力图
44. 分层法是计算框架结构（　　）的一种近似方法。
    A. 垂直荷载　　　B. 水平荷载　　　C. 动荷载　　　D. 静荷载
45. 下面（　　）是框架结构的设计原则。
    A. 强拉弱压　　　B. 强杆弱节　　　C. 强弯弱剪　　　D. 强柱弱梁
46. 剪力墙的布置原则中，（　　）是错误的。
    A. 应该布置在垂直荷载较大的部位　　　B. 应该对称布置
    C. 应该布置在结构的中心　　　D. 多片剪力墙的刚度应该相近
47. 框架剪力墙体系中，剪力墙在侧向力的作用下，产生的变形是（　　）。
    A. 剪切变形　　　B. 弯曲变形　　　C. 扭转变形　　　D. 轴向变形
48. 排架结构的屋面系统与支撑柱之间的连接属于（　　）。
    A. 铰节点　　　B. 刚节点　　　C. 半铰节点　　　D. 半刚节点
49. 下面（　　）不是排架结构的计算假定。
    A. 柱与屋面系统之间的连接为铰节点　　　B. 柱与基础之间的连接为刚节点
    C. 屋面体系的水平轴向刚度无穷大　　　D. 屋面体系垂直方向受弯刚度无穷大
50. 下面不属于排架结构屋面体系的支撑系统的是（　　）。
    A. 下弦纵向水平支撑　　　B. 下弦横向水平支撑
    C. 上弦纵向水平支撑　　　D. 上弦横向水平支撑
51. 保证屋架不出现倒伏的支撑系统是（　　）。
    A. 下弦纵向水平支撑　　　B. 下弦横向水平支撑
    C. 屋架间垂直支撑　　　D. 上弦横向水平支撑
52. 当排架柱的截面高度为 1000mm 时，截面形式宜采用（　　）。
    A. 矩形　　　B. "工"字形　　　C. 圆形　　　D. 格构式
53. 排架结构的柱间支撑可以传递（　　）荷载。
    A. 纵向水平　　　B. 纵向垂直　　　C. 横向水平　　　D. 横向垂直
54. 排架结构的抗风柱，抵抗（　　）。
    A. 山墙的切向风荷载　　　B. 山墙的方向风荷载
    C. 侧墙的切向风荷载　　　D. 侧墙的方向风荷载
55. 对于悬索结构描述正确的是（　　）。
    A. 必须采用重型结构抵抗风荷载　　　B. 属于刚性结构
    C. 多数情况下不能独立成为结构体系　　　D. 只适合于桥梁
56. 在实际工程中，悬索结构与拱结构具有相同的（　　）。
    A. 应力状况　　　B. 材料选择范围
    C. 曲线类别　　　D. 破坏模式
57. 低层大空间的多层建筑,（　　）结构可以实现。
    A. 排架　　　B. 刚架　　　C. 悬索　　　D. 网架

58. 为了保证拱结构的合理拱轴可以适应不同的荷载形式，结构设计者的办法是（　　）。
    A. 将拱结构设计成柔性结构 B. 采取更多的构造措施
    C. 将拱结构设计成自重较大的结构 D. 限制荷载的种类
59. 下列对与拱结构的描述正确的是（　　）。
    A. 实际工程中，合理拱轴是椭圆曲线 B. 拱结构的基础必须承担水平推力
    C. 连续拱桥中的所有桥墩都是相同的 D. 拱可以成为悬索结构的主体结构
60. 下承式拱桥的桥面除了交通之外，还具有（　　）作用。
    A. 平衡拱桥基础的水平推力 B. 平衡拱桥基础的垂直压力
    C. 平衡拱桥拱体的水平推力 D. 平衡拱桥拱体的水平推力

（二）多项选择题

1. 大型体育馆可以采用的主跨结构是（　　）。
    A. 桁架　　　　B. 拱　　　　C. 简支梁　　　　D. 网架
    E. 悬索
2. 钢结构与混凝土结构相比，优势在于（　　）。
    A. 同等承载力时截面小自重轻
    B. 耐火性好
    C. 维护简便
    D. 截面小，可以提供更多的使用空间
    E. 施工周期短
3. 以下属于结构动态成本的是（　　）。
    A. 施工材料价格 B. 施工劳动力价格
    C. 维修价格 D. 资金占用周期成本
    E. 施工机械费用
4. 对于结构设计的基本要求是（　　）。
    A. 结构是安全的 B. 结构可以满足建筑的需要
    C. 结构应该是经济的 D. 结构应该体现美观原则
    E. 结构应该可以在较长的时期内有效
5. 下列情况中（　　）不是跨海大桥主跨大、桥面高的原因。
    A. 水域宽广 B. 航运问题
    C. 城市发展需要标志建筑 D. 地震多发
    E. 水深，适合做桥墩的区域少
6. 满足下列情况中（　　）条件时，可以认为材料的使用效率得到了充分地发挥。
    A. 材料的力学性能适合 B. 结构的内力比较均匀
    C. 材料的价格比较低廉 D. 截面的应力比较均匀
    E. 材料是由于变形过大而失去承载力的
7. 使用"工"字形截面梁的原因是（　　）。
    A. 相同的抗弯刚度，截面比矩形更小 B. 相同的截面比矩形承载力更高
    C. 加工制作更加方便 D. 易采用工业化生产
    E. 延性比矩形更好

8. 构件格构化可以提高材料的使用效率，但缺陷在于（　　）。
   A. 价格昂贵　　　　B. 耐火性差　　　　C. 变形加大　　　　D. 易产生失稳破坏
   E. 施工困难
9. 下列属于立体空间构件的是（　　）。
   A. 柱　　　　　　　B. 混凝土扭壳　　　C. 钢结构双曲网架　D. 轮辐式悬索
   E. 混凝土折板
10. 在进行结构的概念设计时，（　　）问题是结构工程师所要考虑的。
    A. 结构破坏的状态　　　　　　　　B. 结构的选型
    C. 材料的强度　　　　　　　　　　D. 地质状况
    E. 结构的平面布置
11. 延性之所以重要，原因在于（　　）。
    A. 可以保证安全预警　　　　　　　B. 可以保证结构的强度
    C. 可以限制结构变形　　　　　　　D. 可以延迟破坏
    E. 可以承担动荷载
12. 从结构设计角度来讲，好的结构平面应该是（　　）。
    A. 满足建筑设计要求　　　　　　　B. 简单、规则、对称
    C. 与建筑设计相统一　　　　　　　D. 刚度中心与质量中心重合
    E. 完整，无衔接过渡过程
13. 下列平面设计中，依据结构受力的原则需要调整的是（　　）。
    A. O形　　　　　　B. △形　　　　　　C. L形　　　　　　D. Π形
    E. T形
14. 下列情况中（　　）做法可以导致结构刚度折损。
    A. 各层间剪力墙独立布置，上下不协调　　B. 楼板开洞
    C. 柱截面变化率超过50%　　　　　　　　D. 同层间承重结构即有柱也有墙
    E. 梁截面过大
15. 砖混结构的承重体系包括（　　）。
    A. 山墙承重体系　　　　　　　　　B. 内墙承重体系
    C. 外墙承重体系　　　　　　　　　D. 纵墙承重体系
    E. 横墙承重体系
16. 对于砌体结构房屋的结构计算体系影响较大的是（　　）。
    A. 屋面（楼板）的厚度　　　　　　B. 屋面（楼板）的平面内刚度
    C. 屋面（楼板）的平面外刚度　　　D. 横墙的厚度
    E. 横墙的刚度
17. 下列情况中（　　）属于抗震地区砖混结构必须的构造措施。
    A. 过梁　　　　　　B. 圈梁　　　　　　C. 联系梁　　　　　D. 基础梁
    E. 构造柱
18. 常见的砖混结构过梁形式有（　　）。
    A. 钢筋混凝土过梁　　　　　　　　B. 钢结构过梁
    C. 钢筋砖过梁　　　　　　　　　　D. 砖砌平拱过梁
    E. 砖砌高拱过梁

19. 减少或避免基础沉陷导致的砖混结构裂缝的措施有（　　）。
    A. 增加横墙刚度   B. 设置沉降缝
    C. 增加结构的整体性   D. 合理布置结构
    E. 设置特殊墙体防止沉陷
20. 下列不属于框架结构的主体受力构件的是（　　）。
    A. 柱   B. 梁   C. 板   D. 墙
    E. 基础
21. 在框架剪力墙结构中，剪力墙应该布置于（　　）部位。
    A. 楼梯间   B. 垂直荷载较大的
    C. 弯矩较大的   D. 平面出现变化的
    E. 结构中间
22. 下列属于剪力墙结构设计的要点的是（　　）。
    A. 剪力墙应该使用高强度等级的混凝土   B. 剪力墙上尽可能少开洞
    C. 剪力墙应该上下层错开   D. 剪力墙边缘宜加强
    E. 剪力墙横向尺度应该尽量大一些
23. 排架结构的结构构成包括（　　）。
    A. 柱   B. 屋面   C. 联系梁   D. 牛腿
    E. 基础
24. 保证屋架上弦受力稳定性的构件是（　　）。
    A. 大型屋面板   B. 上弦水平支撑
    C. 联系梁   D. 屋架垂直支撑
    E. 托架
25. 进行排架结构荷载组合时，（　　）组合不需要考虑。
    A. 屋面活荷载与雪荷载   B. 地震与风
    C. 吊车水平刹车与地震   D. 风与屋面活荷载
    E. 吊车水平刹车与积灰
26. 悬索结构与拱结构的相同点是（　　）。
    A. 都不能成为独立结构体系   B. 都只承担轴向力
    C. 材料的效率发挥都是最好的 D. 都不能作为多层建筑的主体结构
    E. 都可以实现大跨度
27. 常见的悬索结构有（　　）。
    A. 桥式   B. 轮辐式   C. 双曲面式   D. 张力对称式
    E. 符合受力式
28. 常见的拱桥形式有（　　）。
    A. 上承式   B. 下承式   C. 中承式   D. 对承式
    E. 互承式
29. （　　）措施可以解决悬索结构屋面在风的作用下产生上浮的问题。
    A. 重屋面   B. 刚性屋面   C. 柔性屋面   D. 下拉索
    E. 空间曲面屋面

二、参考答案

（一）单项选择题

1. C	2. C	3. C	4. C	5. B	6. C
7. D	8. A	9. C	10. A	11. B	12. D
13. C	14. B	15. B	16. B	17. B	18. C
19. A	20. D	21. D	22. C	23. B	24. C
25. D	26. C	27. C	28. D	29. B	30. B
31. D	32. C	33. B	34. C	35. A	36. B
37. D	38. D	39. A	40. B	41. B	42. A
43. B	44. A	45. D	46. C	47. B	48. A
49. D	50. C	51. C	52. B	53. A	54. B
55. C	56. C	57. C	58. C	59. D	60. A

注：第12题，构造设计是不需要计算的，但必须依靠力学概念来设置。第14题，延性就是在保持承载力不变的基础上，可以产生较大的变形。第15题，脆性结构破坏突然，承载力越高，破坏时造成的损失也就越大。第17题，T形截面，截面几何中心与刚度中心不一致，会产生扭转效应。第22题，只要是符合设计标准的建筑物，都是安全的。第24题，拱结构的高跨比越大，基础的水平推力就越小。第39题，框架结构的墙体属于填充墙。第50题，一般排架结构中，不存在上弦纵向水平支撑。第55题，仅采用悬索结构是不能有效地把荷载传递至地面的。第56题，实际工程中，悬索结构与拱结构的数学曲线都是悬链线。

（二）多项选择题

1. ABDE	2. ADE	3. CD	4. ABE	5. ACD	6. ABD
7. AB	8. DE	9. BE	10. ABDE	11. ADE	12. ABCD
13. CDE	14. ABC	15. DE	16. BE	17. BE	18. ACD
19. ABCD	20. CD	21. ABD	22. BD	23. ABE	24. AB
25. AB	26. BCE	27. ABC	28. ABC	29. AD	

注：第3题，人工费、机械费、材料费属于建筑工程直接成本。第13题，CDE选项中的平面形式，几何中心与刚度中心不重合，易发生扭转效应，因此需要调整。第25题，在荷载组合中，可能同时出现的荷载进行组合，地震与风取大值而不叠加。

第六章 最常见的跨度结构
——钢筋混凝土梁板结构体系分析

一、练习题

（一）单项选择题

1. 最常见的跨度构件是（   ）。
   A. 桁架结构   B. 梁板结构   C. 拱结构   D. 索结构
2. 肋梁楼盖的力学计算模型是（   ）。
   A. 刚架   B. 排架   C. 连续梁   D. 拱
3. 下列情况中（   ）属于单向板。
   A. 长宽比1∶1，对边支撑   B. 长宽比1∶1，邻边支撑
   C. 长宽比1∶1，四边支撑   D. 长宽比1∶1，三边支撑
4. 如果是四边支撑单向板，下面的说法正确的是（   ）。
   A. 只有短向受力，长向不受力   B. 短向、长向一样受力
   C. 只有长向受力，短向不受力   D. 短向受力，长向受力可以忽略
5. 在设计中，主梁对次梁的转角约束作用，以（   ）方式来体现。
   A. 对于支座设定约束系数   B. 采用约束支座进行设计
   C. 利用活荷载的分布进行调整   D. 利用恒荷载的分布进行调整
6. 如果梁与柱的线刚度比大于（   ），则可以认为柱是铰支座。
   A. 3   B. 4   C. 5   D. 6
7. 下面不属于塑性铰的特点的是（   ）。
   A. 具有承载能力   B. 单向弯曲
   C. 不发生破坏   D. 在一定区域内存在
8. 超静定结构出现塑性铰之后，会出现（   ）。
   A. 迅速垮塌   B. 内力重分布
   C. 不影响安全与使用   D. 变形持续增加
9. 下面设计思路正确的是（   ）。
   A. 主梁与次梁都要按照弹性理论设计
   B. 主梁与次梁都要按照塑性理论设计
   C. 主梁按照弹性理论设计，次梁按照塑性理论设计
   D. 主梁按照塑性理论设计，次梁按照弹性理论设计
10. 按塑性理论计算的构件承载力要稍大于按弹性理论计算的结果，说明（   ）。
    A. 塑性理论的结论更安全   B. 弹性理论更安全
    C. 一样安全   D. 不同理论，没有可比性
11. 梁高大于700时，为了保证箍筋的稳定性，承担非应力变形的作用，梁中应该设置

（　　）。
   A. 拉结筋　　　　B. 架立筋　　　　C. 腰筋　　　　D. 吊筋
12. 适筋梁正截面破坏分为三个阶段，其中第二阶段末是验算（　　）的依据。
   A. 承载力极限状态　　　　B. 屈服极限状态
   C. 正常使用极限状态　　　D. 比例极限状态
13. 对于一个经过严格设计的钢筋混凝土梁，如果发生正截面裂缝，且经过测定裂缝处的钢筋并未发生屈服，则（　　）。
   A. 立即抢修　　　　B. 不用抢修，但加固后才能使用
   C. 无需处理　　　　D. 无需加固，但影响正常使用
14. 工程设计不采用钢筋混凝土超筋梁的原因是（　　）。
   A. 承载力高且脆性破坏　　B. 承载力高且延性破坏
   C. 承载力低且脆性破坏　　D. 承载力低且延性破坏
15. 相比之下，（　　）更加危险。
   A. 少筋梁　　　B. 超筋梁　　　C. 适筋梁　　　D. 各种梁的安全性相同
16. 下列情况中（　　）结构最危险。
   A. 承载力低的脆性　　　　B. 承载力高的脆性
   C. 承载力低的延性　　　　D. 承载力高的延性
17. 在进行钢筋混凝土梁正截面设计过程中，（　　）的应力可以被忽略。
   A. 受拉区钢筋　　　　B. 受拉区混凝土
   C. 受压区钢筋　　　　D. 受压区混凝土
18. 钢筋屈服强度越高，界限相对受压区高度就越（　　）。
   A. 高　　　　B. 低　　　　C. 不一定　　　　D. 两者没有关系
19. 在钢筋混凝土正截面设计中，存在界限相对受压区高度的主要原因是（　　）。
   A. 钢筋是以屈服强度作为设计指标的　　B. 混凝土破坏以极限压应变为标志
   C. 平截面假定是设计的前提　　　　　　D. 没有考虑混凝土的拉应力
20. 钢筋混凝土正截面设计中，钢筋在屈服时，下面结论正确的是（　　）。
   A. 符合胡克定律 $\varepsilon_y = f_y/E_s$　　B. 不符合胡克定律，没有 $\varepsilon_y = f_y/E_s$
   C. 符合胡克定律，但是 $\varepsilon_y \neq f_y/E_s$　　D. 不符合胡克定律，但假设 $\varepsilon_y = f_y/E_s$
21. 单筋截面，配有最多的钢筋，处于最大承载力时，该梁处于（　　）。
   A. 第一阶段末破坏　　　　B. 第二阶段末破坏
   C. 第三阶段末破坏　　　　D. 第四阶段末破坏
22. 对于双筋矩形截面，提出限制条件 $x \geq 2a'_s$，是为了（　　）。
   A. 保证受拉区钢筋有效屈服　　B. 保证受压区混凝土破坏
   C. 保证受压区钢筋受压并可以屈服　　D. 保证受拉区钢筋发挥延性
23. T形截面的分类标准是（　　）。
   A. 钢筋屈服的状况　　　　B. 截面的承载力状况
   C. 计算中和轴的位置　　　D. 混凝土受压区的大小
24. □形截面在进行正截面设计过程中，按照（　　）截面设计。
   A. □形　　　　B. 工字形　　　　C. 矩形　　　　D. T字形
25. 当（　　）时，T形截面可以按照矩形截面设计。

A. 弯矩较低　　　　B. 翼缘受拉　　　　C. 弯矩较大　　　　D. 配有受压钢筋
26. 常规结构的裂缝控制等级为（　　）级。
A. 1　　　　B. 2　　　　C. 3　　　　D. 4
27. 当钢筋总截面面积相同时，下面钢筋选择中，（　　）裂缝最小。
A. 直径18mm　　　　　　　　　　B. 直径22mm
C. 直径18mm与22mm间隔使用　　D. 直径20mm
28. 在普通结构中，在受压区不采用高强钢筋的原因是（　　）。
A. 高强钢筋造价过高　　　　B. 混凝土破坏时的变形不足以使高强钢筋屈服
C. 受拉区钢筋屈服强度低　　D. 高强钢筋延性较差
29. 在普通结构中，在受拉区不采用高强钢筋的原因是（　　）。
A. 高强钢筋造价过高　　　　B. 高强钢筋屈服强度高，屈服变形大
C. 普通钢筋就可以承担相应的应力　　D. 高强钢筋延性较差
30. （　　）是提高混凝土梁刚度，减小挠曲变形的最有效措施。
A. 提高混凝土强度等级　　B. 配置钢筋
C. 采用工字形截面　　　　D. 增加梁高
31. 配置直径较小的钢筋在控制杆件变形方面更加有效，是因为（　　）。
A. 小直径钢筋强度高　　　　B. 等截面面积时小直径钢筋表面积大
C. 小直径钢筋延性好　　　　D. 小直径钢筋变形较小
32. 钢筋混凝土梁斜截面破坏的原因是（　　）的作用。
A. 弯矩　　　　B. 剪力　　　　C. 弯矩与剪力　　　　D. 剪力与轴力
33. 配置（　　）钢筋可以有效防止梁发生斜截面破坏。
A. 纵向　　　　B. 架立　　　　C. 拉结　　　　D. 箍筋
34. 下面（　　）不是无腹筋梁斜截面的破坏形态。
A. 斜弯　　　　B. 斜压　　　　C. 斜拉　　　　D. 剪压
35. 影响无腹筋梁破坏形态的关键因素是（　　）。
A. 荷载形式　　B. 支座种类　　C. 剪跨比　　D. 截面高宽比
36. 普通钢筋混凝土梁斜截面裂缝开裂时（　　）。
A. 由受拉区向受压区开展　　B. 由受压区向受拉区开展
C. 由腹板中间向上下边缘　　D. 没有规律性
37. 钢筋混凝土薄腹梁斜截面裂缝开裂时（　　）。
A. 由受拉区向受压区开展　　B. 由受压区向受拉区开展
C. 由腹板中间向上下边缘　　D. 没有规律性
38. 影响钢筋混凝土梁斜截面承载力的因素不包括（　　）。
A. 剪跨比　　　　　　　　B. 混凝土强度
C. 纵筋的配筋状况　　　　D. 混凝土的配合比
39. 钢筋混凝土梁斜截面破坏中，通过实际计算来保证的是（　　）。
A. 斜压破坏　　B. 斜弯破坏　　C. 剪压破坏　　D. 斜拉破坏
40. （　　）对于钢筋混凝土梁斜截面承载力具有重要的影响，但在设计中却被忽略。
A. 箍筋　　　　B. 纵筋　　　　C. 剪跨比　　　　D. 混凝土强度
41. 当集中荷载所产生的剪力占总剪力值的（　　）以下时，不考虑剪跨比对于结构承载力的

影响。

　　A. 70%　　　　　B. 75%　　　　　C. 80%　　　　　D. 85%

42. 在计算过程中，如果计算剪跨比为5，取值为（　　）。

　　A. 3　　　　　　B. 4　　　　　　C. 5　　　　　　D. 6

43. 在计算过程中，如果计算剪跨比为1，取值为（　　）。

　　A. 1　　　　　　B. 1.5　　　　　C. 2　　　　　　D. 2.5

44. 在计算过程中，如果计算剪跨比为2.5，取值为（　　）。

　　A. 1　　　　　　B. 1.5　　　　　C. 2.5　　　　　D. 3

45. 在计算T形截面梁的斜截面问题中，其计算截面是（　　）。

　　A. 以翼缘宽度为宽度，以截面高度为高度的矩形截面

　　B. 以腹板宽度为宽度，以截面高度为高度的矩形截面

　　C. 以腹板宽度为宽度，以翼缘以下的腹板高度为高度的矩形截面

　　D. 翼缘截面的矩形＋腹板截面的矩形，两者的抗剪能力分别计算

46. 为了防止钢筋混凝土梁箍筋配置过多，基本方法是（　　）。

　　A. 先止箍筋用量　　　　　　　　　B. 提高纵筋用量

　　C. 限制截面承载力　　　　　　　　D. 限制混凝土受压区

47. 当截面承担的剪力小于素混凝土截面的承载力时（　　）。

　　A. 可以不配置箍筋　　　　　　　　B. 必须按最小配筋率配置箍筋

　　C. 可以依靠纵向钢筋的构造抗剪　　D. 静荷载

48. 在进行钢筋混凝土梁斜截面设计计算过程中，先假定（　　）指标之后进行求解比较方便。

　　A. 箍筋间距　　　B. 箍筋直径　　　C. 箍筋强度　　　D. 箍筋根数

49. 在钢筋混凝土梁的设计过程中，（　　）是相对简单的。

　　A. 先设计斜截面，后计算正截面　　B. 先设计正截面，后计算斜截面

　　C. 斜截面与正截面应该同时计算　　D. 任何方式均不

50. 产生斜截面受弯问题的原因是（　　）。

　　A. 正截面配筋不足　　　　　　　　B. 斜截面配筋不足

　　C. 斜裂缝导致配筋与弯矩不协调　　D. 斜裂缝导致承载力降低

51. 斜截面受弯问题需要采用（　　）方式解决。

　　A. 配置一定数量的箍筋　　　　　　B. 配置一定数量的纵筋

　　C. 调整箍筋的构造　　　　　　　　D. 调整纵筋的构造

52. 抵抗弯矩图是（　　）。

　　A. 各种情况下的弯矩图的平均值　　B. 各种情况下的包络图的平均值

　　C. 各截面正截面承载力的函数图　　D. 各截面斜截面承载力的函数图

53. 下列破坏具有不确定性的是（　　）。

　　A. 正截面受弯　　　　　　　　　　B. 斜截面受弯

　　C. 斜截面受剪　　　　　　　　　　D. 斜截面受扭

54. 钢筋混凝土梁受扭时，破坏最终发生在（　　）。

　　A. 侧面　　　　　B. 顶面　　　　　C. 底面　　　　　D. 不确定

55. 除了箍筋之外，（　　）钢筋对于钢筋混凝土梁的抗扭十分重要。

A. 纵向　　　　　B. 弯起　　　　　C. 拉结　　　　　D. 分布
56. 在钢筋混凝土梁受扭作用的计算模型中，（　　）作用被忽略。
　　A. 核心混凝土　　B. 箍筋　　　　C. 边缘混凝土　　D. 纵筋
57. 无梁楼盖中，防止冲切破坏的构造是（　　）。
　　A. 分布钢筋　　　B. 柱帽　　　　C. 加宽柱基　　　D. 板带
58. 无梁楼盖的计算模型是（　　）。
　　A. 四边支撑单向板　　　　　　　B. 四边支撑双向板
　　C. 四角支撑双向板　　　　　　　D. 四角支撑单向板
59. 双向板的最不利荷载布置形式是（　　）。
　　A. 网格式　　　　B. 间隔式　　　C. 棋盘式　　　　D. 正交式
60. 通常来讲，井字楼盖的板是（　　）。
　　A. 四点支撑双向板　　　　　　　B. 四边支撑双向板
　　C. 四点支撑单向板　　　　　　　D. 四边支撑单向板

（二）多项选择题

1. 在下列结构中，（　　）结构均可以采用肋梁楼盖的形式。
　　A. 筏板基础　　　B. 普通楼盖　　C. 独立基础　　　D. 楼梯
　　E. 水池顶盖
2. 肋梁楼盖的计算模型通常是（　　）。
　　A. 刚架　　　　　B. 排架　　　　C. 简支梁　　　　D. 连续梁
　　E. 悬臂梁
3. 以下属于单向板的是（　　）。
　　A. 对边支撑板，长短边比例 3:1　　B. 四边支撑板，长短边比例 2:1
　　C. 四边支撑板，长短边比例 3:1　　D. 四角支撑板，长短边比例 1:1
　　E. 对边支撑板，长短边比例 1:1
4. 对于肋梁楼盖中的梁，实际受力状况是（　　）。
　　A. 轴拉　　　　　B. 轴压　　　　C. 弯曲　　　　　D. 剪切
　　E. 扭转
5. 在下列情况中，（　　）结构体系在计算中，不能忽略作为支座的垂直位移。
　　A. 肋梁楼盖　　　B. 井字楼盖　　C. 密肋楼盖　　　D. 无梁楼盖
　　E. 梁式楼梯
6. 对于某静定结构，一个截面出现塑性铰之后（　　）。
　　A. 结构仍可以承担荷载　　　　　B. 结构被认为进入屈服破坏状态
　　C. 其他截面不会继续出现塑性铰　D. 不会出现塑性内力重分布
　　E. 该塑性铰也是区域性铰
7. 不允许采用塑性原则设计的构件是（　　）。
　　A. 普通楼板　　　B. 次梁　　　　C. 轻质混凝土结构　D. 叠合构件
　　E. 吊车梁
8. 属于单向板的构造钢筋的是（　　）。
　　A. 短向板底钢筋　　　　　　　　B. 长向板底钢筋

C. 板角钢筋   D. 短边板边顶钢筋
E. 长边板边顶钢筋
9. 次梁搭在主梁上，次梁两侧宜配置（   ）钢筋。
   A. 加密箍筋   B. 附加吊筋   C. 腰筋   D. 拉结筋
   E. 架立
10. 在钢筋混凝土适筋梁受力的（   ）阶段，混凝土处于带裂缝的工作状态。
    A. 1   B. 2   C. 3   D. 4
    E. 5
11. 进行钢筋混凝土梁正截面计算时的几个基本假定是（   ）。
    A. 平截面假定   B. 混凝土的弹性模量不变
    C. 混凝土为极限压应变破坏   D. 忽略混凝土抗拉强度
    E. 钢材在屈服时仍符合虎克定律
12. 当单筋矩形截面梁不能够承担相应的荷载时，（   ）方法比较有效。
    A. 提高混凝土的强度等级   B. 提高钢筋的强度等级
    C. 加大混凝土受压区的面积   D. 受压区置入钢筋
    E. 增加梁高
13. 双筋矩形截面与单筋矩形截面在设计中，都要遵守的原则是（   ）。
    A. 最大配筋率原则   B. 最小配筋率原则
    C. 界限相对受压区高度原则   D. 延性破坏原则
    E. 限制混凝土裂缝宽度原则
14. 下列情况中（   ）截面形式可以按照 T 形截面设计（正弯矩）。
    A. □   B. ⊓   C. ■   D. ⊥
    E. ✝
15. 在截面的各种其他指标相同的情况下，配置 18mm 钢筋的梁与配置 25mm 的比较（   ）。
    A. 裂缝数量多   B. 裂缝宽度小
    C. 裂缝间距小   D. 裂缝出现早
    E. 承载力高
16. 为了减小挠曲变形，以下措施有效的是（   ）。
    A. 增加梁高   B. 减小钢筋直径
    C. 提高混凝土密实度   D. 控制水泥用量
    E. 提高钢筋强度等级
17. 无腹筋梁斜截面破坏常见的有（   ）。
    A. 斜拉破坏   B. 剪拉破坏   C. 剪压破坏   D. 斜弯破坏
    E. 斜压破坏
18. 在设计计算中考虑的，可以有效防止钢筋混凝土梁斜截面破坏的钢筋是（   ）。
    A. 弯起钢筋   B. 箍筋   C. 梁底纵向钢筋   D. 梁顶纵向钢筋
    E. 腰筋
19. 梁发生剪压破坏时，斜截面承载力由（   ）组成。
    A. 与斜裂缝相交的纵筋所承受的荷载   B. 混凝土剪压区所承受的荷载
    C. 与斜裂缝相交的箍筋所承受的荷载   D. 与斜裂缝相交的弯筋所承受的荷载

E. 混凝土受压区所承受的荷载
20. 下列情况中（　　）方法不能解决斜截面受弯问题。
    A. 增加箍筋 B. 提高混凝土强度
    C. 纵向钢筋载梁长度范围内连续放置 D. 提高纵向钢筋的强度等级
    E. 负弯矩钢筋不切断，用作架立钢筋
21. 常见的钢筋混凝土矩形截面受扭计算理论有（　　）。
    A. 变角空间桁架 B. 直角空间桁架
    C. 斜弯曲理论 D. 复合弯曲理论
    E. 弯曲桁架理论
22. 以下属于无梁楼盖缺点的是（　　）。
    A. 柱端冲切问题 B. 楼板厚大
    C. 结构层抗侧向刚度弱 D. 底面平整，表面积小
    E. 施工问题较多
23. 下列属于结构设计对于楼梯的分类的是（　　）。
    A. 剪刀楼梯 B. 双分楼梯 C. 梁式楼梯 D. 板式楼梯
    E. 旋转楼梯

二、参考答案

（一）单项选择题

1. B	2. C	3. A	4. D	5. C	6. C
7. C	8. D	9. C	10. B	11. C	12. C
13. C	14. A	15. B	16. B	17. B	18. B
19. B	20. D	21. B	22. C	23. C	24. D
25. B	26. C	27. C	28. B	29. B	30. D
31. C	32. C	33. C	34. C	35. C	36. C
37. C	38. D	39. C	40. B	41. B	42. A
43. B	44. C	45. B	46. C	47. B	48. C
49. A	50. C	51. B	52. B	53. D	54. D
55. A	56. A	57. B	58. C	59. C	60. C

注：第3题，不论长短边的比例关系，对边支撑就是单向板。第10题，相同的结构，设计荷载越高，保证率越低。第13题，钢筋未发生屈服，结构处于第二阶段，尚不影响正常使用，无需处理。第18题，屈服强度越高的钢筋，屈服时的应变就越大，而混凝土的极限压应变是固定的，因此只有较低的受压区高度，才可以满足钢筋的变形要求。第21题，在最大配筋率时，钢筋开始出现屈服的同时，混凝土压碎，不出现第三阶段。第25题，翼缘处于受拉区，不发挥作用。第27题，小直径的钢筋在横加面积相同的情况下，表面积更大，黏结力传递的更加均匀。第37题，当梁高很高，而梁宽很窄时，正截面破坏发生的较晚，最大剪应力发生在腹板中间部分。第45题，翼缘处于外侧，剪应力比较低，不考虑。第48题，假定直径，求得间距，在实际工程中，间距调整比较方便。第49题，斜截面存在截面验算问题，如果截面不合适需要调整；而正截面计算过程不存在这种验算。如果先计算正截面，再计算斜截面，当截面不合适进行调整时，原有的正截面计

算就需要重新计算。

(二) 多项选择题

1. ABE	2. CD	3. ACE	4. CDE	5. BC	6. BCDE
7. CDE	8. BCD	9. AB	10. BC	11. ACDE	12. CDE
13. CDE	14. AB	15. ABC	16. ABCD	17. ACE	18. AB
19. BCD	20. ABD	21. AC	22. ABC	23. CD	

注：第4题，梁的实际受力状况是存在受扭的。

第七章　钢筋混凝土垂直结构体系分析

一、练习题

（一）单项选择题

1. 轴心受压构件是指（　　）。
   A. 力垂直作用在截面的中心　　　　B. 力垂直作用在截面的重心
   C. 力垂直作用在截面的垂心　　　　D. 力垂直作用在截面的核心

2. 轴心受压构件（　　）。
   A. 必须是直线杆件　　　　　　　　B. 在一定情况下可以是曲线构件
   C. 必须是对称截面构件　　　　　　D. 对于构件没有特殊要求

3. 假设有一个三角形截面的柱子，垂直作用在（　　）位置时，构成轴心受压构件。
   A. 垂线的交点　　B. 中线的交点　　C. 角分线的交点　　D. 中垂线的交点

4. 受压构件截面不宜过小，其原因在于（　　）。
   A. 受压构件承担荷载一般较高　　　B. 混凝土是脆性破坏
   C. 截面过小构件难以有效发挥作用　D. 截面过小可能失稳

5. 下列情况中（　　）钢筋在受压构件中不宜采用。
   A. HRB400 级　　B. HRB335 级　　C. RRB400 级　　D. HRB450 级

6. 下列异型柱的箍筋做法错误的是（　　）。
   A. ⊢⊣　　　　　B. ＋　　　　　C. ✚　　　　　D. ⊏

7. 对于抗震地区箍筋的端头要做成（　　）的弯钩。
   A. 135°，20d　　B. 135°，10d　　C. 120°，10d　　D. 145°，20d

8. 使得真正的轴心受压构件几乎不存在的原因不是（　　）。
   A. 纵向钢筋的不对称布置　　　　　B. 混凝土材料的非匀质性
   C. 荷载作用位置的不准确对中　　　D. 箍筋在柱中与柱端分布不均匀

9. 下面关于轴心受压构件的箍筋作用描述正确的是（　　）。
   A. 在实际结构中，箍筋是不受力的　B. 在实际结构中，箍筋是承担剪力的
   C. 在实际结构中，箍筋可能受拉的　D. 在实际结构中，箍筋是可能受压的

10. 下面关于螺旋箍筋描述正确的是（　　）。
    A. 螺旋箍筋构件能承担偏心受压作用　B. 螺旋箍筋构件的截面形式并无要求
    C. 螺旋箍筋的作用是约束混凝土　　　D. 螺旋箍筋可以直接承担压力

11. 规范规定，当 $l_0/d > 12$ 时，不考虑螺旋箍筋的作用，原因在于（　　）。
    A. 此时易发生失稳破坏　　　　　　B. 此时所用箍筋过密会超筋
    C. 长度过长，达不到对纵筋的约束作用　D. 只是构造要求，没有实际意义

12. 偏心受压构件的偏心是指（　　）。
    A. 力对于杆件轴线的偏心　　　　　B. 力对于截面形心的偏心

C. 力作用线对于杆件轴线切线的偏心　　　　D. 力作用线截面切线的偏心
13. 形成基本偏心距以外的附加偏心距的原因不是（　　）。
    A. 现浇构件的尺寸不能绝对保证　　　　　B. 钢筋混凝土材料强度分布不均匀
    C. 标识轴荷载方向不一定作用在轴线上　　D. 混凝土的裂缝的影响
14. 附加偏心距的最小值是（　　）。
    A. 10mm　　　　　　B. 15mm　　　　　　C. 20mm　　　　　　D. 25mm
15. 引入偏心距增大系数的原因在于（　　）。
    A. 从安全的角度来考虑　　　　　　　　　B. 从构件的长细比和曲率来考虑
    C. 从荷载的构成来考虑　　　　　　　　　D. 从材料的不均匀性与施工的影响来考虑
16. 按照大偏心受压破坏设计的构件，在破坏时受拉区钢筋并未发生屈服，（　　）。
    A. 设计有问题　　　　　　　　　　　　　B. 荷载偏心较小
    C. 混凝土强度过低　　　　　　　　　　　D. 配置钢筋构造错误
17. 偏心受压构件的破坏状态不但与偏心距的大小有关而且与（　　）有关。
    A. 荷载种类　　　　　　　　　　　　　　B. 截面的配筋状况
    C. 钢筋的等级　　　　　　　　　　　　　D. 混凝土强度
18. 大小偏心构件的区分，关键在于（　　）。
    A. 偏心矩的大小　　　　　　　　　　　　B. 承载力的大小
    C. 钢筋破坏的状态　　　　　　　　　　　D. 混凝土破坏的状态
19. 对于偏心受压构件，下列说法正确的是（　　）。
    A. 有绝对的小偏心构件，也有绝对的大偏心构件
    B. 有绝对的小偏心构件，没绝对的大偏心构件
    C. 没绝对的小偏心构件，也没有绝对的大偏心构件
    D. 没有绝对的小偏心构件，有绝对的大偏心构件
20. 如果构件是小偏心破坏，则（　　）。
    A. 受拉区钢筋屈服，受压区混凝土压碎
    B. 受拉区钢筋屈服，受压区混凝土不压碎
    C. 受拉区钢筋不屈服，受压区混凝土压碎
    D. 受拉区钢筋不屈服，受压区混凝土不压碎
21. 如果 $\eta e_i = e_0 + e_a \geq 0.3 h_0$，下列说法不正确的是（　　）。
    A. 就是大偏心构件　　　　　　　　　　　B. 可以按大偏心设计
    C. 也可以设计成小偏心构件　　　　　　　D. 在此荷载作用下，产生大偏心破坏
22. 对于按照大偏心破坏状态设计的构件，错误的结论是（　　）。
    A. 就会产生大偏心破坏　　　　　　　　　B. 也可以产生小偏心破坏
    C. 破坏状态与设计状态可能不一致　　　　D. 也可能是轴心受压破坏
23. 对于对称配筋构件，下列说法错误的是（　　）。
    A. 实际截面应该是对称的　　　　　　　　B. 配筋应该是对称的
    C. 受力应该是对称的　　　　　　　　　　D. 计算截面也是对称的
24. 满足轴压比是为了（　　）。
    A. 保证构件破坏时的延性　　　　　　　　B. 保证构件的承载力
    C. 保证结构在受弯作用下的延性　　　　　D. 保证结构所能够承担弯矩的大小

25. 轴向压力对于斜截面承载力的影响是（　　）。
    A. 可以在一定程度上提高　　　　B. 可以在一定程度上降低
    C. 可以较大地提高　　　　　　　D. 可以较大地降低
26. 轴向压力对于正截面受弯承载力的影响是（　　）。
    A. 可以在一定程度上提高　　　　B. 如果正压力在一定范围内可以提高
    C. 可以较大地提高　　　　　　　D. 没有影响
27. 下面关于大小偏心受拉构件的描述，正确的是（　　）。
    A. 大偏心受拉构件也可以通过配筋成为小偏心受拉构件
    B. 钢筋是否受拉屈服也是判断大小偏心受拉的依据
    C. 偏心受拉构件也有附加偏心距与偏心矩增大系数
    D. 大小偏心受拉构件仅与荷载的位置有关，与其他因素无关

（二）多项选择题

1. 偏心受压构件可以分为（　　）。
    A. 单向偏心构件　　　　　　　　B. 双向偏心构件
    C. 三向偏心构件　　　　　　　　D. 多向偏心构件
    E. 简单偏心构件
2. 常规的受压构件，其截面形式多是（　　）。
    A. 圆形　　　　B. 矩形　　　　C. 方形　　　　D. T形
    E. 三角形
3. 为了避免长细比过大，可能导致失稳破坏，通常规定轴心受压构件的尺寸是（　　）。
    A. $l_0/c \leqslant 25$　　B. $l_0/b \leqslant 30$　　C. $l_0/h \leqslant 30$　　D. $l_0/b \leqslant 25$
    E. $l_0/h \leqslant 25$
4. 柱中箍筋应做成封闭式，其间距要求是（　　）。
    A. 在绑扎骨架中不应大于15d　　B. 在焊接骨架中则不应大于20d
    C. 不大于构件对角线尺寸　　　　D. 不大于构件横截面的短边尺寸
    E. 大于400mm
5. 轴心受压钢筋混凝土构件分为（　　）。
    A. 普通箍筋柱　　B. 复合箍筋柱　　C. 加密箍筋柱　　D. 螺旋箍筋柱
    E. 核心箍筋柱
6. 轴心受压构件的箍筋有（　　）作用。
    A. 承担扭矩　　B. 承担剪力　　C. 约束混凝土　　D. 约束纵筋
    E. 承担复合作用
7. 对于螺旋箍筋的描述错误的是（　　）。
    A. 螺旋箍筋可以间接提高柱的承载力
    B. 螺旋箍筋适合于所有截面形式
    C. 螺旋箍筋主要是以提高混凝土的强度来提高构件承载力的
    D. 只要螺旋箍筋不破坏，就可以无限提高构件的承载力
    E. 螺旋箍筋不适合于细长柱
8. 当遇到下列（　　）情况时，不应计入间接钢筋的影响，而应按配置普通箍筋的同截面轴

心受压构件进行计算。
   A. $l_0/d > 12$
   B. 螺旋箍筋屈服强度过低
   C. 螺距 > 80mm
   D. 按螺旋箍筋算得的受压承载力小于按普通箍筋
   E. 间接钢筋的换算截面面积 A_{ss0} 小于纵向钢筋的全部截面面积的 40%
9. 在实际工程中,产生偏心受压构件的原因是（　　）。
   A. 荷载偏心　　　B. 材料不均匀　　　C. 弯矩的作用　　　D. 剪力的影响
   E. 配筋的影响
10. 偏心距增大系数主要是为了调整（　　）对于偏心构件的影响。
    A. 长细比　　　B. 混凝土强度　　　C. 截面不均匀性　　　D. 构件的曲率
    E. 荷载的变化
11. 下面属于压弯构件的荷载组合的是（　　）。
    A. $+M_{max}$, N_{max}　　B. $-M_{max}$, N_{max}　　C. $+M_{max}$, N_{min}　　D. Q_{max}, N_{min}
    E. $-M_{max}$, N_{min}

二、参考答案

（一）单项选择题

1. B	2. B	3. B	4. D	5. D	6. C
7. B	8. D	9. C	10. C	11. A	12. C
13. D	14. C	15. B	16. B	17. B	18. C
19. B	20. A	21. A	22. A	23. D	24. D
25. A	26. B	27. D			

注：第1题,只有位于截面的重心上,力才会对于整个截面形成相同的作用,形成轴心受压。第2题,拱结构在合理拱轴的曲线下,就是轴心受压构件。第12题,只有力垂直于截面,并形成对于该截面形心得偏心时,才构成偏心受压构件。第16题,当按照大偏心设计的构件承担轴心荷载时,就是轴心受压破坏。第23题,实际截面是对称的,但在计算中,截面形式可能并不是对称的,例如"工"型截面是对称的,但计算时的简化截面为"T"型,并非对称。

（二）多项选择题

| 1. AB | 2. ABC | 3. BD | 4. ABDE | 5. AD | 6. CD |
| 7. BD | 8. ACD | 9. ABC | 10. AD | 11. ABCE | |

第八章 预应力混凝土结构原理与应用

一、练习题

（一）单项选择题

1. 预应力结构多用于（　　）。
   A. 砖混普通结构　　　　　　　　　B. 钢筋混凝土大跨度结构
   C. 承受动荷载的钢结构　　　　　　D. 基础结构
2. 在我们日常生活中，（　　）属于预应力原理的应用。
   A. 水池　　　　　B. 椅子　　　　　C. 木桶　　　　　D. 筷子
3. 下列情况中（　　）构件使用预应力最为有效。
   A. 受弯　　　　　B. 受剪　　　　　C. 受压　　　　　D. 受扭
4. 预应力的施加会提高（　　）。
   A. 构件的承载力　　　　　　　　　B. 构件的刚度
   C. 构件的使用效率　　　　　　　　D. 构件的应用范围
5. 采用（　　）方式可以有效地使用高强钢筋。
   A. 劲性混凝土　　　　　　　　　　B. 普通混凝土
   C. 预应力　　　　　　　　　　　　D. 热处理
6. 当受拉区同时配置预应力钢筋与非预应力钢筋时，需要满足的条件是（　　）。
   A. $\xi \leq \xi_b$　　B. $\xi \geq \xi_b$　　C. $\xi = \xi_b$　　D. 没有特殊要求
7. 当受拉区仅配置预应力钢筋时，需要满足的条件是（　　）。
   A. $\xi \leq \xi_b$　　B. $\xi \geq \xi_b$　　C. $\xi = \xi_b$　　D. 没有特殊要求
8. 在最不利荷载组合下，混凝土中允许出现低于抗拉强度的拉应力，但在长期荷载作用下不得出现拉应力。属于混凝土结构按裂缝控制等级的第（　　）级别。
   A. Ⅰ　　　　　　B. Ⅱ　　　　　　C. Ⅲ　　　　　　D. Ⅳ
9. 下列结构不适于使用先张法施加预应力的是（　　）。
   A. 大型屋面板　　B. 铁轨枕木　　　C. 电视塔　　　　D. 重型吊车梁
10. 先张法施加预应力的主要施工工序为（　　）。
    A. 在台座上张拉预应力钢筋至预定长度后，将预应力钢筋固定在台座的传力架上；然后在张拉好的预应力钢筋周围浇筑混凝土；待混凝土达到一定的强度后（约为混凝土设计强度的70%左右）切断预应力钢筋
    B. 在台座上浇筑混凝土；张拉预应力钢筋至预定长度后，将预应力钢筋固定在台座的传力架上；待混凝土达到一定的强度后（约为混凝土设计强度的70%左右）切断预应力钢筋
    C. 在台座上张拉预应力钢筋至预定长度后，将预应力钢筋固定在台座的传力架上；切断预应力钢筋；然后在张拉好的预应力钢筋周围浇筑混凝土

D. 在台座上张拉预应力钢筋至预定长度后,将预应力钢筋固定在台座的传力架上;然后在张拉好的预应力钢筋周围浇筑混凝土;待混凝土达到一定的强度后(约为混凝土设计强度的100%左右)切断预应力钢筋

11. 后张法预应力结构中,预应力依靠( )传递到混凝土上。
    A. 摩擦力 B. 黏结力 C. 锚具作用 D. 夹具作用
12. 在预应力混凝土结构中使用的混凝土不需要( )特性。
    A. 强度高 B. 收缩、徐变小 C. 弹性模量大 D. 快硬、早强
13. 大跨度预应力结构中,混凝土的强度等级一般不宜低于( )。
    A. C30 B. C40 C. C50 D. C60
14. 下列情况中( )不适用于预应力结构的钢材。
    A. 钢绞线 B. 热处理钢筋 C. 钢丝 D. 冷轧钢筋
15. 夹具与锚具的区别在于( )。
    A. 夹具是先张法使用的,锚具是后张法使用的
    B. 夹具是固定端使用的,锚具是张拉端使用的
    C. 夹具是钢丝使用的,锚具是钢筋使用的
    D. 夹具是低强度混凝土使用的,锚具是高强度混凝土使用的
16. 下列情况中( )问题不会产生预应力损失。
    A. 混凝土的徐变 B. 钢筋的应力松弛
    C. 使用中的热胀冷缩 D. 孔道的摩擦作用
17. 后张法预应力混凝土构件,混凝土预压前的损失(第一批)σ_{lI}等于( )。
    A. $\sigma_{l1} + \sigma_{l2} + \sigma_{l3} + \sigma_{l4}$ B. $\sigma_{l1} + \sigma_{l2}$
    C. σ_{l5} D. $\sigma_{l4} + \sigma_{l5} + \sigma_{l6}$
18. 为了防止由于锚具对于端部混凝土局压作用而导致的破坏,( )方式相对经济有效。
    A. 提高混凝土强度
    B. 减小预应力钢筋截面面积
    C. 设置构造横向钢筋网片或螺旋式钢筋等局部加强措施
    D. 采用特殊锚具
19. 预应力是在混凝土结构构件受荷载作用之前预先施加压应力,而使混凝土承重结构在外荷载作用下的受拉区先处于( )状态,在混凝土产生拉应力来抵消压应力。
    A. 受拉 B. 受扭 C. 受压 D. 受挤
20. 从预应力混凝土的原理可知,如果想要减小裂缝宽度或减小挠度,只有( )钢筋的屈服应力水平,才可以使其屈服应变量减小。
    A. 增大 B. 降低 C. 维持 D. 撤消
21. 生产效率高、施工工艺简单、锚夹具可多次重复使用等是( )的优点。
    A. 后张法 B. 先张法 C. 千斤顶法 D. 扁顶法
22. 对混凝土构件施加预应力,则( )。
    A. 提高了构件的承载能力
    B. 提高了构件的抗裂能力
    C. 既提高了构件的抗裂能力,又提高了承载能力
    D. 既没有提高构件的抗裂能力,又没有提高承载能力

23. 先张法是靠预应力钢筋与混凝土之间的（　　）来传递预应力的。
    A. 压力　　　　B. 拉力　　　　C. 摩擦力　　　　D. 黏结力
24. 在结硬后的混凝土构件预留孔道中张拉预应力钢筋的方法称为（　　）。
    A. 预留法　　　B. 先张法　　　C. 后张法　　　　D. 张拉法
25. （　　）是预应力混凝土施工工艺的核心部分。
    A. 热处理钢筋　B. 预应力夹具　C. 预应力锚具　　D. 钢丝
26. 先张法预应力混凝土构件的预应力损失一般包括：（　　）。
    A. 锚具损失、摩擦损失、温度损失、徐变收缩损失
    B. 锚具损失、温度损失、应力松弛损失、徐变收缩损失
    C. 锚具损失、应力松弛损失、徐变收缩损失
    D. 锚具损失、摩擦损失、应力松弛损失、徐变收缩损失
27. 后张法预应力结构中，锚具的主要作用是（　　）。
    A. 传递预应力　B. 防止钢筋锈蚀　C. 增加预应力　D. 保护结构
28. 预应力结构的成败关键是（　　）。
    A. 减少摩擦　　B. 减少预应力损失　C. 钢筋的选择　D. 降低温度
29. 在一定取值范围内，σ_{con}值定得越（　　），混凝土获得的预压应力也越大，预应力的效果就越高，可以达到节约材料的效益。
    A. 高　　　　　B. 低　　　　　C. 平均　　　　　D. 不确定
30. 与普通混凝土结构相比，预应力混凝土受弯构件的特点中（　　）是错误的。
    A. 截面极限承载力大大提高　　　　B. 外荷作用下构件的挠度减小
    C. 构件开裂荷载明显提高　　　　　D. 构件在使用阶段刚度比普通构件明显提高

（二）多项选择题

1. 下列哪些是预应力混凝土的优势（　　）。
    A. 提高抗裂性　　　　　　　　　　B. 使用高强材料
    C. 提高了混凝土构件的抗剪承载力　D. 具有良好的经济性
    E. 可以提高构件的耐久性
2. 对混凝土结构构件施加预应力的方法有（　　）。
    A. 用张拉钢筋的方法　　　　　　　B. 热轧钢筋的方法
    C. 不用张拉钢筋的方法　　　　　　D. 冷拉钢筋的方法
    E. 综合方法
3. 根据张拉钢筋顺序的不同，张拉钢筋的方法又分为（　　）。
    A. 千斤顶法　　B. 扁顶法　　　C. 后张法　　　　D. 先张法
    E. 电热法
4. 关于先张法和后张法的比较，说法正确的有（　　）。
    A. 先张法工艺比较简单，不需要永久性的工作锚具，不需要台座（或钢模）设施
    B. 后张法工艺较复杂，需要对构件安装永久性的工作锚具，但不需要台座
    C. 先张法适用于在预制构件厂批量制造的、可以用运输车装运的中小型构件
    D. 后张法更适用于在现场成型的大型构件、在现场分阶段张拉的大型构件
    E. 先张法造价更低

5. 预应力混凝土结构构件所用的混凝土需满足的要求有（　　）。
   A. 不易硬化　　　B. 强度高　　　C. 收缩小　　　D. 抗压能力强
   E. 耐久性好
6. 预应力混凝土所使用的钢筋应该满足（　　）的质量要求。
   A. 低沸点　　　　　　　　　　　B. 具有一定的塑性
   C. 不易弯折　　　　　　　　　　D. 与混凝土间有足够的黏结强度
   E. 弹性模量低
7. 用于预应力混凝土构件中的预应力钢材主要有（　　）。
   A. 钢绞线　　　B. 粗大钢筋　　　C. 热处理钢筋　　　D. 钢丝
   E. 冷轧钢筋
8. 下列关于预应力混凝土构件，说法错误的是（　　）。
   A. 先张法施工有预留孔道、灌浆等工序，施工比较复杂
   B. 后张法的预应力筋可布置成曲线形状
   C. 后张法施工需专门的台座，多用于在预制厂进行中小型构件的批量生产
   D. 无黏结预应力的优点是省去留孔、穿筋和灌浆等工序，施工简便
   E. 先张法使用范围没有限制
9. 在预应力结构中，先张法比较适用于（　　）。
   A. 预制楼板　　　　　　　　　　B. 大型屋架
   C. 电视塔整体预应力　　　　　　D. 铁路枕木
   E. 大桥主跨
10. 下列情况中（　　）是后张法预应力混凝土构件的预应力损失。
    A. 锚具损失　　　　　　　　　　B. 应力松弛损失
    C. 徐变收缩损失　　　　　　　　D. 摩擦损失
    E. 混凝土养护期间热胀冷缩损失

二、参考答案

（一）单项选择题

1. B	2. C	3. A	4. B	5. C	6. A
7. D	8. B	9. C	10. A	11. C	12. C
13. B	14. D	15. A	16. C	17. A	18. C
19. C	20. B	21. B	22. B	23. D	24. C
25. C	26. B	27. A	28. B	29. C	30. A

注：第3题，预应力是在受拉区实现的，因此受弯构件比较适合。第4题，预应力的施加不会提高承载力。第6题，满足 $\xi \leq \xi_b$ 这一条件时，非预应力钢筋才会屈服。第7题，如果没有非预应力钢筋时，由于预应力可以调整钢筋的初始应变，可以保证在混凝土受压区较大时，钢筋仍可以屈服，因此对于 ξ_b 指标没有特殊要求。第9题，先张法适合小型构件。第16题，在使用中的温度变化，不会形成钢筋与混凝土之间的相对变化导致预应力损失。第20题，降低屈服应力，钢筋在屈服时的应变指标比较低，裂缝才会比较小。

(二) 多项选择题
1. AB 2. AC 3. CD 4. BCD 5. BC 6. BD
7. ACD 8. ACE 9. AD 10. ABCD

第九章 钢结构的基本构件与结构体系

一、练习题

(一) 单项选择题

1. 钢结构的构件多数是普通型和（   ）。
   A. 组合型　　　　B. 格构型　　　　C. 加工型　　　　D. 异型
2. 在常规的建筑物中，钢结构不用于（   ）。
   A. 大跨结构　　　B. 临时结构　　　C. 高耸结构　　　D. 基础结构
3. 可以充分发挥钢材的力学性能的结构形式是（   ）。
   A. 框架　　　　　B. 拱　　　　　　C. 桁架　　　　　D. 大梁
4. 以下构件，（   ）不适合采用钢结构。
   A. 梁　　　　　　B. 板　　　　　　C. 柱　　　　　　D. 墙
5. 在钢结构的连接方式中，（   ）属于热加工。
   A. 焊接　　　　　B. 自攻螺钉　　　C. 普通螺栓　　　D. 高强螺栓
6. 变厚度/宽度板对接时，在板的一面或两面切成坡度不大于（   ）的斜面，避免应力集中。
   A. 1:3　　　　　 B. 1:4　　　　　 C. 1:5　　　　　 D. 1:6
7. 焊接应力是由于（   ）原因导致的。
   A. 构件的加工缺陷　　　　　　　　B. 焊接的技术水平
   C. 构件在加工过程中的热效应　　　D. 构件在加工过程的不确定性
8. 普通螺栓的级别不包括（   ）级。
   A. A　　　　　　 B. B　　　　　　 C. C　　　　　　 D. D
9. 一般承担剪力的普通螺栓受的作用是剪切和（   ）。
   A. 扭转　　　　　B. 挤压　　　　　C. 张拉　　　　　D. 弯曲
10. 对于摩擦型高强螺栓，其传力的方式是（   ）。
    A. 钢板之间的摩擦力　　　　　　B. 钢板与螺栓之间的摩擦力
    C. 螺栓与螺栓之间的摩擦力　　　D. 钢板与荷载之间的摩擦力
11. 高强螺栓受力形式主要是（   ）。
    A. 剪切　　　　　B. 挤压　　　　　C. 张拉　　　　　D. 摩擦
12. 对于钢结构构件，偏心力作用产生的应力仅占总体应力的（   ）以下时，就可以将其作为轴心受力构件。
    A. 1%　　　　　　B. 2%　　　　　　C. 3%　　　　　　D. 4%
13. 钢结构构件的整体失稳不包括（   ）。
    A. 弯曲失稳　　　B. 扭转失稳　　　C. 弯扭失稳　　　D. 弯剪失稳
14. 轴心受压钢结构构件的破坏没有（   ）形式。
    A. 刚度破坏　　　B. 强度破坏　　　C. 整体失稳　　　D. 局部失稳

15. 对于钢结构的局部失稳，一般不采用（   ）方式。
    A. 增加翼缘与腹板厚度   B. 减小翼缘与腹板的宽度
    C. 提高杆件的强度   D. 设置加劲肋
16. 对于钢结构梁的局部失稳，采用（   ）方式最为有效。
    A. 增加翼缘与腹板厚度   B. 减小翼缘与腹板的宽度
    C. 提高杆件的强度   D. 设置加劲肋

（二）多项选择题

1. 理解钢结构受力问题的重点在于（   ）与（   ）。
   A. 强度问题   B. 连接问题   C. 刚度问题   D. 稳定问题
   E. 腐蚀问题
2. 焊接是钢结构较为常见的连接方式，也是比较方便的连接方式。根据焊接的形式，焊缝可以分为（   ）三类。
   A. 对接焊缝   B. 搭接焊缝   C. 顶接焊缝   D. 角焊缝
   E. 斜接焊缝
3. 减少焊接应力和焊接变形应从（   ）方面着手。
   A. 采用对称焊缝   B. 采用适当的焊接程序
   C. 焊前预热、焊后回火   D. 特殊的焊条选择
   E. 合理的焊缝设计
4. 高强螺栓按照传力机理，分为（   ）。
   A. 承压型   B. 弯曲型   C. 张拉型   D. 摩擦型
   E. 剪切型
5. 轴心受拉构件多截面形式从构造上分为（   ）。
   A. 单独型钢   B. 组合型钢   C. 格构式   D. 分解式
   E. 多截面组合式
6. 钢结构柱脚有（   ）两种形式。
   A. 对接   B. 刚接   C. 铆接   D. 铰接
   E. 焊接
7. 根据梁的排列方式，梁格可分成（   ）三种典型的形式。
   A. 简式梁格   B. 复式梁格   C. 组合梁格   D. 普通梁格
   E. 格构梁格
8. 钢结构梁的设计内容大致包括：（   ）。
   A. 焊接设计   B. 强度计算   C. 整体稳定   D. 局部稳定
   E. 刚度计算
9. 腹板间隔加劲肋常用布置方式有（   ）。
   A. 间隔加劲肋   B. 纵向加劲肋   C. 横向加劲肋   D. 短加劲肋
   E. 长加劲肋
10. 压弯构件的失稳包括：（   ）。
    A. 平面内失稳   B. 平面外失稳   C. 组合失稳   D. 双向失稳
    E. 局部失稳

二、参考答案

（一）单项选择题

1. B	2. D	3. C	4. D	5. A	6. B
7. C	8. D	9. B	10. A	11. C	12. C
13. D	14. A	15. C	16. D		

注：第3题，钢结构作为基础一般只有钢管桩一种形式，且多在软土地基中使用。第10题，高强螺栓是通过螺栓的张拉力将钢板压紧并形成强大的摩擦力来传力的。

（二）多项选择题

| 1. BD | 2. ACD | 3. ABCE | 4. AD | 5. ABC | 6. BD |
| 7. ABD | 8. BCDE | 9. BCD | 10. ABDE | | |

第十章　结构的地基与基础

一、练习题

（一）单项选择题

1. 土中（　　）对于土体的力学性质影响不大，但会使土的压缩性增大。
   A. 自由水　　　　B. 结合水　　　　C. 气体　　　　D. 土颗粒
2. 土颗粒的结构不存在（　　）。
   A. 絮状结构　　　B. 单粒结构　　　C. 蜂窝结构　　　D. 链状结构
3. 下列情况中（　　）在地基设计时应特殊注意。
   A. 卵石土　　　　B. 黄土　　　　　C. 粉质黏土　　　D. 风化板岩
4. 在施工中，依据（　　）将土分为八类。
   A. 土的成分　　　B. 土层的深度　　C. 开挖的设备　　D. 土方施工的难易程度
5. 在计算土层中的自重应力分布时，如果该计算深度位于地下水位以下，则（　　）。
   A. 无需考虑地下水
   B. 地下水位以下的土层密度为原土层密度与水的密度之和
   C. 地下水位以下的土层密度为原土层密度与水的密度之差
   D. 地下水位以下的土层密度为原土层密度与水的密度的加权平均
6. 地下水层以下的土层中的自重应力等于（　　）。
   A. 该层以上的土层与水的总重量　　　B. 该层以上的土层的总重量
   C. 该层以上的土层与水的重量差　　　D. 该层以上的土层与水的平均重量
7. 地基底面对于地基的压力（　　）。
   A. 就是计算地基受力的指标　　　　　B. 就是计算地基反力的指标
   C. 就是计算地基变形的指标　　　　　D. 没有特殊作用
8. 在计算偏心荷载作用下的地基反力时，如果当 $e > 1/6$，说明（　　）。
   A. 地基与基础之间将出现拉力　　　　B. 基础将不能再承担荷载
   C. 地基已经破坏　　　　　　　　　　D. 基地部分承载
9. 关于地基中的附加应力，下列说法正确的是（　　）。
   A. 附加应力就是地基内的自重应力
   B. 附加应力就是基底压力产生的应力
   C. 附加应力就是地基内的自重应力与基底压力产生的应力之和
   D. 附加应力就是基底压力产生的应力与地基内的自重应力之差
10. 随着地基埋置深度的加深，附加应力（　　）。
    A. 增加　　　　　　　　　　　　　　B. 减小
    C. 与深度没有关系　　　　　　　　　D. 先增加后减小
11. 产生地基压缩性的原因不在于（　　）。

A. 土颗粒之间的相对错动 B. 土颗粒的压缩
C. 土体内部排水作用 D. 土体内部的空气被排出与被压缩
12. 我国地基基础设计规范中，推荐的计算地基压缩的方法是在（　　）。
 A. 弹性理论法 B. 分层总合法 C. 延性递进法 D. 应力面积法
13. 地基沉陷不均匀不会发生（　　）。
 A. 建筑物倾斜 B. 建筑物开裂 C. 建筑物坍塌 D. 建筑物扭转
14. 地基变形随时间的变化情况与（　　）情况无关。
 A. 荷载的大小 B. 排水条件 C. 基础的种类 D. 土的渗透性
15. 地基破坏属于（　　）。
 A. 压缩破坏 B. 剪切破坏 C. 扭转破坏 D. 弯曲破坏
16. 地基承载力以（　　）来表示。
 A. 单位面积承担压力的大小 B. 单位面积承担剪力的大小
 C. 单位面积承担弯矩的大小 D. 单位面积承担扭矩的大小
17. 地基破坏不会出现（　　）形式。
 A. 整体剪切 B. 局部剪切 C. 刺入 D. 压缩
18. 当基础埋深较浅、荷载快速施加时，将趋向于发生（　　）破坏。
 A. 整体剪切 B. 局部剪切 C. 刺入 D. 压缩
19. 基础设计的根本是寻求（　　）之间的平衡。
 A. 基础地面积、基础埋置深度 B. 地基承载力、基础地面积
 C. 基础埋置深度、地基承载力 D. 附加应力、地基承载力
20. 基础的埋置深度与（　　）因素无关。
 A. 地下水位 B. 地基承载力 C. 土质与土类 D. 冬季的冻深
21. 刚性基础承担（　　）。
 A. 压力 B. 剪力 C. 扭矩 D. 弯矩
22. 柔性基础承担（　　）。
 A. 压力 B. 剪力 C. 扭矩 D. 弯矩
23. 适用度最广的基础形式是（　　）。
 A. 独立基础 B. 条形基础 C. 筏板基础 D. 桩基础
24. 地基与基础之间的关系表述正确的是（　　）。
 A. 地基由基础和基础下的土层或岩层构成
 B. 地基是指受建筑物荷载影响的土层或岩层
 C. 地基经过改良或加固形成基础
 D. 地基是建筑物的主要构件
25. 地基分为天然地基和人工地基，在一般低层民用建筑中，采用（　　）较为经济。
 A. 人工地基 B. 天然地基 C. 软土地基 D. 块石混凝土地基
26. 下列属于柔性基础的是（　　）。
 A. 砖基础 B. 毛石基础
 C. 素混凝土基础 D. 钢筋混凝土基础
27. 下列对于基础刚性角描述正确的是（　　）。
 A. 毛石基础需要受到刚性角的约束

B. 钢筋混凝土基础需要受到刚性角的约束

C. 桩基础需要受到刚性角的约束

D. 筏板基础需要受到刚性角的约束

28. 引起土层中力学性质变化的主要因素是（　　）。

　　A. 自重应力　　B. 附加应力　　C. 预应力　　D. 引力

29. 基础埋置深度与基地附加应力的关系是（　　）。

　　A. 基础埋置深度越浅，基底的附加应力越小

　　B. 基础埋置深度越深，基底的附加应力越大

　　C. 基础埋置深度越深，基底的附加应力越小

　　D. 不相关

30. 基础的沉降主要是由于（　　）引起的。

　　A. 荷载过重　　B. 剪切　　C. 土的压密变形　　D. 地下水流

（二）多项选择题

1. 基础沉陷会导致（　　）。

　　A. 建筑倾斜　　B. 管网破坏　　C. 结构裂缝　　D. 地基承载力下降

　　E. 整体坍塌

2. 地基分为（　　）两类。

　　A. 土质地基　　B. 岩石地基　　C. 人工地基　　D. 天然地基

　　E. 特殊地基

3. 土中的水以（　　）形态存在。

　　A. 自由水　　B. 毛细水　　C. 结合水　　D. 离散水

　　E. 流动水

4. 常见的基底压力分布模式有（　　）。

　　A. 矩形　　B. 半圆形　　C. 鞍形　　D. 抛物线形

　　E. 钟形

5. 在工程实践中，（　　）和（　　）两种土类的沉陷与时间的关系需要考虑。

　　A. 卵石土　　B. 黏性土　　C. 淤泥土　　D. 粉土

　　E. 膨润土

6. 在工程实践中与土的抗剪强度有关的工程问题主要有（　　）。

　　A. 土地基的承载力问题　　B. 土坡稳定问题

　　C. 土压力问题　　D. 土的变形问题

　　E. 土的液化问题

7. 地基的破坏过程分为（　　）三个阶段。

　　A. 压密　　B. 蠕变　　C. 滑移　　D. 剪切

　　E. 破坏

8. 地基的破坏形式主要与（　　）因素有关。

　　A. 土的压缩性　　B. 基础埋深　　C. 加荷速率　　D. 土的类别

　　E. 基础底面积

9. 土坡滑动失稳的原因在于（　　）。

A. 土中水的平衡状态被打破，形成液化
   B. 土的抗剪强度由于受到外界各种因素的影响而降低，促使土坡失稳破坏
   C. 外界力的作用破坏了土体内原来的应力平衡状态
   D. 地震作用而形成土中颗粒的动力效应
   E. 土颗粒之间的黏聚力实效
10. 土压力分为（　　）几类。
   A. 静土压力　　B. 主动土压力　　C. 被动土压力　　D. 流动土压力
   E. 垂直土压力
11. 库仑土压力理论的基本假定是（　　）。
   A. 挡土墙后土体为均匀各向同性的无黏性土
   B. 挡土墙后产生主动或被动土压力时墙后土体形成滑动土楔，其滑裂面为通过墙根的平面
   C. 挡土墙后土体为均匀各向同性的黏性土
   D. 土中的水处于自由状态
   E. 滑动土楔可视为刚体
12. 在一般土层上，框架结构多采用（　　）。
   A. 独立基础　　B. 条形基础　　C. 筏板基础　　D. 箱形基础
   E. 桩基础
13. 在基础埋深设计中应该考虑的因素包括：（　　）。
   A. 地下水位的高低　　　　　　B. 建筑墙体的位置
   C. 建筑物下土层的状况　　　　D. 建筑物所在地的气候条件
   E. 土体的化学成分
14. 土体的压缩变形主要是的原因（　　）。
   A. 土颗粒发生相对移动　　　　B. 土中水及气体在外力的作用下从孔隙中排出
   C. 土颗粒被压缩　　　　　　　D. 土中水被压缩性
   E. 土中的气体被压缩
15. 土坡滑动失稳的原因主要有（　　）。
   A. 外界力的作用破坏了土体内原来的土质状态
   B. 外界力的作用破坏了土体内原来的应力平衡状态
   C. 土的抗剪强度由于受到外界各种因素的影响而丧失，促使土坡失稳破坏
   D. 土的抗剪强度由于受到外界各种因素的影响而降低，促使土坡失稳破坏
   E. 土中的三项指标发生变化
16. 基础构造形式取决于建筑物的（　　）。
   A. 上部结构类型　　　　　　　B. 所处地区的气候条件
   C. 荷载大小　　　　　　　　　D. 地基土质情况
   E. 建筑物所在地区的常规做法
17. 基础高度应满足的要求有（　　）。
   A. 构造要求　　　　　　　　　B. 气候要求
   C. 混凝土受冲切承载力的要求　D. 地基沉降的要求
   E. 几何形状

二、参考答案

(一) 单项选择题

1. C	2. D	3. B	4. D	5. C	6. A
7. B	8. D	9. D	10. B	11. B	12. D
13. D	14. C	15. B	16. A	17. D	18. A
19. D	20. C	21. A	22. D	23. D	24. B
25. B	26. D	27. A	28. B	29. C	30. C

注：第3题，黄土具有湿陷性。第11题，土体中的固体、水的体积在外力作用下，产生的压缩量很小。第23题，桩基础几乎适合于任何地基状态。

(二) 多项选择题

1. ABCE	2. CD	3. AC	4. CDE	5. BD	6. ABC
7. ADE	8. ABC	9. BC	10. ABC	11. ABE	12. AB
13. ACD	14. ABE	15. BC	16. ACD	17. AC